雷电与防护技术培训教程

高　燚　主编

气象出版社
China Meteorological Press

内容简介

本书结合工程应用介绍了雷电形成的物理过程，给出了典型的雷电参数，引用现行有关防雷技术标准介绍了建(构)筑物和信息系统的防雷技术要求，总结了防雷检测和设计施工的技术要点，综合阐述了雷电观测手段、监测网络以及雷电预警预报的主要方法，列举了目前雷电灾害风险区划的主要实例。本书还收集14套防雷专业技术人员能力评价测试试题并给出了参考答案，可供从事防雷的技术人员及相关专业学生学习和参考，还可作为防雷专业技术人员能力评价培训的教程。

图书在版编目（CIP）数据

雷电与防护技术培训教程 / 高燚主编. -- 北京 : 气象出版社, 2021.8
ISBN 978-7-5029-7530-2

Ⅰ. ①雷… Ⅱ. ①高… Ⅲ. ①防雷—教材 Ⅳ. ①P427.32

中国版本图书馆CIP数据核字(2021)第162279号

雷电与防护技术培训教程
Leidian yu Fanghu Jishu Peixun Jiaocheng
高 燚 主编

出版发行：气象出版社
地　　址：北京市海淀区中关村南大街46号　邮政编码：100081
电　　话：010-68407112(总编室)　010-68408042(发行部)
网　　址：http://www.qxcbs.com　E-mail：qxcbs@cma.gov.cn
责任编辑：颜娇珑　熊廷南　终　　审：吴晓鹏
责任校对：张硕杰　责任技编：赵相宁
封面设计：博雅锦
印　　刷：北京中石油彩色印刷有限责任公司
开　　本：880 mm×1230 mm　1/16　印　　张：14.5
字　　数：480千字　彩　　插：1
版　　次：2021年8月第1版　印　　次：2021年8月第1次印刷
定　　价：68.00元

编　写　组

主　　编：高　燚

编写人员：（按姓氏笔画为序）

于　楠　余　海　张廷龙　李　敏

劳小青　周方聪　胡玉蓉　高　燚

曹　旭　蒙小亮　潘家利

前　言

雷电是大气中的放电现象，雷电发生通常伴随着冰雹、垂直风切变、湍流、飑线、强降水等灾害性天气，其发生变化的过程与物理、化学等多学科交叉，反映了地球多圈层的相互作用，涉及大气物理学、大气电学、大气化学等科学问题。在过去的10多年里通过卫星的观测，人们已经获取了大量闪电活动资料，OTD(光学瞬态探测器)和LIS(闪电成像仪)探测到的全球闪电频次，从最小出现在北半球冬季的35次/s到最大出现在北半球夏季的55次/s，平均为46次/s，这些闪电的发生正是雷电孕灾环境的直接反映。研究表明，绝大部分雷电灾害事故由雷暴中的地闪引起，雷击过程能够导致人员伤亡，引起油库和森林火灾，造成供电及通信信息系统故障或损坏，对航天、航空、矿山及一些重要而敏感的高科技装备具有重大威胁。雷电灾害造成人员伤亡更不容忽视。据统计，我国雷击造成平均每年460人死亡，425人受伤，每百万人口的平均死亡率为0.36，每万平方千米死亡人数为0.48人。雷击死亡人数仅次于因山洪、洪水引发的死亡人数，雷电已经成为气象灾害中造成人员伤亡的重要因素，成为当今防灾减灾的重要项目。

据中国气象局最新发布的全国雷暴日数(T_d)图，年平均雷暴日数在100 d以上的地区分布在海南岛、云南南部、广西南部和雷州半岛，通过TRMM卫星观测资料分析华南地区的闪电分布，也发现在海南岛的中部有一个闪电密度的高值区。海南属热带季风海洋性气候，对流天气强盛，雷电灾害频繁，海南岛90%的市县年雷暴日数超过80 d，最高年平均雷暴日数高达149 d(1975年澄迈)，居全国之冠，据不完全统计，1999—2017年，海南省共发生雷击事故756起，造成171人死亡，255人受伤，并造成大量电子电气设备和部分建筑物损坏，经济损失近2.8亿元，海南岛成为全国高雷暴区和雷电灾害最严重的地区之一。

面对这样的形势，海南省防雷减灾工作任务艰巨，雷电防护专业技术人员的培训尤其重要，海南省气象局每年组织全省防雷专业技术人员培训，每年有来自全省乃至全国各地近200人参加学习和能力评价，本教程就是在本人使用了10多年的教学讲义基础上整理、更新、修订完成的。通过一年一度的防雷专业技术人员的培训和能力评价，让从事防雷专业的技术人员，初步掌握雷电及雷电防护的基本知识，理解不断更新的国内外防雷技术标准和规范，全面提升防雷技术人员的专业水平和从业能力，更好地适应防雷工作的需要。

本书包括八章及两个附录。第一章介绍了雷电的基本知识；第二章阐述了雷击的选择性及危害；第三章和第四章讨论了建筑物及电子信息系统防雷；第五章给出防雷设计与施工的基本要求；第六章总结防雷检测的基本要求，还针对11种重点场所防雷检测的不同特点进行了综述；第七章总结了目前雷电监测与雷电预警预报的主要技术和方法；第八章介绍了目前使用较多的雷电灾害风险区划技术方法，并给出实例。附录一对防雷服务涉及的法律法规和部门规章列出要点，附录二收集了2007—2019年防雷专业技术人员能力评价测试试卷(2016年以前叫资格考试)，最后还附上了参考答案，可供学习使用。

本书的编写，参考了大量最新发布的防雷国家标准与行业标准，同时引用了多篇已发表的论文和出版的防雷专著，均列入本书参考文献。南京信息工程大学肖稳安教授和复旦大学张义军教授审阅了本书，并提出了宝贵的指导意见；海南省气象局辛吉武局长和罗建平副局长给予本书出版大力支持，在此一并表示衷心的感谢。本书还得到了海南省自然科学基金高层次人才项目(批准号:2019RC361)、创新团队项目(批准号:2017CXTD014)的资助。

由于作者水平有限，加之时间仓促，导致本书难免存在不足，错误和不当之处恳请广大读者给予批评指正，在此深表感谢。

高　燚

2020年10月于海口

目　录

第一章 雷电与电磁兼容

第一节 雷电的形成

雷电(又称闪电)是伴随对流天气出现的一种壮观的自然放电现象。由于雷电放电在击穿空气时产生高温通道,使得通道附近的空气受热快速膨胀形成冲击波,这便是人们听见的雷声。雷电瞬时大电流以及强烈的电磁辐射是防雷工程的重点防护内容。

一、大气离子及晴天电场

地球大气中始终存在带电的大气离子,使得大气本身具有一定的弱导电性,同时地球表面也同样携带一定量的负电荷,大气中的离子在电场力的作用下形成大气电流,从而在大气与地表之间时刻都存在电流的流动和电荷的中和。晴天大气电场受地形和地表物体的影响,等电位面的垂直分布并不均匀,各层大气的显电性也不一样,如图 1.1 所示。

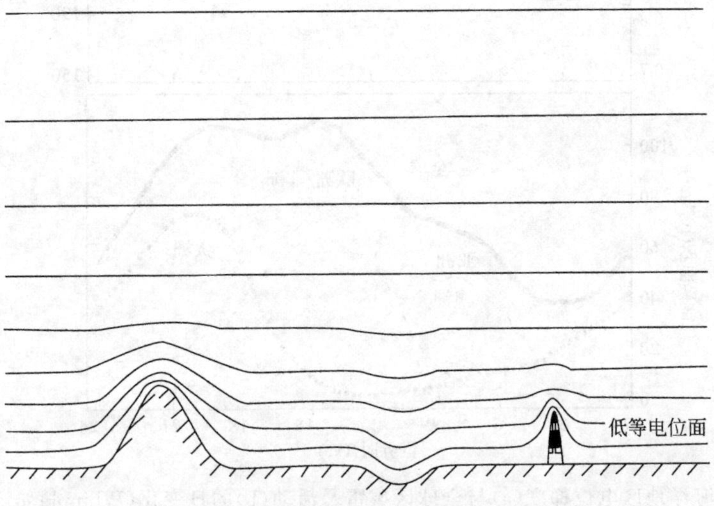

图 1.1 晴天大气电场的等电位面的垂直剖面分布

根据电磁特性,地球大气从下至上可以分为中性层、电离层和磁层。离地高度 60 km 以下为中性层,该层大气电离很弱;60 km 以上的整个地球大气层都处于部分电离或完全电离的状态,电离层是部分电离的大气区域,完全电离的大气区域称磁层,距地面 1000 km 到大气顶界之间的稀薄电离气体层。层内电子和离子的运动受地球磁场支配。有时把磁层看作电离层的一部分。

大气的电离是由于大气吸收了太阳紫外线、X 射线和高能粒子而发生光化学过程形成的。另外,地壳中的放射性物质(有镭、铀和钍等)发射的 α、β 和 γ 射线具有一定的电离能力。在海洋地区,大气电离率基本不受放射性物质的影响,因此与陆地大气的电离率存在一定的差异,但地壳中以及大气中的放射性物质对大气的电离贡献主要集中在近地面很薄的一层区域内,因此,陆地和海洋上空的大气电离率,除了在近地面层不同外,中上部大气的电离率基本一致,主要受宇宙射线的控制。

由于电离层的存在,晴天大气电场在垂直方向的分布具有一定的规律。观测表明,晴天大气中始终存在方向垂直向下的大气电场,其值约为 -100 V/m,即大气相对于大地带有正电荷,而大地带有负电荷。电场强度随高度的变化趋势在不同地区、不同时间、不同气象条件下存在一定的差异,但整体而言呈减小的趋势,如图 1.2 所示。大气的电场强度数值由地面向上逐渐减小,到 10 km 以上,已减小到地面处的数值的3%。在贴近地面约1 km以下的一层大气中积聚了大量的正电荷，且电荷密度随高度增加而快速减小，因此在这一层大气中，电场强度随高度减小很快。通过对地面电场的观测，人们发现大气电场具有明显的日变化，分析认为主要受两种因素制约：一是全球性普遍日变化机制，即与世界时有关，主要取决于全球雷暴的日变化；二是地方性日变化机制，其变化与地方时有关，主要决定于局地大气状况的日变化。分别是全球性普遍日变化机制和地方性日变化机制引起的晴天大气电场日变化。在海洋和极地地区，受局地大气状况的影响较小，主要取决于整层晴天大气电位差的日变化，而整层大气电位差取决于全球雷暴活动日变化，全球雷暴活动日变化与世界时相关。通常在世界时18时左右出现极大值，03时左右出现极小值，呈现一峰一谷的简单波状。海洋晴天大气电场的日变化最早是由Carnegie在海上获得的，因此被命名为Carnegie曲线，如图1.3所示。

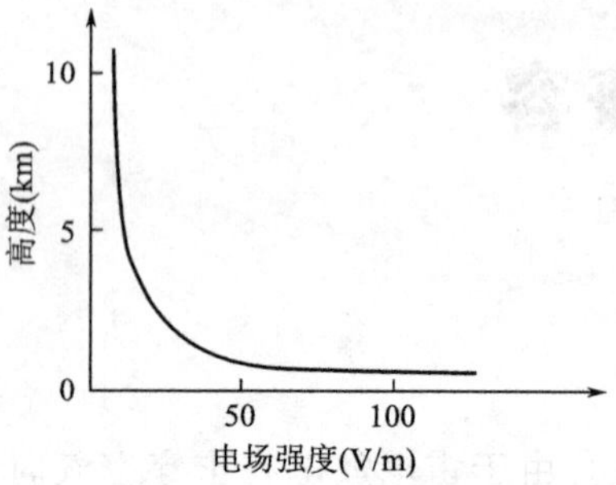

图1.2　晴天电场垂直廓线特征

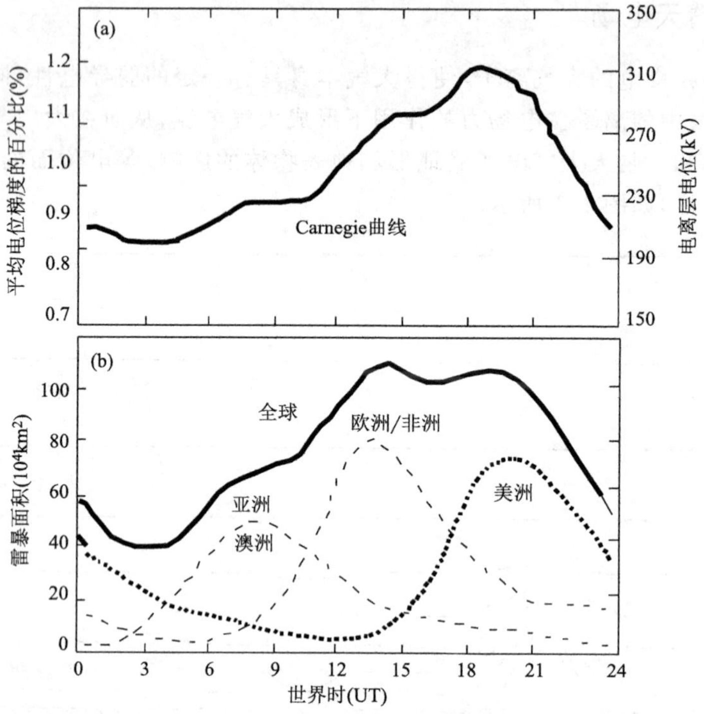

图1.3　海洋地区电位梯度(a)与全球区域雷暴活动(b)的日变化(Whipple et al.,1936)

二、全球电路和电荷平衡

电离层和地球表面具有很高的导电率，其构造就像是一个球形电容，中间充满了具有弱导电性的大气介质。在这个电容内，地球表面携带有负电荷，而大气携带有等量的正电荷。由于大气的弱导电性，大气与地表之间就会出现泄露电流，在不考虑其他因素的条件下，该电流会在很短的时间内中和二者所带的电荷，使得大气-地面都成为完全中性的。然而在实际的晴天条件下，中低层大气的电特征呈准稳定平衡态，即在一定时间内，流进和流出任意一单位体积的电荷总量相等。由此推断，大气中的电荷存在一种自维持机制：大气中的电荷被晴天大气泄漏电流不断消耗的情况下，该机制又会不断地为大气进行充电。目前，雷暴或带电的阵雨云为大气充电的过程可以表述为：在雷暴下部，负电荷被转移到地面，而雷暴上部的正电荷被转移到上层大气，从而完成了对大气以及地面的充电过程。图1.4为全球电路各种电过程的示意图。

在雷暴云与地之间的电流主要有尖端放电电流、降水电流和闪电电流。尖端放电也称为电晕放电，它是在雷暴电场达到一定强度时，地表自然尖端(如树木、草等)和人工尖端(如建筑物等)处的带电粒子被加速并与其他分子碰撞而产生新的电子和正离子，一个原始电子或离子可雪崩式的产生出大量电子，导致尖端附近区域的电流很大。若雷暴云下部携带的电荷为负电荷，就会产生向上的电流。降水电流是指携带有不同符号电荷的各类降水粒子在降落过程中将电荷输送至地表的过程，降水电流受降水类型的影响存在较大的差异，而且降水电流方向时正时负，地面观测发现降水携带电荷极性与电位梯度方向相反，被称之为“镜像效应(mirror-image)”，理论分析认为这是因为下落的雨滴捕获了尖端放电产生的空间电晕离子所致。闪电电流是指通过云对地的放电，将电荷输送到地表的过程，全球发生的地闪主要以负地闪为主，因此闪电电流主要向地表输送负电荷。

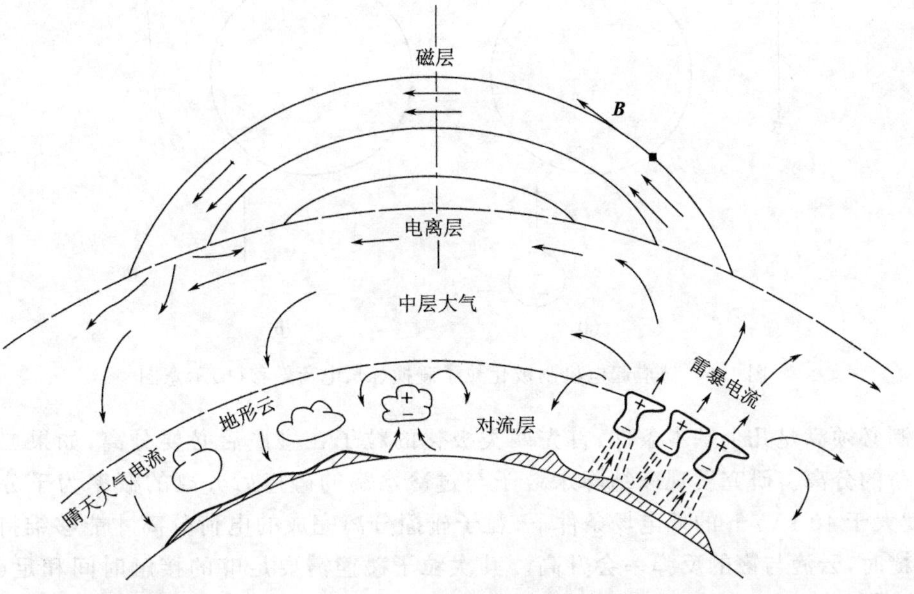

图 1.4　全球电路各种电过程示意图，矢量 ***B*** 代表地磁场，箭头方向代表电流方向(Whipple et al.，1936)

三、雷电的产生条件

在气象学中，雷暴是指伴有雷电活动和阵性降水的局地风暴；在地面气象观测中，仅指有雷鸣和闪电的天气现象，通常来说，发生闪电的云通常为积雨云，当然有几种云也与闪电有关，如层积云、雨层云、积云。其中最主要的还是积雨云。

大气对流层内频繁发生的雷暴活动在云内起电机制的作用下，就好似一个自然的电荷发生器，它产生的正、负电荷在流场和重力场的作用下发生分离并积聚于不同的区域，当正、负电荷区积累到一定程度，在某种机制的作用下便会触发云内闪电的发生，随着电荷被中和，正、负电荷区强度得到减弱，需要重新积累电荷直到下一次云内放电的发生，这种过程会一直持续到雷暴无法分离出足够的电荷为止。当然，并不是云内只有两个电荷区的存在，也有可能是多个电荷区的共同存在。除了云内的放电，对流云也可与大地发生放电，大地会因为云内电荷的存在出现静电感应，使地面或建(构)筑物表面产生异性电荷，当电场达到一定程度且满足触发机制时，云与大地之间便可形成电荷的转移，也就是地闪的发生。

第二节　积雨云的起电机制

雷暴云要发生闪电，那么必有电荷的存在，那么云中电荷是如何产生的呢？大量的研究发现，雷暴云内的起电与云内热动力学和云微物理过程之间存在复杂的相互作用，为了合理解释雷暴云电荷结构及其放电特征，出现多种云内起电机制假说，为了验证它们各自的合理性，通常将起电假说进行参数化，利用数值模式进行计算，最终和实际观测结果进行对比，实现对起电机制的理解和认识。到目前为止，这些假设大多以两个基本概念之一为基础：即以降水为基础的非感应过程和感应过程；还有一种是与降水无直接的关系对流起电机制。

一、感应起电机制

感应起电机制是指在垂直外电场的作用下，被极化（极化又称“电极化”，是指在外电场作用下，电介质表面或内部出现电荷的现象）的小云滴和大雨滴之间的碰撞会发生电荷转移，后来又衍生到霰粒与冰晶的碰撞起电，如图 1.5 所示。

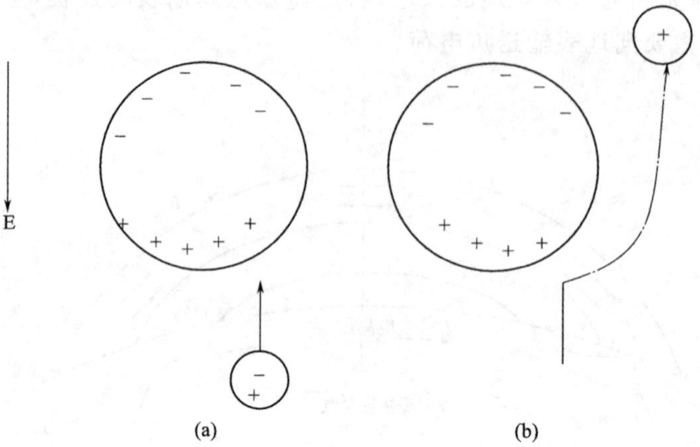

图 1.5　感应起电机制极化粒子碰撞(a)、电荷转移(b)示意图

对于该机制必须满足几个基本条件，首先两类极化的粒子在碰撞后必要分离，如果二者结合到一起就无法实现电荷的分离。研究发现冻结降水粒子与过冷水滴的碰撞后分离的概率为千分之一到百分之一，只有在强度大于 10 kV/m 的外电场条件下，粒子碰撞分离完成的电荷分离才能够维持雷暴电场。当霰的表面较粗糙时，云滴与霰的反弹率会升高。其次粒子碰撞需要足够的接触时间和足够大的电导率，这样粒子之间才能完成电荷的流动。通过掺杂、增加冰晶的电导率，两个粒子碰撞时电荷转移量才能达到感应电荷转移量的理论值。最后就是粒子分离后，带净剩正电荷的粒子向上运动到正电荷区，而带净剩负电荷的粒子向下运动到负电荷区，这样才能进一步增强原来的外环境电场，形成一种正反馈的起电过程。另外，当上升气流携带小粒子的上升速度与大粒子下落速度相当时，感应起电才会对雷暴起电有贡献。

二、非感应起电机制

非感应起电包括结霜起电、温差起电、大水滴和冰晶的破碎起电、水的冻结和融化起电等。这里介绍 3 种被认为是比较重要的起电机制。

1. 结霜起电

结霜起电机制是指在过冷水丰富的冰水共存区，霰粒子通过与过冷水滴碰撞增长，因此在其表面总存在较暖的液面，当霰粒子与冰晶碰撞时，较暖的液面与冰晶表面之间会形成温度差，而该温差导致不同极性的电荷在接触面的移动，两种粒子碰撞分离后就会带上不同极性的电荷。另外，在没有液态水存在的条件下，霰粒子与冰晶和水滴碰撞也能发生电荷的转移。霰粒与冰晶碰撞发生的转移电荷极性和电荷转移量依赖于温度和液态水含量，另外还与碰撞冰晶的尺寸和碰撞速度有关。当冰晶尺寸较小时，每次碰撞发生电荷转移量随冰晶尺寸的增大增加较快，当冰晶尺寸较大时，每次碰撞电荷转移量随冰晶尺寸的增大变化不大。图 1.6 给出了不同温度、不同液态水含量下霰粒子与冰晶碰撞获得的电荷极性，碰撞获得电荷极性发生反转的温度被定义为反转温度（T_r），由图可以看出，在云水含量适中的情况下，高于反转温度（−10 ℃）的区域，冰晶与霰粒子碰撞，正电荷被转移到霰粒子上，冰晶获得负电荷；低于反转温度（−10 ℃）的区域，冰晶获得正电荷，霰粒子为负电荷；当云水含量过高或过低，霰粒子都获得正电荷，而冰晶获得负电荷。目前，非感应起电机制被认为是云内优势起电机制，主要基于两个方面，首先，数值模拟结果显示，非感应起电机制能够较好地解释大部分雷暴云的电荷结构（云内电荷区的垂直分布）特征，其次，非感应起电机制起电效率较高，可以解释闪电发生后，云内电荷的快速恢复和闪电的再次发生。

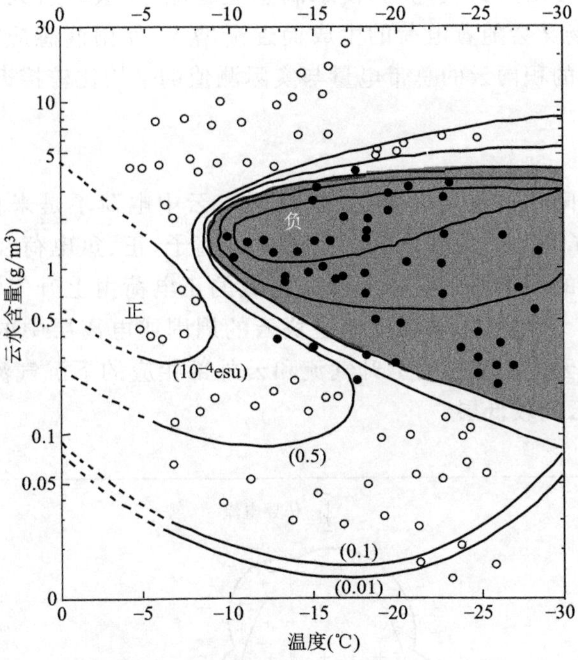

图 1.6　Takahashi 实验中软雹得到的电荷(Takahashi,1978)

2. 温差起电

如果两片初始温度不同的冰晶被带到一起,而后又被分开,则温度较高的冰晶获得负电荷而较冷的冰晶获得相等数量的正电荷,这是因为较活跃并带有正电荷的氢离子(H^+)向温度梯度降低的方向扩散,而较稳定且带有负电荷的氢氧根离子(OH^-)较多地存在于温度较高的部分。由于冰晶和霰粒子常在云内强烈起电的情况下出现,又因过冷水滴在增大中释放潜热。霰粒子一般比环境稍暖,所以小冰晶与霰粒子之间的碰撞有利于温差起电,即较暖的霰粒子与较冷冰晶碰撞分离后,霰粒子失去氢离子(H^+)后呈负极性,而冰晶得到氢离子(H^+)呈正极性。

3. 破碎起电机制

下落的大水滴在下落中受到气流的作用变得不稳定,同时形成一个由上升气流支撑的不断扩大的以液体圆环为外边界的环状大口袋,最后,当口袋破裂时产生许多小水滴中,圆环则破裂成几个较大的水滴,如图 1.7 所示。这样的过程,雨滴能达到的带电量并不多,大约比实际观测量至少小 2 个数量级。若

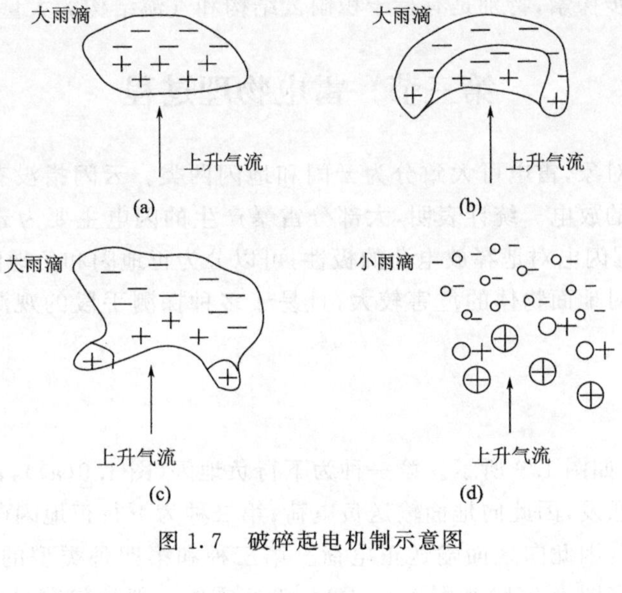

图 1.7　破碎起电机制示意图

考虑到云中雨滴下沉时已存在晴天大气电场，使水滴感应起电，在破碎后大小水滴所获得的电量就大多了，而且积雨云中的大气电场又会随着电荷的生成而逐渐增大，使雨滴感应带电的电量也同步增大。根据这一理论补充而推算出来的积雨云的总带电量与实际测值的平均比较接近。

三、对流起电机制

对流起电机制不依赖于降水的电荷分离，该机制假定云中电荷不是来自于水成物的起电和重力沉降，而是来自云外的大气离子和地面尖端放电产生的电晕离子，正、负电荷在垂直气流的作用下被分离。图 1.8 给出了对流起电机制的示意图。存在于晴天区域的正电荷由上升气流带入云内并附着于云粒子上，形成一个净正电荷区域。该电荷的电场可使这块云的周围或电离层中的负离子流向云的表面，使得云的外围部分带上负电荷。云内部猛烈的上升气流和云外部相应的下沉气流运动，将正电荷运送至云的顶部，而负电荷则被运送至云的较低层。

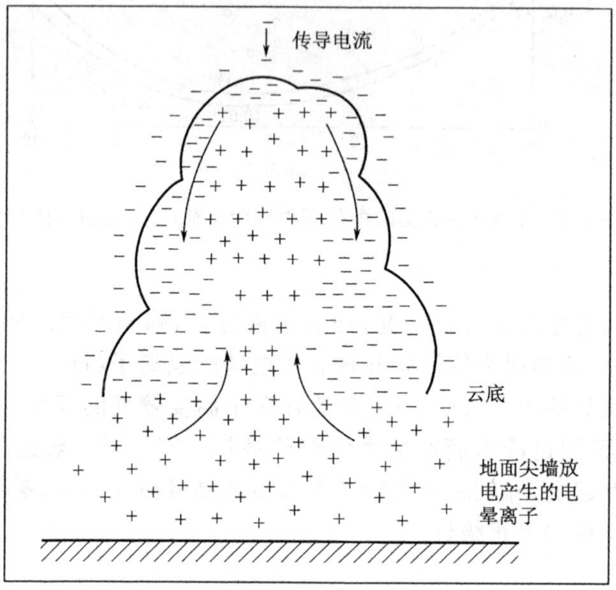

图 1.8　对流起电机制垂直剖面示意图

对流起电机制不仅要求积雨云内部存在强烈的上升气流，而且在云体侧面还要存在强烈的大规模下沉气流。实际上这种大规模的下沉气流一般只在形成大雨的雷暴消散阶段才能出现。因此，对流起电机制的可能性还有待于进一步探索，特别是有待于积雨云结构和气流结构的大量观测和深入研究。

第三节　雷电物理过程

根据雷电的电荷中和对象，雷电可大致分为云闪和地闪两类。云闪指没有接地的闪电放电过程，地闪指发生于云与大地之间的放电。统计表明，大部分雷暴产生的闪电主要为云闪，约占总闪电数的 2/3，地闪约占 1/3。而地闪根据闪电对地释放电荷的极性，可以分为正地闪和负地闪，分别对应中和大地的负电荷和正电荷。由于地闪对地面物体的危害较大，且易于多种探测手段的观测，因此对地闪的认识也比较充分。

一、地闪分类

地闪可分为 4 种形式，如图 1.9 所示。第一种为下行负地闪(图 1.9(a))，占全部地闪的 90%以上，它由向下移动的负极性先导激发，因此向地面输送负电荷；第二种为下行正地闪(图 1.9(c))，也由下行先导激发，但是先导携带正电荷，因此向地面输送正电荷。第三种和第四种类型的地闪由从地面向上发展的先导激发，被称为上行雷电(图 1.9(b)和图 1.9(d))。上行雷电一般比较罕见，通常发生在高山顶上或高建筑物上。第三种其先导携带正电荷，因此相当于云中负电荷向地面输送。第四种对应于负极性先导，因此将云中的正电荷向地面输送。通常，将向地面输送负电荷的地闪（第一种、第三种类型）称为负地闪，向地面输送正电荷的地闪（第二种、第四种类型）称为正地闪。除了上述 4 种地闪放电类型外，雷暴偶尔也可产生一种呈双极性放电的地闪类型，即同时对大地释放了正、负两种极性的电荷。

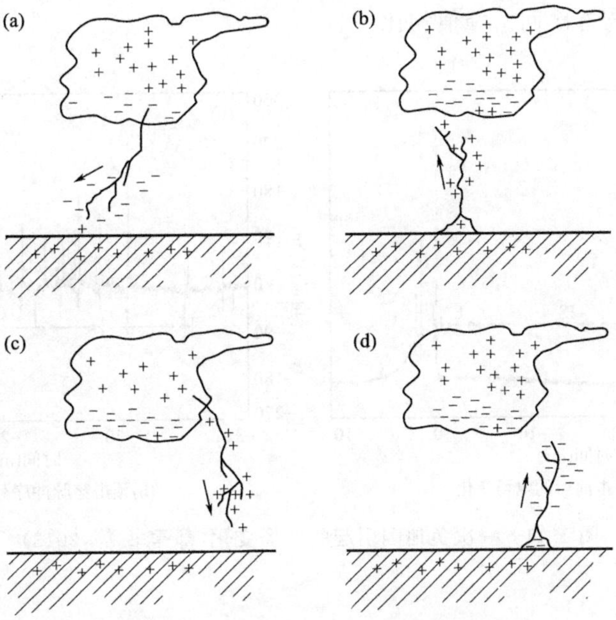

图 1.9　4 种不同类型的地闪示意图

二、下行负地闪物理过程

一次持续时间为几百毫秒到 1 s 左右的负地闪放电可以将几十至上百库伦的云内负电荷释放到大地。研究认为，一次地闪发展过程分为预击穿过程、下行梯级先导过程、连接过程和回击过程（参见图 1.10），有些地闪包含多次回击，因此回击可以分为首次回击和继后回击，另外，有些地闪回击间也包含一些物理过程，包括连续电流、M 分量和 K 变化。

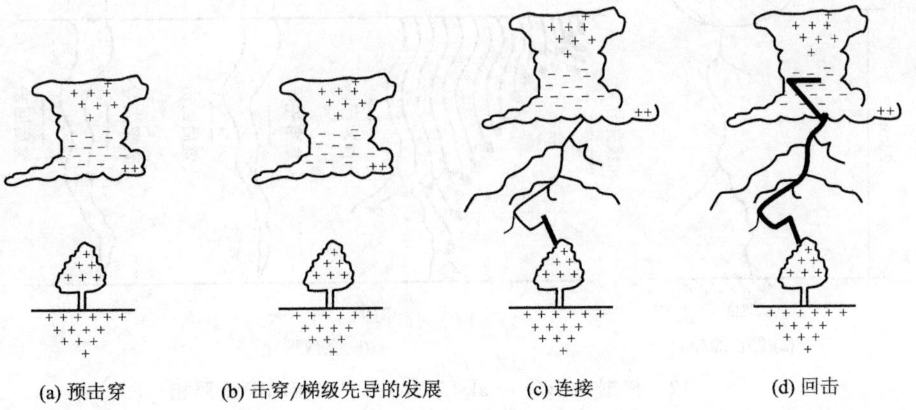

图 1.10　下行负地闪不同过程示意图

1. 闪电的预击穿过程

预击穿过程（Preliminary Breakdown Process，PBP）是发生于云内的初始击穿过程。在云中电荷积累到一定程度的情况下，闪电的触发机制导致预击穿过程的发生，对应的是云内正、负电荷区之间电流的小范围始发。可以准确表述为：预击穿过程对应的是云内的弱电离过程，且正、负击穿都由同一点始发并沿相反的方向传播，并分别进入负、正电荷区。图 1.11 给出了一次典型负地闪首次回击及其之前放电过程的地面电场变化波形。图中电场波形可大致分为3个阶段:预击穿过程(PBP)、中间阶段(Intermediate Stage,IS)和梯级先导(L)。3个阶段的持续时间随雷电的不同可能会有较大差别,在远距离测量时,预击穿过程和梯级先导的电场变化可能会处于周围电磁噪声水平以下而不易被识别出来,或者在有些情况下,预击穿过程直接转化为先导过程,而识别不出中间阶段。从特征来看,预击穿过程电场波形通常由一系列脉冲宽度为微秒量级的双极性脉冲或单极性脉冲组成,脉冲序列的持续时间为几个毫秒,脉冲序列中的最大脉冲峰值有时可与首次回击峰值相比。

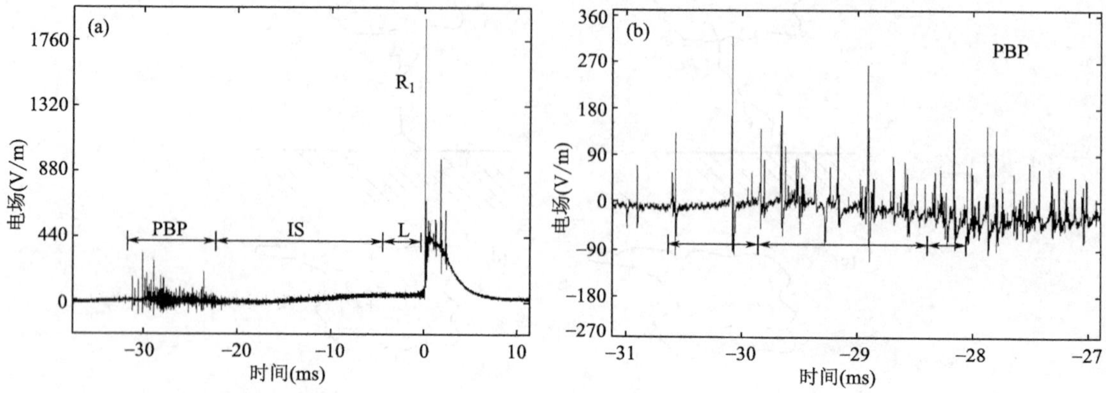

(a)首次回击前后的电场变化　　(b)预击穿脉冲序列的时间展开

图 1.11　一次负地闪引起的电场变化(郄秀书 等,2013)

2. 梯级先导过程

随大气电场进一步加强,当云内放电进入起始击穿的后期时,电子与空气分子发生碰撞,产生轻度的电离,而形成负电荷向下发展的流光,表现为一条暗淡的光柱像梯级一样逐级伸向地面,这称之为梯级先导。在每梯级的顶端发出较亮的光。梯级先导在大气体电荷随机分布的大气中蜿蜒曲折地进行,并产生许多向下发展的分支。梯级先导也属于地闪的始发阶段,也是地闪过程中的主要物理过程之一。对于先导过程的认识主要来自于早期的条纹相机,如图1.12给出了根据Berger et al.(1966)条纹照相和静止照相结果得到的负地闪发展过程示意图,其中图1.12(b)中(1)阶段就是条纹相机拍到的梯级先导过程。

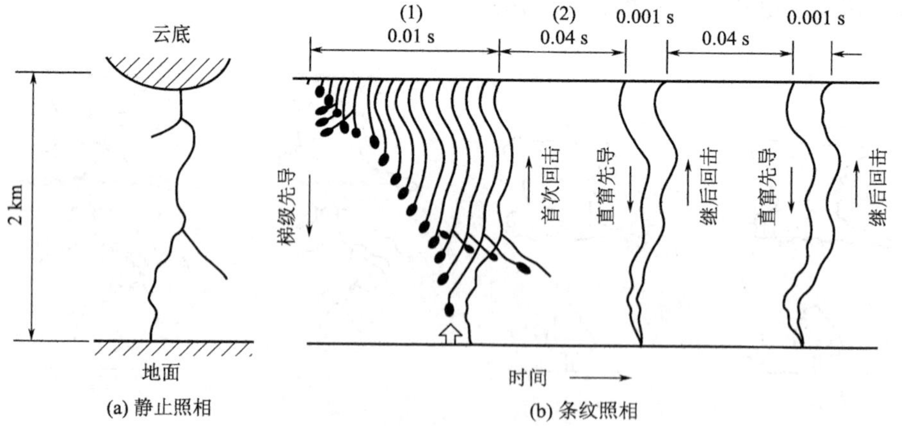

(a) 静止照相　　(b) 条纹照相

图 1.12　根据 Berger et al.(1966)条纹照相和静止照相结果得到的负地闪发展过程示意图

由于先导过程在闪电物理和雷电防护研究中的重要性,以及空中人工引发雷电技术和微秒和亚微秒时间分辨率探测手段的发展,对梯级先导的认识日益增多。负先导产生强烈的电磁辐射,可以利用对梯级先导的光学和电磁辐射观测,确定梯级先导的梯级长度、间歇时间以及传输速度等特征参数。

3. 连接过程

在对地放电过程中,通常当下行的梯级先导传播至地面几十米的范围内时,先导头部电荷产生的局地电场将由于地面上的电导物体如:高山、树木、传输线或飞行中的飞机等的存在而增强,而地面或地面的突出物体上也将产生向上的迎面先导,当二者相连接时,将导致强的放电过程即回击的产生。先导和回击之间的过程被称为连接过程。事实上,回击之前的连接过程直接与雷击的物理机制相联系,也决定着雷电防护设计中一个重要的参量——击距。击距就是被雷击物体激发向上迎面先导时,被雷击物体与下行先导之间的距离。

4. 回击过程

当最后一个梯级先导与上行连接先导会合后形成回击,产生的电流波双向传输,当下行电流波接地后,从地面反射的电流波向上传播,表现为一束明亮的通道,正电荷沿着下行负梯级先导所形成的电离通道由地面高速冲向云中。回击具有较强的放电电流,因而发出耀眼的光亮。地闪所中和的云中的负电荷,绝大多数在先导放电时储存在先导主通道及其分支中,在回击传播过程中便不断中和掉储存在先导主通道和分支中的正电荷。

三、继后雷击

对地放电首次回击之后的回击常由箭式先导(也叫直窜先导)激发。之所以被称为箭式先导,主要原因是在条纹相机拍摄到的照片上,他们表现为一根发亮的细线,或者像几十米长的箭一样向地面传播,通常没有分叉。箭式先导沿前一次回击的残留通道向下运动,并将电荷沉积在通道中,如果上一回击为首次回击的话,它可能还会使其中的一个或多个分叉发亮,但一般来讲,只有主通道将成为继后回击的路径(图 1.13)。虽然首次回击通道在没有能量输入时,通道的温度逐渐衰减,在经过几十毫秒的回击间隔后,通道温度仍然高于环境温度约一个数量级,并处于导体和绝缘体的转换阶段。通道的温度决定了通道的电离度,因此也决定了通道的电导率。箭式先导的行为受前一次回击通道的电导率的影响。由于通道半径随时间的变化不大,因此通道的电导率可能是控制箭式先导行为的主要因素。

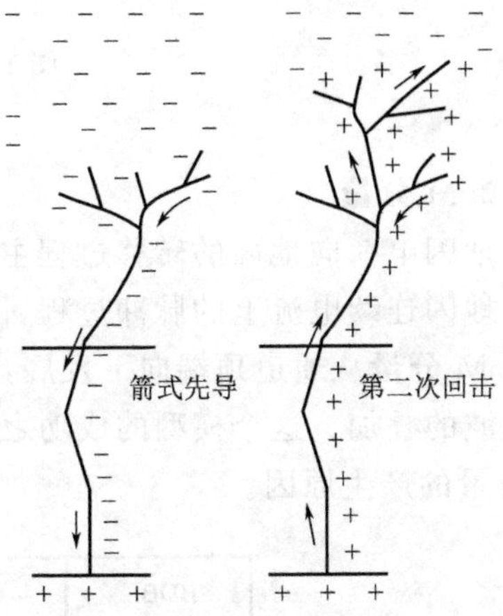

图 1.13　继后回击过程示意图

1. 箭式先导过程

紧接着第一闪击之后,约经过几十毫秒的时间间隔,形成第二次闪击。这时又有一条平均长为 50 m 的暗淡光柱,沿着第一闪击的路径由云中直驰地面,这种流光称为箭式先导。箭式先导是沿着预先电离了的路径通过的。它没有梯级先导的梯级结构。

2. 二次回击过程

当箭式先导到达地面附近时,地面又产生向上发展的流光与其会合,即产生向上的回击,以一股明亮的光柱沿着箭式先导的路径由地面高速驰向云中。由箭式先导到二次回击这一完整的放电过程称为第二次闪击。第二次闪击的基本特征与第一闪击时相同。

四、回击间过程

回击间的过程包括发生于地闪回击之间或之后电场变化较慢的连续电流过程(CC)以及叠加于其上的小而快速变化的 M 分量和 K 变化。它们发生于云内,一般认为它们为下一次回击的发生输送电荷。图 1.14 给出了负地闪箭式先导、连续电流和 M 分量的对应电流波型示意图。

1. 连续电流

地闪的连续电流过程是雷暴云中局地荷电中心在闪击之后沿闪电通道对地的持续放电过程,它可引起慢而大幅度的地面电场变化,且云下的闪电通道持续发光。负地闪中的回击沿先导通道从地面到云中的传播一般在几十微秒内完成。在回击过程停止后(即脉冲电流停止),回击通道内仍可能存在约几百安培甚至达千安量级的连续电流,其持续时间一般为几十到几百毫秒不等,它可引起缓慢而大幅度的地面电场变化,且整个闪电通道持续发光,这个过程被称为连续电流过程。按照双向击穿理论,负地闪回击后，正先导可能在云内负电荷区继续发展，将负电荷源源不断地向回击通道输送，形成缓慢、持续时间比较长的连续电流，释放的电荷量可以达到总电荷量的75%以上。

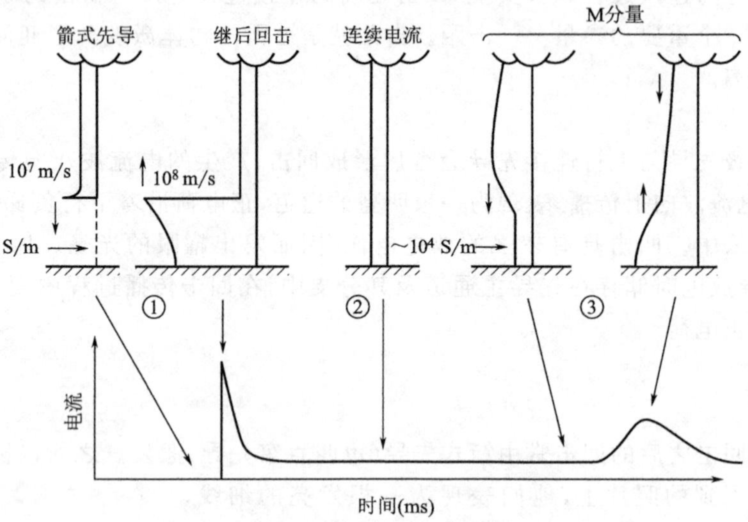

图1.14　负地闪的3种模式对应电流波型示意图

①箭式先导/继后回击；②连续电流；③M分量

2. M分量

地闪电荷向地面的转移过程主要分3类：先导-回击过程、连续电流过程和M分量过程。M分量是叠加在地闪连续电流上的脉冲过程，伴随着放电通道突然增亮以及电场突变，如图1.15所示。“双波理论”认为M分量从通道顶端向下发展，类似于先导，然后在地面反射，类似于回击，M分量就是这两个方向相反的波的叠加。这个模型的成功之处是解释了M分量电流及其电磁场波形特征，但并没有从本质上探讨M分量的产生原因。

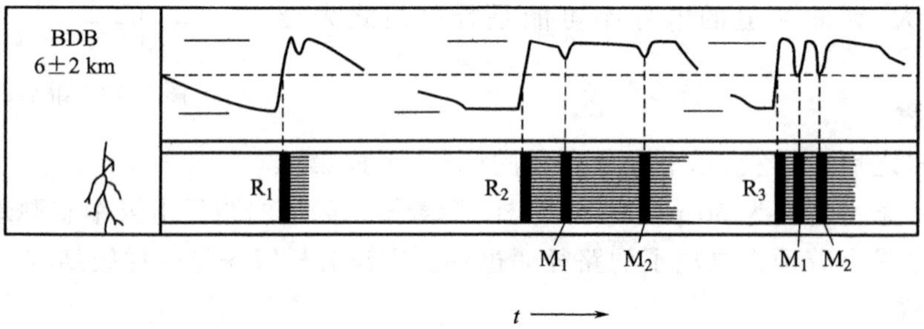

图1.15　M分量产生的电场变化及其相应的光学观测(Malan et al.，1947)

R_1—首次回击；R_2、R_3—继后回击；M_1、M_2—M分量

3. K变化

K变化指发生在地闪回击之间或最后一个回击之后以及云闪后期相对小的快电场变化。在几十千米的距离上，利用几十毫秒或更长时间常数的仪器测量到的云闪和地闪的K变化波形都呈梯级状或者斜坡状。一般认为，K变化不伴随有云地之间明显的通道发光，原因是K变化中没有先导到达地面，而只在云内产生电荷的微小调整。

五、正地闪特征

与负地闪相比，在整个雷暴生命史期间，正地闪的发生概率一般较低(一般不高于总地闪数的20%)，但具有较长的云内水平放电，空间尺度可达几十至上百千米，可释放几百到几千库仑千米(C·km)的电荷矩，造成的雷击灾害可能更严重。正地闪是指向大地输送正电荷的对地放电过程，正地闪的回击数一般较少，大多数正地闪一般仅包含一次回击过程，两次以上回击的正地闪所占的比例很低。

正地闪的发展过程与负地闪类似，但是整个放电过程等效地中和了云中的正电荷。下行正地闪的发展通常也以云内的预击穿过程开始，然后是向下发展的正极性先导过程、与地面物体的连接过程、回击过程、击间过程、连续电流过程和 M 分量等构成，这里不再赘述。

第四节　雷电的特点

一、基本特点

闪电可以被定义为一个在空气中长达千米级的瞬态大电流（通常是数以千安培）放电现象。大多数闪电是由多次闪击组成的，闪击和闪击分量仅仅是指云地闪放电中的一部分。

向下的梯式先导与地面之间的电势差可能是数以百万伏特，与云中电荷源和地面之间（50～500 MV）相当或部分相当。当下行先导到达地面时回击就开始，大电流的回击波迅速加热通道，使通道的峰值温度接近或超过 30000 K，压力达到或超过 10 atm（1 MPa），从而导致通道扩张，强烈的光学辐射和向外传播的冲击波，最终变成我们在远处听到的雷声。每个云地闪电涉及的能量大约为 10^9 J，闪电能量约等于连续 1 个月点亮 5 个 100 W 灯泡，请注意这里指的是闪击点的并不是所有的闪电能量，它只是总能量的 0.1%～1%，因为大多数的雷电能量已耗费在产生光、波和加热空气。

在千安培级的回击脉冲电流之后通常会伴随着数百至千安培的连续电流，持续时间长达数百毫秒。连续电流的持续时间超过 40 ms 通常称为“长连续电流”，常发生在续后回击中，30%～50%的负地闪包含长连续电流。

二、闪电形状分类

前面我们提到，闪电依据闪击对象可以分为云闪和地闪，但不同的闪电在空间的形态差异很大，大致可以分为线状（或枝状）闪电、带状闪电、联珠式闪电和球状闪电，但球状闪电是一种十分罕见的闪电类型。

1. 线状闪电和带状闪电

线状闪电最为常见，如图 1.16 所示，包括线状云闪和线状地闪。线状闪电的形状婉延曲折、具有丰富的分叉，类似树枝状，所以也称枝状闪电。线状电闪具有若干次闪电，其中每次放电过程称之为一次闪击；带状闪电是宽度达十几米的一类闪电，它比线状闪电要宽几百倍，看上去像一条亮带，所以称为带状闪电，见图 1.17。

图 1.16　线状闪电

图 1.17　带状闪电

2. 联珠状闪电

联珠状闪电的形状像挂在空中的一长串珍珠般的发光亮斑斑，因而称联珠闪电或称链状闪电，见图 1.18。

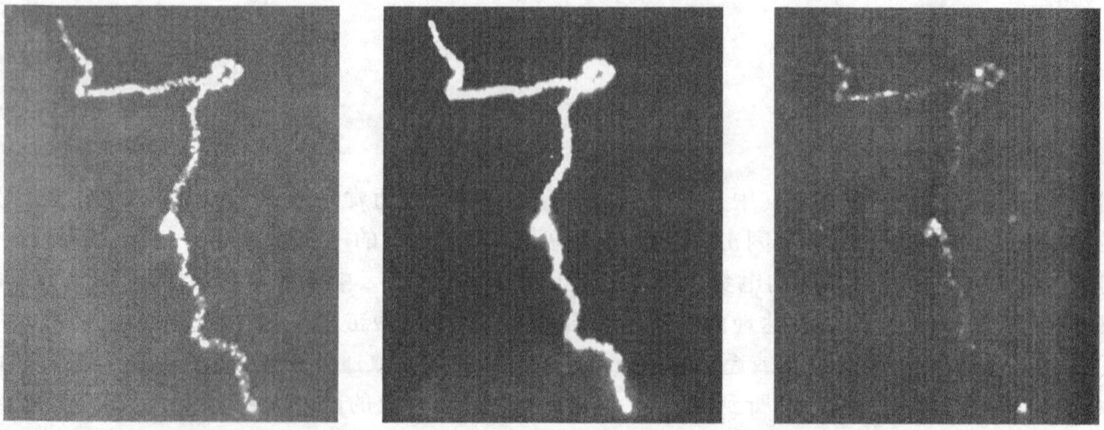

(a)　　(b)　　(c)

图 1.18　联珠式闪电照片

3. 球状闪电

球状闪电看上去像一团火球，因而称为球状闪电，它的发生发展和演变也与一般闪电有很大不同，主要有以下特点。

(1)球状闪电的尺度：常出现在强雷暴期间，与强烈的地闪同时出现。球状闪电多为球形，也有环状形或放射出火花球状闪电。直径平均为 25 cm，多数在 10～100 cm。

(2)球状闪电的亮度和颜色：球状闪电发出的光并不特别明亮，但即使在白天也清晰可见，其亮度较为稳定。球状闪电的颜色大多呈橙色和红色，也观测到黄色、蓝色和绿色的球状闪电。

(3)球状闪电的气味和声响：球状闪电多数不发声，也有不少发出嘶嘶的响声，多数球状闪电无明显气味，也有发出硫磺、臭氧或二氧化氮的气味。

(4)球状闪电的路径：球状闪电一般以每秒几米的速度作水平运动，它的移动路径较为复杂，有时停滞不前、有时从空中直接向下降落、有时接近地面突然改变方向。地面的球状闪电具有曲折的轨迹，它可以通过门窗直接进入室内。有的球状闪电在运动过程中伴有自旋运动。球状闪电运动的速度不太快。

(5)球状闪电的生命：球状闪电一般可以存在 1～5 s，个别较大的球状闪电甚至可以维持几分钟之久。许多球状闪电无声无息地消失，但也有不少球状闪电在消失时爆炸。

(6)球状闪电对周围物体有吸引性，如当其吸引到金属物体上时，它通常沿这些物体移动。

三、闪电的时空特征

1. 全球闪电分布特征

由于海陆热力差异以及所处纬度不同，不同区域对流活动的频繁程度存在很大差异，整体而言，陆地闪电密度远大于海洋，陆地闪电是全球雷电活动的主要组成部分。闪电密度在热带地区最大，随纬度增加而减小；近海海域平均雷电密度小于陆地，大于远海海域，大陆西部近海海域雷电活动和大陆东部有显著差异。全球雷电频数约为 46 次/s，大部分雷电集中在热带和亚热带地区，南北纬 30 度之间的雷电数量占到了全球雷电总数的 78%，并且在空间上表现出巨大的海陆差异，陆地和海洋的雷电密度之比约为 10：1。

2. 中国及周边地区雷电活动的时空分布

中国地处温带和亚热带地区，雷暴活动十分频繁，雷电灾害是我国最严重的自然灾害之一。陆地上的闪电活动大体可分为 4 条大致与海岸平行的带状区域：近海区域，中部区域，西部区域和西部边境区域，陆地闪电活动的这一特点与我国地势的 3 级阶梯分布紧密相关。

3. 海南岛雷电活动的时空分布

海南岛位于北纬 18°14′～20°02′，属热带季风气候区，对流天气强盛，雷电灾害频繁。王义耕等(2009)通过 TRMM 卫星观测资料分析了华南地区的闪电分布，也发现在海南岛的中部有一个闪电密度的高值区，而低值区主要位于南海的水面上。海南岛一年四季都有雷暴出现，图 1.19 为海南岛本岛雷暴日数空间分布图，高值区在澄迈一带，澄迈县年平均雷暴日数高达 121 d，最高年雷暴日数高达 149 d(1975 年)，居全岛之冠，也居全国之冠。海南岛成为了全国的高雷暴区和雷电灾害最严重的地区之一。

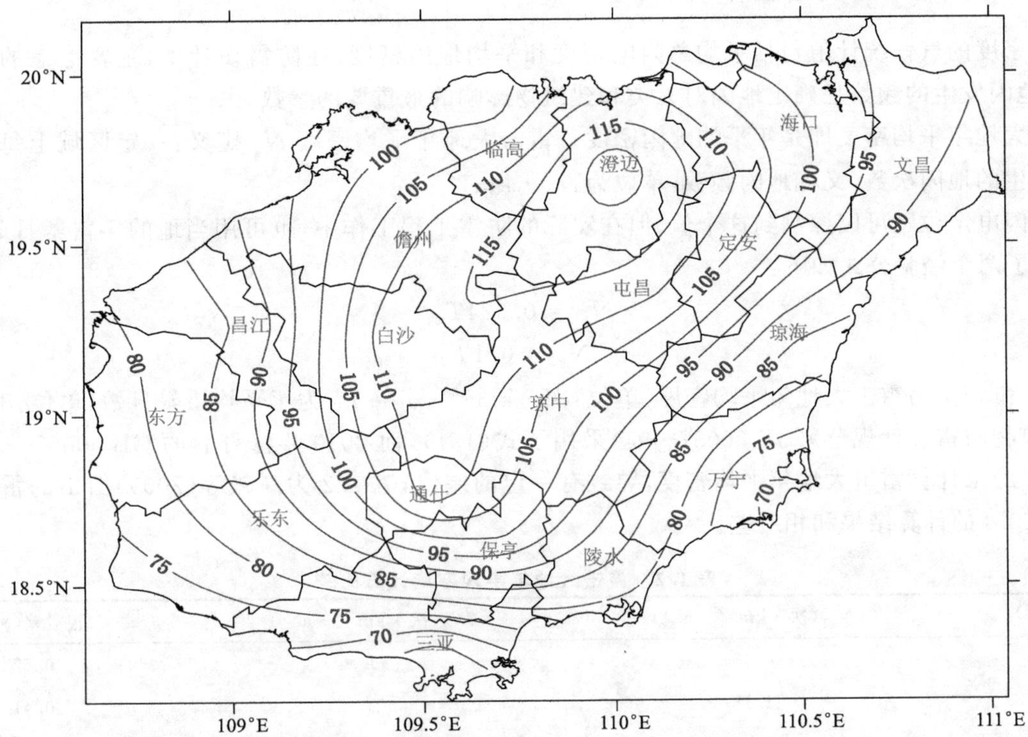

图 1.19　海南岛雷暴日数空间分布图(本图仅计算海南岛本岛，不含三沙岛礁。单位：d)

第五节　雷电的重要参数

为了表征雷电的放电特性，需要提出一些参数来描述雷电的物理过程。由于雷电放电与海拔、气象和地质等许多因素有关，在很大程度上具有随机性，因此，描述雷电放电特性的这些参数也具有明显的统计性质。

一、雷暴日数(T_d)

为了表示不同地区雷电活动的频繁程度，在没有闪电观测设备的情况下，通常利用每年平均雷暴日为计量单位。雷暴日数的定义：在气象观测站，在一天内，观测员只要听到雷声一次或一次以上就记当日为一个雷暴日，雷暴日数的单位为 d。在不同年份观测到的雷暴日数变化较大，一般取多年的平均值，即年平均雷暴日。以海南为例，表 1.1 给出了海南岛 18 个测站人工观测年均雷暴日数。

表 1.1　海南岛 18 个测站人工观测年均雷暴日数

序号	站	T_d(d)	年数	序号	站	T_d(d)	年数	序号	站	T_d(d)	年数
1	海口	98.3	63	7	儋州	111.6	61	13	东方	75.0	51
2	文昌	89.1	55	8	琼海	84.1	61	14	乐东	86.8	52
3	澄迈	121.0	55	9	琼中	100.9	58	15	保亭	99.9	48
4	临高	95.3	52	10	白沙	111.9	58	16	万宁	67.5	55

续表

序号	站	T_d(d)	年数	序号	站	T_d(d)	年数	序号	站	T_d(d)	年数
5	定安	109.0	51	11	五指山	109.0	55	17	陵水	79.8	58
6	屯昌	109.7	55	12	昌江	84.1	48	18	三亚	59.7	53

注： 统计到 2014 年 1 月 1 日海南岛人工观测雷暴日正式停止。

二、雷击大地年平均密度(N_g)

闪电密度的气候统计值包括平均总闪电密度和平均地闪密度，在防雷设计中，主要考虑的是云对地的放电，地闪发生的频数是确定地闪对人类和建筑物影响的最重要的参数。

雷击大地年平均密度即是年平均地闪密度。雷击大地年平均密度 N_g 定义：一定区域上每年每平方千米所发生的地闪次数，又称地闪频数，单位为：次・km^{-2}・a^{-1}。

通过闪电定位网可以探测到这个值，但在实际的防雷工程工作中，也可用当地的年雷暴日数来计算，IEC 给出了两个经验公式如下：

$$N_{g1}=0.024T_d^{1.3} \tag{1.1}$$

$$N_{g2}=0.1T_d \tag{1.2}$$

其中，N_{g1} 和 N_{g2} 为雷击大地年平均密度，单位：次・km^{-2}・a^{-1}；T_d 为年平均雷暴日数，单位：d。

《建筑物防雷设计规范》(GB 50057—94)采用了式(1.1)，而 2010 年修订后的 GB 50057—2010 却采用了式(1.2)来计算雷击大地年平均密度，导致有一定的差值，表 1.2 为高燚等(2009)给出的雷暴日数从 10 d 到 120 d 的计算结果和相对差。

表 1.2 雷击大地年平均密度计算比较

T_d(d)	N_{g1}(次・km^{-2}・a^{-1})	N_{g2}(次・km^{-2}・a^{-1})	相对差(%)
10	0.48	1	0.52
20	1.18	2	0.41
30	2.00	3	0.33
40	2.90	4	0.27
50	3.88	5	0.22
60	4.92	6	0.18
70	6.01	7	0.14
80	7.15	8	0.11
90	8.33	9	0.07
100	9.55	10	0.04
110	10.81	11	0.02
120	12.11	12	−0.01

从表 1.2 中可以看出高雷暴地区的相对差较小，雷暴日数大于 60 d 的地区两个公式的计算相对差低于 18%，100 d 以上已经非常一致，相对差不到 4%。可见修订后的规范关于雷击大地年平均密度的计算对高雷暴地区影响较小。表 1.2 仅为研究对比结果，在工作实践中还应按照新修订的 GB 50057—2010 规范中的公式进行计算。还可以参考樊荣等(2011)实现雷击大地密度任意区域的自动计算。

三、雷电流波形

雷电流波形参数，用波头时间、半值时间、雷电流的波头陡度、雷电流的幅值和电荷量表示。

1. 波头时间

纵轴为雷电流幅值(I)与最大电流幅值(I_{max})的比值，如图 1.20，先由纵轴上的 0.1、0.9、和 1.0 三个刻度作三条横轴的平行线，前两条平行线分别与波形曲线的头部分相交于 A、B 两点，过 A、B 两点作一条直线，该直线与第三条平行线和横轴分别相交于 C、D 两点，由 C 点引横轴的垂线，其垂足 E 点与 D 点之间的时间即定义为波头时间，实际上就是上升段的时间，用 T_1 表示，单位：微秒(μs)。

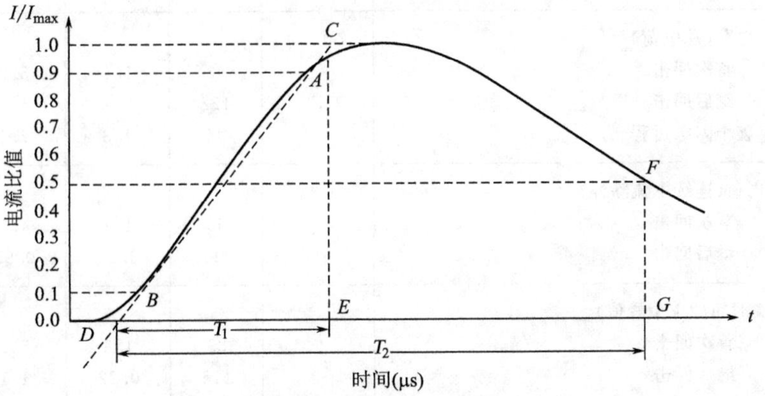

图 1.20　雷电流波形的波头和波长时间示意图

2. 波长时间

为了定义波长时间，再由纵轴上 0.5 刻度作横轴的平行线，该平行线与波形曲线的波尾部分相交于 F 点，从 F 点引横轴的垂线，垂足 G 点与 D 点之间的时间即定义为波长时间，用 T_2 表示。由于波长时间也是波形曲线衰减到半幅值所需要的时间，它习惯上也被称为半幅值时间。在定义了波头和波长时间后，单极性雷电流脉冲波形可用 T_1/T_2 来表示，如 10/350，8/20 等，这里 T_1 和 T_2 一般采用微秒(μs)作单位。

3. 雷电流陡度

由波头时间和幅值所决定的雷电流上升段变化率常称为雷电流的波头陡度，它对于雷电过电压和电磁干扰水平有直接影响，由感应电压引起的损害是与雷电流的波前部分的雷电流陡度(di/dt)有关。在防雷设计中，也是一个常用的参数。由波头时间和雷电流幅值求出的陡度有时也称为波头平均陡度。例：第一类、第二类、第三类防雷建筑物首次正极性雷电流幅值分别为 200 kA、150 kA、100 kA，如果波头时间为 10 μs 那么其波头平均陡度分别为 20 kA/μs、15 kA/μs、10 kA/μs。

4. 电荷量(Q_s)

电荷量是指雷电流释放的电荷总量，单位为库仑(C)。

四、基于观测的雷电流参数

1. 雷电流参数

为了获取自然雷电的电流波形，早期利用置于雷击地点附近的玄武岩剩磁方法对雷电的峰值电流进行估计，在意大利观象台获得了第一批资料。几十年以后，用高剩磁钢条束代替天然玄武岩的磁钢棒法发展起来，并成为雷电流峰值测量的一种重要方法。很长一段时间内，大量雷电流的测量都是采用置于高压输电线上的磁钢棒获得的，但是这种方法只能记录多次回击雷电中或测量期间所有雷电中的最大电流幅值，并且误差较大。时间分辨的雷电流记录最早得益于高速阴极射线示波器的发展和应用。Berger et al.(1975)将电流测量装置安装在瑞士 San Salvatore 山顶铁塔的两座高 70 m、相隔 400 m 的铁塔顶上，利用高速阴极射线示波器进行记录，获得的雷电流参数直到今天仍然被广泛应用。表 1.3 给出了观测到的负极性闪电的电流参数。

表 1.3　负极性闪电的电流参数(Berger et al.,1975)

参数	单位	样本数	超过列表值得比例		
			95%	50%	5%
峰值电流(最小值 2 kA)					
首次回击	kA	101	14	30	80
继后回击	kA	135	4.6	12	30

续表

参数	单位	样本数	超过列表值得比例		
			95%	50%	5%
电荷(总电荷)					
首次回击	C	93	1.1	5.2	24
继后回击	C	122	0.2	1.4	11
整个闪电过程	C	94	1.3	7.5	40
脉冲电荷(连续电流除外)					
首次回击	C	90	1.1	4.5	20
继后回击	C	117	0.22	0.95	4
波头时间(2 kA-峰值)					
首次回击	μs	89	1.8	5.5	18
继后回击	μs	118	0.22	1.1	4.5
di/dt 最大值					
首次回击	kA/μs	92	5.5	12	32
继后回击	kA/μs	122	12	40	120

2. 标准的闪电电流参数

Anderson et al.(1980)对 Berger et al.(1975)研究中的回击电流波形图进行了数字化,并确定了额外的波前参数。表 1.4 总结了电流(包括首次回击和继后回击)波形参数的对数正态分布特征(摘自 CIGRE63 号文件(1991)和 IEEE 1410—2010 标准)。

表 1.4 标准的闪电电流参数(基于 Berger et al.(1975)的数据)

负极线下行闪电的对数正态分布参数				
参数	首次回击		继后回击	
	M,中值	β,对数标准偏差(e 为底)	M,中值	β,对数标准偏差(e 为底)
波头时间(μs)				
$t_{d10/90}=T_{10/90}/0.8$	5.63	0.576	0.75	0.921
$t_{d30/90}=T_{30/90}/0.6$	3.83	0.553	0.67	1.013
$t_m=I_F/S_m$	1.28	0.611	0.308	0.708
陡度(kA/μs)				
S_m,最大值	24.3	0.599	39.9	0.852
S_{10},10%处	2.6	0.921	18.9	1.404
$S_{10/90}$,10%~90%	5.0	0.645	15.4	0.944
$S_{30/90}$,30%~90%	7.2	0.622	20.1	0.967
峰值(波峰)电流(kA)				
I_1,首个峰值	27.7	0.461	11.8	0.530
I_F,最后的峰值	31.1	0.484	12.3	0.530
比例,I_1/I_F	0.9	0.230	0.9	0.207

3. 防雷工程设计中的相关雷电流参量

地闪可分为正极性和负极性。正极性地闪发生概率比负极性地闪小得多,但幅值和能量都比负极性地闪大,产生的危害也大。首次雷击和连续电流产生的长时间雷击也不一样,所以 GB 50057—2010 标准修订后,列出了它们的雷电流参量,详见表 1.5 至表 1.8,供工程设计上参考使用。

表 1.5　首次正极性雷击的雷电流参量

雷电流参数	防雷建筑物类别		
	一类	二类	三类
I 幅值(kA)	200	150	100
T_1 波头时间(μs)	10	10	10
T_2 半值时间(μs)	350	350	350
Q_s 电荷量(C)	100	75	50
W/R 单位能量(MJ/Ω)	10	5.6	2.5

表 1.6　首次负极性雷击的雷电流参量

雷电流参数	防雷建筑物类别		
	一类	二类	三类
I 幅值(kA)	100	75	50
T_1 波头时间(μs)	1	1	1
T_2 半值时间(μs)	200	200	200
I/T_1 平均陡度(kA/μs)	100	75	50

表 1.7　首次负极性继后雷击的雷电流参量

雷电流参数	防雷建筑物类别		
	一类	二类	三类
I 幅值(kA)	50	37.5	25
T_1 波头时间(μs)	0.25	0.25	0.25
T_2 半值时间(μs)	100	100	100
I/T_1 平均陡度(kA/μs)	200	150	100

表 1.8　长时间雷击的雷电流参量

雷电流参数	防雷建筑物类别		
	一类	二类	三类
Q_l 电荷量(C)	200	150	100
T 时间(s)	0.5	0.5	0.5

第六节　电磁兼容

一、电磁感应

电磁感应是指因为磁通量变化产生感应电动势的现象。电磁感应现象的发现，乃是电磁学领域中最伟大的成就之一。它不仅揭示了电与磁之间的内在联系，而且为电与磁之间的相互转化奠定了实验基础，为人类获取巨大而廉价的电能开辟了道路，在实用上有重大意义。电磁感应现象的发现，标志着一场重大的工业和技术革命的到来。事实证明，电磁感应在电工、电子技术、电气化、自动化方面的广泛应用对推动社会生产力和科学技术的发展发挥了重要的作用。

1. 右手螺旋定则

也叫安培定则，是表示电流和电流激发磁场的磁感线方向间关系的定则。安培定则(一)适用于直导线，表述为：用右手握住通电直导线，让大拇指指向电流的方向，那么四指指向就是磁感线的环绕方向；安培定则(二)适用于通电螺线管，具体表述为：用右手握住通电螺线管，让四指指向电流的方向，那么大拇指所指的那一端是通电螺线管的 N 极(北极)。见图 1.21。

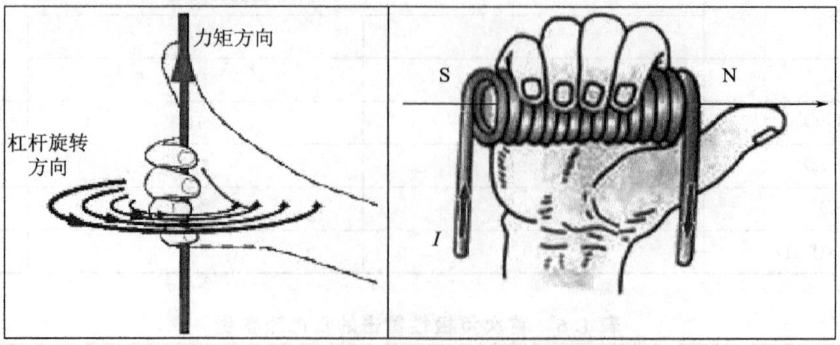

图 1.21　右手螺旋定则示意图

2. 左手定则

左手平展,让磁感线穿过手心,使大拇指与其余四指垂直,并且都跟手掌在一个平面内。把左手放入磁场中,让磁感线垂直穿入手心,手心面向 N 极,四指指向电流所指方向,则大拇指的方向就是导体受力的方向。见图 1.22。

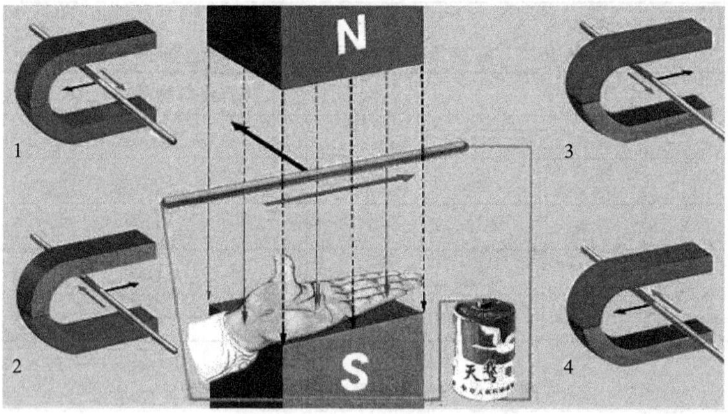

图 1.22　左手定则示意图

高中物理中学习的右手螺旋定则和左手定则的实验,告诉我们有磁就有电,有电就有磁的电磁感应的基本原理。电磁感应现象不应与静电感应混淆。电磁感应将电动势与通过电路的磁通量联系起来,而静电感应则是使用另一带电荷的物体使物体产生电荷的方法。

二、磁感应强度和磁场强度

磁场强度是线圈匝数的一个表征量,反映磁场的源强弱。磁感应强度则表示磁场源在磁场强度特定环境下的效果。打个比方,你用一个固定的力去移动一个物体,但实际对物体产生的效果并不一样,比如你是借助于工具的,也可能你使力的位置不同或方向不同。对你来说你用了一个确定的力。而物体却有一个实际的感受,你作用的力好比磁场强度,而物体的实际感受好比磁感应强度。

1. 磁场强度的定义

磁场强度,是在研究磁介质、推导有磁介质的安培环路定理时引入的辅助物理量,无物理意义,是一个矢量,符号是 $\boldsymbol{H}$,单位是 A/m。它的值为磁通密度 $\boldsymbol{B}$ 除以真空磁导率 μ_0 再减去磁化强度 $\boldsymbol{M}$,即

$$\boldsymbol{H}=\frac{\boldsymbol{B}}{\mu_0}-\boldsymbol{M}$$

$\boldsymbol{H}$ 为矢量。这样,在恒定磁场中磁场强度的闭合环路积分仅与环路所链环的传导电流 I_c 有关而不含束缚分子电流,即

$$\oint \boldsymbol{H}\cdot \mathrm{d}l=\sum I_{\mathrm{C}}$$

真空中的磁场强度

$$H=\frac{B}{\mu_0}$$

2. 磁感应强度的定义

磁感应强度：又称磁通密度，单位体积/面积里的磁通量，用于描述磁场的能量强度的物理量，是一个矢量，符号是 $\boldsymbol{B}$，单位是特斯拉(T)。用单位长度的导线，放在均匀的磁场中，通过单位电流所受到的力的大小，表示磁场的强弱——磁感应强度。磁感应强度是磁场本身的性质，电磁感应部分又叫磁通密度，表示单位面积磁感线条数。

3. 单位换算

在《建筑物防雷装置检测技术规范》(GB/T 21431—2015)中提到，由于雷击电磁脉冲的干扰，对计算机而言，在无屏蔽状态下，当环境磁场强度大于 0.07 Gs 时，计算机会误动作，当环境磁场感应强度大于 2.4 Gs 时，设备会发生永久性损坏。而国家标准《数据中心设计规范》(GB 50174—2017)中对于数据中心机房的电磁干扰的磁场强度不应大于 30 A/m。各个标准采用了不用的单位，下面给出它们的换算方法。

从前面的定义可以看出，当以空气为介质时，没有磁化强度这个参量，磁场强度和磁感应强度的数值只受真空磁导率 μ_0 的影响，也就是说两者在数值上是可以换算的。

$$H=\frac{B}{\mu_0}$$

磁场强度 $\boldsymbol{H}$ 的单位在国际单位制中为(A/m)，在 CGS 制中为高斯(Gs)，磁感应强度 $\boldsymbol{B}$ 的单位在国际单位制中为特斯拉(T)，真空磁导率为常数 $\mu_0=4\pi\times10^{-7}$ T/(A/m)。

$$H=\frac{B}{\mu_0}=\frac{B}{4\pi\times10^{-7}}=79.6\times10000\times B$$

$$1\ \text{T}=10000\ \text{Gs}$$

$$1\ \text{Gs}=79.6\ \text{A/m}$$

所以 0.07 Gs 只等于 5.57 A/m，2.4 Gs 等于 191 A/m。GB 50174—2017 中对于数据中心机房的电磁干扰的磁场强度不应大于 30 A/m 的规定虽然不会对数据机房产生永久性损坏，但还是会产生误动作。

三、电磁兼容的定义

国际电工委员会标准 IEC 对电磁兼容(Electromagnetic Compatibility，EMC)的定义是：系统或设备在所处的电磁环境中能正常工作，同时不对其他系统和设备造成干扰。

EMC 包括 EMI(电磁干扰)及 EMS(电磁耐受性)两部分，所谓 EMI 电磁干扰，乃为机器本身在执行应有功能的过程中所产生不利于其他系统的电磁噪声；而 EMS 乃指机器在执行应有功能的过程中不受周围电磁环境影响的能力。

电磁兼容性(EMC)是指设备或系统在其电磁环境中符合要求运行并不对其环境中的任何设备产生无法忍受的电磁干扰的能力。因此，EMC 包括两个方面的要求：一方面是指设备在正常运行过程中对所在环境产生的电磁干扰不能超过一定的限值；另一方面是指器具对所在环境中存在的电磁干扰具有一定程度的抗扰度，即电磁敏感性。系统要发生电磁兼容性问题，必须存在 3 个因素，即电磁骚扰源、耦合途径、敏感设备。所以，在遇到电磁兼容问题时，要从这 3 个因素入手，消除其中某一个因素，就能解决电磁兼容问题。雷击是一个电磁脉冲，在遭受雷击的过程中，电子电气设备存在着电磁兼容问题。

四、电磁兼容设计

电磁兼容是指设备在共同的电磁环境中能一起执行各自功能的共存状态。也就是说一个装置不向它所处的环境或该环境中的装置排放超过允许范围的干扰，同时又能在其所处的电磁环境中满意地工作。同其他性能一样，产品的电磁兼容性能在设计时就要予以考虑，即在产品研制开发的初始阶段同时进行电磁兼容设计。

1. 有源器件的选用和印制电路板设计

有源器件的敏感特性和电磁骚扰发射特性，其作用相当于一个发射源。一般来说，高速逻辑电路、高速时钟电路、视频电路和一些含有电接点的电器等都是潜在的电磁干扰源，还有微处理器、低电平模拟电路等也很容易被骚扰而产生误动作，如果电磁干扰的有效频带宽度全部或部分落在模拟电路的接收带宽内，则骚扰就被接收并迭加到有用信号上，信号足够大时，就会影响设备的正常工作。正确选择相位和反馈，以避免模拟电路振荡。数字电路既是骚扰源又容易受到骚扰。选用较低的脉冲重复频率和较慢的上升/下降，将降低数字电路的电磁骚扰。

瞬态地电流和瞬态负载电流是传导骚扰和辐射骚扰的初始源，通过印制板设计可以减小。为了控制印制电路板的差模辐射，合理安排电路，使接地回线保持最短最直，并尽可能不使这些线路相互交叉，还应将信号和回线紧靠在一起，减小信号路径形成的环路面积。采用地线网络或接地平面，合理选择接地点，滤波器滤除共模电流，或采用屏蔽电缆抑制共模辐射。印制板上各部分电路以相互之间不产生干扰，并能减小电磁骚扰发射，提高抗扰性为原则。

2. 地线设计

一个良好的接地是可靠的抗扰设备的运行基础，一个理想的接地板应是零电位和零电阻的物体。对有关电路的所有信号而言，它均可用作参考(基准)，任何不需要的信号均可在此传输而不产生压降。理想的接地板将在系统的任何地方给设备提供一个公共的电位参考点，板上任何两点间不存在电压降。事实上，由于接地材料的特性所限，不存在理想的接地板，因而系统中的接地点之间总是存在一定的电位差。一个接地系统的有效性，取决于接地系统的电位差和减小地电流。一个不好的接地系统，往往使这些杂散的寄生的电压 & 电流耦合到电路 & 分系统或设备中去，从而使一个屏蔽很好的单元的屏蔽有效度下降，一定程度上抵消了滤波器的作用并产生电磁干扰问题。

各种接地系统均必须满足如下几点安全要求：

(1)防止来自电源系统的电击。

(2)保证人身与财产的防雷。

(3)作为公共电路回线提供信号地。

由于浮地系统可消除地电位影响，在低频和高频低端特别有效；多点接地是在射频段避免在接地系统中产生驻波效应。设计时可综合使用浮地系统、一点接地系统和多点接地系统等接地技术；用平衡电路代替不平衡电路；在屏蔽机壳上安装滤波器连接器，在两个电路之间的连线上套上铁氧体磁环等措施。

3. 屏蔽

设计良好的屏蔽，以防止由于静电放电所产生的电场或磁场，抑制电磁波在空间的传播。屏蔽结构设计：

(1)电屏蔽结构改善电接触，使屏蔽组合体各部分之间的接触电阻减至最小。

(2)低频磁屏蔽结构通过屏蔽盒的高磁导性能来实现，当屏蔽盒由两部分组成时，其接缝处间隙的磁阻比较大，所以在结构设计和装配工艺方面力求减小间隙的磁阻。

(3)屏蔽材料低频磁场，屏蔽材料的导磁率要高。对于高频磁场，屏蔽材料的导电率要高；要防止磁场饱和导磁率下降。

第二章　雷击选择性及危害

雷电是大气中的放电现象，在过去的10多年里通过卫星的观测，人们已经获取了大量闪电活动资料，据Zhang et al.（2010）统计，OTD（光学瞬态探测器）和LIS（闪电成像仪）探测到的全球闪电频次平均为（46±5）次/s，一年里从最少的35次/s（出现在北半球冬季）到最多55次/s（出现在北半球夏季），这些闪电的发生正是雷电孕灾环境的直接反映。雷电灾害造成的人员伤亡和财产损失不容忽视。据Curran et al.（2000）统计，美国1964—1994年30年间，因雷击平均每年造成87人死亡，雷击死亡人数仅次于因山洪、洪水引发的死亡人数。雷电已经成为气象灾害中造成人员伤亡的重要因素，成为当今防灾减灾的重要对象。

第一节　雷击的选择性

一、户外雷击的选择性

对于户外来说，高耸建（构）筑物，金属结构的建（构）筑物，内部有大量金属体的厂房，或者内部经常潮湿的房间，因导电性好，都是容易引发雷击的。在平坦空旷的地方，即使建筑物不高，但是由于它比较孤立、突出，为上行先导创造了条件，因而也比较容易遭雷击。如田间的休息凉亭、草棚、水车棚、工具棚等。图2.1和图2.2都是户外雷击选择的结果。

图2.1　某公园五羊雕塑羊角被雷击落图

图2.2　海南某虾塘工棚被雷击现场

户外雷击也经常发生在有金属矿床的地区、江河湖海岸、地下水出口处，山坡与稻田接壤的地上，因为在这些地方具有不同土壤电阻率，这样的交界地段也是户外雷击最好的选择。在湖沼、底洼地区和地下水位高的地方也容易遭受雷击。此外地面上的设施状况，也是影响雷击选择性的重要因素，烟囱冒出的热气和烟囱排出的大量含有导电微粒和游离分子气团，它比空气易于导电，等于加高了烟囱，也易引发雷击。

二、雷击建筑物的选择性

由于雷电形成的物理机制，导致雷击建筑物时，不同的地方被雷击的可能性存在差别，以下部位容易遭受雷击（见图2.3）：

(1)平屋面和坡度≤1/10 的屋面:檐角、女儿墙和屋檐;

(2)坡度>1/10,<1/2 的屋面:屋角、屋脊、檐角和屋檐;

(3)坡度>1/2 的屋面:屋角、屋脊和檐角。

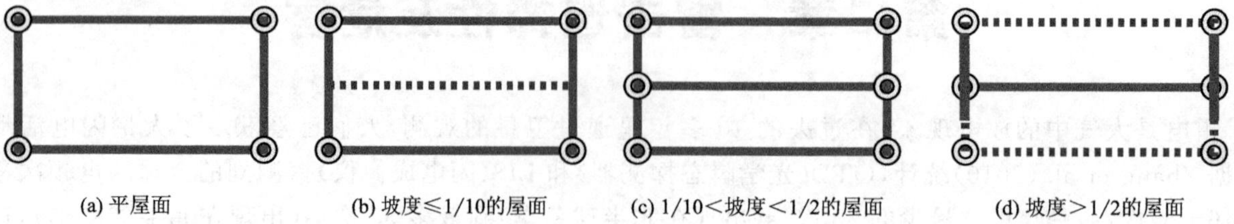

图 2.3 建筑物易受雷击部位

对于坡度大于 10%的屋面,在屋脊有接闪器的情况下,当屋檐处屋脊接闪器的保护范围内时,屋檐上可不设接闪带。

三、建筑物年预计雷击次数的计算

1. 建筑物年预计雷击次数

建筑物年预计雷击次数应按下式确定:

$$N = kN_gA_e \tag{2.1}$$

式中:N—建筑物预计雷击次数(次/a)。k—校正系数,在一般情况下取 1,在下列情况下取相应数值:位于旷野孤立的建筑物取 2;金属屋面的砖木结构建筑物取 1.7;位于河边、湖边、山坡下或山地中土壤电阻率较小处、地下水露头处、土山顶部、山谷风口等处的建筑物,以及特别潮湿的建筑物取 1.5。N_g—建筑物所处地区雷击大地的年平均密度(次·km^{-2}·a^{-1})。A_e—与建筑物截收相同雷击次数的等效面积(km^2)。

2. 雷击大地的年平均密度

雷击大地的年平均密度应按下式确定:

$$N_g = 0.1T_d \tag{2.2}$$

式中:T_d—年平均雷暴日(d),根据当地气象台、站资料确定。

在本书第一章中比较了标准修订前后给出的两个计算雷击大地年平均密度的计算公式,修订后的标准关于雷击大地年平均密度的计算对高雷暴地区影响较小。目前均采用以上公式来计算。

3. 建筑物等效面积 A_e

建筑物的等效面积应为其实际面积与向外扩大后的面积之和。假设建筑物的长、宽、高分别为 L、W、h,建筑物的扩大宽度可从图 2.4 中看到,建筑物扩大后的面积为图中周边虚线所包围的面积,由周边的 4 个矩形和 4 个扇形组成,进一步可知,4 个扇形刚好组成了一个以扩大宽度为半径的圆。

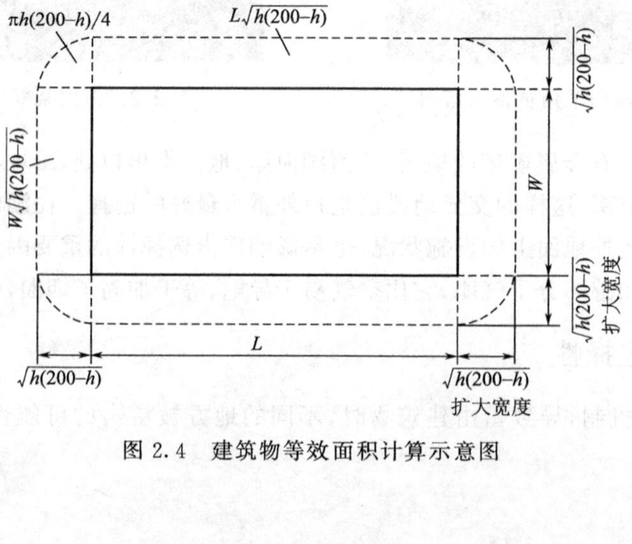

图 2.4 建筑物等效面积计算示意图

建筑物等效面积 A_e 的计算方法应符合下列规定：

(1)当建筑物的高 h 小于 100 m 时，其每边的扩大宽度和等效面积应按下列公式计算确定：

$$D=\sqrt{h(200-h)} \tag{2.3}$$

$$A_e=[LW+2(L+W)\cdot\sqrt{h(200-h)}+\pi h(200-h)]\cdot 10^{-6} \tag{2.4}$$

式中：D—建筑物每边的扩大宽度(m)；L、W、h—建筑物的长、宽、高(m)。

(2)当建筑物的高度小于 100 m，同时其周边在 $2D$ 范围内有等高或比它低的其他建筑物，这些建筑物不在所考虑建筑物以 $h_r=100$(m)的保护范围内时，按式(2.4)算出的 A_e 可减去$(D/2)\times$(这些建筑物与所考虑建筑物边长平行以米计的长度总和)$\times 10^{-6}$(km^2)。当四周在 $2D$ 范围内都有等高或比它低的其他建筑物时，其等效面积可按下式计算：

$$A_e=\left[LW+(L+W)\sqrt{h(200-h)}+\frac{\pi h(200-h)}{4}\right]\times 10^{-6} \tag{2.5}$$

(3)当建筑物的高度小于 100 m，同时其周边在 $2D$ 范围内有比它高的其他建筑物时，按式(2.4)算出的等效面积可减去 $D\times$(这些建筑物与所考虑建筑物边长平行以米计的长度总和)$\times 10^{-6}$(km^2)。当四周在 $2D$ 范围内都有比它高的其他建筑物时，其等效面积可按下式计算：

$$A_e=LW\times 10^{-6} \tag{2.6}$$

(4)当建筑物的高度大于或等于 100 m 时，其每边的扩大宽度应按等于建筑物的高计算，建筑物的等效面积应按下式计算：

$$A_e=[LW+2h(L+W)+\pi h^2]\times 10^{-6} \tag{2.7}$$

(5)当建筑物的高度大于或等于 100 m，同时其周边在 $2h$ 范围内有等高或比它低的其他建筑物，且不在所确定建筑物以滚球半径等于建筑物高(m)的保护范围内时，按式(2.7)算出的等效面积可减去$(h/2)$$\times$(这些建筑物与所确定建筑物边长平行以米计的长度总和)$\times 10^{-6}$(km^2)。当四周在 $2h$ 范围内都有等高或比它低的其他建筑物时，其等效面积可按下式计算。

$$A_e=\left[LW+h(L+W)+\frac{\pi h^2}{4}\right]\times 10^{-6} \tag{2.8}$$

(6)当建筑物的高度大于或等于 100 m，同时其周边在 $2h$ 范围内有比它高的其他建筑物时，按式(2.7)算出的等效面积可减去 $h\times$(这些建筑物与所确定建筑物边长平行以米计的长度总和)$\times 10^{-6}$(km^2)。当四周在 $2h$ 范围内都有比它高的其他建筑物时，其等效面积可按式(2.6)计算。

(7)当建筑物各部位的高不同时，应沿建筑物周边逐点算出最大扩大宽度，其等效面积应按每点最大扩大宽度外端的连接线所包围的面积计算。

为了更好的理解以上各种情况下，建筑物等效面积 A_e 的计算方法，当建筑物高度小于 100 m 时按照位置示意、计算条件和计算公式列入表 2.1，当建筑物高度大于或等于 100 m 时按照位置示意、计算条件和计算公式列入表 2.2。

表 2.1　建筑物 A 等效面积 A_e 计算方法汇总表(高度 $h<100$ m)

位置示意	计算条件		计算公式
	$h<100$ m	周边 $2D$ 内无建筑物 $A_e=A_{es}$	$A_e=[LW+2(L+W)\cdot\sqrt{h(200-h)}+\pi h(200-h)]\cdot 10^{-6}$
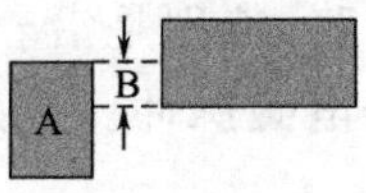 B为平行边长		周边 $2D$ 内建筑物高 $\leqslant h$(不在保护范围)	$A_e=A_{es}-(D/2)\times B\times 10^{-6}$
		周边 $2D$ 内建筑物高 $>h$	$A_e=A_{es}-D\times B\times 10^{-6}$
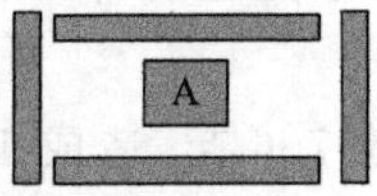		四周 $2D$ 内建筑物高 $\leqslant h$(不在保护范围)	$A_e=[LW+(L+W)\cdot\sqrt{h(200-h)}+\pi h(200-h)/4]\cdot 10^{-6}$
		四周 $2D$ 内建筑物高 $>h$	$A_e=[L\times W]\cdot 10^{-6}$

表 2.2　建筑物 A 等效面积 A_e 计算方法汇总表(高度 $h \geqslant 100$ m)

位置示意	计算条件		计算公式
	$h \geqslant 100$ m	周边 $2h$ 内无建筑物 $A_e = A_{es}$	$A_e = [LW + 2(L+W) \cdot h + \pi h^2] \cdot 10^{-6}$
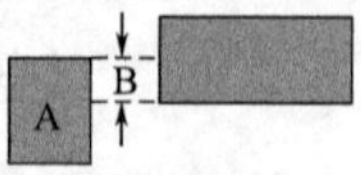 B为平行边长		周边 $2h$ 内建筑物高 $\leqslant h$(不在保护范围)	$A_e = A_{es} - (h/2) \times B \times 10^{-6}$
		周边 $2h$ 内建筑物高 $> h$	$A_e = A_{es} - h \times B \times 10^{-6}$
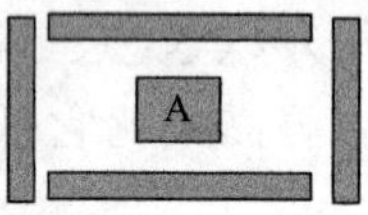		四周 $2h$ 内建筑物高 $\leqslant h$(不在保护范围)	$A_e = [LW + (L+W) \cdot h + (\pi h^2)/4] \cdot 10^{-6}$
		四周 $2h$ 内建筑物高 $> h$	$A_e = [L \times W] \cdot 10^{-6}$

更进一步,还可以采用作图法来计算建筑物的等效面积,应用 AutoCAD 中的多段线画图,采用 offset 偏移命令,计算面域的功能完成。

4. 建筑物入户设施的等效面积 A'_e

以上介绍了雷击建筑物的等效面积的计算方法,实际上为了更精细的计算,还应考虑雷击建筑物入户设施的影响。我们用建筑物入户设施的截收面积来表示入户设施的雷击等效面积 A'_e,它应是电源线缆入户设施等效面积 A'_{e1} 和信号线缆入户设施等效面积 A'_{e2} 之和。表 2.3 给出建筑物入户设施等效面积的计算方法。

表 2.3　建筑物入户设施的等效面积(有效截收面积)

线路类型	有效截收面积 A'_e(km^2)
低压架空电源电缆	$2000 \times L \times 10^{-6}$
高压架空电源电缆(至现场变电所)	$500 \times L \times 10^{-5}$
低压埋地电源电缆	$2 \times d_s \times L \times 10^{-6}$
高压埋地电源电缆(至现场变电所)	$0.1 \times d_s \times L \times 10^{-6}$
架空信号线	$2000 \times L \times 10^{-6}$
埋地信号线	$2 \times d_s \times L \times 10^{-6}$
无金属铠装和金属芯线的光纤电缆	0

注:1　L 是线路从所考虑建筑物至网络的第一个分支点或相邻建筑物的长度,单位为 m,最大值为 1000 m,当 L 未知时,应取 $L=1000$ m。

2　d_s 表示埋地引入线缆计算截收面积时的等效宽度,单位为 m,其数值等于土壤电阻率的值,最大值取 500。

第二节　雷击危害

雷电是发生在大气中的一种特殊的天气现象,伴随着瞬态大电流、高电压和强电磁辐射等特征,常会引起重大的灾害事故。雷电的破坏作用主要是雷电流引起的,它的危害基本上可分为 4 种类型:一是直击雷的作用,即雷电直接击在建筑物或设备上发生的热效应作用(雷电流通道温度可达 20 000 ℃,是太阳表面温度的 3.3 倍多)和电动力作用;二是雷电感应,其包括雷电静电感应、雷电电磁感应;三是雷电波侵入,即雷电对架空线路或金属管道的作用,所产生的雷电波可能沿着这些金属导体、管路,特别是沿着天线或架空电线引入室内,形成所谓高电位引入,而造成火灾或触电伤亡事故;四是雷击电磁脉冲。此外,对人员还会产生跨步电压、接触电压、旁侧闪络等危害(高燚 等,2014)。

雷电灾害已被联合国列为"最严重的十种自然灾害之一",被中国国防电工委员会称为"电子时代的一大公害"。全球每年的雷电灾害人员伤亡超过 1 万人,估计经济损失数十亿美元。据不完全统计,我国每年因雷电灾害造成的人员伤亡人数接近 1 千人,财产损失在 50~100 亿元。

据海南省防雷减灾管理办公室不完全统计,1999—2017 年,海南省共发生雷击事故 756 起,造成 171 人死亡,255 人受伤,1 人失踪,并造成大量电子电气设备和部分建筑物等损坏,经济损失近 2.8 亿元。近年来还出现了新特点(Gao et al.,2015):

受灾面积不断扩大，从电力、建筑这两个传统领域扩展到几乎所有行业，尤其是与高新技术密切相关的领域，如航空航天、国防、邮电通信、石油化工、金融证券等；从二维空间入侵变为三维空间入侵。从闪电直击和过电压沿线传输变为闪电的电磁脉冲电磁场从三维空间入侵到任何角落，造成灾害；雷灾的经济损失和危害程度大大增加，受袭击对象本身的经济损失有时并不大，但由此产生的间接经济损失和影响却难于估计。

产生上述特点的根本原因，也就是关键的特点是雷灾的主要对象已集中在微电子器件设备上。

一、地闪的危害

1. 直击雷

闪击直接击在建(构)筑物、其他物体、大地或外部防雷装置上，产生电效应、热效应和机械力。

(1)雷电的热效应：在雷暴云对地放电时，强大的雷电流从雷击点注入被击物体，由于雷电流幅值高达数十至数百 kA，其热效应可以在雷击点局部范围产生高达 10000～20000 ℃，甚至更高的温度，能够使金属熔化，树木、草堆被燃烧，当闪电电涌侵入建筑物内低压供配电线路时，可以将线路熔断，这些由雷电流的巨大能量使被击物体燃烧或金属材料熔化的现象都属于典型的雷电流的热效应破坏作用，如果防护不当，就会造成灾害。

(2)机械效应：在发生雷击时，雷电的机械效应所产生的破坏作用表现为如下两种形式。

①雷电流流过金属物体时产生的电动力。由于雷电流的峰值很大，作用时间短，产生的电动力具有冲力的特性。因此，首先要考虑二条平行导体流过同方向的雷电电流时相互的电动力问题。另一种情况是避雷针引下线、避雷线、避雷带或建筑物高楼顶上各种金属物之间作等电位联结的导体弯曲部分的电动力分布。所以，凡是雷电电流有可能流过的导体必须避免弯成直角或锐角，在弯曲处要用较牢固的机械固定法。

②雷电流注入树木或建筑构件时在它们内部都产生的内压力。由于雷电流很大，通过的时间又短，如果雷电击在树木或建筑构件上，被雷击的物体瞬间将产生大量热能，又来不及散发，导致物体内部的水份大量变成蒸气，并迅速膨胀，产生巨大的内应力。这种内应力是一种爆炸力，雷电通道的温度高达几千至几万摄氏度，空气受热急剧膨胀，并以超声速度向四周扩散，其外围附近的冷空气被强烈压缩，形成“激波”。这种“激波”在空气中传播，会使其附近的建筑物、人、畜受到破坏和伤亡。其破坏作用就跟炸弹爆炸时附近的物体和人、畜受损害一样。

直击雷中最神秘的算是球形雷了，来去无踪影。球形雷是直击雷的特殊方式，对它的防护只有通过屏蔽的方法，雷雨天不让空气在室内对流，门窗装上金属屏蔽网，并做良好接地。阻止球形雷进入室内，同时让它快速入地，才能有效防护。

2. 雷电感应

闪电放电时，在附近导体上产生的雷电静电感应和雷电电磁感应，它可能使金属部件之间产生火花放电。

(1)雷电静电感应：由于雷云的作用，使附近导体上感应出与雷云符号相反的电荷，雷云主放电时，先导通道中的电荷迅速中和，在导体上的感应电荷得到释放，如没有就近泄入地中就会产生很高的电位。

在各种金属屋顶或架空线路(这种感应高电压在高压架空线路可达 300～400 kV，一般低压架空线路可达 100 kV，电信线路可达 40～60 kV)上，会因为其上空的带电雷暴云层的存在产生静电感应，带上与云层相反的电荷，当先导达到地面时，回击发生，先导通道中的电荷迅速中和。金属屋顶或架空线路上的电荷就会形成对地的高电位，如果没有通路泄放，金属屋顶与屋内的人或金属设备之间就会发生击穿放电，危机人的生命安全和设备损坏(图 2.5)。如果泄放通路不畅，接触不良，电阻过大，电流通过接触不良处时，就会产生火花放电，点然易燃易爆物体，发生火灾。如果发生在架空线路上，未被击中的电荷失去束缚就可以自由运动，形成电涌电压，会沿着架空导体两侧传播，当它沿线路进入建筑物时，将会对建筑物内的电气和电子设备造成损坏。

(2)雷电电磁感应：由于雷电流迅速变化在其周围空间产生瞬变的强电磁场，使附近导体上感应出很高的电动势。

雷电流具有很大的幅值和波头上升陡度，能在所流过的路径周围产生很强的暂态脉冲磁场，这种快

图 2.5　油罐顶部产生雷电感应电荷示意图

速变化的脉冲磁场交链导体回路时，能在回路中感应出电动势，产生过电压和过电流。过电压的伏值可达几十万伏，会使连接的电气设备绝缘发生闪络或击穿，损坏电子设备，甚至引起火灾爆炸，造成人身伤亡。

雷电流使周围空间产生瞬变的强大电磁场，使附近导体上感应出较大的电动势。例如 5 m×5 m 的开口金属框，如果附近 100 m 有 100 kA 的雷电流，可感应出 1 kV 左右的电压。雷击电磁感应，对弱电设备危害极大，当电磁感应强度 $\boldsymbol{B}>0.07$ Gs 时可造成微电子设备误动作，$\boldsymbol{B}>0.75$ Gs 时可造成假性损坏，$\boldsymbol{B}>2.4$ Gs 时可造成永久性损坏(图 2.6)。

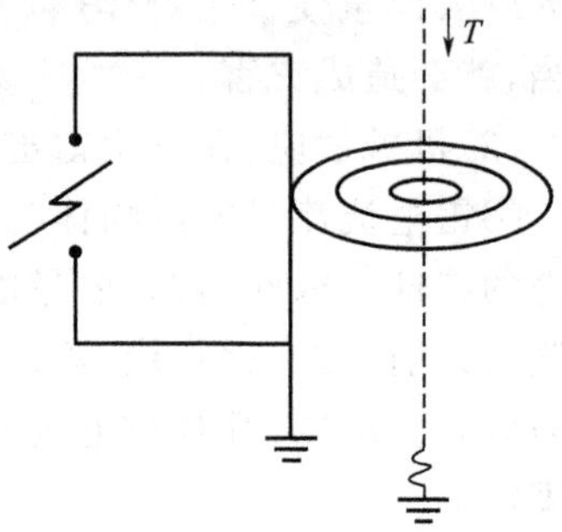

图 2.6　开口金属框产生雷电电磁感应示意图

3. 雷电波侵入

由于雷电对架空线路、电缆线路或金属管道的作用，雷电波，即雷电电涌，可能沿着这些管线侵入屋内，危及人身安全或损坏设备。雷电击于防雷装置或线路上表现为过电压、过电流的瞬态波，它是由雷击电磁脉冲引起的。雷电电磁脉冲是一种干扰源，是指闪电直接击在建筑物防雷装置和建筑物附近所引起的效应。

不论是闪电在空间的先导或回击通道中闪电产生的瞬变电磁场，或者是闪电击在避雷针系统以后所产生瞬变电场，都会在空间一定范围内产生电磁作用，它可以是法拉第电磁感应定律所决定的电磁感应作用，也可以是脉冲电磁辐射。机房内布置设备时，千万要注意远离外墙柱子，一些大的金属柜体及机器设备如主机、精密空调、UPS、电池柜，以及铝合金门窗都必须接地良好。

4. 雷电反击

在遭受直击雷击的物体(金属体、树木、建筑物等)或防雷装置(接闪器、引下线、接地体、电涌保护器)等，在接闪雷电瞬间与大地间存在很高的电位差，从而产生强大的过电压和过电流。如果没有采取可靠的等电位连接，必然产生雷电反击，雷电反击的危害是室内设备遭受损失最常见的，必须引起高度重视。图 2.7 为雷电反击示意图。

二、雷电对人员危害

雷电对人造成的危害主要有 4 种类型，包括直接雷击、接触电压、跨步电压和旁侧闪络。跨步电压造成人员伤亡的概率最大，往往是户外作业人员必须重视的。

1. 直接雷击

直接雷击也就是直击雷，是指雷电直接击中人体造成的危害。最严重的情况是雷电流从头部输入，经心脏由脚底进入大地。人的心脏对雷电流的承受是有一定极限的，当 1 mA 左右的电流通过人体时，会产生麻刺等不舒服的感觉，当 10～30 mA 的电流通过人体，会产生麻痹、剧痛、痉挛、血压升高、呼吸困难等症状，但通常不致有生命危险，当电流达到 50 mA 以上，就会引起心室颤动而有生命危险。实验证明 100 mA 以上的电流，足以致人于死地，当 90～100 mA 的雷电流通过心脏，持续 3 min 或更长时间后，可

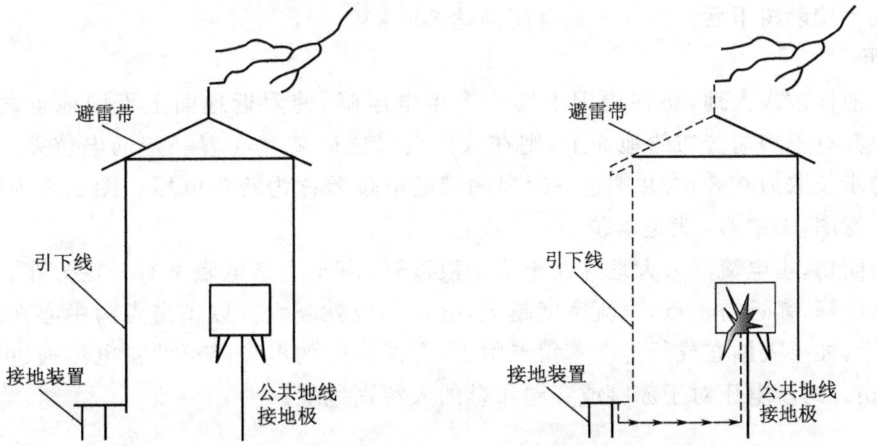

图 2.7　建筑物及室内设备遭受雷电反击示意图

导致人员进入假死状态。这种情况主要是强大的闪电脉冲电流通过心脏时，出现血管痉挛、心搏停止，严重时会出现心室纤维颤动，使心脏供血功能发生障碍或心脏停止跳动。有在 40 min 内用心肺复苏法进行抢救而使被雷击人员复活的个例，“假死”后及时抢救的时间越短，复活的概率越高。错误的观念认为被闪电击中的人体内还有电，而不敢去触摸他，导致抢救时间被拖延。实际上雷电流流经心脏和人体脑下部的呼吸中枢时，使人停止呼吸，常表现为“假死”，造成人体的血液循环和心脏暂停现象。因此，应就地及时进行人工呼吸抢救。

此外，雷电流还会伤害大脑神经中枢，使人呼吸停止，也是对人体造成危害的另一种表现，当然还有雷电流通过机体时造成电灼伤或肌肉闪电性麻痹，严重者也会导致灼伤死亡。

2. 接触电压

雷击其他物体（如建筑物、大树、电线杆）时，雷电流由该物体上流过，在物体上顺电流方向上每两点之间有较大的电位差。当人体某部位接触到被雷击的物体时，雷电流就从接触点进入人体，从另一接触点或脚底下流出。接触电压轻者使人短时麻痹，重者昏迷甚至死亡。如图 2.8 所示。

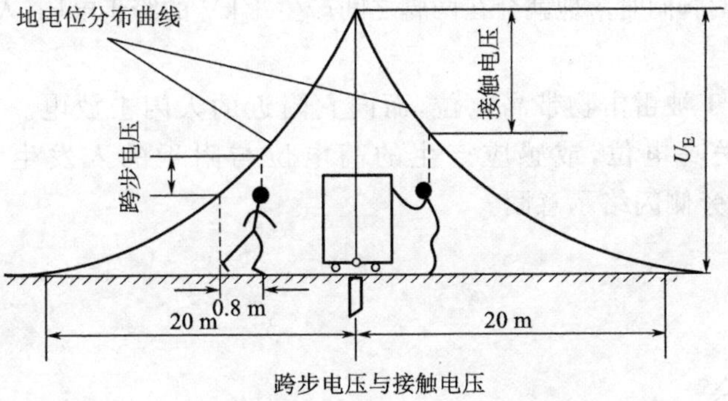

图 2.8　跨步电压与接触电压危害示意图

例如，有人站在椰子树下避雨，假设树干单位长度电阻为 20 Ω/m、单位长度电感为 2 μH/m，假设这时大树正好被正极性的首次雷电击中，设雷电流为 40 kA，人靠树接触点离地 1 m，可求此时人手接触树干后产生的接触电压。

设人手接触点的电位为 U，由于树干有电阻和电感，因此，接触电压（对地的电位）由电阻压降 U_g 和树干电感压 U_L 降组成。

$$U = U_g + U_L = IR + L_0 \cdot h \cdot dI/dt$$

已知 $I=40$ kA，$R=20$ Ω，$L_0=2$ μH/m，$h=1$ m，首次正极性雷击波头时间为 10 μs，$dI/dt=4$ kA/μs。

代入上式，$U = 40\ \text{kA} \times 20\ \Omega + 2\ \mu\text{H/m} \times 1\ \text{m} \times 4\ \text{kA}/\mu\text{s}$

$= 800\ \text{kV} + 8\ \text{kV}$

$= 808\ \text{kV}$。

可见此时人手接触树干后产生的接触电压高达 808 kV。

3. 跨步电压

雷电流经接地体散入大地，将在周围土壤中产生电压降，使附近地面上不同地点之间出现电位差。如果人站在这块具有不均匀分布的地面上，则在人的两脚之间就存在着一定的电位差。电气工程上，通常将人跨一步的步长取为 0.8 m，并把这一距离两端的电位差称为跨步电压。图 2.8 为跨步电压与接触电压造成危害示意图，图中 U_E 为地电位。

雷电击中地面物，雷电流泄入大地并在土壤中散流开，由于土壤电阻率有一定分布，雷电流在地面上各点间就出现电位降，靠近雷击点，电流密度越大，电位降也就越大。以雷击点为中心在地面形成桃形放电，如图 2.9 所示，如果人站在或行走在落雷点附近，在两脚间的电位降可使雷电流通过两脚和躯干的下部，人就会被击伤。跨步电压对于赤脚或穿湿布鞋的人特别危险。

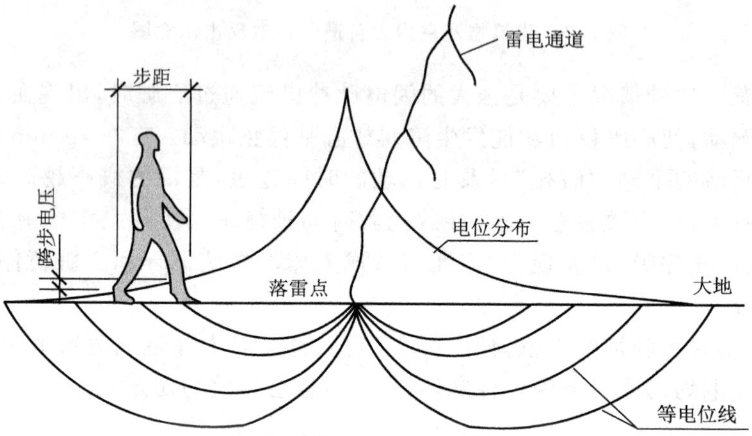

图 2.9　雷击大地电位桃形分布图

假如有人在距落雷点 40 m 的地方行走，在跨步两脚同时落地时正好发生雷击，假设是正极性的首次雷击，落雷点产生 40 kV 的高电位，设地面电位梯度均匀为 1 kV/m，由于距离落雷点越远，地电位越小，到人走路的地面还有 1 kV，这时如果跨步两脚同时落地就会在两脚之间产生 1 kV 的跨步电压，人员遭受雷击。

4. 旁侧闪络

物体被雷电击中时，由于被雷击物带高电位，而向它附近的人闪击放电。有时由于较远地方的物体受雷击，能通过金属线输送高电位，或感应产生的高电位与附近的人发生旁侧闪络造成人员死亡。图 2.10 为树下和棚内发生旁侧闪络示意图。

(a) 人在大树下发生的旁侧闪络

(b) 雷雨时在棚底发生的旁侧闪络（U_1和U_2为室外、室内电位差）

图 2.10　雷击产生旁侧闪络危害示意图

第三章　建筑物防雷

建筑物是人们生产生活的地方，做好建筑物的防雷设计，在其投入使用之前达到防雷安全的要求是减少雷电灾害的重要手段。任何设计都必须遵守相关的标准和规范，标准和规范来自实践和科学研究，是千百万科技工作者智慧的结晶。随着技术的进步，标准也在不断地修改和更新。标准是在一定的范围内获得最佳秩序，对活动或其结果规定共同的和重复使用的规则、导则或特性的文件，该文件经协商一致制定并经一个公认机构批准，以科学、技术和实践经验的综合成果为基础，以促进最佳社会效益为目的。从标准的概念上可以看出，标准具有前瞻性、科学性、民主性和权威性 4 种特性。

在中国现行的标准中主要有 5 类：国际标准、国家标准、行业标准、地方标准和企业标准。近年来发展起来的团体标准，未来也将在标准中占有一席之地。

防雷设计也不例外，防雷国际标准的制订主要由 IEC（国际电工委员会）和 ITU（国际电信联盟）进行，IEC/TC81（第 81 技术委员会——防雷）是最重要的防雷技术标准工作委员会。目前较常用建筑物防雷国际标准主要是：

《IEC 62305-1 雷电防护．第 1 部分：总则》

《IEC 62305-2 雷电防护．第 2 部分：风险管理》

《IEC 62305-3 雷电防护．第 3 部分：建筑物的物理损害和生命危险》

《IEC 62305-4 雷电防护．第 4 部分：建筑物内电气和电子系统》

这个系列标准 2010 年完成修订，我国于 2015 年出版了等同标准 GB/T 21714，完成了国际标准在我国的应用。

国家标准《建筑物防雷设计规范》是防雷设计中最基本、最重要和应用最广泛的防雷国家标准，也是每一个防雷技术人员必须掌握的，自从 1994 年颁布以来修订了两次，第一次是 2000 年，第二次是 2010 年，目前在用的是 GB 50057—2010，于 2010 年 11 月 3 日发布，2011 年 10 月 1 日起实施。下面以这部国家标准为核心介绍建筑物防雷设计。

第一节　总则

建筑物防雷设计包括了新建、扩建、改建建（构）筑物的防雷设计，设计总原则是因地制宜地采取防雷措施，防止或减少雷击建（构）筑物所发生的人身伤亡和文物、财产损失，以及雷击电磁脉冲引发的电气和电子系统损坏或错误运行。建（构）筑物防雷设计不仅要做到安全可靠、技术先进、经济合理，还应在认真调查地理、地质、土壤、气象、环境等条件和雷电活动规律，以及被保护物的特点的基础上，详细研究并确定防雷装置的形式及其布置。

第二节　相关术语

雷电防护技术是近年来发展起来的一门大气物理分支科学，也产生了一些较为专业的术语和定义，特别是相关标准中也采用了这些术语，要更好地理解这些术语和定义，需对它们进行全面的解释。下面归纳了标准中的一些重要术语和定义。

1. 雷击　lightning stroke

对地雷闪击中的单次放电。

2. 短时间雷击　short stroke

对地雷闪的组成部分，它对应一个冲击电流。

3. 长时间雷击　long stroke

对地雷闪的组成部分，它对应一个连续电流。

4. 多重雷击　multiple stroke

平均由 3 至 4 个雷击组成的对地雷闪，两个雷击的时间间隔通常约为 50 ms。

5. 雷击点　point of strike

雷电击中大地或其上突出物上的那一点。一次闪击可能有多个雷击点。

6. 下行雷闪　downward flash

始于云到地一个向下先导的雷闪。

7. 上行雷闪　upward flash

始于地面建筑物到云端的一个向上先导的雷闪。

8. 雷电流　lightning current

流经雷击点的电流。

9. 防雷装置　lightning protection system (LPS)

用于减少闪击击于建(构)筑物上或建(构)筑物附近造成的物质性损害和人身伤亡，由外部防雷装置和内部防雷装置组成。

10. 外部防雷装置　external lightning protection system

由接闪器、引下线和接地装置组成。

11. 内部防雷装置　internal lightning protection system

由防雷等电位连接和与外部防雷装置的间隔距离组成。

12. 接闪器　air-termination system

由拦截闪击的接闪杆、接闪带、接闪线、接闪网以及金属屋面、金属构件等组成。

13. 引下线　down-conductor system

用于将雷电流从接闪器传导至接地装置的导体。

14. 接地装置　earth-termination system

接地体和接地线的总和，用于传导雷电流并将其流散入大地。

15. 接地体　earth electrode

埋入土壤中或混凝土基础中作散流用的导体。

16. 接地线　earthing conductor

从引下线断接卡或换线处至接地体的连接导体；或从接地端子、等电位连接带至接地体的连接导体。

17. 直击雷　direct lightning flash

闪击直接击于建(构)筑物、其他物体、大地或外部防雷装置上，产生电效应、热效应和机械力者。

18. 闪电静电感应　lightning electrostatic induction

由于雷云的作用，使附近导体上感应出与雷云符号相反的电荷，雷云主放电时，先导通道中的电荷迅速中和，在导体上的感应电荷得到释放，如没有就近泄入地中就会产生很高的电位。

19. 闪电电磁感应　lightning electromagnetic induction

由于雷电流迅速变化在其周围空间产生瞬变的强电磁场，使附近导体上感应出很高的电动势。

20. 闪电感应　lightning induction

闪电放电时，在附近导体上产生的雷电静电感应和雷电电磁感应，它可能使金属部件之间产生火花放电。

21. 闪电电涌　lightning surge

闪电击于防雷装置或线路上以及由闪电静电感应或雷击电磁脉冲引发，表现为过电压、过电流的瞬态波。

22. 闪电电涌侵入　lightning surge on incoming services

由于雷电对架空线路、电缆线路或金属管道的作用，雷电波，即闪电电涌，可能沿着这些管线侵入屋内，危及人身安全或损坏设备。

23. 防雷等电位连接 lightning equipotential bonding (LEB)

将分开的诸金属物体直接用连接导体或经电涌保护器连接到防雷装置上以减小雷电流引发的电位差。

24. 等电位连接带 bonding bar

将金属装置、外来导电物、电力线路、电信线路及其他线路连于其上以能与防雷装置做等电位连接的金属带。

25. 等电位连接导体 bonding conductor

将分开的诸导电性物体连接到防雷装置的导体。

26. 等电位连接网络 bonding network (BN)

将建(构)筑物和建(构)筑物内系统(带电导体除外)的所有导电性物体互相连接组成的一个网。

27. 接地系统 earthing system

将等电位连接网络和接地装置连在一起的整个系统。

28. 防雷区 lightning protection zone (LPZ)

划分雷击电磁环境的区,一个防雷区的区界面不一定要有实物界面,例如不一定要有墙壁、地板或天花板作为区界面。

29. 雷击电磁脉冲 lightning electromagnetic impulse (LEMP)

雷电流经电阻、电感、电容耦合产生的电磁效应,包含闪电电涌和辐射电磁场。

30. 电气系统 electrical system

由低压供电组合部件构成的系统。也称低压配电系统或低压配电线路。

31. 电子系统 electronic system

由敏感电子组合部件构成的系统。

32. 电涌保护器 surge protective device (SPD)

用于限制瞬态过电压和分泄电涌电流的器件。它至少含有一个非线性元件。

33. 保护模式 modes of protection

电气系统电涌保护器的保护部件可连接在相对相(差模)、相对地(共模)、相对中性线、中性线对地及其组合,以及电子系统电涌保护器的保护部件连接在线与线、线与地及其组合。

34. 最大持续运行电压 maximum continuous operating voltage (U_c)

可持续加于电气系统电涌保护器保护模式的最大方均根电压或直流电压;可持续加于电子系统电涌保护器端子上,且不致引起电涌保护器传输特性减低的最大方均根电压或直流电压。

35. 标称放电电流 nominal discharge current (I_n)

流过电涌保护器 8/20 μs 电流波的峰值。

36. 冲击电流 impulse current (I_{imp})

由电流幅值 I_{peak}、电荷 Q 和单位能量 W/R 所限定。

37. 以 I_{imp} 试验的电涌保护器 SPD tested with I_{imp}

耐得起 10/350 μs 典型波形的部分雷电流的电涌保护器需要用 I_{imp} 电流做相应的冲击试验。

38. Ⅰ级试验 class Ⅰ test

电气系统中采用Ⅰ级试验的电涌保护器要用标称放电电流 I_n、1.2/50 μs 冲击电压和最大冲击电流 I_{imp} 做试验。Ⅰ级试验也可用 T1 外加方框表示,即[T1]。

39. 以 I_n 试验的电涌保护器 SPD tested with I_n

耐得起 8/20 μs 典型波形的感应电涌电流的电涌保护器需要用 I_n 电流做相应的冲击试验。

40. Ⅱ级试验 class Ⅱ test

电气系统中采用Ⅱ级试验的电涌保护器要用标称放电电流 I_n、1.2/50 μs 冲击电压和 8/20μs 电流波最大放电电流 I_{max} 做试验。Ⅱ级试验也可用 T2 外加方框表示,即[T2]。

41. 以组合波试验的电涌保护器 SPD tested with a combination wave

耐得起 8/20 μs 典型波形的感应电涌电流的电涌保护器需要用 I_{sc} 短路电流做相应的冲击试验。

42. Ⅲ级试验　class Ⅲ test

电气系统中采用Ⅲ级试验的电涌保护器要用组合波做试验。组合波定义为由 2 Ω 组合波发生器产生 1.2/50 μs 开路电压 Uoc 和 8/20 μs 短路电流 I_{sc}。Ⅲ级试验也可用 T3 外加方框表示，即[T3]。

43. 电压开关型电涌保护器　voltage switching type SPD

无电涌出现时为高阻抗，当出现电压电涌时突变为低阻抗。通常采用放电间隙、充气放电管、硅可控整流器或三端双向可控硅元件做这类电涌保护器的组件。也称"克罗巴型"电涌保护器。具有不连续的电压、电流特性。

44. 限压型电涌保护器　voltage limiting type SPD

无电涌出现时为高阻抗，随着电涌电流和电压的增加，阻抗连续变小。通常采用压敏电阻、抑制二极管做限压型电涌保护器的组件。也称"箝压型"电涌保护器。具有连续的电压、电流特性。

45. 组合型电涌保护器　combination type SPD

由电压开关型元件和限压型元件组合而成的电涌保护器，其特性随所加电压的特性可以表现为电压开关型、限压型或电压开关型和限压型皆有。

46. 电压保护水平　voltage protection level (U_p)

表征电涌保护器限制接线端子间电压的性能参数，其值可从优先值的列表中选择。电压保护水平值应大于所测量的限制电压的最高值。

47. 1.2/50 μs 冲击电压　1.2/50 μs voltage impulse

规定的波头时间 T_1 为 1.2 μs、半值时间 T_2 为 50 μs 的冲击电压。

48. 8/20 μs 冲击电流　8/20 μs current impulse

规定的波头时间 T_1 为 8 μs、半值时间 T_2 为 20 μs 的冲击电流。

49. 设备耐冲击电压额定值　rated impulse withstand voltage of equipment (U_w)

设备制造商给予的设备耐冲击电压额定值，表征其绝缘防过电压的耐受能力。

50. 插入损耗　insertion loss

在电气系统中：在给定频率下，连接到给定电源系统的电涌保护器的插入损耗为电源线上紧靠电涌保护器接入点之后，在被试电涌保护器接入前后的电压比，结果用分贝(dB)表示。电子系统中，由于在传输系统中插入一个电涌保护器所引起的损耗，它是在电涌保护器插入前传递到后面的系统部分的功率与电涌保护器插入后传递到同一部分的功率之比。通常用分贝表示。

第三节　建筑物的防雷分类

IEC 指出，到目前为止，还没有任何一种装置(或方法)能阻止雷电的产生，也没有能阻止雷击到建筑物上的器具和方法。建筑物防雷的基本原则是用经济的装置以确保建筑物及其内的人和设备的防雷安全。将建筑物进行防雷分类，可以因地制宜地采取防雷措施，做到安全可靠、经济合理，减少或防止雷电灾害。

一、建筑物防雷分类方法

建筑物应根据建筑物的重要性、使用性质、发生雷击事故的可能性和后果，按防雷要求分为 3 类。

1. 第一类防雷建筑物

在可能发生对地闪击的地区，遇下列情况之一时，应划为第一类防雷建筑物：

(1)凡制造、使用或贮存火炸药及其制品的危险建筑物，因电火花而引起爆炸、爆轰，会造成巨大破坏和人身伤亡者。

(2)具有 0 区或 20 区爆炸危险场所的建筑物。

(3)具有 1 区或 21 区爆炸危险场所的建筑物，因电火花而引起爆炸，会造成巨大破坏和人身伤亡者。

2. 第二类防雷建筑物

在可能发生对地闪击的地区，遇下列情况之一时，应划为第二类防雷建筑物：

(1)国家级重点文物保护的建筑物。

(2)国家级的会堂、办公建筑物、大型展览和博览建筑物、大型火车站和飞机场、国宾馆、国家级档案馆、大型城市的重要给水泵房等特别重要的建筑物。

(3)国家级计算中心、国际通讯枢纽等对国民经济有重要意义的建筑物。

(4)国家特级和甲级大型体育馆。

(5)制造、使用或贮存火炸药及其制品的危险建筑物，且电火花不易引起爆炸或不致造成巨大破坏和人身伤亡者。

(6)具有 1 区或 21 区爆炸危险场所的建筑物，且电火花不易引起爆炸或不致造成巨大破坏和人身伤亡者。

(7)具有 2 区或 22 区爆炸危险场所的建筑物。

(8)有爆炸危险的露天钢质封闭气罐。

(9)预计雷击次数大于 0.05 次/a 的部、省级办公建筑物和其他重要或人员密集的公共建筑物以及火灾危险场所。

(10)预计雷击次数大于 0.25 次/a 的住宅、办公楼等一般性民用建筑物或一般性工业建筑物。

3. 第三类防雷建筑物

在可能发生对地闪击的地区，遇下列情况之一时，应划为第三类防雷建筑物：

(1)省级重点文物保护的建筑物及省级档案馆。

(2)预计雷击次数大于或等于 0.01 次/a，且小于或等于 0.05 次/a 的部、省级办公建筑物及其他重要或人员密集的公共建筑物，以及火灾危险场所。

(3)预计雷击次数大于或等于 0.05 次/a，且小于或等于 0.25 次/a 的住宅、办公楼等一般性民用建筑物或一般性工业建筑物。

(4)在平均雷暴日大于 15 d/a 的地区，高度在 15 m 及以上的烟囱、水塔等孤立的高耸建筑物；在平均雷暴日小于或等于 15 d/a 的地区，高度在 20 m 及以上的烟囱、水塔等孤立的高耸建筑物。

为了便于使用以上分类，按建筑物年预计雷击次数和不同类别的建筑物场所分别列入表 3.1。

表 3.1　建筑物雷电防护装置防雷分类汇总明细表

场所类别	第一类	第二类	第三类	无需设防
省级办公、人员密集重要公共场所		$N>0.05$(次/a)	$0.05\geqslant N\geqslant 0.01$	$N<0.01$(次/a)
住宅办公一般民用、一般工业建筑物		$N>0.25$(次/a)	$0.25\geqslant N\geqslant 0.05$	$N<0.05$(次/a)
烟囱、水塔孤立高耸建筑物			$T_d>15$ d，$H\geqslant 15$ m $T_d\leqslant 15$ d，$H\geqslant 20$ m	
制造、使用、存贮火炸药危险建筑物	电火花引起爆炸会造成巨大破坏和人身伤亡	电火花不易引起爆炸或不致造成巨大破坏和人身伤亡		
危险建筑物	a)0 区或 20 区； b)1 区或 21 区电火花引起爆炸会造成巨大破坏和人身伤亡	a)2 区或 22 区； b)1 区或 21 区电火花不易引起爆炸或不致造成巨大破坏和人身伤亡； c)有爆炸危险的露天钢质封闭气罐		
省级及国家级		国家级会堂、文物、档案馆、计算中心、大型体育馆等	省级文物、档案馆等	

二、爆炸危险场所分区

在以上建筑物防雷分类中，对爆炸危险场所不能一概纳入第一类防雷建筑物，而要对爆炸危险场所的情况进行危险区域划分。GB 50057—2010 中的分区方法完全采用了国标 GB 12476 的第 3 部分，本部分 2007 版的全部技术内容为强制性。2017 年修订后,改为推荐性国家标准。

本部分为 GB 12476 的第 3 部分,即《可燃性粉尘环境用电气设备 · 第 3 部分:存在或可能存在可燃性粉尘的场所分类》(GB/T 12476.3—2007),等同采用 IEC 61241.10:2004《可燃性粉尘环境用电气设备 第 10 部分:存在或可能存在可燃性粉尘的场所分类》(英文版)。

GB 50058—1992《爆炸和火灾危险环境电力装置设计规范》和 GB 12476.3—2007 对爆炸性粉尘环境的分区各有不同。GB 50058—1992 的爆炸性粉尘场所分区为 10 区、11 区,而 GB 12476.3—2007 的划分为 20 区、21 区、22 区。但是,在 GB 50058 中已把 21 区和 22 区分给了火灾危险区域。

GB 12476.3—2007 中规定的可燃性粉尘场所如下:

20 区:以空气中可燃性粉尘云持续地或长期地或频繁地短时存在于爆炸性环境中的场所。

21 区:正常运行时,很可能偶然地以空气中可燃性粉尘云形式存在于爆炸性环境中的场所。

22 区:正常运行时,不太可能以空气中可燃性粉尘云形式存在于爆炸性环境中的场所,如果存在仅是短暂的。

GB 50058—1992 中规定,爆炸和火灾危险环境分成 3 类,爆炸性混合气体环境(0 区、1 区、2 区)、爆炸性粉尘环境(10 区、11 区)和火灾危险环境(21 区、22 区、23 区)。爆炸性气体环境危险区域划分与 GB 50057—2010 一致,其他均不相同。

2014 年 GB 50058 完成修订并发布,修订后的标准即 GB 50058—2014《爆炸危险环境电力装置设计规范》与 GB 50057—2010 全面兼容,解决了多年来爆炸危险场所分区不一致的问题。按照修订后的 GB 50058,目前爆炸危险环境区域划分包含两类,即爆炸性气体环境和爆炸性粉尘环境。

1. 爆炸性气体环境危险区域划分

爆炸性气体环境应根据爆炸性气体混合物出现的频繁程度和持续时间分为 0 区、1 区、2 区,分区应符合下列规定:

0 区:应为连续出现或长期出现爆炸性气体混合物的环境。

1 区:应为在正常运行时可能出现爆炸性气体混合物的环境。

2 区:应为在正常运行时不太可能出现爆炸性气体混合物的环境,或即使出现也仅是短时存在的爆炸性气体混合物的环境。

当然有些情况下可以不划为 0 区、1 区、2 区,没有释放源且不可能有可燃物质侵入的区域;或者是可燃物质可能出现的最高浓度不超过爆炸下限值的 10%的可划为非爆炸危险区域。

释放源应按可燃物质的释放频繁程度和持续时间长短分为连续级释放源、一级释放源、二级释放源。

连续级释放源应为连续释放或预计长期释放的释放源,如:没有用惰性气体覆盖的固定顶盖贮罐中的可燃液体的表面;油、水分离器等直接与空间接触的可燃液体的表面;经常或长期向空间释放可燃气体或可燃液体的蒸气的排气孔和其他孔口等。

一级释放源应为在正常运行时,预计可能周期性或偶尔释放的释放源。如:在正常运行时,会释放可燃物质的泵、压缩机和阀门等的密封处;贮有可燃液体的容器上的排水口处,在正常运行中,当水排掉时,该处可能会向空间释放可燃物质;正常运行时,会向空间释放可燃物质的取样点;正常运行时,会向空间释放可燃物质的泄压阀、排气口和其他孔口等。

二级释放源应为在正常运行时,预计不可能释放,当出现释放时,仅是偶尔和短期释放的释放源。如:正常运行时,不能出现释放可燃物质的泵、压缩机和阀门的密封处;正常运行时,不能释放可燃物质的法兰、连接件和管道接头;正常运行时,不能向空间释放可燃物质的安全阀、排气孔和其他孔口处;正常运行时,不能向空间释放可燃物质的取样点等。

爆炸危险区域的划分应按释放源级别和通风条件确定,存在连续级释放源的区域可划为 0 区,存在一级释放源的区域可划为 1 区,存在二级释放源的区域可划为 2 区,并应根据通风条件按下列规定调整区域划分,当通风良好时,可降低爆炸危险区域等级;当通风不良时,应提高爆炸危险区域等级。在障碍物、凹坑和死角处,应局部提高爆炸危险区域等级。利用堤或墙等障碍物,限制比空气重的爆炸性气体混合物的扩散,可缩小爆炸危险区域的范围。

图 3.1 至图 3.7 分别给出了固定式贮罐、槽车、生产装置区、通风好与不好的压缩机厂房、汽车加油站的油罐和液氢储存装置的危险区域划分示意图。

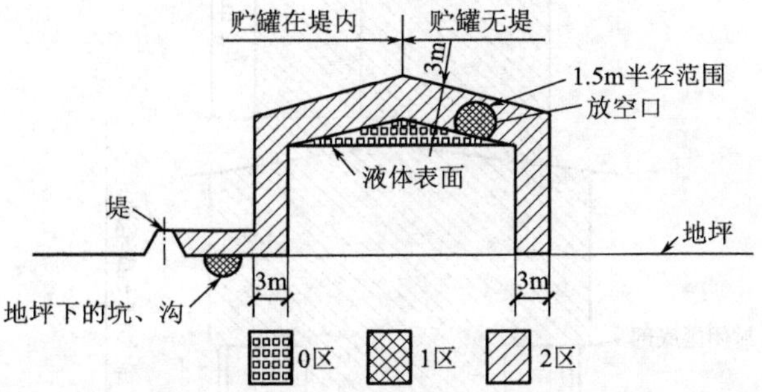

图 3.1　可燃物质重于空气、设在户外地坪上的固定式贮罐危险区域示意图

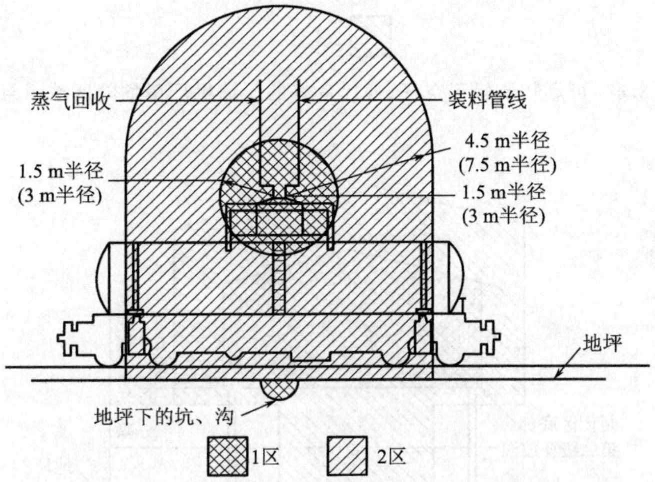

图 3.2　可燃液体、液化气、压缩气体等密闭注送系统的槽车危险区域示意图

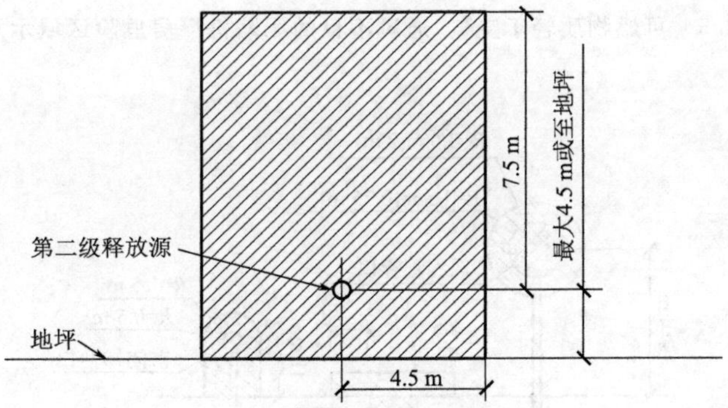

图 3.3　可燃物质轻于空气、通风良好的生产装置区危险区域示意图

分析以上危险区域划分示意图，除了封闭的空间，如密闭的容器、储油罐等内部气体空间，很少存在 0 区。虽然高于爆炸上限的混合物不会形成爆炸性环境，但是没有可能进入空气而使其达到爆炸极限的环境，仍应划分为 0 区。如固定顶盖的可燃性物质贮罐，当液面以上空间未充惰性气体时应划分为 0 区。在生产中 0 区是极个别的，大多数情况属于 2 区。在设计时应采取合理措施尽量减少 1 区。正常运行是指正常的开车、运转、停车，可燃物质产品的装卸，密闭容器盖的开闭，安全阀、排放阀以及所有工厂设备都在其设计参数范围内工作的状态。以往的区域划分中，对于爆炸性混合物出现的频率没有较为明确的定

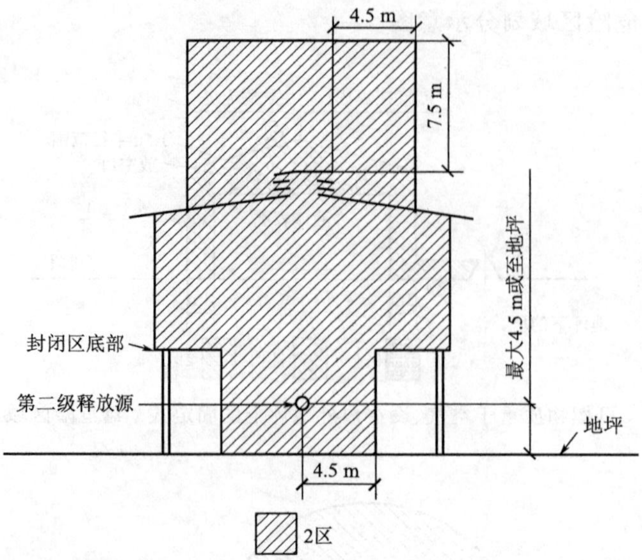

图 3.4 可燃物质轻于空气、通风良好的压缩机厂房危险区域示意图

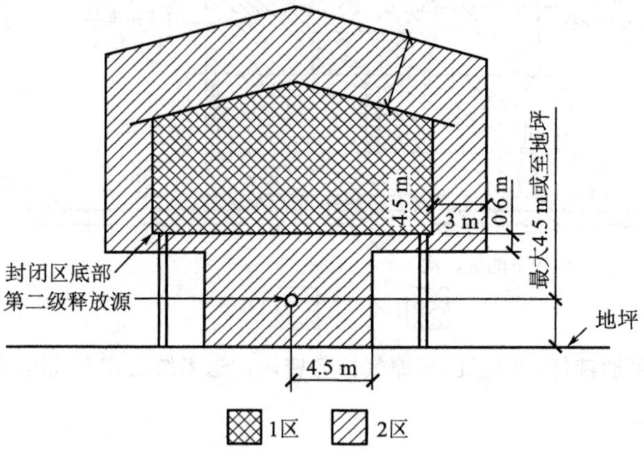

图 3.5 可燃物质轻于空气、通风不良的压缩机厂房危险区域示意图

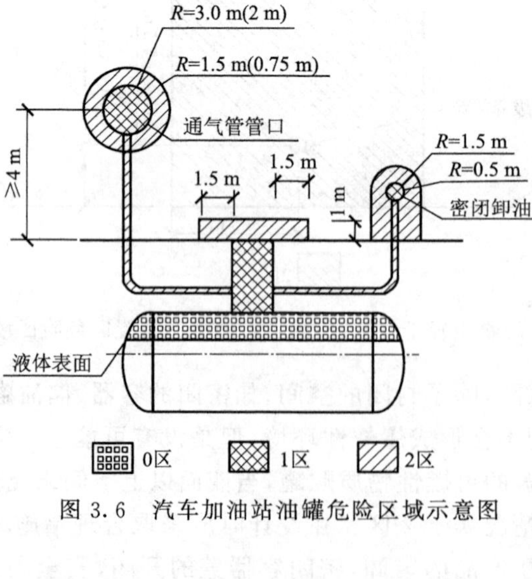

图 3.6 汽车加油站油罐危险区域示意图

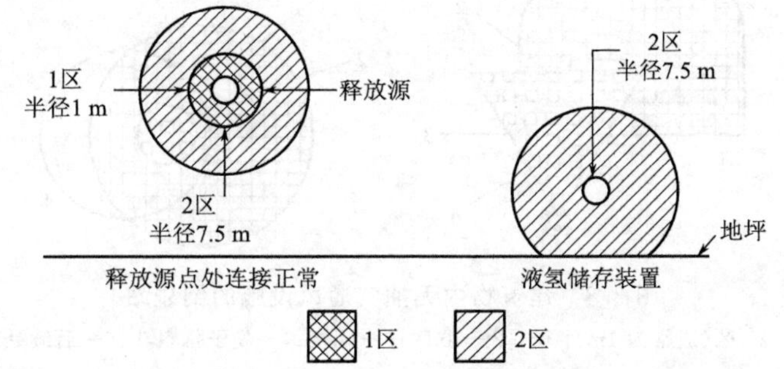

图 3.7 通风良好的户内或户外液氢储存装置危险区域示意图

义和解释，实际工作中较难掌握。可参考《石油设施电气设备安装一级 0 区、1 区和 2 区划分的推荐方法》(SY/T 6671—2006/API RP505—2002)中关于区域划分和爆炸性混合物出现频率的关系，给出了可以根据爆炸性混合物出现频率来确定区域等级的一种方法(表 3.2)。

表 3.2 区域划分和爆炸性混合物出现频率的典型关系

区域	爆炸性混合物出现概率
0 区	1000 h/a 及以上:10%
1 区	大于 10 h/a，且小于 1000 h/a:0.1%～10%
2 区	大于 1 h/a，且小于 10 h/a:0.01%～0.1%
非危险区	小于 1 h/a:0.01%

2. 爆炸性粉尘环境危险区域划分

爆炸危险区域应根据爆炸性粉尘环境出现的频繁程度和持续时间分为 20 区、21 区、22 区，分区应符合下列规定：

20 区：应为空气中的可燃性粉尘云持续地或长期地或频繁地出现于爆炸性环境中的区域；

21 区：应为在正常运行时，空气中的可燃性粉尘云很可能偶尔出现于爆炸性环境中的区域；

22 区：应为在正常运行时，空气中的可燃粉尘云一般不可能出现于爆炸性粉尘环境中的区域，即使出现，持续时间也是短暂的。

粉尘释放源应按爆炸性粉尘释放频繁程度和持续时间长短分为连续级释放源、一级释放源、二级释放源。连续级释放源应为粉尘云持续存在或预计长期或短期经常出现的部位。一级释放源应为在正常运行时预计可能周期性的或偶尔释放的释放源。二级释放源应为在正常运行时，预计不可能释放，如果释放也仅是不经常地并且是短期地释放。

一般情况下，区域的范围应通过评价涉及该环境的释放源的级别引起爆炸性粉尘环境的可能来规定。20 区范围主要包括粉尘云连续生成的管道、生产和处理设备的内部区域。当粉尘容器外部持续存在爆炸性粉尘环境时，可划分为 20 区。21 区的范围应与一级释放源相关联，含有一级释放源的粉尘处理设备的内部可划分为 21 区。由一级释放源形成的设备外部场所，其区域的范围应受到粉尘量、释放速率、颗粒大小和物料湿度等粉尘参数的限制，并应考虑引起释放的条件。对于受气候影响的建筑物外部场所可减小 21 区范围。21 区的范围应按照释放源周围 1m 的距离确定。当粉尘的扩散受到实体结构的限制时，实体结构的表面可作为该区域的边界。一个位于内部不受实体结构限制的 21 区应被一个 22 区包围。

由二级释放源形成的场所，其区域的范围应受到粉尘量、释放速率、颗粒大小和物料湿度等粉尘参数的限制，并应考虑引起释放的条件。对于受气候影响的建筑物外部场所可减小 22 区范围。22 区的范围应按超出 21 区 3 m 及二级释放源周围 3 m 的距离确定。当粉尘的扩散受到实体结构的限制时，实体结构的表面可作为 22 区域的边界。

还可结合同类企业相似厂房的实践经验和实际因素将整个厂房划为 21 区或者 22 区。图 3.8 至图 3.11 为典型爆炸性粉尘环境危险区域划分示意图。

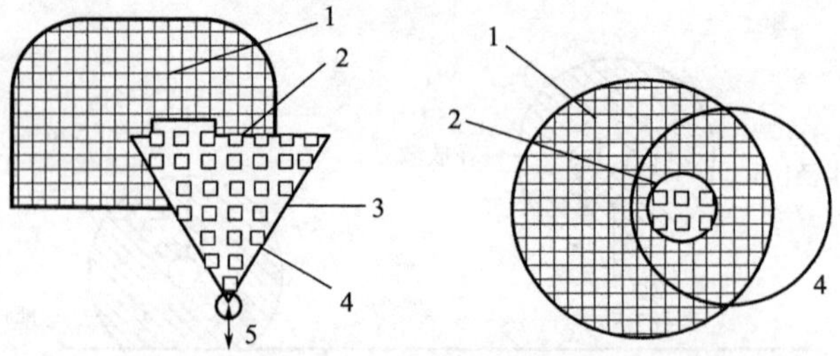

图 3.8　建筑物内无抽气通风设施的倒袋站

1—21 区(通常为 1m 半径);2—20 区;3—地板;4—袋子排料斗;5—后续处理

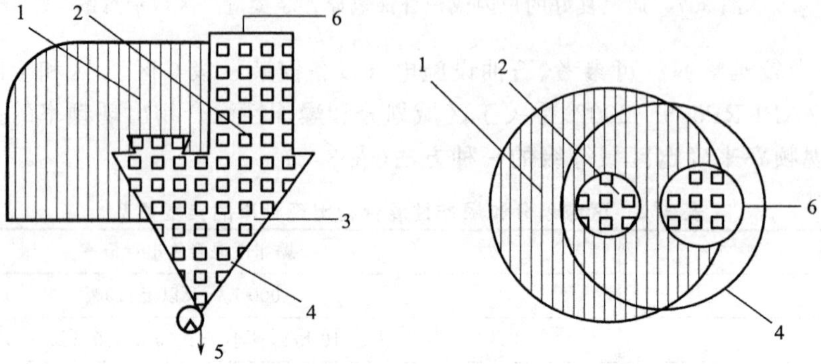

图 3.9　建筑物内配置抽气通风设施的倒袋站

1—22 区(通常为 3 m 半径);2—20 区;3—地板;4—袋子排料斗;5—后续处理;6—容器抽吸

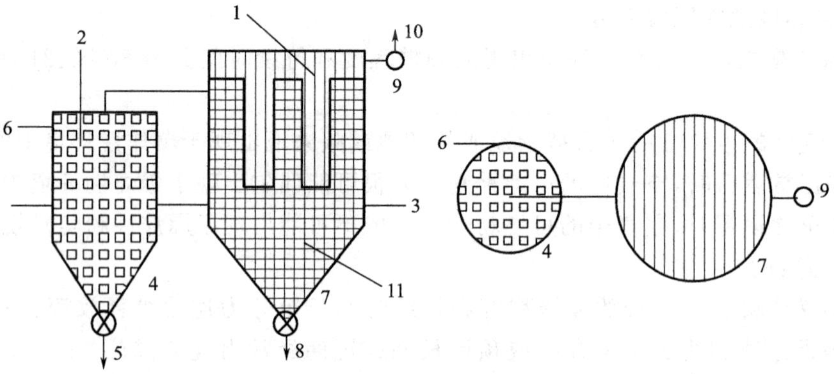

图 3.10　建筑物外的旋风分离器和过滤器

1—22 区(通常为 3 m 半径);2—20 区(4—旋风分离器;5—到产品筒仓;6—入口;9—排风扇;10—至出口);

11—21 区(3—地面;7—过滤器;8—至粉料箱)

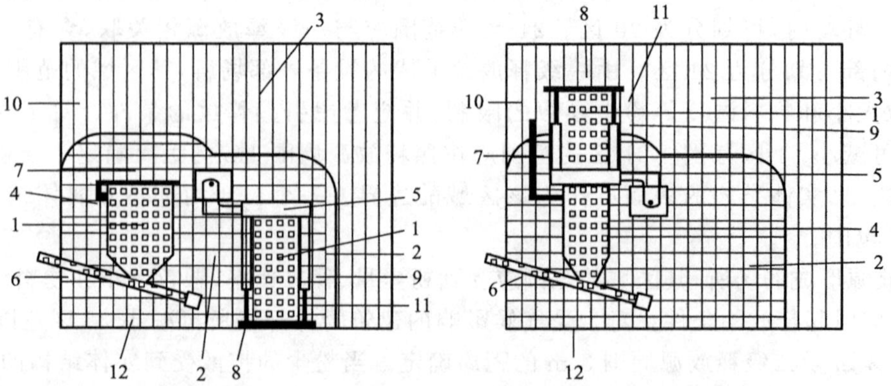

图 3.11　建筑物内的无抽气排风设施的圆筒翻斗装置

1—20 区;2—21 区(通常为 1 m 半径);3—22 区(通常为 3 m 半径);4—料斗;5—隔膜阀;6—螺旋输送装置;

7—料斗盖;8—圆筒平台;9—液压汽缸;10—墙壁;11—圆筒;12—地面

3. 火灾危险性物质分类

在 GB 50016—2014《建筑设计防火规范》(2018 年版)中，根据物质的火灾危险特性，定性或定量地规定了生产和储存建筑的火灾危险性分类原则，将火灾危险性的物质分为甲、乙、丙、丁、戊共 5 类。石油化工、石油天然气、医药等有关行业还可根据实际情况进一步细化。

(1)甲类

① 闪点小于 28 ℃的液体。如乙烷、戊烷、石脑油、环戊烷、二硫化碳、苯、甲苯、甲醇、乙醇、乙醚、乙酸甲脂、硝酸乙脂、汽油、丙酮、丙烯腈、乙醛等。

② 爆炸下限小于 10%的气体。如乙炔、氢、甲烷、乙烷、丙烯、丁二烯、环氧乙烷、水煤气、硫化氢、氯乙烯、液化石油气、电石、碳化铝等。

③ 常温下能自行分解或在空气中氧化能导致迅速自燃或爆炸的物质。如硝化棉、硝化纤维胶片、喷漆棉、火胶棉、赛璐珞棉、黄磷等。

④ 常温下受到水或空气中水蒸气的作用，能产生可燃气体并引起燃烧或爆炸的物质。如金属钾、钠、锂、钙、锶、氢化锂、四氢化锂铝、氢化钠等。

⑤ 遇酸、受热、撞击、摩擦、催化以及遇有机物或硫磺等易燃的无机物，极易引起燃烧或爆炸的强氧化剂。如氯酸钾、氯酸钠、过氧化钾、过氧化钠、硝酸铵等。

⑥ 受撞击、摩擦或与氧化剂、有机物接触时能引起燃烧或爆炸的物质。如赤磷、五氧化磷、三硫化硫等。

⑦ 在密闭设备内操作温度大于或等于物质本身自燃点的生产。

(2)乙类

① 闪点大于或等于 28 ℃，但小于 60 ℃的液体。如煤油、松节油、丁烯醇、异戊醇、丁醚、乙醋酸丁酯、硝酸戊酯、乙酰丙酮、环已胺、溶剂油、冰醋酸、樟脑油、乙酸、糠醛等。

② 爆炸下限大于或等于 10%的气体。如氨气、液氯等。

③ 不属于甲类的氧化剂。如硝酸铜、铬酸、亚硝酸钾、重铬酸钠、铬酸钾、硝酸、硝酸汞、硝酸钴、发烟硝酸、漂白粉等。

④ 不属于甲类的化学易燃危险固体。如硫磺、镁粉、铝粉、赛璐珞板(片)、樟脑、生松香、萘、硝化纤维漆布、硝化纤维色片等。

⑤ 助燃气体。氧气、氟气等。

⑥ 能与空气形成爆炸性混合物的浮游状态的粉尘、纤维、闪点大于或等于 60 ℃的液体雾滴，储存常温下与空气接触能缓慢氧化、积热不散引起自燃的物品。如桐油漆布及其制品、漆布及其制品、油纸及其制品、油绸及其制品。

(3)丙类

① 闪点大于或等于 60 ℃的液体。如轻柴油、锭子油、酚、蜡油、100 号重油等。

② 可燃固体。如石蜡、沥青、橡胶及其制品、ABS 塑料、聚丙烯、聚氯乙烯等。

(4)丁类

① 对不燃烧物质进行加工，并在高温或熔化状态下经常产生强辐射热、火花或火焰的生产，或储存难燃烧物品。

② 利用气体、液体、固体作为燃料或将气体、液体进行燃烧作其他用的各种生产。

③ 常温下使用或加工难燃烧物质的生产。

(5)戊类

常温下使用或加工不燃烧物质的生产，或储存不燃烧物品。

根据以上物质分类，例如，存贮加工甲类(爆炸下限＜10%)的乙炔、环氧乙烷、氢气、硫化氢、乙烯、甲烷，乙类(爆炸下限＞10%)的液氨、液氯、溴甲烷等气体的应划为第一类防雷。液化烃、可燃液体或者液化烃类以外闪点＜28 ℃的汽油、二硫化碳、苯、丙酮或者闪点＞28 ℃而≤45 ℃的丙苯、环氧氯丙烷、煤油等可划为第二类防雷。闪点＞60 ℃而≤120 ℃的轻柴油、重柴油或者闪点＞120 ℃的蜡油、100 号重油、变压器油、润滑油等可划为第三类防雷。

4. 烟花爆竹场所的防雷分类

近年来，随着国家对安全生产的重视，以人为本的安全理念不断深入，烟花爆竹行业的防雷安全也受到很大程度上的重视。《烟花爆竹工程设计安全规范》(GB 50161—2009)的修订发布就是该行业的重要节点，该标准规定了烟花爆竹生产项目和经营批发仓库工程设计的基本技术要求。特别是在建筑物危险等级的划分和防雷类别的划分方面给出了技术要求。

烟花爆竹场所建筑物的危险等级可划分为1.1级和1.3级，1.1级又可分为1.1^{-1}级和1.1^{-2}级。1.1级建筑物为建筑物内的危险品在制造、储存、运输中具有整体爆炸危险或有迸射危险，其破坏效应将波及周围。根据破坏能力划分为1.1^{-1}级、1.1^{-2}级。1.1^{-1}级建筑物为建筑物内的危险品发生爆炸事故时，其破坏能力相当于TNT的厂房和仓库。1.1^{-2}级建筑物为建筑物内的危险品发生爆炸事故时，其破坏能力相当于黑火药的厂房和仓库。1.3级建筑物为建筑物内的危险品在制造、储存、运输中具有燃烧危险。偶尔有较小爆炸或较小迸射危险，或两者兼有，但无整体爆炸危险，其破坏效应局限于本建筑物内，对周围建筑物影响较小。

厂房的危险等级应由其中最危险的生产工序确定。仓库的危险等级应由其中所储存最危险的物品确定。表3.3给出了危险品仓库的危险等级分类。

表3.3 烟花爆竹场所危险品仓库的危险等级分类表

贮存的危险品名称	危险等级
烟火药(包括裸药效果件)，开球药	1.1^{-1}
黑火药，引火线，未封口含药半成品，单个装药量在40 g及以上已封口的烟花半成品及含爆炸音剂、笛音剂的半成品，已封口的B级爆竹半成品，A、B级成品(喷花类除外)，单筒药量25 g及以上的C级组合烟花类成品	1.1^{-2}
电点火头，单个装药量在40 g以下已封口的烟花半成品(不含爆炸音剂、笛音剂)，已封口的C级爆竹半成品，C、D级成品(其中，组合烟花类成品单筒药量在25 g以下)，喷花类成品	1.3

对于烟花爆竹危险场所电气的区域应按工作间或库房划分，根据运行情况和形成爆炸危险程度分为F0、F1、F2三类区域：

(1)F0区为经常或长期存在能形成爆炸危险的火药、炸药及其粉尘的工作间或库房。

(2)F1区为在正常运行时可能形成爆炸危险的火药、炸药及其粉尘的工作间或库房。

(3)F2区为存在能形成火灾危险而爆炸危险性极小的火药、炸药、氧化剂及其粉尘的工作间或库房。

工作间危险区域和防雷类别应按照表3.4进行分类，库房危险区域和防雷类别应按照表3.5进行分类。

表3.4 工作间危险区域和防雷类别表

序号	危险品名称	工作间名称	危险区域	防雷类别
1	黑火药	药物混合(硝酸钾与碳、硫球磨)，潮药装模(或潮药包片)，压药，拆模(撕片)，碎片、造粒，抛光，浆药，干燥，散热，筛选，计量包装	F0	一
		单料粉碎、筛选、干燥、称料、硫、碳二成分混合	F2	二
2	烟火药	药物混合，造粒，筛选，制开球药，压药，浆药，干燥，散热，计量包装。褙药柱(药块)，湿药调制，烟雾剂干燥、散热、包装	F0	一
		氧化剂、可燃物的粉碎与筛选、称料(单料)	F2	二
3	引火线	制、浆、漆引，干燥，散热，绕引，定型裁割，捆扎，切引，包装	F1	一
4	爆竹类	装药	F0	一
		插引(含机械、手工和空筒插引)，挤引，封口，点药，结鞭	F1	二
		包装	F2	二
5	组合烟花类、内筒型小礼花类	装药，筑(压)药，内筒封口(压纸片、装封口剂)	F0	一
		已装药部件钻孔，装单个裸药件，单发药量≥25g非裸药件组装，外筒封口(压纸片)	F1	一
		蘸药，安引，组盆串引(空筒)，单筒药量＜25g非裸药件组装，包装	F2	二

续表

序号	危险品名称	工作间名称	危险区域	防雷类别
6	礼花弹类	装球，包药	F0	一
		组装，剖引（引线钻孔），球干燥，散热，包装	F1	一
		空壳安引，糊球	F2	二
7	吐珠类	装（筑）药	F0	一
		安引（空筒），组装，包装	F2	二
8	升空类（含双响炮）	装药，筑（压）药	F0	一
		包药，装裸药效果件（含效果药包），单个药量≥30 g 非裸药件组装	F1	一
		安引，单个药量＜30 g 非裸药效果件组装（含安稳定杆），包装	F2	二
9	旋转类（旋转升空类）	装药、筑（压）药	F0	一
		已装药部件钻孔	F1	一
		安引，组装（含引线、配件、旋转轴、架），包装	F2	二
10	喷花类和架子烟花	装药、筑（压）药	F0	一
		已装药部件的钻孔	F1	一
		安引，组装，包装	F2	二
11	线香类	装药	F0	一
		干燥，散热	F1	二
		粘药，包装	F2	二
12	摩擦类	雷酸银药物配制，拌药砂，发令纸干燥	F0	一
		机械蘸药	F1	一
		包药砂，手工蘸药，分装，包装	F2	二
13	烟雾类	装药，筑（压）药	F0	一
		球干燥，散热	F1	二
		糊球，安引，组装，包装	F2	二
14	造型玩具类	装药、筑（压）药	F0	一
		已装药部件钻孔	F1	一
		安引，组装，包装	F2	二
15	点火头	蘸药，干燥（晾干），检测，包装	F2	二

表 3.5 库房危险区域和防雷类别表

库房场所名称	危险区域	防雷类别
烟火药（包括裸药效果件），开球药，黑火药，引火线，未封口含药半成品，单个装药量在 40 g 及以上已封口的烟花半成品及含爆炸音剂、笛音剂的半成品，已封口的 B 级爆竹半成品，A、B 级成品（喷花类除外），单筒药量大于 25 g 及以上的 C 级组合烟花类成品	F0	一
电点火头，单个装药量在 40 g 以下已封口的烟花半成品（不含爆炸音剂、笛音剂），已封口的 C 级爆竹半成品，C、D 级成品（其中，组合烟花类成品单筒药量在 25 g 以下），喷花类成品	F1	二

当危险场所既存在黑火药、烟火药，又存在易燃液体时，危险场所类别的划分除参考表 3.4 和表 3.5 外，还应按本章中爆炸性气体环境危险区域进行划分。运输危险品的敞开式或半敞开式通廊，其危险场所类别应划为 F2 类，防雷类别宜为二类。雷雨天存放危险品的晒场宜设置防直击雷装置，防雷装置保护范围的滚球半径可取 60 m。

烟花爆竹危险场所电气设备应采用防爆型电气设备，且必须是按照现行国家标准生产的合格产品。电气设备允许最高表面温度为 T4（135 ℃）。

第四节 建筑物防雷基本规定

建筑物防雷设计，应在认真调查地理、地质、土壤、气象、环境等条件和雷电活动规律以及被保护物的特点等基础上，详细研究防雷装置的形式及其布置。各类防雷建筑物应设防直击雷的外部防雷装置，并应采取防闪电电涌侵入的措施。

第一类防雷建筑物和第二类防雷建筑物中的危险建筑物，尚应采取防闪电感应的措施。第二类防雷建筑物中的危险建筑物具体包括：制造、使用或贮存火炸药及其制品，且电火花不易引起爆炸或不致造成巨大破坏和人身伤亡的危险建筑物；具有 1 区或 21 区爆炸危险场所，且电火花不易引起爆炸或不致造成巨大破坏和人身伤亡的危险建筑物；具有 2 区或 22 区爆炸危险场所的危险建筑物。

根据 IEC 对防雷的要求，内部防雷装置应防止由于雷电流流经外部防雷装置或建筑物的其他导电部分而在需要保护的建筑物内发生危险和火花放电。危险的火花放电可能在外部防雷装置与其他部件（如金属装置、建筑物内系统、从外部引入建筑物的导电物体和线路）之间发生。所以采取以上两点可以避免产生这类危险的火花放电。各类防雷建筑物应设内部防雷装置（即做等电位连接），并将建筑物的地下室或地面层处的金属体、金属装置、建筑物内系统和进出建筑物的金属管线与防雷装置做防雷等电位连接，而且外部防雷装置与建筑物金属体、金属装置、建筑物内系统之间，尚应满足间隔距离的要求。

建筑物的雷电防护分为内部防雷、外部防雷以及防雷击电磁脉冲。内部防雷包括防闪电感应、防反击以及防闪电电涌侵入，防雷击电磁脉冲是对建筑物内系统（包括线路和设备）防雷电流引发的电磁效应，它包含防经导体传导的闪电电涌和防辐射脉冲电磁场效应。

对于第二类防雷建筑物中的下列建筑物尚应采取防雷击电磁脉冲的措施。

（1）国家级的会堂、办公建筑物、大型展览和博览建筑物、大型火车站和飞机场（不含停放飞机的露天场所和跑道）、国宾馆，国家级档案馆、大型城市的重要给水泵房等特别重要的建筑物。

（2）国家级计算中心、国际通信枢纽等对国民经济有重要意义的建筑物。

（3）国家特级和甲级大型体育馆。

其他各类防雷建筑物，当其建筑物内系统所接设备的重要性高，以及所处雷击磁场环境和加于设备的闪电电涌无法满足要求时，也应采取防雷击电磁脉冲的措施。防雷击电磁脉冲的措施见后面章节。

第五节 第一类防雷建筑物的防雷措施

划为第一类防雷的建筑物不仅要采取防直击雷措施，还应设计防闪电感应和防闪电波侵入措施。要求设计安装独立的外部防直击雷装置，地中和地上安全距离都有较高要求，特殊情况下才允许将接闪杆或接闪网或者是由其混合组成的接闪器直接安装在建筑物上。下面根据 GB 50057—2010 规范的要求介绍第一类防雷建筑物的防雷措施。

一、防直击雷的措施

第一类防雷建筑物应装设独立接闪杆或架空接闪线或网。架空接闪网的网格尺寸不应大于 5 m×5 m 或 6 m×4 m。对于排放爆炸危险气体、蒸气或粉尘的放散管、呼吸阀、排风管等的管口应处于接闪器的保护范围内，当有管帽时应按表 3.6 确定，当无管帽时，应为管口上方半径 5 m 的半球体。

表 3.6 有管帽的管口接闪器保护范围空间

装置内的压力与周围空气压力的压力差（kPa）	排放物对比于空气	管帽以上的垂直距离（m）	距管口处的水平距离（m）
＜5	重于空气	1	2
5～25	重于空气	2.5	5
≤25	轻于空气	2.5	5
＞25	重或轻于空气	5	5

如果以上这些放散管、呼吸阀、排风管，当其排放物达不到爆炸浓度、长期点火燃烧、一排放就点火燃烧，以及发生事故时排放物才达到爆炸浓度，接闪器的保护范围可仅保护到管帽，无管帽时可仅保护到管口。

独立接闪杆的杆塔、架空接闪线的端部和架空接闪网的每根支柱处应至少设一根引下线。对用金属制成或有焊接、绑扎连接钢筋网的杆塔、支柱，宜利用金属杆塔或钢筋网作为引下线。

独立接闪杆和架空接闪线或网的支柱及其接地装置至被保护建筑物及与其有联系的管道、电缆等金属物之间的间隔距离如图 3.12，应按下列公式计算，但不得小于 3 m。

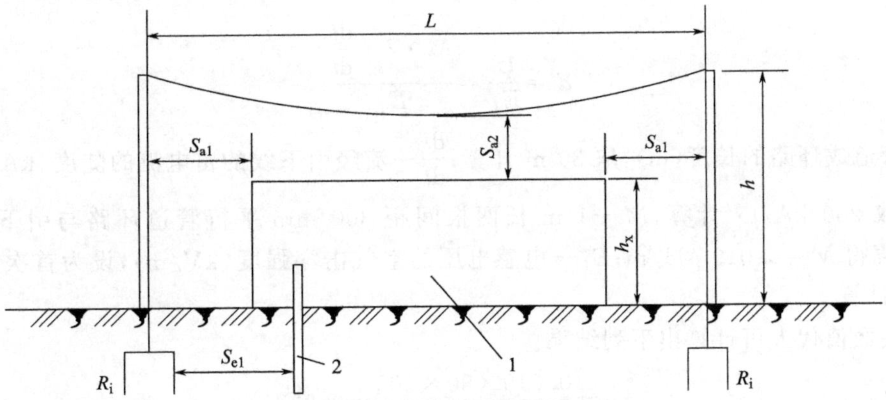

图 3.12 防雷装置至被保护物的间隔距离

1—被保护建筑物；2—金属管道

1. 地上部分

当 $h_x < 5R_i$ 时：$S_{a1} \geqslant 0.4(R_i + 0.1h_x)$ (3.1)

当 $h_x \geqslant 5R_i$ 时：$S_{a1} \geqslant 0.1(R_i + h_x)$ (3.2)

当$(h + L/2) < 5R_i$ 时：$S_{a2} \geqslant 0.2R_i + 0.03(h + L/2)$ (3.3)

当$(h + L/2) \geqslant 5R_i$ 时：$S_{a2} \geqslant 0.05R_i + 0.06(h + L/2)$ (3.4)

2. 地下部分

$$S_{e1} \geqslant 0.4R_i \qquad (3.5)$$

式中：S_{a1}—空气中的间隔距离(m)；S_{a2}—接闪线至被保护物在空气中的间隔距离(m)；S_{e1}—地中的间隔距离(m)；R_i—独立接闪杆、架空接闪线或网支柱处接地装置的接地电阻(Ω)；h_x—被保护建筑物或计算点的高度(m)；h—接闪线的支柱高度(m)；L—接闪线的水平长度(m)。

以上计算安全距离的公式是为了防止雷击电流流过防雷装置时所产生的高电位对被保护的建筑物或与其有联系的金属物发生反击，所以应使防雷装置与这些物体之间保持一定的安全距离。

独立接闪杆、架空接闪线或架空接闪网应设独立的接地装置，每一引下线的冲击接地电阻不宜大于 10 Ω。在土壤电阻率高的地区，可适当增大冲击接地电阻，但在 3000 Ω · m 以下的地区，冲击接地电阻不应大于 30 Ω。

二、防闪电感应措施

建筑物内的设备、管道、构架、电缆金属外皮、钢屋架、钢窗等较大金属物和突出屋面的放散管、风管等金属物，均应接到防闪电感应的接地装置上。金属屋面周边每隔 18～24 m 应采用引下线接地一次。现场浇灌的或用预制构件组成的钢筋混凝土屋面，其钢筋网的交叉点应绑扎或焊接，并应每隔 18～24 m 采用引下线接地一次。

被保护建筑物内的金属物接地，是防雷电感应的主要措施。无疑，金属屋面或钢筋混凝土屋面内的钢筋进行接地，有良好的防雷电感应和一定的屏蔽作用。对于钢筋混凝土预制构件组成的屋面，要求其钢筋接地有时会遇到困难，但希望施工时密切配合，以达到接地要求。

平行敷设的管道、构架和电缆金属外皮等长金属物，其净距小于 100 mm 时，应采用金属线跨接，跨接点的间距不应大于 30 m;交叉净距小于 100 mm 时,其交叉处也应跨接。规定距离小于 100 mm 的平行长金属物,每隔不大于 30 m 互相连接一次,是考虑到电磁感应所造成的电位差只能将几厘米的空隙击穿。当管道间距超过 100 mm 时,就不会发生危险。交叉管道亦作同样处理。

两根间距 300 mm 的平行管道,与引下线平行敷设,距引下线 3 m 并与其处于一个平面上。如果将引下线视作无限长,这时在管道环路内的感应电压 U(kV)为:

$$U=M\cdot l\cdot \frac{\mathrm{d}i}{\mathrm{d}t}$$

它可能击穿的空气间隙距离 d 为:

$$d=\frac{U}{E_{\mathrm{L}}}=\frac{M\cdot l\cdot \frac{\mathrm{d}i}{\mathrm{d}t}}{E_{\mathrm{L}}}$$

式中:l—平行管道成环路的长度(m),取 30 m 计算;$\frac{\mathrm{d}i}{\mathrm{d}t}$—流经引下线的雷电流的陡度(kA/$\mu$s),设为首次负极后续雷击取 200 kA/$\mu$s 计算;$M$—1 m 长两根间距 300 mm 平行管道环路与引下线之间的互感(μH/m),经计算得 $M=0.019\ \mu$H/m;E_{L}—电感电压的空气击穿强度(kV/m),设为首次负极后续雷击,取 3000 kV/m 计算。

将上述有关数值代人可计算出下列结果:

$$d=\frac{0.019\times 30\times 200}{3000}=0.038$$

即使在管道间距大到 300 mm 的情况下,所感应的电压仅可能击穿 0.038 m 的气隙。若间距减到 100 mm,所感应的电压就更小了。所以平行管道间距超过 100 mm 时是安全的。

当长金属物的弯头、阀门、法兰盘等连接处的过渡电阻大于 0.03 Ω 时,连接处应用金属线跨接。对有不少于 5 根螺栓连接的法兰盘,在非腐蚀环境下,可不跨接。

连接处过渡电阻不大于 0.03 Ω 时,以及对有不少于 5 根螺栓连接的法兰盘可不跨接的规定,是参考国外资料和国内的实践经验确定的。

防雷电感应的接地装置应与电气和电子系统的接地装置共用,其工频接地电阻不宜大于 10 Ω。防闪电感应的接地装置与独立接闪杆、架空接闪线或架空接闪网的接地装置之间的间隔距离,应按 S_{a1}、S_{a2} 计算空气中的间隔距离,按 S_{e1} 计算地中的间隔距离。当屋内设有等电位连接的接地干线时,其与防闪电感应接地装置的连接不应少于 2 处。

由于已设有独立避雷针(线或网),因此,流过防雷电感应接地装置的只是数值很小的感应电流。在金属物已普遍接地的情况下,电位分布均匀。因此,规定了工频接地电阻不大于 10 Ω 的要求。其实在共用接地装置的场合下,接地电阻只要满足各自要求的阻值就可以,不要求达到更低的接地电阻。

三、防闪电电涌侵入的措施

对于第一类防雷建筑物室外低压配电线路应全线采用电缆直接埋地敷设,在入户处应将电缆的金属外皮、钢管接到等电位连接带或防闪电感应的接地装置上。当全线采用电缆有困难时,应采用钢筋混凝土杆和铁横担的架空线,并应使用一段金属铠装电缆或护套电缆穿钢管直接埋地引入。架空线与建筑物的距离不应小于 15 m,也就是说至少埋地 15 m。

为了防止雷击线路时,高电位侵入建筑物造成危险,低压线路采用电缆埋地引入,不得将架空线路直接引入屋内;当难于全长采用电缆时,允许从架空线上换接一段有金属铝装的电缆或护套电缆穿钢管埋地引入。这时,需要强调的是,电缆首端必须装设避雷器并与绝缘子铁脚、金具、电缆外皮等共同接地,入户端电缆外皮、钢管必须接到防雷电感应接地装置上,电缆段才能起到应有的保护作用。

在电缆与架空线连接处,尚应装设户外型电涌保护器。($\mathrm{LPZ0_A}$ 或 $\mathrm{LPZ0_B}$ 进入 LPZ1 区)电涌保护器、电缆金属外皮、钢管和绝缘子铁脚、金具等应连在一起接地,其冲击接地电阻不宜大于 30 Ω。所装设的电涌保护器应选用Ⅰ级试验产品,其电压保护水平应小于或等于 2.5 kV,其每一保护模式应选冲击电流大于或等于 10 kA;若无户外型电涌保护器,应选用户内型电涌保护器,其使用温度应满足安装处的环境温度，并应安装在防护等级 IP54 的密封、防尘、防水箱内。

当电涌保护器的接线形式为三加一接线形式时，接在中性线和 PE 线间电涌保护器的冲击电流，当为三相系统时不应小于 40 kA，当为单相系统时不应小于 20 kA。

当架空线转换成一段金属铠装电缆或护套电缆穿钢管直接埋地引入时，其埋地长度可按下式计算：

$$l \geqslant 2\sqrt{\rho} \tag{3.6}$$

式中：l—电缆铠装或穿电缆的钢管埋地直接与土壤接触的长度(m)；ρ—埋电缆处的土壤电阻率(Ω·m)。

在入户处的总配电箱内(LPZ1 区进入 LPZ2 区……)，当需要安装电涌保护器时，连接电涌保护器的导体截面表 3.7 的规定取值。

表 3.7　连接电涌保护器的导体最小截面

电涌保护器			材料	截面(mm^2)
连接电涌保护器的导体	电气系统	Ⅰ级试验的电涌保护器	Cu(铜)	6
		Ⅱ级试验的电涌保护器		2.5
		Ⅲ级试验的电涌保护器		1.5
	电子系统	D1 类电涌保护器		1.2
		其他类的电涌保护器(连接导体的截面可小于 1.2 mm^2)		根据具体情况确定

架空金属管道，在进出建筑物处，应与防闪电感应的接地装置相连。距离建筑物 100 m 内的管道，应每隔 25 m 接地一次，其冲击接地电阻不应大于 30 Ω，并应利用金属支架或钢筋混凝土支架的焊接、绑扎钢筋网作为引下线，其钢筋混凝土基础宜作为接地装置。埋地或地沟内的金属管道，在进出建筑物处应等电位连接到等电位连接带或防闪电感应的接地装置上。

四、非独立针的直击雷防护措施

第一类防雷建筑物的防直击雷措施，首先应采用独立避雷针或架空避雷线(网)。以下只适用于特殊情况，即由于建筑物太高或其他原因，不能装设独立避雷针或架空避雷线网时，才允许采用附设于建筑物上的防雷装置进行保护。

1. 直击雷防护措施

当难以装设独立的外部防雷装置时，可将接闪杆或网格不大于 5 m×5 m 或 6 m×4 m 的接闪网或由其混合组成的接闪器直接装在建筑物上，接闪网应按规定沿屋角、屋脊、屋檐和檐角等易受雷击的部位敷设。

从法拉第笼的观点看，网格尺寸和引下线间距越小，对雷电感应的屏蔽越好，局部区域电位分布较均匀。雷电流通过引下线入地，当引下线数量较多且间距较小时，雷电流在局部区域分布也就较均匀，引下线上电压降减小，反击危险也相应减小。

当建筑物高度超过 30 m 时，首先应沿屋顶周边敷设接闪带，接闪带应设在外墙外表面或屋檐边垂直面上，也可设在外墙外表面或屋檐垂直面外。

第一类防雷建筑物的引下线不应少于两根，并应沿建筑物四周和内庭院四周均匀或对称布置，其间距沿周长计算不宜大于 12 m。对引下线间距，IEC62305 防雷标准的第一类、第二类、第三类防雷建筑物的引下线间距相应应为 10 m、15 m、25 m。但考虑到我国工业建筑物的柱距，一般均为 6 m，因此，按 6 m 的倍数考虑，故对引下线间距相应定为 12 m、18 m、25 m。

建筑物还应装设等电位连接环，环间垂直距离不应大于 12 m，所有引下线、建筑物的金属结构和金属设备均应连到环上。等电位连接环可利用电气设备的等电位连接干线环路。对于较高的建筑物，引下线很长，雷电流的电感压降将达到很大的数值，需要在每隔不大于 12 m 的高度处，用均压环将各条引下线在同一高度连接起来，并接到同一高度的屋内金属物体上，以减小其间的电位差，避免发生反击。

第一类防雷建筑物的接地装置应围绕建筑物敷设成环形接地体，每根引下线的冲击接地电阻不应大于 10 Ω，并应和电气和电子系统等接地装置及所有进入建筑物的金属管道相连，此接地装置可兼作防雷电感应接地之用。

关于共用接地，由于防雷装置直接装在建（构）筑物上，要保持防雷装置与各种金属物体之间的安全距离已成为不可能。此时，只能将屋内各种金属物体及进出建筑物的各种金属管线，进行严格的等电位连接和接地，而且所有接地装置都必须共用，并进行多处连接，使防雷装置和邻近的金属物体电位相等或降低其间的电位差，以防反击造成的火花放电危险。

一般说来，接地电阻越低，防雷得到的改善越多。但是，不能由于要达到某一很低的接地电阻而花费过大。出现反击危险可以从基本计算公式：

$$U = IR + L\frac{\mathrm{d}i}{\mathrm{d}t}$$

来评价，IR 项对于建筑物内某一小范围中互相连接在一起的金属物（包括防雷装置）说来都是一样的，它们之间的电位差与防雷装置的接地电阻无关。此外，考虑到已采取严格的各种金属物与防雷装置之间的连接和均压措施，故不必要求很低的接地电阻。

从防雷观点出发，较好是设共用接地装置，它适合供所有接地之用（例如防雷、低压电力系统、电讯系统）。

如果当每根引下线的冲击接地电阻大于 10 Ω 时，外部防雷的环形接地体宜按以下方法敷设：

（1）当 $\rho \leqslant 500\ \Omega\cdot\mathrm{m}$ 时，对环形接地体所包围面积的等效圆半径小于 5 m 的情况，每一引下线处应补加水平接地体或垂直接地体。

补加水平接地体时，其最小长度应按下式计算：

$$l_r = 5 - \sqrt{\frac{A}{\pi}} \tag{3.7}$$

式中：l_r—补加水平接地体的最小长度（m）；$\sqrt{\frac{A}{\pi}}$—环形接地体所包围面积的等效圆半径（m）。

补加垂直接地体时，其最小长度应按下式计算：

$$l_v = \frac{5 - \sqrt{\frac{A}{\pi}}}{2} \tag{3.8}$$

式中：l_v—补加垂直接地体的最小长度（m）。

（2）当 $500\ \Omega\cdot\mathrm{m} < \rho \leqslant 3000\ \Omega\cdot\mathrm{m}$，且对环形接地体所包围面积的等效圆半径符合下式的计算值时，每一引下线处应补加水平接地体或垂直接地体：

$$\sqrt{\frac{A}{\pi}} < \frac{11\rho - 3600}{380} \tag{3.9}$$

补加水平接地体时，其最小总长度应按下式计算：

$$l_r = \left(\frac{11\rho - 3600}{380}\right) - \sqrt{\frac{A}{\pi}} \tag{3.10}$$

补加垂直接地体时，其最小总长度应按下式计算：

$$l_v = \frac{\left(\frac{11\rho - 3600}{380}\right) - \sqrt{\frac{A}{\pi}}}{2} \tag{3.11}$$

为了将雷电流流散入大地而不会产生危险的过电压，接地装置的布置和尺寸比接地电阻的特定值更重要。然而，通常建议用低的接地电阻。

按本方法敷设接地体以及环形接地体所包围的面积的等效圆半径大于或等于所规定的值时，每根引下线的冲击接地电阻可不作规定。共用接地装置的接地电阻按 50 Hz 电气装置的接地电阻确定，应为不大于按人身安全所确定的接地电阻值。

2. 防侧击雷措施

当建筑物高于 30 m 时，应从 30 m 起每隔不大于 6 m 沿建筑物四周设水平接闪带并与引下线相连。

30 m 及以上外墙上的栏杆、门窗等较大的金属物应与防雷装置连接。

3. 防闪电电涌侵入措施

在电源引入的总配电箱处应装设Ⅰ级试验的电涌保护器。电涌保护器的电压保护水平值应小于或等于 2.5 kV。每一保护模式的冲击电流值，当无法确定时，冲击电流应取大于或等于 12.5 kA。

也可进行计算，电源总配电箱处所装设的电涌保护器，其每一保护模式的冲击电流值，当电源线路无屏蔽层时，宜按式(3.12)计算，当有屏蔽层时宜按式(3.13)计算：

$$I_{imp}=\frac{0.5I}{nm} \tag{3.12}$$

$$I_{imp}=\frac{0.5IR_s}{n(mR_s+R_c)} \tag{3.13}$$

式中：I—雷电流，取 200 kA；n—地下和架空引入的外来金属管道和线路的总数；m—每一线路内导体芯线的总根数；R_s—屏蔽层每千米的电阻(Ω/km)；R_c—芯线每千米的电阻(Ω/km)。

电源总配电箱处所设的电涌保护器，其连接的导体截面应按表 3.7 的规定取值，当电涌保护器的接线形式为三加一接线形式时，接在中性线和 PE 线间电涌保护器的冲击电流，当为三相系统时不应小于 40 kA，当为单相系统时不应小于 20 kA。

输送火灾爆炸危险物质的埋地金属管道，当其从室外进入户内处设有绝缘段时，应在绝缘段处跨接符合下列要求的电压开关型电涌保护器或隔离放电间隙：

(1)选用Ⅰ级试验的密封型电涌保护器。

(2)电涌保护器能承受的冲击电流按式 $I_{imp}=\frac{0.5I}{nm}$计算，取 m=1。

(3)电涌保护器的电压保护水平应小于绝缘段的耐冲击电压水平，无法确定时，应取其在 1.5 kV 和 2.5 kV 之间取值。

(4) 输送火灾爆炸危险物质的埋地金属管道在进入建筑物处的防雷等电位连接，应在绝缘段之后管道进入室内处进行，可将电涌保护器的上端头接到等电位连接带。

具有阴极保护的埋地金属管道，在其从室外进入户内处宜设绝缘段，应在绝缘段处跨接符合下列要求的电压开关型电涌保护器或隔离放电间隙：

(1)选用Ⅰ级试验的密封型电涌保护器。

(2)电涌保护器能承受的冲击电流按 $I_{imp}=\frac{0.5I}{nm}$计算，取 m=1。

(3)电涌保护器的电压保护水平应小于绝缘段的耐冲击电压水平，并应大于阴极保护电源的最大端电压；

(4) 具有阴极保护的埋地金属管道在进入建筑物处的防雷等电位连接，应在绝缘段之后管道进入室内处进行，可将电涌保护器的上端头接到等电位连接带。

阴极保护的根本原理就是金属的电化学腐蚀。因为金属的腐蚀是金属和氧化剂接触后，失去电子被氧化的结果。若两种活泼性不一样的金属彼此之间非绝缘接触，同时接触到氧化剂的时候，活泼性高的金属失去电子被氧化，而活泼性较差的金属不反应，也就是不被腐蚀，即被保护了。举例说明就是，一铁棒，一个锌棒，二者一端用导线连接，然后把没连接的一端同时浸入盐酸中，这时，你会发现，铁棒一端有气泡(产生了氢气)，但是铁棒并没有被腐蚀，而锌棒在不断减少(被腐蚀，变化为锌离子进入溶液)，这样也就是锌保护了铁。

阴极保护法包括牺牲阳极保护和外加电流阴极保护，第一种办法，就是用活泼金属保护较不活泼金属。比如海船钢板上都订有一块锌版，目的就是保护船体不被海水腐蚀。第二种办法，就是外加电源，把电源负极接到不希望被腐蚀的金属上，我们知道，电源负极是输出电子的(其电子来源于电池内部的化学物质)，这样，就避免了金属失去电子，这样，就保护了金属。

4. 树木净距

当树木邻近第一类防雷建筑物且不在接闪器保护范围之内时，树木与建筑物之间的净距不应小于 5 m。

第六节　第二类和第三类防雷建筑物的防雷措施

根据第三节的分类，要划分为第一类防雷建筑物的条件是很高的，只有制造、使用或贮存火炸药及其制品，因电火花而引起爆炸、爆轰，会造成巨大破坏和人身伤亡的危险建筑物；或者具有 0 区或 20 区爆炸危险场所的建筑物；或者因电火花而引起爆炸，会造成巨大破坏和人身伤亡的 1 区或 21 区爆炸危险场所的建筑物；才能划分为第一类防雷建筑物。从这 3 个条件可以看出，第一类防雷建筑物并没有设置建筑物年预计雷击次数这个条件，也就是说建筑物的等效面积再大，建筑物再高都不是划分为第一类防雷建筑物的条件，可以说大量的民用、工业用建(构)筑物，即使是国家级的也只能划为第二类、第三类防雷建筑物。根据 GB 50057—2010 国家建筑物防雷设计规范，第二类和第三类防雷建筑物的防护措施项目基本是一致的，只是具体的要求有差别，本章将详细介绍。

一、接闪器的要求

第二类和第三类防雷建筑物外部防雷的措施，宜采用装设在建筑物上的接闪网、接闪带或接闪杆，也可采用由接闪网、接闪带或接闪杆混合组成的接闪器。各类防雷接闪器网格参数见表 3.8，为了方便查询本表也列入了第一类防雷建筑物的参数。

表 3.8　各类防雷接闪器网格参数

防雷类别	滚球半径 h_r(m)	避雷网格尺寸(m)
一类	30	5×5 或 6×4
二类	45	10×10 或 12×8
三类	60	20×20 或 24×16

当第二类防雷建筑物高度超过 45 m 或第三类防雷建筑物超过 60 m 时，首先应沿屋顶周边敷设接闪带，接闪带应设在外墙外表面或屋檐边垂直面上，也可设在外墙外表面或屋檐边垂直面外，接闪器之间应互相连接。如图 3.13 所示对于女儿墙也要安装在外表面，这是 GB 50057 规范 2010 修订后做的重要修改。

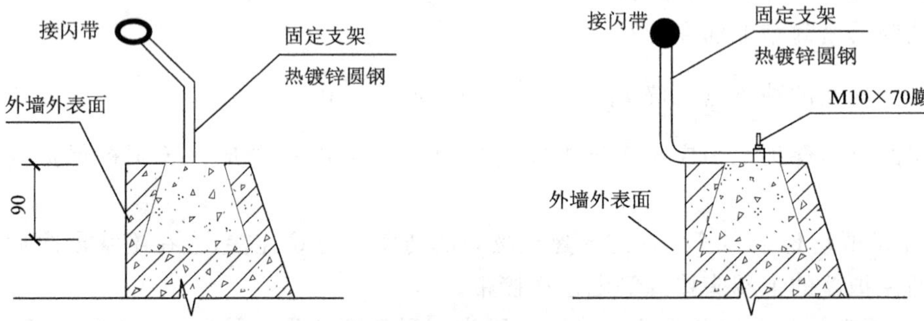

图 3.13　接闪带沿外墙外表面安装示意图

前面对第一类防雷建筑物突出屋面的放散管、风管、烟囱的防雷措施做了规定，但是如果是第二类防雷建筑物排放爆炸危险气体、蒸气或粉尘的放散管、呼吸阀、排风管等的管口应处于接闪器的保护范围内，当有管帽时应按表 3.6 确定，当无管帽时，应为管口上方半径 5 m 的半球体。如果是第二类防雷建筑物排放无爆炸危险气体、蒸气或粉尘的放散管、烟囱，1 区、21 区、2 区和 22 区爆炸危险场所的自然通风管，0 区和 20 区爆炸危险场所的装有阻火器的放散管、呼吸阀、排风管，以及排放物达不到爆炸浓度的管、阀及煤气和天然气放散管等，其金属物体可不装接闪器，但应和屋面防雷装置相连。但是对屋面上的孤立金属物和非金属物，应符合下列规定：

(1)没有得到接闪器保护的屋顶孤立金属物的尺寸不超过以下数值时，可不要求附加保护措施：

① 高出屋顶平面不超过 0.3 m。

② 上层表面总面积不超过 1.0 m^2。

③ 上层表面的长度不超过 2.0 m。

(2)没有得到接闪器保护的屋顶非金属物体，当它没有突出由接闪器形成的平面 0.5 m 以上时，可不要求附加增设接闪器的保护措施。

二、引下线要求

引下线设置要有间距、最少根数、分布、断接卡设置和套管的要求，各类防雷引下线参数见表 3.9，为了方便查询本表也列入了第一类防雷建筑物的引下线要求。

表 3.9　各类防雷建筑物专设引下线要求

防雷类别	引下线间距(m)	最少根数	布置	断接卡距地高度(m)	套管位置(m)
一类	≤12	2	均匀对称	0.3～1.8	−0.3～1.7
二类	≤18	2	可非均匀	0.3～1.8	−0.3～1.7
三类	≤25	2	可非均匀	0.3～1.8	−0.3～1.7

如果是防接触电压，套管的要求更高，套管位置高度要求达到 2.7 m，这里的"专设"指专门敷设，区别于利用建筑物的金属体作为引下线的要求，特别指出，如果第二类和第三类建筑物的跨度较大，无法在跨距中间设引下线时，可以在跨距两端设引下线，但是要减小其他引下线的间距，平均间距还是要达到要求。也就是说只有第一类防雷建筑物要求均匀对称，第二类和第三类防雷建筑物的引下线可考虑平均间距进行设计。

三、接地体要求

外部防雷装置的接地应和防雷电感应、内部防雷装置、电气和电子系统等接地共用接地装置，并应与引入的金属管线做等电位连接。外部防雷装置的专设接地装置宜围绕建筑物敷设成环形接地体。

四、利用建筑物钢筋作为防雷装置

利用钢筋混凝土柱和基础内钢筋作引下线和接地体，国内外在 20 世纪 60 年代初期就已经采用了。现已较为普遍。利用屋顶钢筋作为接闪器国内外从 20 世纪 70 年代初就逐渐被采用了。

1. 接闪器暗敷

利用屋顶钢筋作接闪器，其前提是允许屋顶遭雷击时混凝土会有一些碎片脱开以及一小块防水、保温层遭破坏。但这对结构无损害，发现时加以修补就可以了。屋顶的防水层本来正常使用一段时期后也要修补或翻修。但是易燃易爆场所不允许接闪器暗敷。暗敷接闪器的单根钢筋或圆钢的最小直径不应小于 10 mm。

2. 接地体

对于第二类和第三类防雷建筑物，利用基础内钢筋网作为接地体时，在周围地面以下距地面不应小于 0.5 m，每根引下线所连接的钢筋表面积总和应按表 3.10 的公式进行计算。当在建筑物周边的无钢筋的闭合条形混凝土基础内敷设人工基础接地体时，接地体的规格尺寸应按表 3.10 确定。

表 3.10　第二类和第三类防雷建筑物环形人工基础接地体的最小规格尺寸

闭合条形基础的周长(m)	第二类			第三类		
	扁钢(mm)	圆钢，根数×直径(mm)	计算公式	扁钢(mm)	圆钢，根数×直径(mm)	计算公式
≥60	4×25	2×Ø10	$S \geqslant 4.24k_c^2$	4×20	1×Ø10	$S \geqslant 1.89k_c^2$
40～60	4×50	4×Ø10 或 3×Ø12			2×Ø8	
<40	钢材表面积总和≥4.24 m²			钢材表面积总和≥1.89 m²		

注：1 当长度相同、截面相同时，宜选用扁钢；

2 采用多根圆钢时，其敷设净距不小于直径的 2 倍；

3 利用闭合条形基础内的钢筋作接地体时可按本表校验，除主筋外，可计入箍筋的表面积；

4 式中：S—钢筋表面积总和(m^2)；k_c—引下线分流系数。

确定环形人工基础接地体尺寸的几条原则：

(1)在相同截面(即在同一长度下，所消耗的钢材重量相同)下，扁钢的表面积总是大于圆钢的，所以，建议优先选用扁钢，可节省钢材。

(2)在截面积总和相等之下，多根圆钢的表面积总是大于一根的，所以，在满足所要求的表面积的前提下，选用多根或一根圆钢。

(3)圆钢直径选用 8 mm、10 mm、12 mm 三种规格，选用大于∅12 mm 圆钢一是浪费材料，二是施工时不易于弯曲。

(4)混凝土电阻率取 100 Ω·m，这样，混凝土内钢筋体有效长度为 $2\sqrt{\rho}=20$ m，即从引下线连接点开始，散流作用按各方向 20 m 考虑。

(5)周长≥60 m，按 60 m 考虑，设 3 根引下线，此时，$k_c=0.44$，另外还有 56%的雷电流从另两根引下线流走，每根引下线各占 28%。设这 28%从两个方向流走，每一方向流走 14%。因此，与第一根引下线连接的 40 m 长接地体(一个方向 20 m，两个方向共计 40 m)，共计流走总电流的(0.44+0.14+0.14=0.72)72%，即 k_c 等于 0.72。

(6)40 m≤周长<60m 时按 40 m 长考虑，k_c 等于 1，即按 40 m 长流走全部雷电流考虑。

(7)周长<40 m 时无法预先走出规格和尺寸，只能按 $k_c=1$ 由设计者根据具体长度计算，并按以上原则选用。

根据以上原则所计算的结果列于表 3.11。

表 3.11 环形人工基础接地体的计算结果

周长(m)	k_c 值	环形人工基础接地体的表面积	
		第二类防雷建筑物	第三类防雷建筑物
≥60	0.72	$4.24k_c^2=2.2$ m²	$1.89k_c^2=0.98$ m²
		4 mm×25 mm 扁钢 40 m 长的表面积=2.32 m²， 2×∅10 mm 圆钢 40 m 长表面积总和=2.513 m²	1×∅10 mm 圆钢 40 m 长的表面积=1.257 m²
≥40 至<60	1	$4.24k_c^2=4.24$ m²	$1.89k_c^2=1.89$ m²
		4 mm×50 mm 扁钢 40 m 长的表面积=4.32 m²， 4×∅10 mm 圆钢 40 m 长表面积总和=5.03 m²， 3×∅12 mm 圆钢 40 m 长表面积总和=4.52 m²	4 mm×20 mm 扁钢 40 m 长的表面积=1.92 m²， 2×∅8 mm 圆钢 40 m 长表面积总和=2.01 m²

构件内有箍筋连接的钢筋或成网状的钢筋，其箍筋与钢筋、钢筋与钢筋应采用土建施工的绑扎法、螺丝、对焊或搭焊连接。单根钢筋、圆钢或外引预埋连接板、线与构件内钢筋的连接应焊接或采用螺栓紧固的卡夹器连接。构件之间必须连接成电气通路。

五、接地电阻

共用接地装置的接地电阻应按 50 Hz 电气装置的接地电阻确定，不应大于按人身安全所确定的接地电阻值，每根专设引下线的冲击接地电阻应满足表 3.12 中的要求。

表 3.12 各类防雷建筑物冲击接地电阻参数表

防雷类别	冲击接地电阻(Ω)	
第一类	10	
第二类	10	
第三类	一般情况	0.05≥N≥0.01 省部级、人员密集重要公共场所
	30	10

在土壤电阻率小于或等于 3000 Ω·m 时，外部防雷装置环形接地体所包围面积的等效圆半径等于或

大于所规定的值时，可不计其冲击接地电阻，但应按以下方法敷设接地体。

1. 对第二类防雷建筑物电阻达不到要求，增设接地体如下：

(1)$\rho \leqslant 800\ \Omega \cdot m$ 时，对环形接地体所包围面积的等效圆半径小于 5 m 的情况，每一引下线处应补加水平接地体或垂直接地体。

补加水平接地体时，其最小长度应按下式计算：

$$l_r = 5 - \sqrt{\frac{A}{\pi}}$$

式中：l_r—补加水平接地体的最小长度(m)；$\sqrt{\frac{A}{\pi}}$—环形接地体所包围面积的等效圆半径(m)。

补加垂直接地体时，其最小长度应按下式计算：

$$l_v = \frac{5 - \sqrt{\frac{A}{\pi}}}{2}$$

式中：l_v—补加垂直接地体的最小长度(m)。

(2)$800\ \Omega \cdot m < \rho \leqslant 3000\ \Omega \cdot m$，且对环形接地体所包围面积的等效圆半径符合下式的计算值时，每一引下线处应补加水平接地体或垂直接地体：

$$\sqrt{\frac{A}{\pi}} < \frac{\rho - 550}{50}$$

补加水平接地体时，其最小总长度应按下式计算：

$$l_r = \left(\frac{\rho - 550}{50}\right) - \sqrt{\frac{A}{\pi}}$$

补加垂直接地体时，其最小总长度应按下式计算：

$$l_v = \frac{\left(\frac{\rho - 550}{50}\right) - \sqrt{\frac{A}{\pi}}}{2}$$

2. 对第三类防雷建筑物电阻达不到要求，增设接地体如下：

对环形接地体所包围面积的等效圆半径小于 5 m 的情况，每一引下线处应补加水平接地体或垂直接地体。补加水平接地体时，其最小长度应按下式计算：

$$l_r = 5 - \sqrt{\frac{A}{\pi}}$$

式中：l_r—补加水平接地体的最小长度(m)；$\sqrt{\frac{A}{\pi}}$—环形接地体所包围面积的等效圆半径(m)。

补加垂直接地体时，其最小长度应按下式计算。

$$l_v = \frac{5 - \sqrt{\frac{A}{\pi}}}{2}$$

式中：l_v—补加垂直接地体的最小长度(m)。

3. 在接地体钢筋表面积参数达到要求的条件下，利用槽形、板形或条形基础的钢筋作为接地体或在基础下面混凝土垫层内敷设人工环形基础接地体的包围面积要求如下：

(1)第二类

① 当土壤电阻率小于或等于 $800\ \Omega \cdot m$ 时，所包围的面积应大于或等于 $79\ m^2$；

② 当土壤电阻率大于 $800\ \Omega \cdot m$ 且小于或等于 $3000\ \Omega \cdot m$ 时，所包围的面积应大于或等于按下式的计算值：

$$A \geqslant \pi\left(\frac{\rho - 550}{50}\right)^2$$

(2)第三类

所包围的面积应大于或等于 79 m^2；

符合以上要求的第二类、第三类防雷建筑物，利用槽形、板形或条形基础作为接地体的，可不补加接地体。

六、防闪电反击

雷电流流经引下线和接地装置时产生的高电位会对附近金属物或电气和电子系统线路产生反击，在法拉第笼完备的建筑物中，钢筋混凝土框架电气贯通连接较好，金属物或线路与引下线之间的间隔距离可无要求；但在其他情况下，金属物或线路与引下线之间的间隔距离对于第二类防雷应按(3.14)式计算，对于第三类防雷应按(3.15)式计算。

$$\text{第二类} \quad S_{a3} \geqslant 0.06k_c l_x \tag{3.14}$$

$$\text{第三类} \quad S_{a3} \geqslant 0.04k_c l_x \tag{3.15}$$

式中：S_{a3}—空气中的间隔距离(m)；k_c—引下线的分流系数；l_x—引下线计算点到连接点的长度(m)，连接点即金属物或电气和电子系统线路与防雷装置之间直接或通过电涌保护器相连之点。

当金属物或线路与引下线之间有混凝土墙、砖墙隔开时，其击穿强度应为空气击穿强度的 1/2。当间隔距离不能满足公式(3.14)和公式(3.15)的要求时，金属物应与引下线直接相连，带电线路应通过电涌保护器与引下线相连。

七、防闪电电涌侵入措施

在电气接地装置与防雷接地装置共用或相连的情况下，应在低压电源线路引入的总配电箱、配电柜处装设Ⅰ级试验的电涌保护器。电涌保护器的电压保护水平值应小于或等于 2.5 kV。每一保护模式的冲击电流值，当无法确定时应取大于或等于 12.5 kA。

当 Yyn0 型或 Dyn11 型接线的配电变压器设在本建筑物内或附设于外墙处时，应在变压器高压侧装设避雷器；在低压侧的配电屏上，当有线路引出本建筑物至其他有独自敷设接地装置的配电装置时，应在母线上装设Ⅰ级试验的电涌保护器，电涌保护器每一保护模式的冲击电流值，当无法确定时冲击电流应取大于或等于 12.5 kA；当无线路引出本建筑物时，应在母线上装设Ⅱ级试验的电涌保护器，电涌保护器每一保护模式的标称放电电流值应大于或等于 5 kA。电涌保护器的电压保护水平值应小于或等于 2.5 kV。

低压电源线路引入的总配电箱、配电柜处装设Ⅰ级实验的电涌保护器，以及配电变压器设在本建筑物内或附设于外墙处，并在低压侧配电屏的母线上装设Ⅰ级实验的电涌保护器时，电涌保护器每一保护模式的冲击电流值，当电源线路无屏蔽层时可按式(3.12)计算，当有屏蔽层时可按式(3.13)计算，式中的正极性雷电流二类应取 150 kA 三类取 100 kA，负极性雷电流二类应取 75 kA 三类取 50 kA。

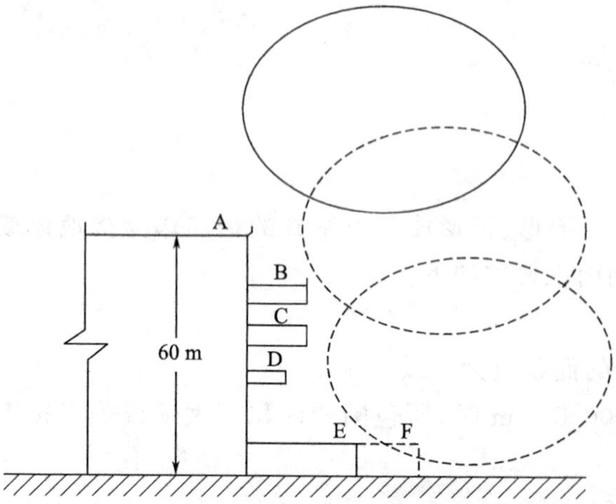

图 3.14　突出外墙物体的闪带沿外墙外表面安装示意图

八、防侧击雷措施

对于高度超过 45 m 的第二类防雷建筑物或高度超过 60 m 的第三类防雷建筑物，还应采取防侧击雷措施。

(1)对水平突出外墙的物体，当滚球半径球体从屋顶周边接闪带外向地面垂直下降接触到突出外墙的物体时，应采取相应的防雷措施。如图 3.14 中 B、C 和 E 物体。

(2)高度超过 60 m 的第二类、第三类防雷建筑物，其上部占高度 20％并超过 60 m 的部位应防侧击。防侧击雷措施是各表面上的尖物、墙角、边缘、设备以及显著突出的物体，应按屋顶的保护措施考虑，布置接闪器应符合对本类防雷建筑物的要求，接闪器应重点布置在墙角、边缘和显著突出的物体上，外部金属物可利用其作为接闪器，还可利用布置在建筑物垂直边缘处的外部引下线作为接闪器，符合规定的钢筋混凝土内钢筋和符合规定的建筑物金属框架，当作为引下线或与引下线连接时，均可利用其作为接闪器。

(3)外墙内、外竖直敷设的金属管道及金属物的顶端和底端，应与防雷装置等电位连接。

第七节　其他防雷措施

当建筑物兼有各类防雷情况时，应采用混合分类的方法确定建筑物的防雷类别，防雷措施也略有不同。另外防雷装置本身设置不当会产生跨步电压和接触电压，对人员造成危害，也需要有正确的防跨步电压和接触电压的措施。还有一些构筑物，如露天钢质封闭油气罐、烟囱、大型露天堆场、固定在建筑物上的灯、用电设备及线路也应采取防雷措施。

一、混和防雷分类及措施

当一座防雷建筑物中兼有第一类、第二类、第三类防雷建筑物时，其防雷分类和防雷措施宜符合下列规定：

(1)当第一类防雷建筑物部分的面积占建筑物总面积的 30%及以上时，该建筑物宜确定为第一类防雷建筑物。

(2)当第一类防雷建筑物部分的面积占建筑物总面积的 30%以下，且第二类防雷建筑物部分的面积占建筑物总面积的 30%及以上时，或当这两部分防雷建筑物的面积均小于建筑物总面积的 30%，但其面积之和又大于 30%时，该建筑物宜确定为第二类防雷建筑物。但对第一类防雷建筑物部分的防雷电感应和防闪电电涌侵入，应采取第一类防雷建筑物的保护措施。

(3)当第一类、第二类防雷建筑物部分的面积之和小于建筑物总面积的 30%，且不可能遭直接雷击时，该建筑物可确定为第三类防雷建筑物；但对第一类、第二类防雷建筑物部分的防雷电感应和防闪电电涌侵入，应采取各自类别的保护措施；当可能遭直接雷击时，宜按各自类别采取防雷措施。

当一座建筑物中仅有一部分为第一类、第二类、第三类防雷建筑物时，其防雷措施宜符合下列规定：

(1)当防雷建筑物部分可能遭直接雷击时，宜按各自类别采取防雷措施。

(2)当防雷建筑物部分不可能遭直接雷击时，可不采取防直击雷措施，可仅按各自类别采取防闪电感应和防闪电电涌侵入的措施。

(3)当防雷建筑物部分的面积占建筑物总面积的 50%以上时，该建筑物宜按混和分类的防雷建筑物采取防雷措施。

二、露天钢质封闭油气罐

有爆炸危险的露天钢质封闭油气罐，在其高度小于或等于 60 m 的、罐顶壁厚不小于 4 mm 时，或其高度大于 60 m 的条件下、罐顶壁厚和侧壁壁厚均不小于 4 mm 时，可不装设接闪器，但应接地，且接地点不应少于 2 处，两接地点间距离不宜大于 30 m，每处接地点的冲击接地电阻不应大于 30 Ω。当防雷的接地装置等效面积符合规定时，可不计其接地电阻值。

三、烟囱

砖烟囱、钢筋混凝土烟囱，宜在烟囱上装设接闪杆或接闪环保护，多支接闪杆应连接在闭合环上。当非金属烟囱无法采用单支或双支接闪杆保护时，应在烟囱口装设环形接闪带，并应对称布置三支高出烟囱口不低于 0.5 m 的接闪杆。钢筋混凝土烟囱的钢筋应在其顶部和底部与引下线和贯通连接的金属爬梯相连。对于暗敷的钢筋网，如果钢筋表面积达到要求，可利用钢筋作为引下线和接地装置，可不另设专用引下线。高度不超过 40 m 的烟囱，可只设一根引下线，超过 40 m 时应设两根引下线。可利用螺栓或焊接连接的一座金属爬梯作为两根引下线用。金属烟囱可作为接闪器和引下线。

四、大型露天堆场

粮、棉及易燃物大量集中的露天堆场，当其年预计雷击次数大于或等于 0.05 时，应采用独立接闪杆或架空接闪线防直击雷。独立接闪杆和架空接闪线保护范围的滚球半径可取 100 m。在计算雷击次数时，建筑物的高度可按可能堆放的高度计算，其长度和宽度可按可能堆放面积的长度和宽度计算。

五、固定在建筑物上的灯、用电设备及线路防雷措施

固定在建筑物上的节日彩灯、航空障碍信号灯及其他用电设备和线路应根据建筑物的防雷类别采取相应的防止闪电电涌侵入的措施，并应符合下列规定：

(1)无金属外壳或保护网罩的用电设备应处在接闪器的保护范围内。

(2)从配电箱引出的配电线路应穿钢管。钢管的一端应与配电箱和 PE 线相连；另一端应与用电设备外壳、保护罩相连，并应就近与屋顶防雷装置相连。当钢管因连接设备而中间断开时应设跨接线。

(3)在配电箱内应在开关的电源侧装设Ⅱ级试验的电涌保护器，其电压保护水平不应大于 2.5 kV，标称放电电流值应根据具体情况确定。

六、防接触电压和跨步电压

在建筑物引下线附近保护人身安全需采取的防接触电压和跨步电压的措施。

1. 防接触电压应符合下列规定之一

(1)利用建筑物金属构架和建筑物互相连接的钢筋在电气上是贯通且不少于 10 根柱子组成的自然引下线，作为自然引下线的柱子包括位于建筑物四周和建筑物内的。

(2)引下线 3 m 范围内地表层的电阻率不小于 50 kΩ · m，或敷设 5 cm 厚沥青层或 15 cm 厚砾石层。

(3)外露引下线，其距地面 2.7 m 以下的导体用耐 1.2/50 μs 冲击电压 100 kV 的绝缘层隔离，或用至少 3 mm 厚的交联聚乙烯层隔离。

(4)用护栏、警告牌使接触引下线的可能性降至最低限度。

2. 防跨步电压应符合下列规定之一

(1)利用建筑物金属构架和建筑物互相连接的钢筋在电气上是贯通且不少于 10 根柱子组成的自然引下线，作为自然引下线的柱子包括位于建筑物四周和建筑物内。

(2)引下线 3 m 范围内土壤地表层的电阻率不小于 50 kΩ · m，或敷设 5 cm 厚沥青层或 15 cm 厚砾石层。

(3)用网状接地装置对地面作均衡电位处理。

(4)用护栏、警告牌使进入距引下线 3 m 范围内地面的可能性减小到最低限度。

七、附属设施

在独立接闪杆、架空接闪线、架空接闪网的支柱上，严禁悬挂电话线、广播线、电视接收天线及低压架空线等。

第四章 电子信息系统防雷

第一节 总则

综合防雷工程是一个系统工程，分为外部防雷和内部防雷，包括：直击雷防护措施（接闪器、引下线、接地装置）、等电位连接措施、屏蔽措施、规范的综合布线措施、设计安装 SPD、完善合理的共用接地系统 6 个部分组成。采用隔离、钳位、均压、滤波、屏蔽、过压与过流保护、接地等方法将雷电过电压、过电流及雷电电磁脉冲消除在设备外围，从而达到保护电子设备的目的，具体框图如图 4.1 所示。

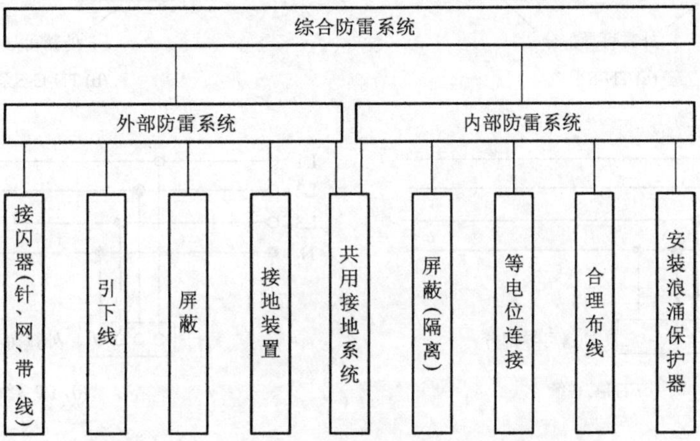

图 4.1 建筑物电子信息系统综合防雷系统

为了保护建筑物和微电子设备的安全，我们既要防止直击雷，也要防雷电感应高电压以及雷电电磁脉冲，二者有机结合，构成一套完整的防雷体系，这就是现代防雷新理论："综合防雷技术"。

一、设计原则

闪电是自然界一种强的放电现象，其直接击中建筑物等造成的危害非常大，而且闪电发生过程还会产生电磁脉冲，这对建筑物内的电子信息系统会造成严重的破坏或者威胁。随着时代的发展，建筑物内的电子信息化程度越来越高，一旦遭受雷击或雷击电磁脉冲，会造成巨大的经济损失和社会影响，电子信息系统的雷电防护显得尤为重要，并且应按照相应的设计原则加强防雷安全措施。具体体现如下。

电子信息系统机房内电源的进、出线不应采用架空线路，电子信息系统设备交流配电系统的接地应采用 TN-S 系统。根据建筑物防雷设计规范等要求，建筑物内部有电子信息系统的，应根据需要保护的空间划分不同的防雷区，确定或通过计算各部分空间不同的雷电电磁场的强度，决定是否需要设计屏避措施，确定各防雷区交界处等电位连接点的设置。另外，电子信息系统的主机房宜选择在大楼的低层中心部位，信息设备应尽量远离建筑物的外墙结构柱，设置在雷电防护的最高级别（LPZ2 或 LPZ3）区域内。建筑物屏蔽未达到要求时，电子信息系统设备机房或设备应加装金属屏蔽网或金属屏蔽室。电子信息系统设备放置在不同防雷区的宜进行磁场强度的衰减计算，并根据计算结果采取相应的屏蔽措施。然后，屏蔽电缆其屏蔽层宜在两端及雷电防护区交界处做等电位连接。入户光缆中含有金属部件的，在入户处应接通所有金属插头、金属挡潮层、金属加强芯等并进行等电位连接接地。建筑物之间的互连电缆，应敷设在金属管道内。

二、低压配电接地制式

按接地制式划分，低压配电系统有 TT、IT、TN(TN-S、TN-C、TN-C-S)5 种。其中第一个字母表示电源接地点对地的关系：T 表示直接接地；I 表示不接地或通过阻抗与大地相连。第二个字母表示电气设备的外露导电部分与地的关系：T 表示独立于电源接地点的直接接地；N 表示直接与电源系统接地点或与该点引出导体相连接。后续字母表示中性线与保护线之间的关系：C 表示中性线 N 与保护线 PE 合并为 PEN 线；S 表示中性线 N 与保护线 PE 分开；C-S 表示在电源侧为 PEN 线，从某点分开为 N 及 PE 线。接地制式具体形式如下图 4.2 所示。

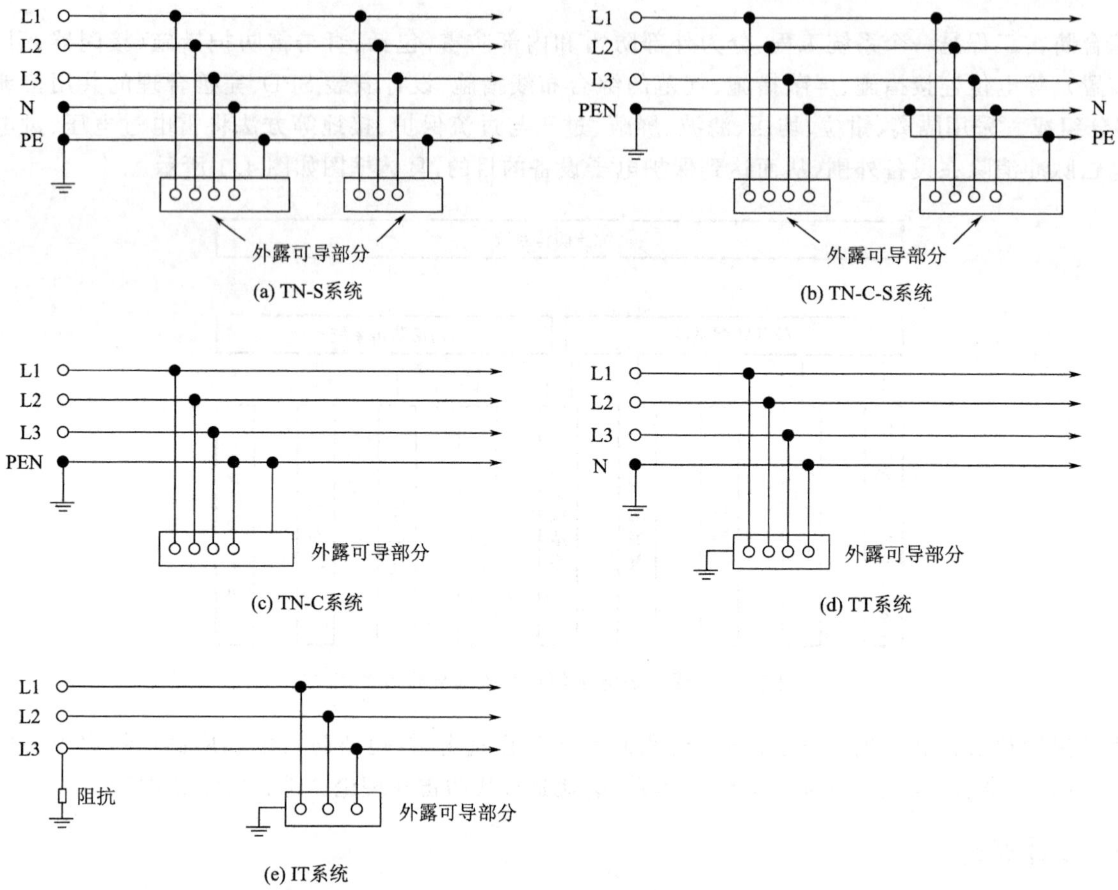

图 4.2　低压配电接地制式

第二节　雷击电磁脉冲和防雷区

雷击电磁脉冲(LEMP)是一种干扰源，是指闪电直接击在建筑物防雷装置和建筑物附近所引起的效应。不论是闪电在空间的先导或回击通道中闪电产生的瞬变电磁场，或者是闪电击在避雷针系统以后所产生瞬变电磁场，都会在空间一定范围内产生电磁作用，它可以是法拉第电磁感应定律所决定的电磁感应作用，也可以是脉冲电磁辐射。

感应电流具有很大的幅值和波头上升陡度，能在所流过的路径周围产生很强的暂态脉冲磁场。根据电磁感应定律，这种脉冲磁场在大气中向外辐射，到达电子设备所在空间，当电磁强度超过电子设备的耐受能力时，会对这些电子设备造成损害，使电子系统发生误动作。

一、防 LEMP 的基本要求

在工程的设计阶段不知道电子系统的规模和具体位置的情况下，若预计将来会有需要防雷击电磁脉冲的电气和电子系统，应在设计时将建筑物的金属支撑物、金属框架或钢筋混凝土的钢筋等自然构件、金属管道、配电的保护接地系统等与防雷装置组成一个接地系统，并应在需要之处预埋等电位连接板。

当电源采用 TN 系统时，从建筑物总配电箱起供电给本建筑物内的配电线路和分支线路必须采用 TN-S 系统。

二、防雷分区

1. 防雷区的划分

防雷区的划分(图 4.3)应遵循以下原则：

(1)本区内的各物体都可能遭到直接雷击并导走全部雷电流，以及本区内的雷击电磁场强度没有衰减时，应划分为 $LPZ0_A$ 区。

(2)本区内的各物体不可能遭到大于所选滚球半径对应的雷电流直接雷击，以及本区内的雷击电磁场强度仍没有衰减时，应划分为 $LPZ0_B$ 区。

(3)本区内的各物体不可能遭到直接雷击，且由于在界面处的分流，流经各导体的电涌电流比 $LPZ0_B$ 区内的更小，以及本区内的雷击电磁场强度可能衰减，衰减程度取决于屏蔽措施时，应划分为 LPZ1 区。

(4)需要进一步减小流入的电涌电流和雷击电磁场强度时，增设的后续防雷区应划分为 LPZ2(3，…，n)后续防雷区。

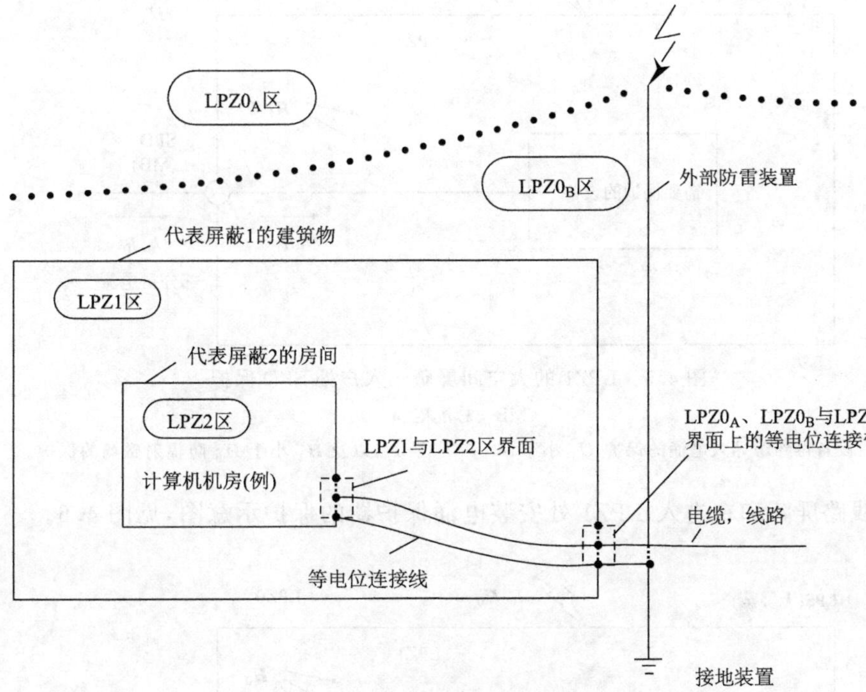

图 4.3　防雷分区示意图

将需要保护的空间划分为不同的防雷区，以规定各部分空间不同的雷击电磁脉冲的严重程度和指明各区交界处的等电位连接点的位置。各区以在其交界处的电磁环境有明显改变作为划分不同防雷区的特征。通常，防雷区的数越高电磁场强度越小。

2. 防雷击电磁脉冲

《建筑物防雷设计规范》GB 50057—2010 给出了防 LEMP 措施可采用的 4 种方式，分别是可采取大空间屏蔽与安装多级协调配合好的 SPD，入户处安装 SPD 与 LPZ1 大空间屏蔽，内部线路屏蔽与在 LPZ1 处安装 SPD 和仅采用协调配合好的 SPD 的方法来设计，按照需要保护的设备的数量、类型和耐压水平及其所要求的磁场环境选择参数。在两个防雷区的界面上还应将所有通过界面的金属物做等电位连接。

(1)采用大空间屏蔽和协调配合好的多级电涌保护器保护的示意图，见图 4.4。

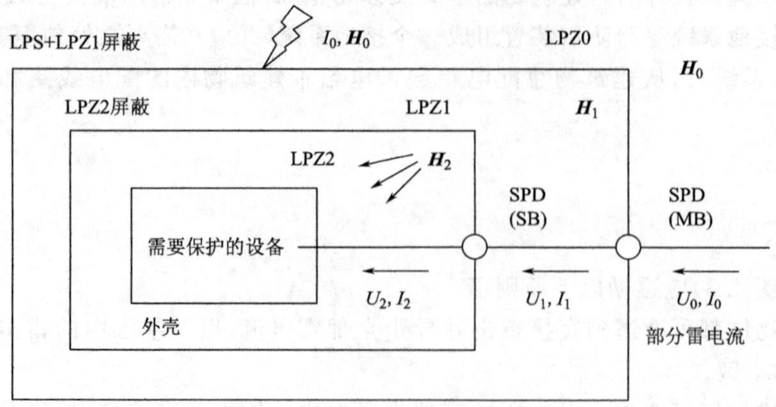

图 4.4　大空间屏蔽＋多级 SPD 保护

MB—总配电箱；SB—分配电箱

注：设备得到良好的防导入电涌的保护，U_2 大大小于 U_0，I_2 大大小于 I_0，以及 H_2 大大小于 H_0 防辐射磁场的保护。

(2)采用 LPZ1 的大空间屏蔽和进户处安装电涌保护器保护的示意图，见图 4.5。

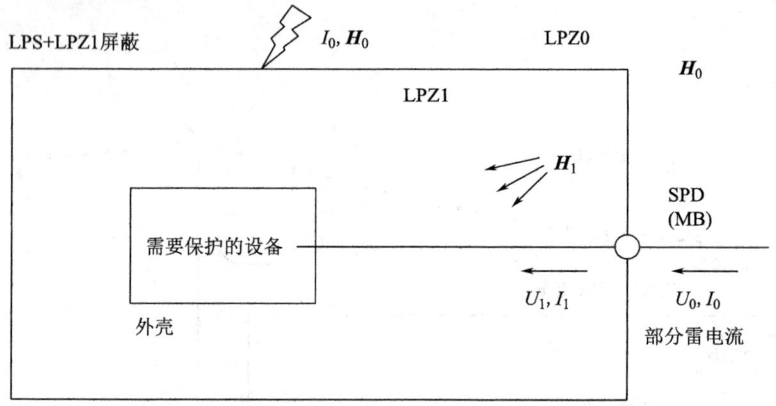

图 4.5　LPZ1 的大空间屏蔽＋入户处 SPD 保护

MB—总配电箱

注：设备得到防导入电涌的保护，U_1 小于 U_0，I_1 小于 I_0，以及 H_1 小于 H_0 防辐射磁场的保护。

(3)采用内部线路屏蔽和在进入 LPZ1 处安装电涌保护器的保护示意图，见图 4.6。

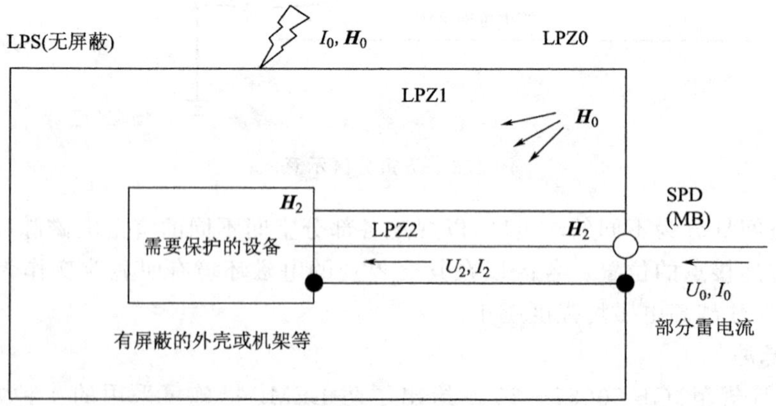

图 4.6　内部线路屏蔽＋ LPZ1 处 SPD 保护

MB—总配电箱

注：设备得到防线路导入电涌的保护，U_2 小于 U_0，I_2 小于 I_0，以及 H_2 小于 H_0 防辐射磁场的保护。

(4)仅采用协调配合好的电涌保护器保护(图 4.7)。

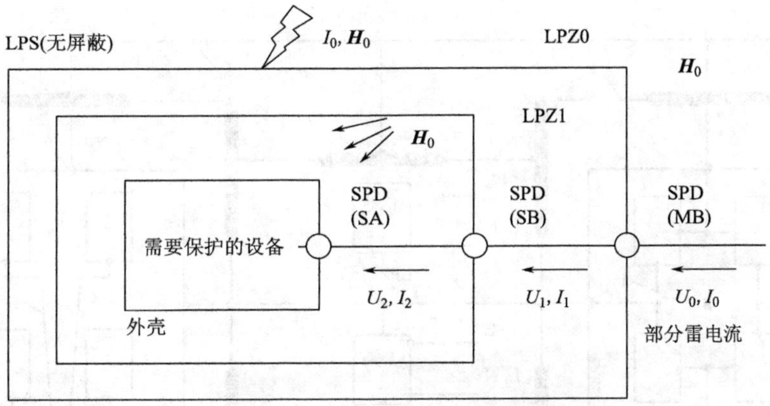

图 4.7　无屏蔽仅多级 SPD 保护

MB—总配电箱；SB—分配电箱；SA—插座

注：设备得到防线路导入电涌的保护，U_2 大大小于 U_0，I_2 大大小于 I_0，但不需防 $\boldsymbol{H}_0$ 辐射磁场的保护。

第三节　屏蔽和等电位连接

为了减小雷击电磁脉冲在电子信息系统内产生的电涌，对建筑物、机房、设备和线缆采取屏蔽是比较有效的手段，而各防雷分区界面及金属构件的等电位连接更是必不可少的方法，如果再加上有合理的布线措施将会大大减少雷电造成的危害。下面介绍 GB 50057—2010 和 GB 50343—2012 给出的屏蔽和等电位连接方法。

一、屏蔽和等电位连接的措施

首先应做好建筑物的屏蔽，可以利用建筑物的金属框架、混凝土中的钢筋、金属墙面、金属屋顶等自然金属构件与防雷装置连接构成格栅型大空间屏蔽，如果这种屏蔽不能满足机房内电子信息系统电磁环境的要求，还应增加机房屏蔽措施。屏蔽效果与安全距离也是要考虑的，屏蔽的计算在后面给出。

所有与建筑物组合在一起的大尺寸金属件都应等电位连接在一起，并应与防雷装置相连。在需要保护的空间内，采用屏蔽电缆时其屏蔽层应至少在两端，并宜在防雷区交界处做等电位连接，系统要求只在一端做等电位连接时，应采用两层屏蔽或穿钢管敷设，外层屏蔽或钢管应至少在两端，并宜在防雷区交界处做等电位连接。

分开的建筑物之间的连接线路，若无屏蔽层，线路应敷设在金属管、金属格栅或钢筋成格栅形的混凝土管道内。金属管、金属格栅或钢筋格栅从一端到另一端应是导电贯通，并应在两端分别连到建筑物的等电位连接带上；若有屏蔽层，屏蔽层的两端应连到建筑物的等电位连接带上。

对由金属物、金属框架或钢筋混凝土钢筋等自然构件构成建筑物或房间的格栅形大空间屏蔽，应将穿入大空间屏蔽的导电金属物就近与其做等电位连接。

每幢建筑物本身应采用一个接地系统(图 4.8)。

当互相邻近的建筑物之间有电气和电子系统的线路连通时，宜将其接地装置互相连接，可通过接地线、PE 线、屏蔽层、穿线钢管、电缆沟的钢筋、金属管道等连接。穿过各防雷区界面的金属物和建筑物内系统，以及在一个防雷区内部的金属物和建筑物内系统，均应在界面处进行等电位连接。

所有电梯轨道、起重机、金属地板、金属门框架、设施管道、电缆桥架等大尺寸的内部导电物，其等电位连接应以最短路径连到最近的等电位连接带或其他已做了等电位连接的金属物或等电位连接网络，各导电物之间宜附加多次互相连接。电子系统的所有外露导电物应与建筑物的等电位连接网络做功能性等电位连接。电子系统不应设独立的接地装置。向电子系统供电的配电箱的保护地线(PE 线)应就近与建筑物的等电位连接网络做等电位连接。

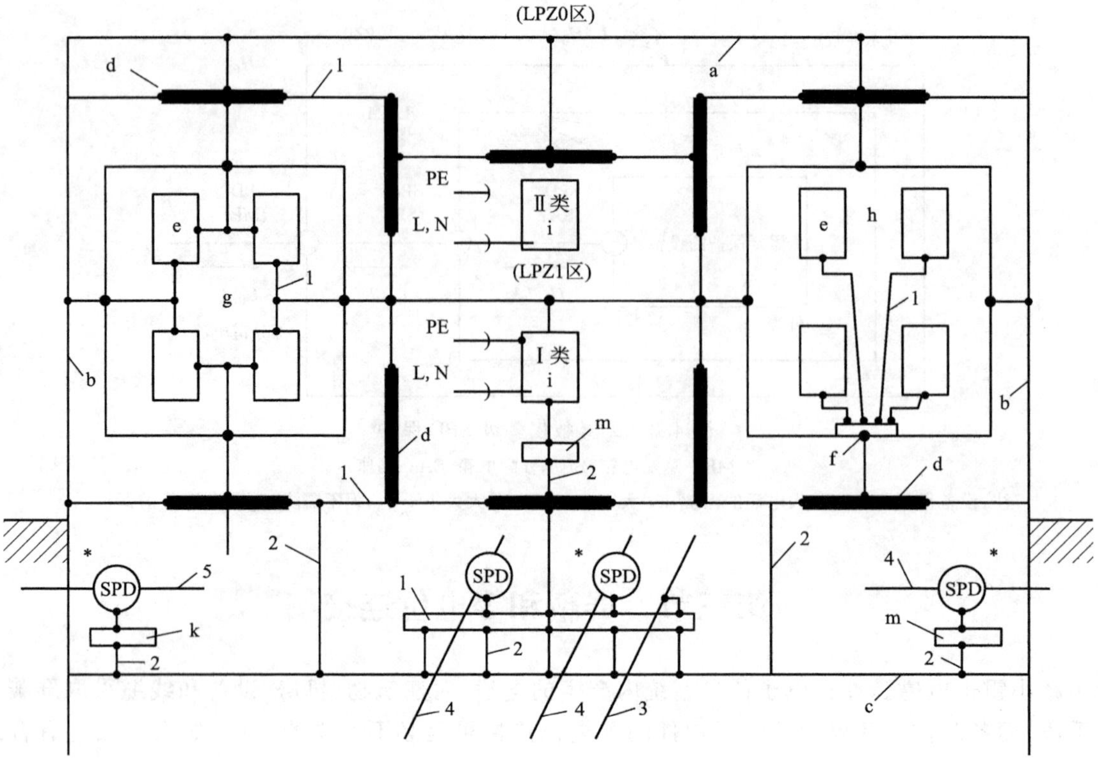

图 4.8　等电位连接和接地系统的构成

a—防雷装置的接闪器以及可能是建筑物空间屏蔽的一部分；b—防雷装置的引下线以及可能是建筑物空间屏蔽的一部分；c—防雷装置的接地装置(接地体网络、共用接地体网络)以及可能是建筑物空间屏蔽的一部分，如基础内钢筋和基础接地体；d—内部导电物体，在建筑物内及其上不包括电气装置的金属装置，如电梯轨道，起重机，金属地面，金属门框架，各种服务性设施的金属管道，金属电缆桥架，地面、墙和天花板的钢筋；e—局部电子系统的金属组件；f—代表局部等电位连接带单点连接的接地基准点(ERP)；g—局部电子系统的网形等电位连接结构；h—局部电子系统的星形等电位连接结构；i—固定安装有 PE 线的Ⅰ类设备和无 PE 线的Ⅱ类设备；k—主要供电气系统等电位连接用的总接地带、总接地母线、总等电位连接带，也可用作共用等电位连接带；l—主要供电子系统等电位连接用的环形等电位连接带、水平等电位连接导体，在特定情况下采用金属板，也可用作共用等电位连接带，用接地线多次接到接地系统上做等电位连接，宜每隔 5 m 连一次；m—局部等电位连接带

1—等电位连接导体；2—接地线；3—服务性设施的金属管道；4—电子系统的线路或电缆；5—电气系统的线路或电缆

*—进入 LPZ1 区处，用于管道、电气和电子系统的线路或电缆等外来服务性设施的等电位连接

二、等电位连接的形式

一个电子系统的各种箱体、壳体、机架等金属组件与建筑物接地系统的等电位连接网络做功能性等电位连接应采用 S 型星形结构或 M 型网形结构(图 4.9)。

当电子系统为 300 kHz 以下的模拟线路时，可采用 S 型等电位连接，且所有设施管线和电缆宜从 ERP 处附近进入该电子系统。当采用 S 型等电位连接时，电子系统的所有金属组件应与接地系统的各组件绝缘。S 型等电位连接应仅通过唯一的 ERP 点，形成 S_s 型等电位连接。设备之间的所有线路和电缆当无屏蔽时，宜与成星形连接的等电位连接线平行敷设。

当电子系统为兆赫级数字线路时，应采用 M 型等电位连接，系统的各金属组件不应与接地系统各组件绝缘。M 型等电位连接应通过多点连接组合到等电位连接网络中去，形成 M_m 型连接方式。每台设备的等电位连接线的长度不宜大于 0.5 m，并宜设两根等电位连接线安装于设备的对角处，其长度宜按相差 20％考虑。

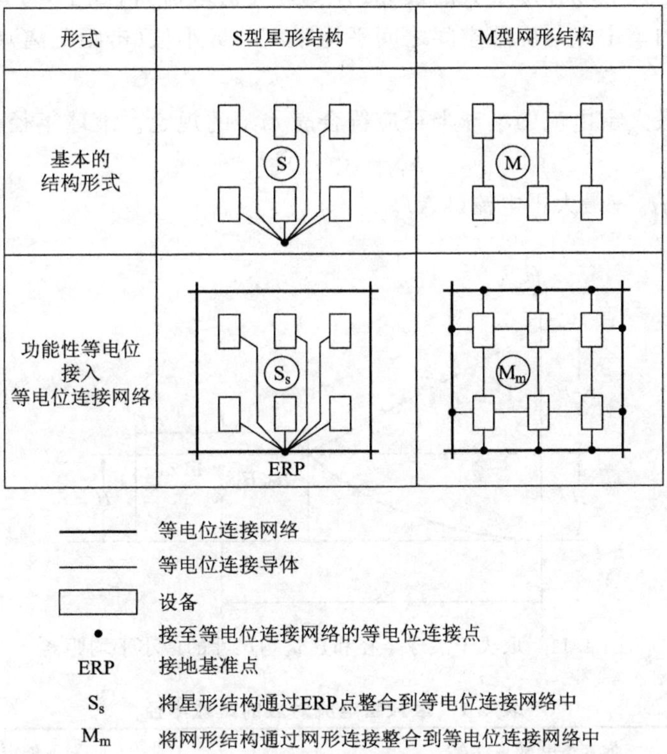

图 4.9　电子系统功能性等电位连接整合到等电位连接网络中

三、雷击磁场强度的计算

对屏蔽效率未做试验和理论研究时，磁场强度的衰减应按以下不同情形采用相应的方法计算。

1. 闪电击于建筑物以外附近时磁场强度计算方法

(1)当建筑物和房间无屏蔽时所产生的无衰减磁场强度，相当于处于 $LPZ0_A$ 和 $LPZ0_B$ 区内的磁场强度，应按下式计算：

$$\boldsymbol{H}_0 = i_0/(2\pi S_a) \tag{4.1}$$

式中：$\boldsymbol{H}_0$—无屏蔽时产生的无衰减磁场强度(A/m)；i_0— 最大雷电流(A)，按表 4.1 的规定取值；S_a—雷击点与屏蔽空间之间的平均距离(m)(图 4.10)。

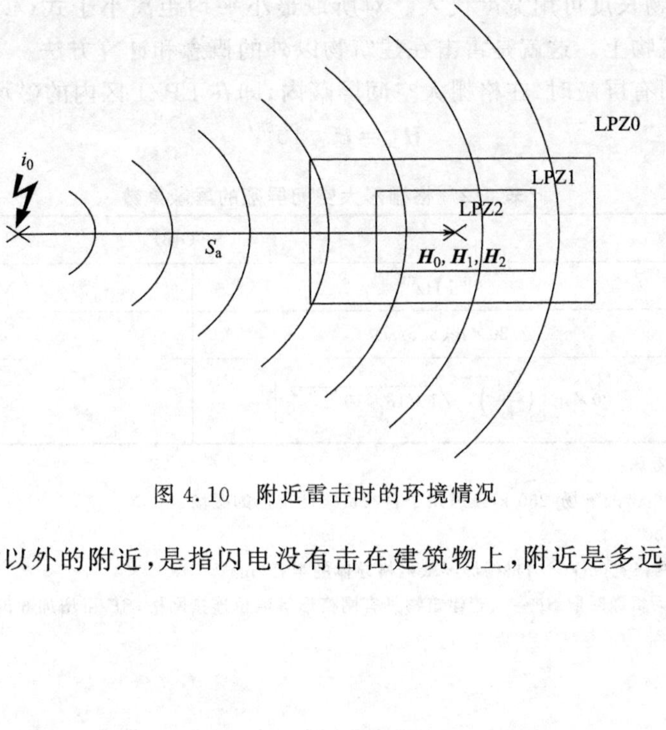

图 4.10　附近雷击时的环境情况

对于闪电击于建筑物以外的附近，是指闪电没有击在建筑物上，附近是多远是值得研究的。下面详细说明如何计算 S_a。

在闪电击在建筑物附近磁场强度最大的最坏(各类最大雷电流)情况下,按建筑物的防雷类别、高度、宽度或长度可确定可能的雷击点与屏蔽空间之间平均距离的最小值(击距距离)(图 4.11),可按下列方法确定:

对应第三类建筑物最大雷电流的滚球半径应符合表 4.1 的规定。滚球半径可按下式计算:

$$h_r = 10(i_0)^{0.65} \tag{4.2}$$

式中:h_r—滚球半径(m);i_0—最大雷电流(kA)。

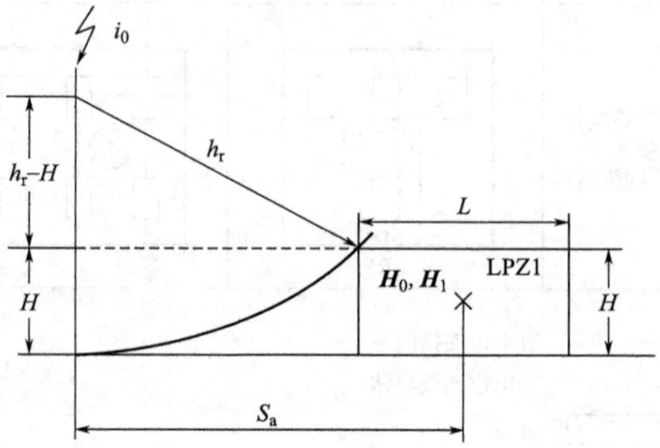

图 4.11　取决于滚球半径和建筑物尺寸的最小平均距离

表 4.1　最大雷电流对应的滚球半径

防雷建筑物类别	最大雷电流 i_0(kA)			对应的滚球半径 h_r(m)		
	正极性首次雷击	负极性首次雷击	负极性后续雷击	正极性首次雷击	负极性首次雷击	负极性后续雷击
第一类	200	100	50	313	200	127
第二类	150	75	37.5	260	165	105
第三类	100	50	25	200	127	81

雷击点与屏蔽空间之间的最小平均距离,应按下列公式计算:

当 $H<h_r$ 时:$S_a=\sqrt{H(2h_r-H)}+L/2$　(4.3)

当 $H\geqslant h_r$ 时:$S_a=h_r+\frac{L}{2}$　(4.4)

式中:H—建筑物高度(m);L—建筑物长度(m)。

根据具体情况建筑物长度可用宽度代入。对所取最小平均距离小于式(4.3)或式(4.4)计算值的情况,闪电将直接击在建筑物上。这就是雷击在建筑物以外的概念和计算方法。

(2)当建筑物或房间有屏蔽时,在格栅大空间屏蔽内,即在 LPZ1 区内的磁场强度,应按下式计算:

$$\boldsymbol{H}_1=\boldsymbol{H}_0/10^{SF/20} \tag{4.5}$$

表 4.2　格栅形大空间屏蔽的屏蔽系数

材料	SF(dB)	
	25 kHz①	1 MHz②或 250 kHz
铜/铝	$20\times\lg(8.5/\omega)$	$20\times\lg(8.5/\omega)$
钢③	$20\times\lg\left[\left(\frac{8.5}{\omega}\right)/\sqrt{1+18\times10^{-6}/r^2}\right]$	$20\times\lg(8.5/\omega)$

注 1:①适用于首次雷击的磁场;
②1 MHz 适用于后续雷击的磁场,250 kHz 适用于首次负级性雷击的磁场;
③相对磁导系数 $\mu\approx200$;

注 2:①ω 为格栅形屏蔽的网格宽(m);r 为格栅形屏蔽网格导体的半径(m);
②当计算式得出的值为负数时取 $SF=0$;若建筑物具有网格形等电位连接网格,SF 可增加 6 dB。

表 4.2 的计算值应仅对在各 LPZ 区内距屏蔽层有一安全距离的安全空间内才有效(图 4.12)，空间 V_s 为安全空间，安全距离应按下列公式计算：

当 $SF \geqslant 10$ 时：

$$d_{s/1} = \omega^{SF/10} \quad (4.6)$$

当 $SF < 10$ 时：

$$d_{s/1} = \omega \quad (4.7)$$

式中：$d_{s/1}$—安全距离(m)；ω—格栅形屏蔽的网格宽(m)；SF—按表 4.2 计算的屏蔽系数(dB)。

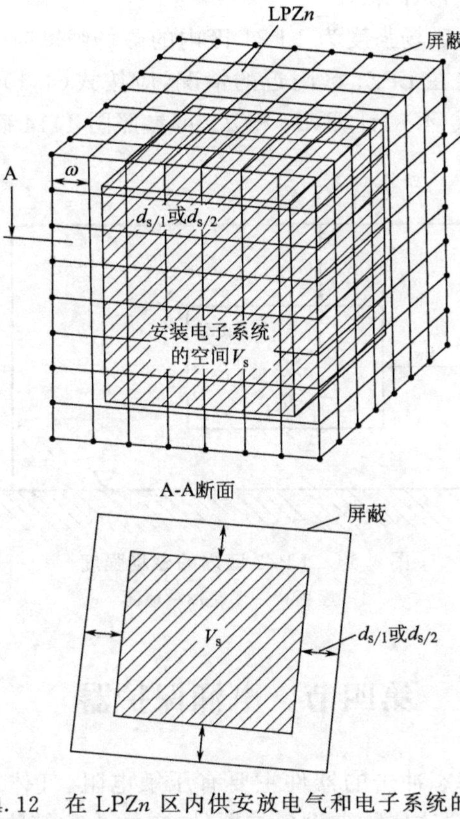

图 4.12　在 LPZn 区内供安放电气和电子系统的空间

V_s—安全空间

2. 闪电直接击在 $LPZ0_A$ 区磁场强度计算方法

在闪电直接击在位于 $LPZ0_A$ 区的格栅形大空间屏蔽层或与其连接的接闪器上的情况下，其内部 LPZ1 区内安全空间内某点的磁场强度应按下式计算(图 4.13)：

$$\boldsymbol{H}_1 = k_H \cdot i_0 \cdot \omega / (d_w \cdot \sqrt{d_r}) \quad (4.8)$$

式中：$\boldsymbol{H}_1$—安全空间内某点的磁场强度(A/m)；d_r—所确定的点距 LPZ1 区屏蔽顶的最短距离(m)；d_w—所确定的点距 LPZ1 区屏蔽壁的最短距离(m)；k_H—形状系数($1/\sqrt{m}$)，取 $k_H = 0.01(1/\sqrt{m})$；ω— LPZ1 区格栅形屏蔽的网格宽(m)。

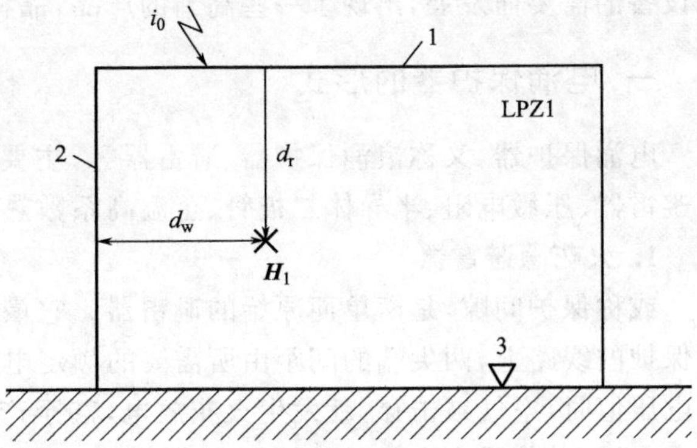

图 4.13　闪电直接击于屋顶接闪器时 LPZ1 区内的磁场强度

1—屋顶；2—墙壁；3—地面

$\boldsymbol{H}_1$ 的计算值仅对距屏蔽格栅有一安全距离的安全空间内有效，安全距离应按下列公式计算，电子系统应仅安装在安全空间内：

当 $SF \geqslant 10$ 时：

$$d_{s/2} = \omega \cdot SF/10 \quad (4.9)$$

当 $SF<10$ 时：

$$d_{s/2}=\omega \tag{4.10}$$

式中：$d_{s/2}$—安全距离(m)。

3. 以上两种情况的 LPZn+1 区内的磁场强度计算方法

$$\boldsymbol{H}_{n+1}=\boldsymbol{H}_n/10^{SF/20} \tag{4.11}$$

式中：$\boldsymbol{H}_n$— LPZn 区内的磁场强度(A/m)；$\boldsymbol{H}_{n+1}$—LPZn+1 区内的磁场强度(A/m)；SF—LPZn+1 区屏蔽的屏蔽系数。

安全距离应按式(4.6)或式(4.7)计算。

当式(4.11)中的 LPZn 区内的磁场强度为 LPZ1 区内的磁场强度时，LPZ1 区内的磁场强度也按上面介绍的两种情况进行计算。闪电击在 LPZ1 区附近的情况，应按式(4.1)和式(4.5)计算。闪电直接击在 LPZ1 区大空间屏蔽上的情况，按式(4.8)计算，d_r 和 d_w 可参照图 4.14 确定。

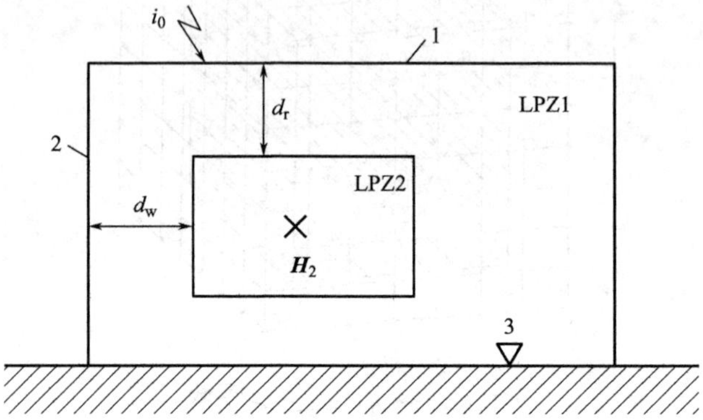

图 4.14　LPZ2 区内的磁场强度

1—屋顶；2—墙壁；3—地面

第四节　电涌保护器

建筑物内部信息系统防雷电瞬态冲击的器件主要有压敏电阻、气体放电管、齐纳二极管等。对于防雷设计而言，就是合理地组合和设置这些防雷设备与器件，来构成建筑物及其内部设施的雷电防护系统，对雷电危害进行有效地抑制。电涌保护器是随着现代科技的发展而发展起来的一种防雷设备，随着高技术设备的需要而发展，出现了一些高新的产品，品种和规格，是现代防雷技术设备的主角。

一、电涌保护器的形式

电涌保护器，又称浪涌保护器、避雷器等，主要形式包括火花隙避雷器、管型避雷器、气体放电管、阀型避雷器、压敏电阻、半导体二极管、正温高系数热敏电阻(PTC)以及高压电容器，下面将逐项介绍。

1. 火花隙避雷器

或称保护间隙，是简单而原始的避雷器。它最原始的形式就是 2 个金属尖端，一个接地，另一个接在被保护的线路上，两尖端的间距由所需要的额定电压值确定，过电压波到达该点处，电压上升到空气的击穿电压值时，空气被击穿，就发生火花放电，甚至产生电弧，这时雷电流就在此处分流入地。火花隙两端仍有电压，其值是由电弧的特性所决定，称此电压为避雷器的“残压”，它应比被保护的设备的安全允许电压低，调节火花隙距离，可以达到这个要求，在电力设备中，为了使通流的容量加大，火花隙作成角形。

由于火花隙的一端是被保护的设备的工作线路，上有工作电压存在，火花隙放电时，空气电离成为导体，雷电的过电压消失后，工作电压仍可以使气体继续导电，形成电流，称之为“续流”，过电压波产生的电弧温度很高，所以空气隙的阻抗很低，工作电压的续流可以很大，相当于使工作电压短路，将引起电力系统的断路器跳闸。

2. 管型避雷器

它是一种改进以后放在管状外壳内的火花隙。在雷电流经火花隙放电入地时，管内装置因高温而产生气流，它能把续流电弧吹熄，多用于电力输送网的线路保护上，与火花隙一样，有不少缺点。

3. 气体放电管

用于弱电设备防雷。与以上用于强电系统的防雷有所不同，其差别是在于工作电压，前面说的管型避雷器大都用在变电所等的进线处，工作电压是工频高压，续流很大，而气体放电管从物理上看，也是放在管内的火花隙，但体积小，接在电子设备的线路上，工作电压低。早期是用玻璃管，现在改用陶瓷管壳，密封。可分为二极管、三极管、五极管等。常用的放电管的冲击击穿电压在 1 kV 左右(1 kV/μs)，其突出优点是耐流能力较大，可达 20 kA，极间电容较小且稳定，较适用于高频多路通信设备，作第一级或第二级保护元件。

这里要提到一个重要的参数，就是“时间响应”，从过电压波到达避雷器的瞬间到它的击穿放电导通的瞬间，有一个时间延迟，在到达放电瞬间之前，过电压并未降至残压，这时过电压已到达被保护的设备，则这个避雷器就失去意义了。所以我们在弱电防雷工作中，特别要重视这个参数。气体放电管的时间响应要大于半导体型避雷器。

4. 阀型避雷器

它是由非线性电阻元件(又称阀片)串联而成。分几个型号以适应不同的保护对象，均用第一个字母 F 表示这一种避雷器。在强电系统用的避雷器，均串联有火花隙，根据火花隙的灭弧方式而分为两种：①非磁吹火花隙的普通型，是由若干个间距约 0.5～1.0 mm 的单个间隙串联而成，单个间隙的短弧能自然熄弧。这种自然熄弧型避雷器分两种型号：FS 型系统适用于配电系统，FZ 型适用于变电所。②磁吹火花间隙，也是由若干单个火花隙串联而成，利用磁场使电弧受力运动而提高来弧能力。也有两种型号：FCD 型适用于保护旋转电机；FCZ 型适用于电站。

阀片材料在 20 世纪 80 年代以前都是用 SiC(碳化硅)，现在则逐渐被 ZnO(氧化锌)取代了，它们都是半导体材料，都是不遵守欧姆定律的大量线性电阻。SiC 的价格贵，而性能却比 ZnO 差多了，所以 SiC 避雷器日趋淘汰。

由于 ZnO 材料的伏安特性曲线很接近理想曲线，性能日益改善，几乎成为当今最重要的新型避雷器，被广泛使用，除了超高压电力网络的避雷器外，ZnO 避雷器已不再串联火花隙，其中主要优点有：①由于不串联火花隙，因而消除了所有带火花隙所产生的问题，首先是大大缩短了响应时间，其次是不受到污染或大气变化带来的不稳定性。②无续流。③降低了过电压。④通流容量大。⑤体积小，重量轻，结构简单，运行方便，寿命长。

衡量避雷器性能的参数——残压比，简称压比，它是指避雷器通过 10 kA 的冲击电流时的残压与通过 1 mA 直流时的电位降的比值，此值愈小，意味着通过大电流时的残压愈低，表明 ZnO 避雷器的保护性能愈好。目前此值约为 1.6～2.0。但是，还会有一些问题需要注意，因为它的阻值并非无限大，并联在工作电压下，必长时间的流过微弱的工作电流，会有些温升，会老化而缩短寿命，性能变坏，特别是多次受雷击之后，有可能因此而失效或发生爆炸，需要在经过雷电季节之后检查和换新。尤其应注意，它是氧化物材料烧结而成，产品性能与原材料成份、配比及烧结工艺有关，各生产厂或者同一工厂的每批产品，因材料不尽相同，性能优劣会有差异，购买使用都应检验测量。

5. 压敏电阻(MOV)

其实就是 ZnO 材料制成的电阻元件，与 ZnO 阀型无间隙避雷器本质上相同，只是体积小，使用的场合不同而已。它是近年新出现的电子元件，广泛用于电子电路中，也可以用于弱电系统的防雷中作为避雷器。当使用在这些场合时，其工作电压低，寿命就长多了，性能更稳定可靠。ZnO 压敏电阻避雷器是 20 世纪 80 年代后世界上最为广泛采用的防雷产品，并与放电管并联或串联组成复合浪涌保护器，有很多优点，多用在电源线路避雷上。而在信号线路上就显出诸多不足，在高频应用下，为防止并联的浪涌保护器对讯号的严重衰减，要求电容很小，这就要求浪涌保护器的体积缩小，这一来它就难以承受雷电的大电流冲击，这一矛盾是难以解决的。在强电系统防雷中不会出现这种矛盾，而在弱电系统必须考虑防雷器件的插入不能影响电子设备的工作性能。

它的响应速度可达毫微秒级，冲击容量可达几十千安(8/20 μs)。在恒定电压的地方，有一定的漏电流，如产品质量不好，测漏电流会逐渐增大甚至损坏，而且随着漏电流的增大，残压也会增高。

6. 半导体二极管

包括齐纳二极管、开关二极管和瞬态二极管。它们的性能大致相同，在限幅电压等级和耐冲击能力上稍有差异，最大优点是响应速度快(毫微秒级)、限幅电压低，最适于放在末几级保护半导体电路之用，因其致命的弱点是耐流能力低。近年正在发展的瞬态二极管克服了这一弱点，耐流能力大大提高，可以用到第二级甚至第一级保护上。

7. 正温高系数热敏电阻(PTC)

它主要用在限制电流的剧增上，串联在被保护的器件的电路中，与上述几种避雷器组合起来使用。

8. 高压电容器

它并联在过电压波通过的线路与大地之间，也可以把闪电的脉冲电流分流入地，有的采用它与电抗线圈配合，构成防雷滤波器。在电力系统常把它与各种避雷器组合来保护重要的发电机。

二、SPD 的安装要求

复杂的电气和电子系统中，首先要在户外线路进入建筑物($LPZ0_A$ 或 $LPZ0_B$ 进入 LPZ1 区)的低压电源线路总配电箱、配电柜处装设Ⅰ级试验的电涌保护器(电涌保护器的电压保护水平值应小于或等于 2.5 kV，每一保护模式的冲击电流值，当无法确定时应取大于或等于 12.5 kA)，然后还要在其后的配电和信号线路上按下面要求确定是否选择和安装与其协调配合好的电涌保护器保护。

两栋定为 LPZ1 区的独立建筑物用电气线路或信号线路的屏蔽电缆或穿钢管的无屏蔽线路连接时，屏蔽层流过的部分雷电流在其上所产生的电压降不应对线路和所接设备引起绝缘击穿，电缆绝缘的耐冲击电压可参考表 4.3，同时屏蔽层的截面应满足通流能力(图 4.15)。否则应装 SPD。

表 4.3 电缆绝缘的耐冲击电压额定值

电缆种类及其额定电压 U_n(kV)	耐冲击电压额定值 U_w(kV)
纸绝缘通信电缆	1.5
塑料绝缘通信电缆	5
电力电缆 $U_n \leqslant 1$	15
电力电缆 $U_n = 3$	45
电力电缆 $U_n = 6$	60
电力电缆 $U_n = 10$	75
电力电缆 $U_n = 15$	95
电力电缆 $U_n = 20$	125

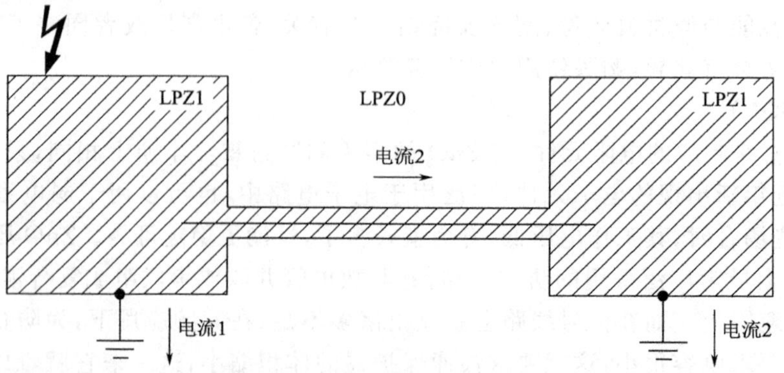

图 4.15 用屏蔽电缆或穿钢管线路将两栋独立的 LPZ1 区连接在一起

LPZ1 区内两个 LPZ2 区之间用电气线路或信号线路的屏蔽电缆或屏蔽的电缆沟或穿钢管屏蔽的线路连接在一起，当有屏蔽的线路没有引出 LPZ2 区时，线路的两端可不安装电涌保护器（图 4.16）。

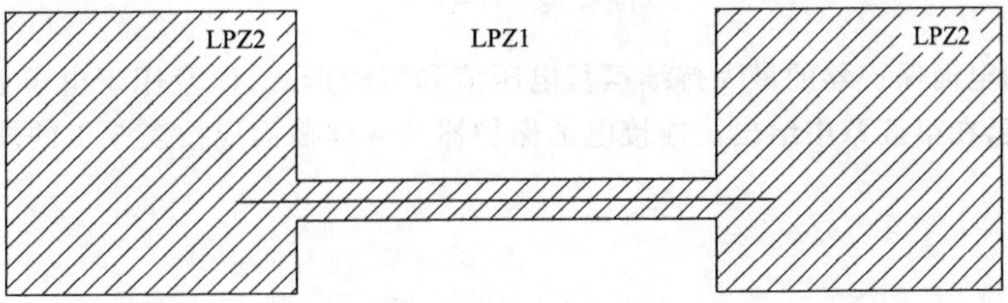

图 4.16　用屏蔽的线路将两个 LPZ2 区连接在一起

靠近需要保护的设备处，即 LPZ2 和更高区的界面处，当需要安装电涌保护器时，电气系统宜选用Ⅱ级或Ⅲ级试验的电涌保护器，电子系统宜按具体情况确定，应符合 GB 50057—2010 的规定，技术指标应包含多组电涌保护器之间的最小距离要求。

电涌保护器应与同一线路上游的电涌保护器在能量上配合，电涌保护器在能量上配合的资料应由制造商提供。若无此资料，Ⅱ级试验的电涌保护器，其标称放电电流不应小于 5 kA；Ⅲ级试验的电涌保护器，其标称放电电流不应小于 3 kA。

三、SPD 的电压保护水平选择

1. 耐冲击电压

需要保护的线路和设备的耐冲击电压，220/380 V 三相配电线路可按表 4.4 规定取值。当然原则上来说 SPD 的电压保护水平 U_p 选择时应小于 U_w 才能达到保护的目的。具体要小于多少视情况在后面阐述。

表 4.4　建筑物内 220/380 V 配电系统中设备绝缘耐冲击电压额定值

设备位置	电源处的设备	配电线路和最后分支线路的设备	用电设备	特殊需要保护的设备
耐冲击电压类别	Ⅳ类	Ⅲ类	Ⅱ类	Ⅰ类
耐冲击电压额定值 U_W(kV)	6	4	2.5	1.5

注：　Ⅰ类—含有电子电路的设备，如计算机、有电子程序控制的设备；Ⅱ类— 如家用电器和类似负荷；Ⅲ类— 如配电盘，断路器，包括线路、母线、分线盒、开关、插座等固定装置的布线系统，以及应用于工业的设备和永久接至固定装置的固定安装的电动机等的一些其他设备；Ⅳ类—如电气计量仪表、一次线过流保护设备、滤波器。

2. 有效电压保护水平

U_p 选择除了与 U_w 有关以外，还要考虑电涌保护器两端引线的感应电压降 ΔU，接线的长度越长线路电感电压越大，从而选择时要预留余量，这就提出有效电压保护水平 $U_{p/f}$。电涌保护器两端引线的感应电压降，即 $L\times(di/dt)$，与线感和雷电流陡度有关，对于限压型电涌保护器可按下式计算：

$$U_{p/f}=U_p+\Delta U \tag{4.12}$$

为取得较小的电涌保护器有效电压保护水平，应选用有较小电压保护水平值的电涌保护器，并应采用合理的接线，同时应缩短连接电涌保护器的导体长度，从而使得 ΔU 较小，达到保护的目的。

对于被保护设备与安装的电涌保护器有一定距离时，也要考虑有效电压保护水平的问题。距离越远环路电压越大影响越大，线路是否有屏蔽，两端是否做等电位连接也将影响环路电压，从而使得有效电压保护水平不确定。

经计算当被保护设备距电涌保护器的距离沿线路的长度小于或等于 5 m 时，或在线路有屏蔽并两端等电位连接下沿线路的长度小于或等于 10 m 时，可以不考虑环路电压 U_i 影响，按下式计算：

$$U_{p/f}\leqslant U_w \tag{4.13}$$

但是如果当被保护设备距电涌保护器的距离，沿线路的长度大于 10 m 时，而且建筑物和线路有屏蔽或仅线路有屏蔽并两端等电位连接时，可不考虑计算电涌保护器与被保护设备之间电路环路的感应过电压，有效电压保护水平可选取 U_w 的一半，即 $U_{p/f} \leqslant U_w/2$。否则就要考虑计算环路电压 U_i，按下式计算。

$$U_{p/f} \leqslant \frac{U_w - U_i}{2} \tag{4.14}$$

用于电气系统的电涌保护器的最大持续运行电压值和接线形式，以及用于电子系统的电涌保护器的最大持续运行电压值，在第五章中给出。连接电涌保护器的导体截面应按表 5.1 的规定取值。

第五章 防雷设计与施工

在建筑物防雷装置的设计和安装中，主要需考虑使用材料及其适用的条件、接地装置的接地电阻、接闪器的保护范围、电涌保护器的选择及安装时的能量配合和防雷装置的施工工艺。这些设计要求在GB 50057—2010《建筑物防雷设计规范》、GB 50343—2012《建筑物电子信息系统防雷设计规范》和GB 50601—2010《建筑物防雷工程施工与质量验收规范》中都有详细的要求，本章将以上规范的具体要点归纳在以下各节中，以备使用。

第一节 防雷装置

一、防雷装置使用材料和条件

安装防雷装置使用最多的材料是热镀锌钢，热镀锌钢敷设在大气、混凝土和无腐蚀性的土壤中受到的腐蚀是可接受的，但热镀锌钢不适合敷设在含高氯化物的环境中；常见的防雷材料中还有铜和电镀铜钢，铜和电镀铜钢的耐腐蚀明显要比热镀锌钢强，除了含硫化物的环境外在许多环境中耐腐蚀性良好。但注意，铜和热镀锌钢连接在一起，两者接触会形成直流电耦合受到严重腐蚀，要作特殊处理。其他用作防雷材料的还有不锈钢、铝和铅，不锈钢耐腐蚀性比热镀锌钢好，但也不能敷设在含高氯化物的环境中；由于腐蚀和污染的原因，铝和铅不能敷设在土壤和混凝土中，但铝和铅在含有低浓度硫和氯化物的大气中耐腐蚀性良好。另外，铝和铅均不能与铜连接，铅还不能与不锈钢连接，连接也会形成直流电耦合产生腐蚀。

二、等电位连接设计的材料和规格

防雷装置设计中，等电位连接的材料规格最为复杂，设计使用也很重要，比如等电位连接带（板）选用材料的规格，等电位连接带之间和连接到等电位连接带的材料规格都需要给出详细的设计，电涌保护器作为一种等电位连接器也要对其接线的材料和规格给出设计。表5.1为用作防雷等电位连接各连接部件的最小截面积要求。

表5.1 防雷装置各连接部件的最小截面

<table>
<tr><th colspan="3">等电位连接部件</th><th>材料</th><th>截面（mm^2）</th></tr>
<tr><td colspan="3">等电位连接带（铜、外表面镀铜的钢或热镀锌钢）</td><td>Cu（铜）、Fe（铁）</td><td>50</td></tr>
<tr><td colspan="3" rowspan="3">从等电位连接带至接地装置或
各等电位连接带之间的连接导体</td><td>Cu（铜）</td><td>16</td></tr>
<tr><td>Al（铝）</td><td>25</td></tr>
<tr><td>Fe（铁）</td><td>50</td></tr>
<tr><td colspan="3" rowspan="3">从屋内金属装置至等电位连接带的连接导体</td><td>Cu（铜）</td><td>6</td></tr>
<tr><td>Al（铝）</td><td>10</td></tr>
<tr><td>Fe（铁）</td><td>16</td></tr>
<tr><td rowspan="5">连接电涌保
护器的导体</td><td rowspan="3">电气系统</td><td>Ⅰ级试验的电涌保护器</td><td rowspan="5">Cu（铜）</td><td>6</td></tr>
<tr><td>Ⅱ级试验的电涌保护器</td><td>2.5</td></tr>
<tr><td>Ⅲ级试验的电涌保护器</td><td>1.5</td></tr>
<tr><td rowspan="2">电子系统</td><td>D1类电涌保护器</td><td>1.2</td></tr>
<tr><td>其他类的电涌保护器（连接导体的截面可小于1.2 mm^2）</td><td>根据具体情况确定</td></tr>
</table>

对于Ⅰ级分类试验电涌保护器的单根导体的最小截面为 6 mm^2 的要求，主要是考虑到选用不小于 12.5 kA 的要求，如果选用更大通流量的 SPD 还可按下式计算：

$$S_{min} \geqslant I_{imp}/8 \tag{5.1}$$

式中：S_{min}—单根导体的最小截面(mm^2)；I_{imp}—雷电流通流量(kA)。

等电位连接带材料最常采用扁铜或扁钢，等电位连接带之间以及等电位连接带至接地装置的连接导体一般采用铜缆，室内金属设备连接至等电位连接带的导线、各电涌保持器的接地导线一般采用多股铜线。室外金属门窗至等电位连接带或至接地装置的连接导体建议使用 16 mm^2 多股铜线或符合用作引下线的热镀锌扁钢或圆钢。

三、接闪器的设计

常见用作接闪器的材料有热镀锌钢、铜和不锈钢，其最小截面可按表 5.2 进行设计选择。

表 5.2　接闪线(带)、接闪杆和引下线的材料、结构与最小截面

材料	结构	最小截面(mm^2)	备注
铜	单根扁铜	50	厚度 2 mm
	单根圆铜	50	直径 8 mm
热镀锌钢	单根扁钢	50	厚度 2.5 mm
	单根圆钢	50	直径 8 mm
	绞线	50	每股线直径 1.7 mm
	钢管	外径 20 mm	壁厚 2.0 mm
不锈钢	钢管	外径 25 mm	壁厚 1.0 mm

接闪杆宜采用热镀锌圆钢或钢管制成时，在杆长 1 m 以下时，圆钢不应小于 12 mm，钢管不应小于 20 mm；杆长 1～2 m 时，圆钢不应小于 16 mm，钢管不应小于 25 mm；独立烟囱顶上的杆，圆钢不应小于 20 mm，钢管不应小于 40 mm。当独立烟囱上采用热镀锌接闪环时，其圆钢直径不应小于 12 mm；扁钢截面不应小于 100 mm^2，其厚度不应小于 4 mm。为便于使用列于表 5.3 中。

表 5.3　接闪杆采用圆钢或钢管的材料规格

针高	材料规格	
	圆钢(mm)	钢管(mm)
≤1 m	直径≥12	外直径≥20
1～2 m	直径≥16	外直径≥25
烟囱顶上的针	直径≥20	外直径≥40

架空接闪线和接闪网宜采用截面不小于 50 mm^2 热镀锌钢绞线或铜绞线。安装接闪带时，圆形导体的固定支架间距不宜大于 1 m，扁形或绞线导体的固定支架间距不宜大于 0.5 m，固定支架高度不宜小于 150 mm。

对于第二类、第三类防雷装置设计，建筑物的金属屋面宜作为接闪器使用，但应符合下列规定：(1)板间的连接应是持久的电气贯通，如铜锌合金焊、熔焊、卷边压接、缝接、螺钉或螺栓连接；(2)金属板下面无易燃物品时，钢板的厚度不应小于 0.5 mm，金属板下面有易燃物品时，钢的厚度不应小于 4 mm；(3)金属板应无绝缘被覆层。

对于第二类、第三类防雷建筑物和排放爆炸物质的烟管，屋顶上永久性金属物宜作为接闪器，但其各部件之间均应连成电气贯通，并应符合下列规定：(1)旗杆、栏杆、装饰物、女儿墙上的盖板等，其截面和壁厚应符合作为接闪器的规定；(2)输送和储存物体的钢管和钢罐的壁厚不应小于 2.5 mm；当钢管、钢罐一旦被雷击穿，其内的介质对周围环境造成危险时，其壁厚不应小于 4 mm。不得利用安装在接收无线电视广播天线杆顶上的接闪器保护建筑物。

非易燃易爆场所、非人员密集场所的多层建筑物可利用混凝土构件钢筋或在混凝土内专设钢材作为接闪器，明敷的钢质接闪器应采用热镀锌材料。在腐蚀性较强的场所，尚应采取加大其截面或其他防腐措施。

布置接闪器时，可由接闪杆、接闪带、接闪网、接闪线中的一种或多种任意组合，并应符合表 5.4 的规定。

表 5.4　接闪器布置

建筑物防雷类别	滚球半径 h_r(m)	接闪网网格尺寸(m)
第一类防雷建筑物	30	≤5×5 或≤6×4
第二类防雷建筑物	45	≤10×10 或≤12×8
第三类防雷建筑物	60	≤20×20 或≤24×16

四、引下线的设计

引下线宜采用热镀锌圆钢或扁钢，宜优先采用圆钢，截面积应符合表 5.2 规定。当独立烟囱上的引下线采用圆钢时，其直径不应小于 12 mm；采用扁钢时，其截面不应小于 100 mm^2，厚度不应小于 4 mm。引下线固定支架的间距，圆形导体不宜大于 1 m，扁形或绞线导体不宜大于 0.5 m。

利用建筑构件内钢筋作引下线，当仅有一根钢筋时，其直径不应小于 10 mm，当混凝土构件内有多根小钢筋且由箍筋连接在一起时，其截面积总和不应小于一根直径 10 mm 钢筋的截面积。

专设引下线应沿建筑物外墙外表面明敷，并经最短路径接地；建筑外观要求较高时可暗敷，但其圆钢直径不应小于 10 mm，扁钢截面不应小于 80 mm^2。明敷钢质引下线应采用热镀锌材料，在腐蚀性较强的场所，尚应采取加大截面或其他防腐措施。

建筑物的钢梁、钢柱、消防梯等金属构件以及幕墙的金属立柱宜作为引下线，但其各部件之间均应连成电气贯通，如铜锌合金焊、熔焊、卷边压接、缝接、螺钉或螺栓连接；材料截面积应符合表 5.2 的规定；各金属构件可被覆有绝缘材料。第二类防雷建筑物或第三类防雷建筑物为钢结构或钢筋混凝土建筑物时，在其钢构件或钢筋之间的连接满足利用其作为引下线的条件下，当其垂直支柱均起到引下线的作用时，可不要求满足专设引下线之间的间距。

采用多根专设引下线时，应在各引下线上于距地面 0.3～1.8 m 装设断接卡。当利用混凝土内钢筋、钢柱作为自然引下线并同时采用基础接地体时，可不设断接卡，但利用钢筋作引下线时应在室内外的适当地点设若干连接板。当仅利用钢筋作引下线并采用埋于土壤中的人工接地体时，应在每根引下线上于距地面不低于 0.3 m 处设接地体连接板。采用埋于土壤中的人工接地体时应设断接卡，其上端应与连接板或钢柱焊接。连接板处宜有明显标志。

在易受机械损伤之处，地面上 1.7 m 至地面下 0.3 m 的一段接地线应采用暗敷或采用镀锌角钢、改性塑料管或橡胶管等加以保护。防直击雷的专设引下线距出入口或人行道边沿不宜小于 3 m。

五、接地装置

热镀锌钢是最常见的接地体的材料，埋于土壤中的人工垂直接地体宜采用热镀锌角钢、钢管或圆钢，埋于土壤中的人工水平接地体宜采用热镀锌扁钢或圆钢。接地体截面的选择，主要决定于耐腐蚀性以及安装的强度，最小截面应符合表 5.5 的规定，接地线应与水平接地体的截面相同。利用建筑构件内钢筋作接地装置应在周围地面以下距地面不小于 0.5 m，并符合对钢筋表面积总和的要求。

表 5.5　接地体的材料、结构和最小尺寸

材料	结构	最小尺寸			备注
		垂直接地体直径(mm)	水平接地体(mm^2)	接地板(mm)	
热镀锌钢	圆钢	14	78	-	-
	钢管	20	-	-	壁厚 2 mm
	扁钢	-	90	-	厚度 3 mm
	钢板	-	-	500×500	厚度 3 mm

人工钢质垂直接地体的长度宜为 2.5 m，其间距以及人工水平接地体的间距均宜为 5 m，当受地方限制时可适当减小。人工接地体在土壤中的埋设深度不应小于 0.5 m，并宜敷设在当地冻土层以下，其距墙或基础不宜小于 1 m。接地体宜远离由于烧窑、烟道等高温影响使土壤电阻率升高的地方。

在敷设于土壤中的接地体连接到混凝土基础内起基础接地体作用的钢筋或钢材的情况下，土壤中的接地体宜采用铜质或镀铜或不锈钢导体。接地装置埋在土壤中的部分，其连接宜采用放热焊接，当采用通常的焊接方法时，应在焊接处做防腐处理。在高土壤电阻率的场地，降低防直击雷冲击接地电阻可采用 4 种方法：①采用多支线外引接地装置，外引长度不应大于有效长度。②接地体埋于较深的低电阻率土壤中。③换土。④采用降阻剂。

第二节　接地装置电阻

接地是防雷系统工程的重要措施。防雷设备的接地装置是用来向大地引泄雷电流的。由于雷电放电时流过接地装置的电流密度很大，使土壤中的电场强度增大，因而形成了地中的局部火花放电，使靠近接地装置的泄流点的电流密度大，远离泄流点的电流密度逐渐减小，土壤中接地装置泄放雷电流的大小与距离成反比。在冲击电流下，接地体越长，由于电感的作用，阻碍了雷电流流向接地体较远地段，使雷电流不能沿接地体全长均匀扩散，因此接地体的长度应控制在泄流点的一定半径范围内。接地装置的工频接地电阻与土壤电阻率 ρ 成正比，与接地体的长度和包围的面积大致成反比。

一、工频电阻

按通过接地极流入地中的雷击冲击电流求得的接地电阻，称为冲击接地电阻，按通过接地极流入地中工频交流电流求得的接地电阻，称为工频接地电阻。

土壤电阻率的数值与土壤的结构（如黑土、黏土和沙土等），土质的紧密程度、湿度、温度以及土壤中含有可溶性的电解质（如酸、碱、盐等）有关。由于成分是多种多样的，因此不同土壤的土壤电阻率的数值往往差别很大，但湿度是影响土壤电阻率的最主要因素（Li et al.，2017）。对于人工接体来说，要想降低接地电阻，除考虑以上因素外，设计上最主要的手段是接地体的形状，接地电阻的大小与接地体的形状有很大关系。单根垂直接地体（R_c）和水平接地体（R_g）接地电阻可采用式（5.2）和（5.3）进行估算。

$$R_c=\frac{\rho}{2\pi L}\ln\frac{4L}{d} \tag{5.2}$$

式中：ρ—土壤电阻率（Ω·m）；L—垂直接地体长度（m）；d—接地体直径或等效直径（m）。

$$R_g=\frac{\rho}{2\pi L}\ln\frac{L^2}{hd}+A \tag{5.3}$$

式中：ρ—土壤电阻率（Ω·m）；L—水平接地体总长度（m）；d—接地体直径或等效直径（m）；h—水平接地体埋地深度（m）；A—水平接地体的形状系数。

表 5.6 给出了各种不同形状接地体的形状系数 A 值。

表 5.6　形状系数 A 与接地体形式的关系

接地体	A	接地体	A	接地体	L_1/L_2	A
	1	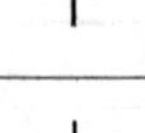	2.14	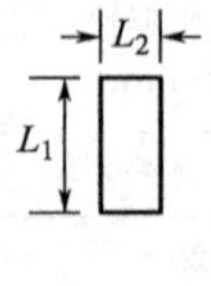	1	1.69
	0.48	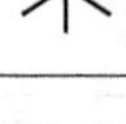	5.27		2	1.86
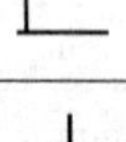	0.378	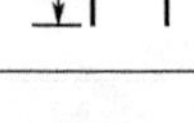	$L^2/4D^2$		3	2.1
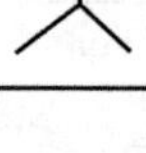	0.867		1.69		4	2.34

为了提高接地装置材料的利用率，通常利用多个垂直接地体与水平接地体组成的复式接地装置。复式接地装置由于各接地体的相互屏蔽作用，使其工频接地电阻大于各单独接地体电阻的总和。实际有效电阻对综合计算电阻的比值称为复式接地装置的利用系数 η。在冲击电流下，接地体的电流被引趋向大地表面，因此冲击电流通过时，复式接地装置的利用系数 η 较工频电流时更小。

二、接地电阻的换算

1. 换算

接地装置冲击接地电阻与工频接地电阻的换算，应按下式计算：

$$R\sim = A \times R_i \tag{5.4}$$

式中：$R\sim$—接地装置各支线的长度取值小于或等于接地体的有效长度 l_e，或者有支线大于 l_e 而取其等于 l_e 时的工频接地电阻（Ω）；A—换算系数，其值宜按图 5.1 确定；R_i—所要求的接地装置冲击接地电阻（Ω）。

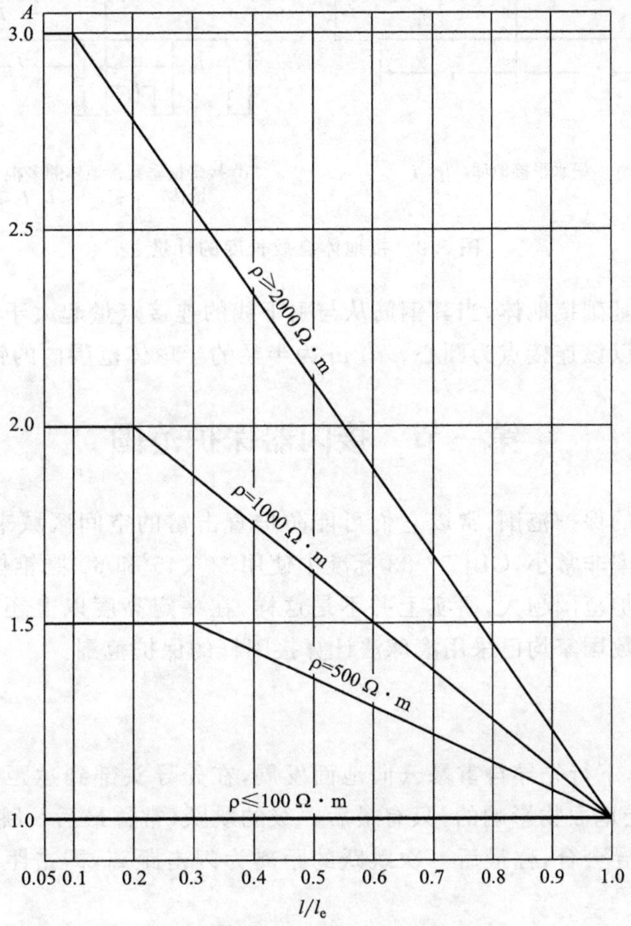

图 5.1　换算系数 A

注：l 为接地体最长支线的实际长度，其计量与 l_e 类同；当它大于 l_e 时，取其等于 l_e。

2. 接地体的有效长度计算

$$l_e = 2\sqrt{\rho} \tag{5.5}$$

式中：l_e—接地体的有效长度，应按图 5.2 计量（m）；ρ—敷设接地体处的土壤电阻率（Ω · m）。

3. 环形接地体的冲击接地电阻

（1）当环形接地体周长的一半大于或等于接地体的有效长度时，引下线的冲击接地电阻应为从与引下线的连接点起沿两侧接地体各取有效长度的长度算出的工频接地电阻，这时换算系数应等于 1。

（2）当环形接地体周长的一半小于有效长度时，引下线的冲击接地电阻应为以接地体的实际长度算出的工频接地电阻再除以换算系数。

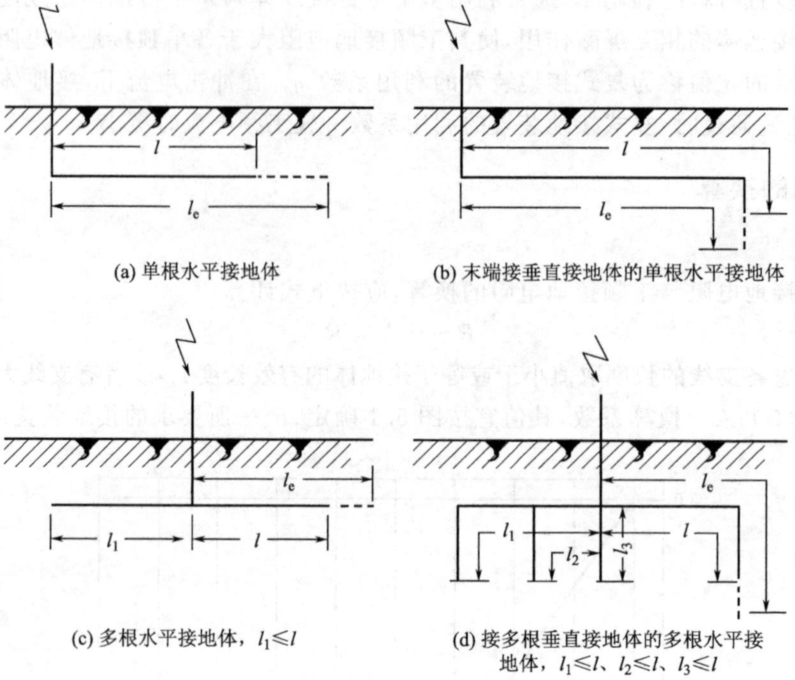

图 5.2　接地体有效长度的计量

对于与引下线连接的基础接地体，当其钢筋从与引下线的连接点量起大于 20 m 时，其冲击接地电阻应为以换算系数等于 1 和以该连接点为圆心、20 m 为半径的半球体范围内的钢筋体的工频接地电阻。

第三节　接闪器保护范围

接闪器对其周围物体的保护范围，常以它们可能防护直击雷的空间区域来表示，在此空间区域内被保护物体遭受直击雷的概率非常小，GBJ 57-83 标准中使用 30°、45°和 60°圆锥体来计算保护范围，按此方法计算，接闪杆越高，则保护范围越大，事实上并不是这样，在一定高度以上还有绕击现象发生，从 20 世纪 80 年代起，世界上大多数国家均已采用滚球法计算接闪杆的保护范围。

一、滚球法

在雷暴云对地放电时，下行先导自雷暴云向地面发展，在先导头部到达距被击物体的临界定向距离之前，它的下行发展是不受地面物影响的，只有最后一级的跳跃（常称最后一跳）才受到地面物的影响，与地面物发出的向上迎面先导会合，称最后一次跳跃的距离为闪击距离，即击距。可以想像，闪电越强，雷电流越大，击距就越长。

拉科夫（2019）中给出了击距与雷电流的经验公式：

$$h_r = 10(i_0)^{0.65}$$

式中：h_r—击距（滚球半径）(m)；i_0—最大雷电流（kA）。

这就是著名的滚球法雷闪电气-几何数学模型。

滚球半径（击距）h_r 与雷电流 I 成正相关，I 值与 h_r 相对应得到保护的最小雷电流幅值（kA）。当实际雷电流小于此值时，雷电有可能绕过接闪器击到被保护物上，拦截失败；当大于或等于此值时，雷电击到接闪器上，拦截成功。对各类滚球半径分别计算对应的雷电流如下：第一类 30 m（I=5.4 kA）、第二类 45 m（I=10.1 kA）、第三类 60 m（I=15.7 kA）

第一类、第二类、第三类防雷建筑物的滚球半径 h_r 分别为 30 m、45 m、60 m。对应的首次正极性最大雷电流幅值：第一类 200 kA，第二类 150 kA，第三类 100 kA。

第一类防雷建筑物的保护范围，设计雷电流为 5.4～200 kA

第二类防雷建筑物的保护范围，设计雷电流为 10.1～150 kA

第三类防雷建筑物的保护范围，设计雷电流为 15.7～100 kA

滚球法的定义：以滚球半径 h_r 为半径的一个球体，沿需要防直击雷的部位滚动，当球体只触及接闪器(包括被利用作为接闪器的金属物)，或只触及接闪器和地面(包括与大地接触并能承受雷击的金属物)，而不触及需要保护的部位时，则该部分就得到接闪器的保护。

图 5.3 和图 5.4 给出了利用滚球法确定的等高和不等高参考面上的保护范围示意图。图 5.5 给出了利用滚球法确定的接闪线保护范围示意图。

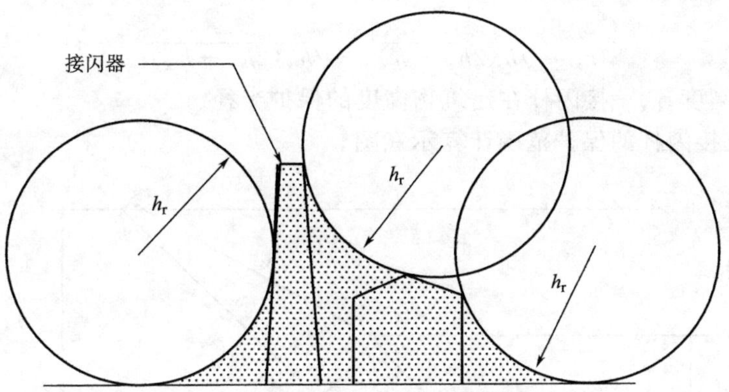

图 5.3　利用滚球法确定保护范围

h_r—根据防雷类别选定的滚球半径，防雷系统的接闪导体安装于与滚球相接触的所有的点及段，滚球半径符合所选的保护级别

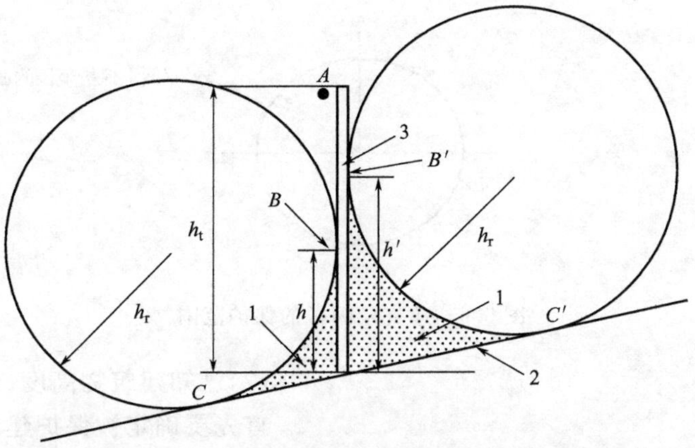

图 5.4　不等高参考面上的接闪杆保护范围

1—被保护空间；2—参考平面；3—接闪杆；h_r—根据防雷类别选定的滚球半径；h，h'—按 IEC 61024-1 表 1 选定的接闪器高度；

h_t—接闪器高出参考平面的实际高度；A—水平接闪线上的点；B、C、B'、C'—与滚球相触的点

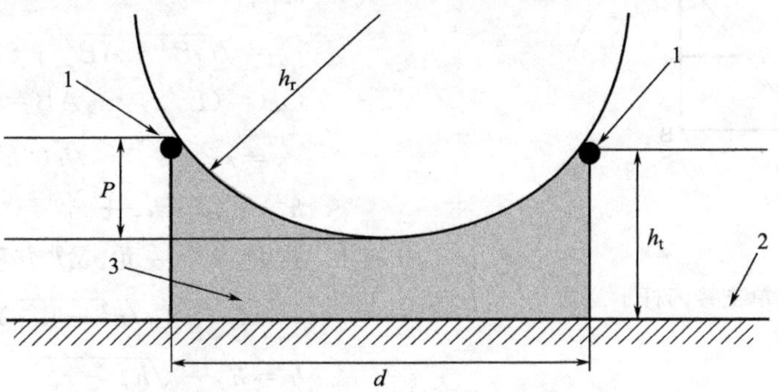

图 5.5　利用滚球法确定接闪线保护范围

1—两根平行水平接闪线或两根接闪杆；2—参考平面；3—整个保护范围；h_t—高出参考平面的接闪器导体的实际高度；

P—滚球陷进的距离；h_r—滚球半径；d—两根平行水平接闪线或两根接闪杆的间隔距离

二、单根独立接闪杆保护范围计算

(1)已知独立针高度，计算在建筑物高度的平面保护范围。

地面保护范围：

$$r_0=\sqrt{h(2h_r-h)}$$

式中：r_0—接闪杆在地面的保护半径；h_r—滚球半径；h—接闪杆的高度。当 $h<h_r$ 时，$h\uparrow r_0\uparrow$；当 $h\geqslant h_r$ 时，$r_0=h_r$。

h_x 平面保护范围：

$$r_x=\sqrt{h(2h_r-h)}-\sqrt{h_x(2h_r-h_x)}$$

式中：h_x—被保护物的高度；r_x—接闪杆在建筑物高度的保护半径。

图 5.6 给出了单支接闪杆的保护范围计算示意图。

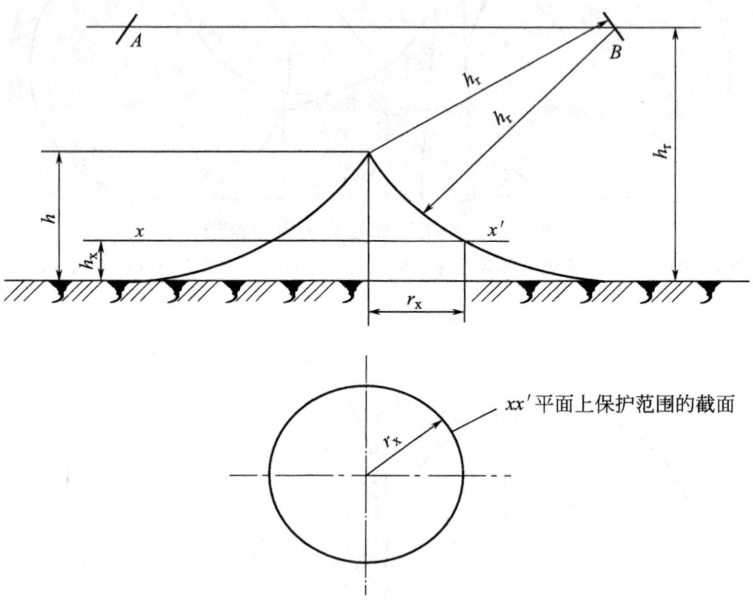

图 5.6 单支接闪杆的保护范围

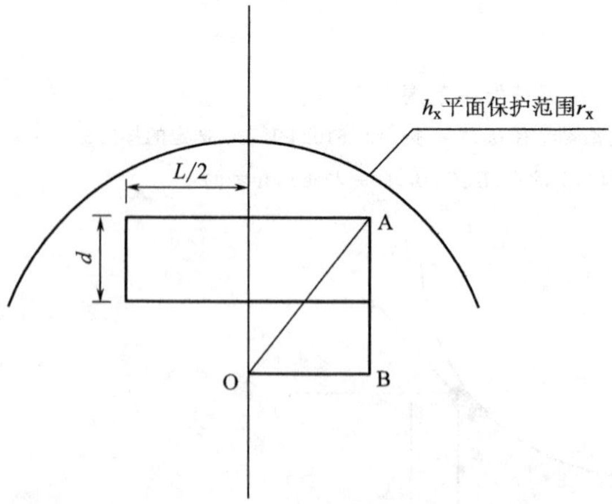

图 5.7 设计单支接闪杆示意图

(2)已知建筑物高度，设计独立针高度。

首先要确定被保护建筑物的防雷类别，即确定 h_r，通常单根独立接闪杆设在建筑物宽边的正中，这样设计的针高最低最经济。参见图 5.7。

$h'_x=h_x+(1\sim1.5\ \text{m}$，一般取 1 m)，$r_1=\sqrt{h'_x(2h_r-h'_x)}$

$r_x=\sqrt{OB^2+AB^2}+(1\sim1.5\ \text{m}$，一般取 1 m)

$OB=(L/2)\ \text{m}$，$AB=(d+3)\ \text{m}$，

$r_0=r_x+r_1=\sqrt{h(2h_r-h)}$

$h^2-2h\cdot h_r+r_0^2=0$

这是一个一元二次方程，$ax^2+bx+c=0$；

$x=(-b\pm\sqrt{b^2-4ac})/2a$

$h=h_r-\sqrt{h_r^2-r_0^2}$

三、双支等高独立接闪杆保护范围计算

(1)已知独立针高度，计算在建筑物高度的平面保护范围。

条件是：两针之间的距离 $D<2r_0$ 且 $h<h_r$。通过作图法得到。

保护高度：

由于滚球可以从两侧地面滚向双针，所以其保护范围上边线向下凹。

在 AOB 轴线上，以 O'为圆心，以 R 为半径作弧线，

$$R=\sqrt{(h_r-h)^2+(D/2)^2}$$

此弧线即为针的保护高度。

在 AOB 轴线上，在距中心线任一距离 x 处，其保护范围上边线的保护高度 h_x 按下式计算：

$$h_x=h_r-\sqrt{(h_r-h)^2+(D/2)^2-x^2}$$

以 h_x 为针高，按单支独立针方法逐点计算即可得出在被保护物高度上的保护范围。

$x=0$ 时，即为保护范围最低点的高度 h_0，

所以 $$h_0=h_r-\sqrt{(h_r-h)^2+(D/2)^2}$$

h_0 应大于被保护物高度。

图 5.8 为双支等高独立接闪杆保护范围计算示意图。

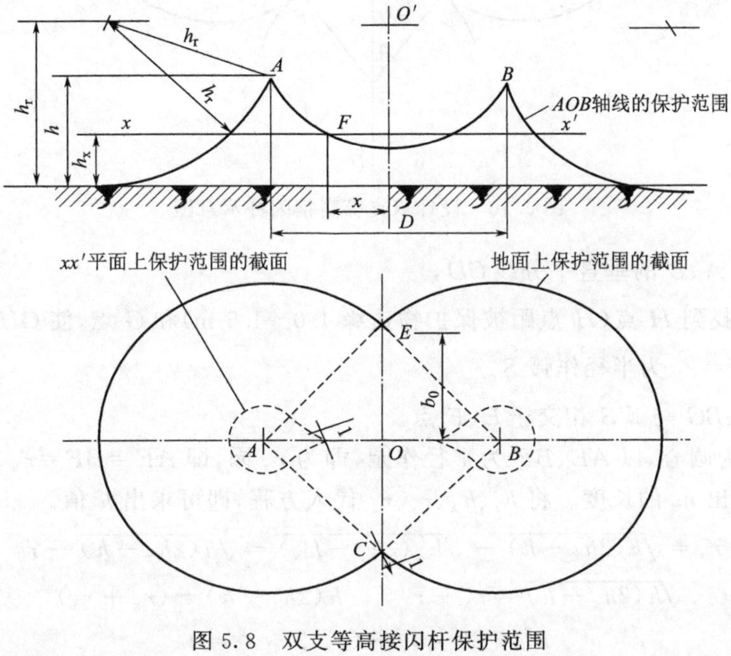

图 5.8　双支等高接闪杆保护范围

h_x 平面保护范围：

被保护物高度上的平面保护范围是一个哑玲形状的平图，图 5.9 给出了双支等高接闪杆的保护范围立体图。

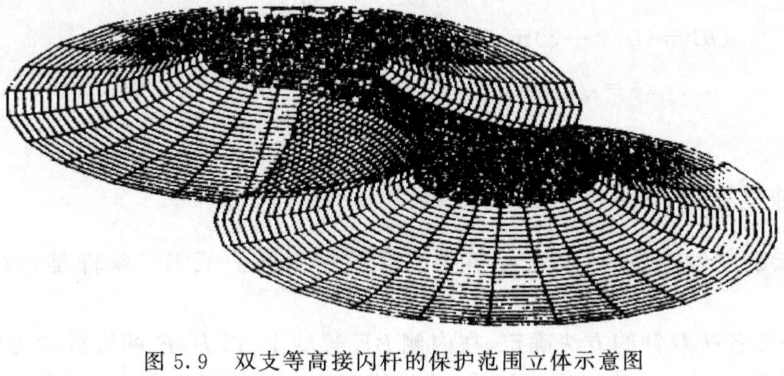

图 5.9　双支等高接闪杆的保护范围立体示意图

(2)已知建筑物高度，设计独立针高度。

通常双支独立接闪杆设在建筑物窄边的正中，这样设计的针高最低最经济。

作图法：

如图 5.10，$D<2r_0$ 且 $h<h_r$。根据 $r_x=r_0-r_1$，h_r 和 h_x（建筑物高度）已知，r_x 通过作图法得到，见图 5.10。

$$h'_x=h_x+(1\sim 1.5\ \text{m})$$

$$r_x=\sqrt{h(2h_r-h)}-\sqrt{h'_x(2h_r-h'_x)}=r_0-r_1$$

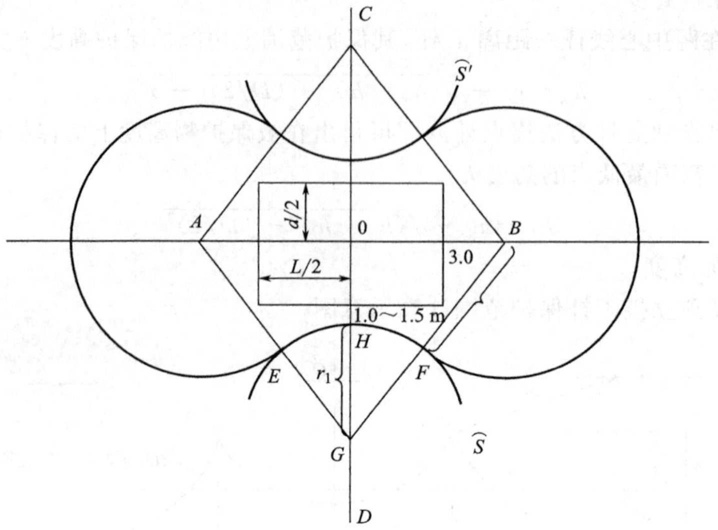

图 5.10　设计双支等高接闪杆示意图

第一步，作接闪杆 A、B 的垂直平分线 CD，

第二步，在 CD 上找到 H 点（H 点距被保护物边缘 1.0～1.5 m）和 G 点，使 $GH=r_1=\sqrt{h'_x(2h_r-h'_x)}$，以 G 点为圆心，以 $GH=r_1$ 为半径作弧 $\widehat{S}$。

第三步，连接 AG、BG 与弧 $\widehat{S}$ 相交于 E、F 点。

第四步，以 A、B 为圆心，以 AE、BF 为半径作园，即为 r_x 园，即 $AE=BF=r_x$。

第五步，用直尺量出 r_x 的长度。将 h_r、h_x、r_x、r_1 代入方程，即可求出 h 值。

$$r_x=\sqrt{h(2h_r-h)}-\sqrt{h'_x(2h_r-h'_x)}=\sqrt{h(2h_r-h)}-r_1$$

$$\sqrt{h(2h_r-h)}=r_x+r_1 \qquad h(2h_r-h)=(r_x+r_1)^2$$

$$h^2-2h\cdot h_r+(r_x+r_1)^2=0$$

$$h=h_r-\sqrt{h_r^2-(r_x+r_1)^2}$$

直接计算法（比较精确）：

$$h'_x=h_x+(1\sim 1.5\ \text{m}),\ r_1=\sqrt{h'_x(2h_r-h'_x)}$$

$$r_0=\sqrt{OB^2+OG^2}$$

$$OB=(L/2+3)\text{m},\ OG=(d/2+(1.0\sim 1.5)+r_1)\text{m},$$

$$r_0=\sqrt{h(2h_r-h)},\quad h^2-2h\cdot h_r+r_0^2=0$$

$$h=h_r-\sqrt{h_r^2-r_0^2}$$

四、4 支等高独立接闪杆保护范围的计算

矩形布置的四支独立针高度，计算在建筑物高度的平面保护范围。条件是：对角两针之间的距离 $D_3<2r_0$ 且 $h<h_r$。

4 支独立针的外侧各按双针的方法确定，在内侧 BE 连线上，以 B、E 两针针尖为圆心、h_r 为半径作弧相交于 O 点，以 O 为圆心，以 h_r 为半径作弧线，此弧线即为针间的保护高度。见图 5.11 中 1-1 剖面。保护范围最低点的高度 h_0 按下式计算：

$$h_o = \sqrt{h_r^2 - \left(\frac{D_3}{2}\right)^2} + h - h_r$$

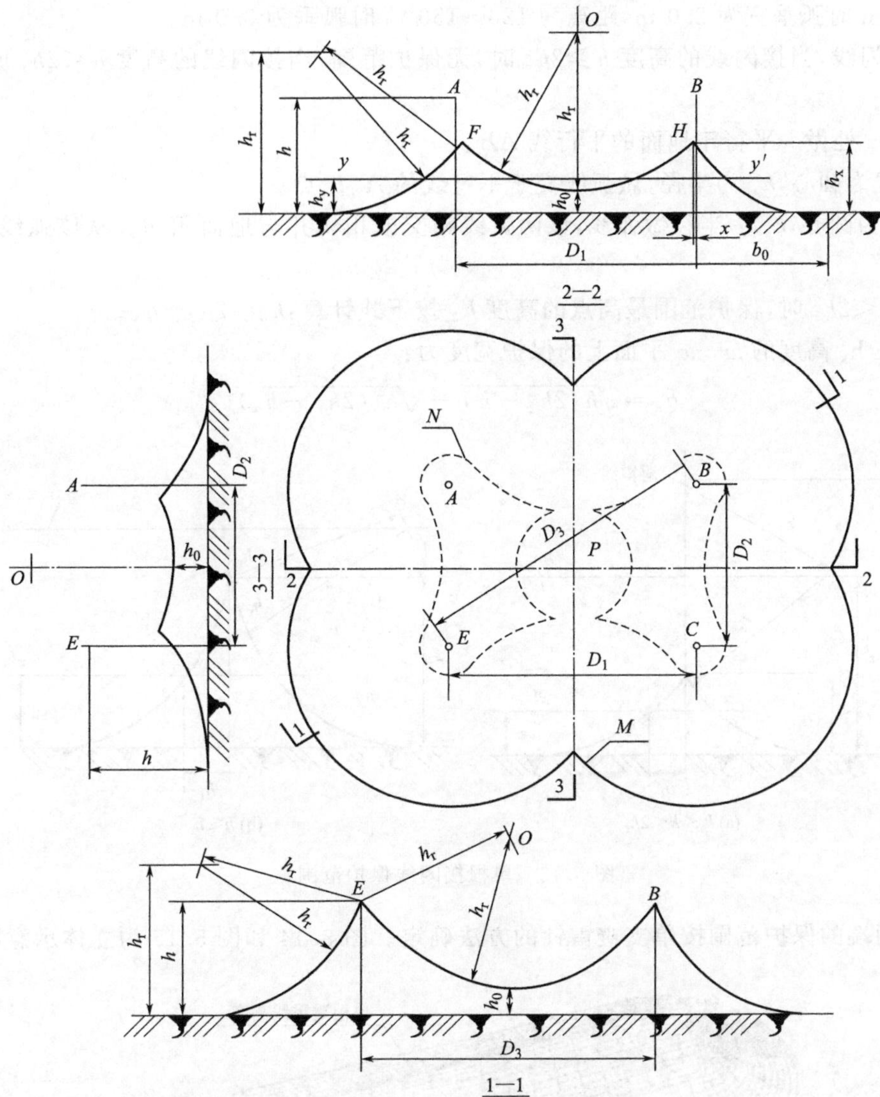

图 5.11　4 支等高接闪杆在 h_x 平面保护范围

4 支等高独立接闪杆保护范围的计算较为复杂，也不易形象看出，特别需要三维立体思维，图 5.12 给出了 4 支等高接闪杆保护范围立体示意图。

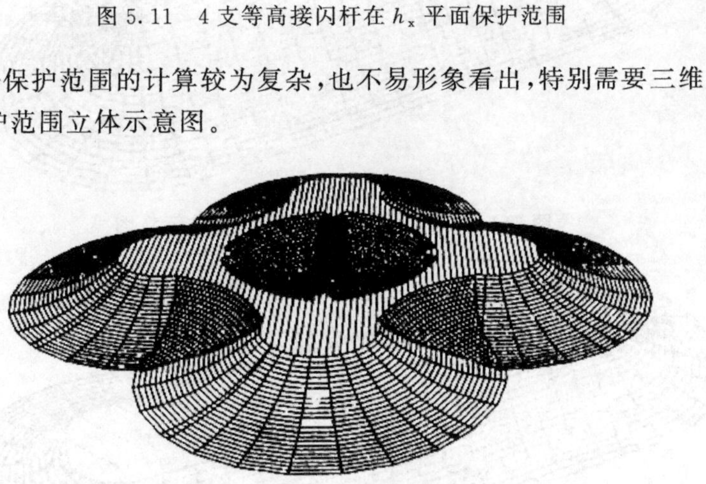

图 5.12　4 支等高接闪杆保护范围立体示意图

五、接闪线保护范围的计算

对于采用群杆保护存在困难或被保护物面积较大时，经常考虑采用接闪线来取代接闪杆保护方案，单根接闪线用于狭长类型被保护物，两根以上的接闪线用于体积较大的被保护物。

确定架空接闪线的高度时应考虑接闪线张拉时的弧垂影响。在无法确定弧垂的情况下，当等高支柱间的距离为 120 m 时弧垂宜为 2.0 m，距离为 120～150 m 时弧垂为 3.0 m。

单根架空接闪线，当接闪线的高度 $h \geqslant 2h_r$ 时，无保护范围；当接闪线的高度 $h < 2h_r$ 时，确定方法如下(图 5.13)：

(1)距地面 h_r 处做一平行于地面的平行线 AB。

(2)以接闪线为圆心，h_r 为半径，做弧线交于平行线的 A、B 点。

(3)以 A、B 为圆心，h_r 为半径做弧线，该两弧线相交或相切并与地面相切。从该弧线起到地面止就是保护范围。

(4)当 $h_r < h < 2h_r$ 时，保护范围最高点的高度 h_0 按下式计算：$h_0 = 2h_r - h$。

(5)接闪线在 h_x 高度的 $x—x'$ 平面上的保护宽度为：

$$b_x = \sqrt{h(2h_r - h)} - \sqrt{h_x(2h_r - h_x)}$$

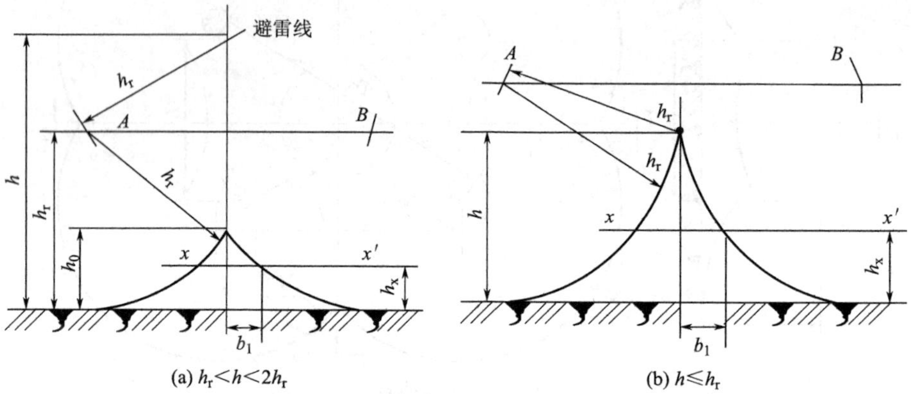

图 5.13　单根接闪线保护范围

(6)避雷线两端的保护范围按单支避雷针的方法确定。图 5.14 和图 5.15 为立体示意图。

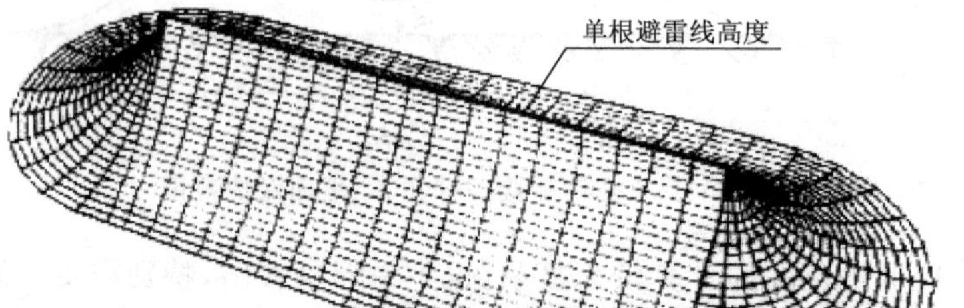

图 5.14　单根接闪线保护范围立体示意图

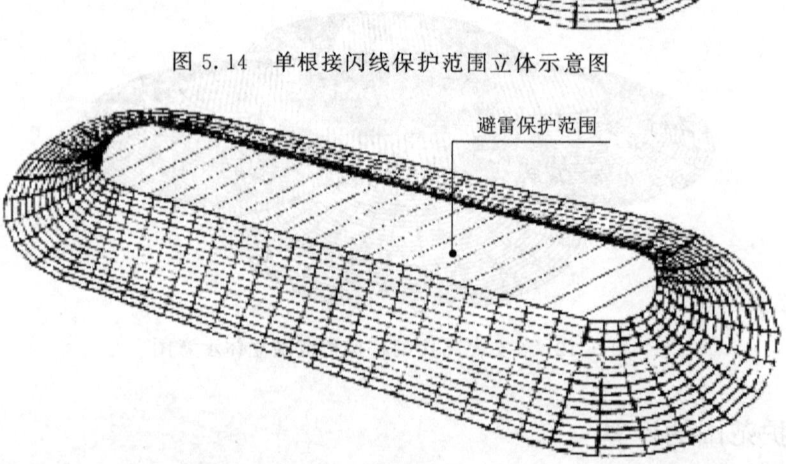

图 5.15　单根架空接闪线在 h_x 高度平面上的保护范围立体示意图

第四节　电涌保护器的安装

在低压配电的电气系统和电子系统中设计选择合适的电涌保护器是防雷电波侵入的重要手段，无论是电气系统还是电子系统中选择电涌保护器都要考虑最大持续运行电压、电压保护水平、雷电流通流量的大小，当然也要考虑不同配电制式中电涌保护器的安装接线形式。

一、电气系统的电涌保护器

电涌保护器的最大持续运行电压不应小于表 5.7 所规定的最小值，在电涌保护器安装处的供电电压偏差超过所规定的 10%以及谐波使电压幅值加大的情况下，应根据具体情况对限压型电涌保护器提高最大持续运行电压最小值。

表 5.7　电涌保护器取决于系统特征所要求的最大持续运行电压最小值

电涌保护器接于	配电网络的系统特征				
	TT 系统	TN-C 系统	TN-S 系统	引出中性线的 IT 系统	无中性线引出的 IT 系统
每一相线与中性线间	$1.15U_0$	不适用	$1.15U_0$	$1.15U_0$	不适用
每一相线与 PE 线间	$1.15U_0$	不适用	$1.15U_0$	$\sqrt{3}U_0$[a)]	相间电压[a)]
中性线与 PE 线间	U_0[a)]	不适用	U_0[a)]	U_0[a)]	不适用
每一相线与 PEN 线间	不适用	$1.15U_0$	不适用	不适用	不适用

注：　1. 标有 a)的值是故障下最坏的情况，所以不需计及 15%的允许误差；2. U_0 是低压系统相线对中性线的标称电压，即相电压 220 V；3. 此表基于按 GB18802.1—2011 标准做过相关试验的电涌保护器产品。

根据系统特征，电涌保护器的接线形式应符合表 5.8 规定。具体接线图见图 5.16 至图 5.20。

表 5.8　根据系统特征安装电涌保护器

电涌保护器接于	电涌保护器安装处的系统特征							
	TT 系统		TN-C 系统	TN-S 系统		引出中性线的 IT 系统		不引出中性线的 IT 系统
	按以下形式连接			按以下形式连接		按以下形式连接		
	接线形式 1	接线形式 2		接线形式 1	接线形式 2	接线形式 1	接线形式 2	
每根相线与中性线间	+	O	不适用	+	O	+	O	不适用
每根相线与 PE 线间	O	不适用	不适用	O	不适用	O	不适用	O
中性线与 PE 线间	O	O	不适用	O	O	O	O	不适用
每根相线与 PEN 线间	不适用	不适用	O	不适用	不适用	不适用	不适用	不适用
各相线之间	+	+	+	+	+	+	+	+

注：　O—必须；+—非强制性的，可附加选用。

二、电子系统的电涌保护器

电信和信号线路上所接入的电涌保护器的类别及其冲击限制电压试验用的电压波形和电流波形应符合表 5.9 规定。

电信和信号线路上所接入的电涌保护器，其最大持续运行电压最小值应大于接到线路处可能产生的最大运行电压。用于电子系统的电涌保护器，其标记的直流电压 U_{DC} 也可用于交流电压 U_{AC} 有效值，反之亦然，它们之间的关系为 $U_{DC}=\sqrt{2}\times U_{AC}$。

特别注意，当其接到电子系统上后可能影响电子系统的传输性能，例如，电容、串联电阻、插入损耗、回波损耗、近端串扰、纵向平衡，设计时应考虑它们是否满足要求；接至电涌保护器保护端口的线路不要与接至非保护端口的线路敷设在一起；接至电涌保护器保护端口的线路不要与接地导体(p)敷设在一起；从电涌保护器保护侧接至需要保护的电子设备(ITE)的线路应尽可能短或加以屏蔽。

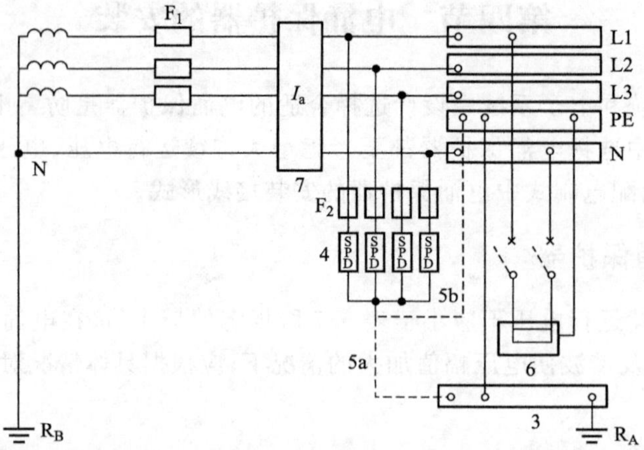

图 5.16　TT 系统电涌保护器安装在进户处剩余电流保护器的负荷侧

3—总接地端或总接地连接带；4—U_p 应小于或等于 2.5 kV 的电涌保护器；5—电涌保护器的接地连接线(5a 或 5b)；6—需要被电涌保护器保护的设备；7—剩余电流保护器(RCD)，应考虑通雷电流的能力；F_1—安装在电气装置电源进户处的保护电器；F_2—电涌保护器制造厂要求装设的过电流保护电器；R_A—本电气装置的接地电阻；R_B—电源系统的接地电阻

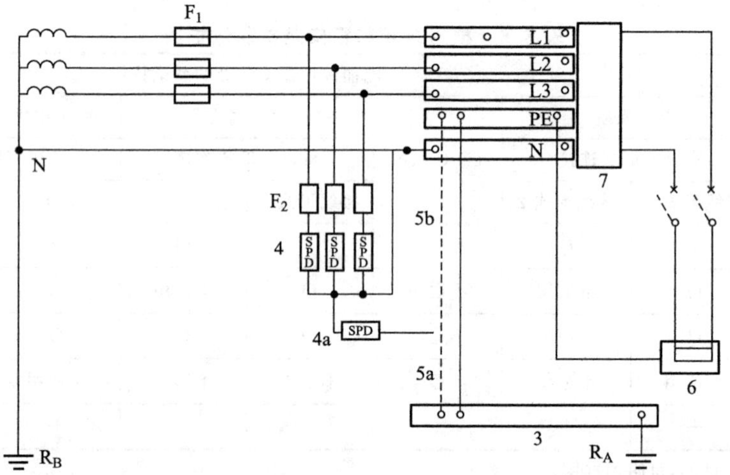

图 5.17　TT 系统电涌保护器安装在进户处 RCD 的电源侧

3—总接地端或总接地连接带；4、4a—电涌保护器，它们串联后构成的 U_p 应小于或等于 2.5 kV；5—电涌保护器的接地连接线(5a 或 5b)；6—需要被电涌保护器保护的设备；7—安装于母线的电源侧或负荷侧的 RCD；F_1—安装在电气装置电源进户处的保护电器；F_2—电涌保护器制造厂要求装设的过电流保护电器；R_A—本电气装置的接地电阻；R_B—电源系统的接地电阻

注：在高压系统为低电阻接地的前提下，当电源变压器高压侧碰外壳短路产生的过电压加于 4a 电涌保护器时该电涌保护器应按 GB 18802.1 标准做 200 ms 或按厂家要求做更长时间耐 1200 V 暂态过电压试验。

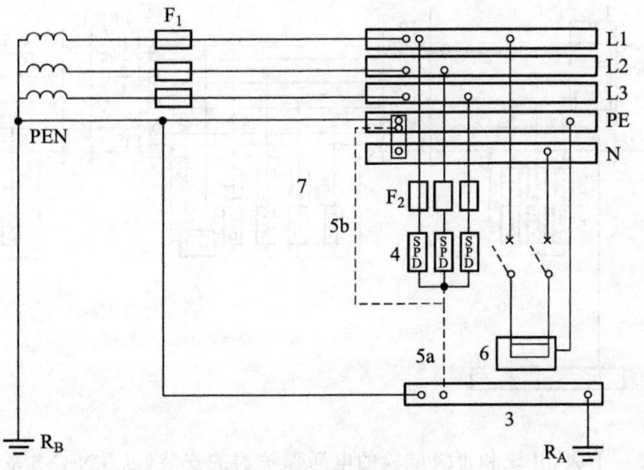

图 5.18　TN 系统安装在进户处的电涌保护器

3—总接地端或总接地连接带；4—U_p 应小于或等于 2.5 kV 的电涌保护器；5—电涌保护器的接地连接线(5a 或 5b)；6—需要被电涌保护器保护的设备；F_1—安装在电气装置电源进户处的保护电器；F_2—电涌保护器制造厂要求装设的过电流保护电器；R_A—本电气装置的接地电阻；R_B—电源系统的接地电阻

注：当采用 TN-C-S 或 TN-S 系统时，在 N 与 PE 线连接处电涌保护器用 3 个，在其以后 N 与 PE 线分开 10 m 以后安装电涌保护器时用 4 个，即在 N 与 PE 线间增加 1 个，见图 5.20 及其注。

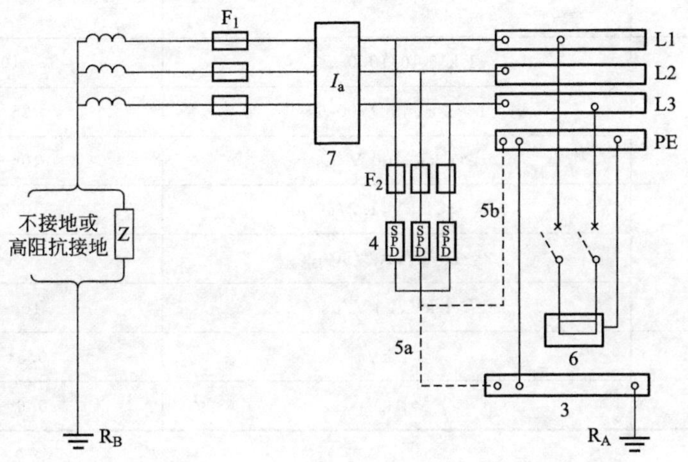

图 5.19　IT 系统电涌保护器安装在进户处 RCD 的负荷侧

3—总接地端或总接地连接带；4—U_p 应小于或等于 2.5 kV 的电涌保护器；5—电涌保护器的接地连接线(5a 或 5b)；6—需要被电涌保护器保护的设备；7—剩余电流保护器(RCD)；F_1—安装在电气装置电源进户处的保护电器；F_2—电涌保护器制造厂要求装设的过电流保护电器；R_A—本电气装置的接地电阻；R_B—电源系统的接地电阻

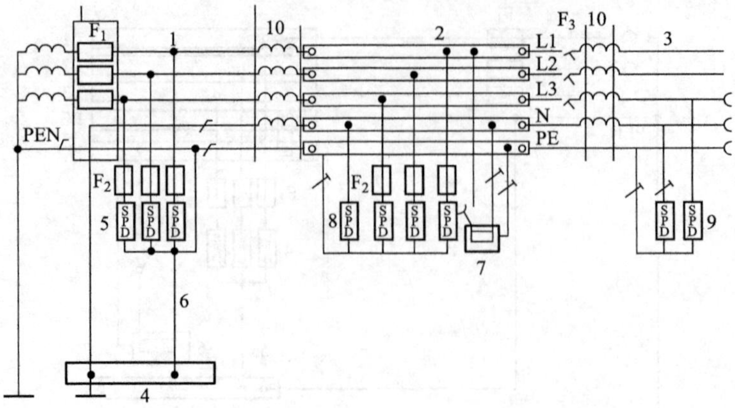

图 5.20 Ⅰ级、Ⅱ级和Ⅲ级试验的电涌保护器的安装(以 TN-C-S 系统为例)

1—电气装置的电源进户处;2—配电箱;3—送出的配电线路;4—总接地端或总接地连接带;
5—Ⅰ级试验的电涌保护器;6—电涌保护器的接地连接线;7—需要被电涌保护器保护的
固定安装的设备;8—Ⅱ级试验的电涌保护器;9—Ⅱ级或Ⅲ级试验的电涌保护器;
10—去耦器件或配电线路长度;F_1、F_2、F_3—过电流保护电器

注:① 当电涌保护器 5 和 8 不是安装在同一处时,电涌保护器 5 的 U_p 应小于或等于 2.5 kV;电涌保护器 5 和 8 可以组合为一台电涌保护器,其 U_p 应小于或等于 2.5 kV。

② 当电涌保护器 5 和 8 之间的距离小于 10 m 时,在 8 处 N 与 PE 之间的电涌保护器可不装。

表 5.9 电涌保护器的类别及其冲击限制电压试验用的电压波形和电流波形

类别	试验类型	开路电压	短路电流
A1	很慢的上升率	≥1 kV 0.1 kV/μs~100 kV/s	10 A,0.1~2 A/μs ≥1000 μs(持续时间)
A2	AC		
B1	慢上升率	1 kV,10/1000 μs	100 A,10/1000 μs
B2		1~4 kV,10/700 μs	25~100 A,5/300 μs
B3		≥1 kV,100 V/μs	10~100 A,10/1000 μs
C1	快上升率	0.5~<1 kV,1.2/50 μs	0.25~1 kA,8/20 μs
C2		2~10 kV,1.2/50 μs	1~5 kA,8/20 μs
C3		≥1 kV,1 kV/μs	10~100 A,10/1000 μs
D1	高能量	≥1 kV	0.5~2.5 kA,10/350 μs
D2		≥1 kV	0.6~2.0 kA,10/250 μs

第五节 防雷工程施工工艺

新建、改建和扩建建筑物防雷工程施工,应按照国家有关标准规范、标准施工图和已批准的设计施工文件进行。建筑物防雷工程施工质量应符合国家标准 GB 50601—2010《建筑物防雷工程施工与质量验收规范》的要求。一个完整的防雷工程应有施工现场管理检测记录、隐蔽工程记录和施工日志。中国建筑标准设计研究院近年来出版的有关防雷设施的国家建筑标准设计图集也是防雷工程施工的重要参考施工标准。常用的标准施工图集有《建筑物防雷设施安装》(15D501)、《等电位联结安装》(15D502)、《利用建筑物金属体做防雷及接地装置安装》(15D503)、《接地装置安装》(14D504)和《民用建筑物与防雷接地装置》(98ZD501)等。以下为摘录的主要防雷工程施工工艺要求。

一、承压承拉工艺

接闪器及引下线安装的固定支架应牢固可靠，每一个固定支架应能承受 49 N 的垂直拉力。

二、连接工艺

接地体的连接应采用焊接，并宜采用放热焊接(热焊剂)。当采用通用的焊接方法时，应在焊接处做防腐处理。导体为钢材时，焊接时的搭接长度及焊接方法要求应符合表 5.10 的规定。导体为铜材与铜材或铜材与钢材时，连接工艺应采用放热焊接，熔接接头应将被连接的导体完全包在接头里，应保证连接部位的金属完全熔化，并应连接牢固。

表 5.10　防雷装置钢材焊接时的搭接长度及焊接方法

焊接材料	搭接长度	焊接方法
扁钢与扁钢	不应少于扁钢宽度的 2 倍	两个大面不应少于 3 个棱边焊接
圆钢与圆钢	不应少于圆钢直径的 6 倍	双面施焊
圆钢与扁钢	不应少于圆钢直径的 6 倍	双面施焊
扁钢与钢管、扁钢与角钢	紧贴角钢外侧两面或紧贴 3/4 钢管表面，上、下两侧施焊，并应焊以由扁钢弯成的弧形(或直角形)卡子或直接由扁钢本身弯成弧形或直角形与钢管或角钢焊接	

防雷装置连接应可靠，连接处不应松动、脱焊、接触不良。等电位连接网络的连接宜采用焊接、熔接或压接。连接导体与等电位接地端子板之间应采用螺栓连接，连接处应进行热搪锡处理。

三、套管防护

接地线在穿越墙壁、楼板和地坪时应套钢管或其他非金属的保护套管，钢管应与接地线做电气连通。

四、布线绑扎

线槽或线架上的线缆，其绑扎间距应均匀合理，绑扎线扣应整齐，松紧合适；绑扎线头宜隐藏而不外露。

接地线、信号线缆的敷设应平直、整齐。若转弯时，弯曲半径应大于导线直径的 10 倍。

等电位连接带表面应无毛刺、明显伤痕、残余焊渣，安装应平整端正、连接牢固，绝缘导线的绝缘层无老化龟裂现象。

五、电涌保护器安装工艺

电涌保护器两端的连接导线应平直，并尽可能做到最短，其两端连接导线长度之和不应大于 0.5 m，可采用“凯文”式接法。在低压配电柜内，当 SPD 接地端与接地母排的距离大于 0.5 m 时，在配电柜金属外壳接地良好的前提下，也可将接地端就近直接接至配电柜金属外壳上，同时将接地端与接地母排相连接。

电涌保护器连接导线绝缘层的颜色应符合以下要求：相线采用红、黄、绿色，中性线采用浅蓝色或黑色，保护线采用绿/黄双色线。

六、竣工

防雷装置施工完工后，测试接地电阻值必须符合设计要求，隐蔽工程部分应有检查验收合格记录。对于暗敷的等电位连接导线及其连接处，应作隐蔽记录，并在竣工图上注明其实际部位走向。

第六章　雷电防护装置检测技术

迄今为止没有任何设备和方法能改变自然界的天气现象，以阻止雷电的发生。雷电防护装置作为重要的防护手段可以减少雷击造成的灾害，但是只有符合要求、安装合格、运行正常的防雷装置才能有效保护建(构)筑物，避免或减轻雷击造成的物质性损害和人身伤亡。实践中总是因为施工质量、环境影响、人为破坏和自然衰损等原因，导致防雷装置会出现达不到设计文件要求、运行故障或损坏等问题，使得无法有效保护建(构)筑物，从而带来防雷安全隐患。因此，需要对防雷装置进行检测，对检测不合格内容及时进行整改，确保防雷装置按照设计文件要求施工、安装合格、运行正常。防雷装置检测分为首次检测和定期检测，首次检测即新建防雷装置检测，包括新建、改建、扩建防雷装置检测和投入使用的建(构)筑物、设施等需要单独安装雷电防护装置的检测，定期检测是按规定周期进行的检测。具有爆炸和火灾危险环境的防雷建筑物定期检测间隔时间为 6 个月，其他防雷建筑物定期检测间隔时间为 12 个月。

开展防雷装置检测业务应遵从有关法律法规规定和《建筑物防雷装置检测技术规范》(GB/T 21431—2015)、《爆炸和火灾危险场所防雷装置检测技术规范》(GB/T 32937—2016)、《防雷装置检测服务规范》(GB/T 32938—2016)、《通信局(站)防雷装置检测技术规范》(GB/T 33676—2017)、《雷电防护装置施工质量验收规范》(QX/T 105—2018)、《新建建筑物防雷装置检测报告编制规范》(QX/T 149—2011)、《安全防范系统雷电防护要求及检测技术规范》(QX/T 186—2013)、《高速公路设施防雷装置检测技术规范》(QX/T 211—2019)、《雷电防护装置定期检测报告编制规范》(QX/T 232—2019)、《输气管道系统防雷装置检测技术规范》(QX/T 265—2015)、《大型浮顶油罐防雷装置检测规范》(QX/T 311—2015)、《风力发电机组防雷装置检测技术规范》(QX/T 312—2015)等国家和气象行业标准规范的最新版本的要求。本章根据上述标准规范内容整理总结了有关防雷装置检测技术，供防雷装置检测人员参考。

第一节　雷电防护装置检测项目和要求

一、检测项目

根据《建筑物防雷装置检测技术规范》(GB/T 21431—2015)，防雷装置检测项目包括建筑物的防雷分类、接闪器、引下线、接地装置、防雷区的划分、雷击电磁脉冲屏蔽、等电位连接、电涌保护器(SPD)等 8 项基本内容。

二、检测要求

1. 建筑物的防雷分类

建筑物应根据建筑物的重要性、使用性质、发生雷电事故的可能性和后果，按防雷要求分为三类，建筑物防雷分类方法见第三章。

2. 接闪器

接闪器包括接闪杆、接闪带、接闪网等。对接闪器的检测主要包括以下内容：

(1)检查接闪器与建筑物顶部外露的其他金属物的电气连接、与引下线的电气连接，屋面设施的等电位连接。

(2)用经纬仪或测高仪和卷尺测量接闪器的高度、长度，建筑物的长、宽、高，并根据建筑物防雷类别用滚球法计算其保护范围；检查接闪网的网格尺寸是否符合要求。

(3)检测接闪器的材料、规格和尺寸是否符合要求。

(4)检查第一类防雷建筑物的接闪器(网、线)与被保护建筑物、风帽、放散管等之间的距离是否符合要求。

(5)检查接闪器上有无附着的其他电气线路。

(6)检查建筑物的防侧击雷保护措施是否符合要求。

(7)检查在第一类防雷建筑物接闪器保护范围外的树木与第一类建筑物之间的净距是否大于 5 m。

(8)检查烟囱的接闪器是否符合要求。

(9)检查接闪器的位置是否正确，焊接固定的焊缝是否饱满无遗漏，螺栓固定的应备帽等防松零件是否齐全，焊接部分补刷的防腐油漆是否完整，接闪器截面是否锈蚀 1/3 以上。检查接闪带是否平正顺直，固定支架间距是否均匀，固定可靠，接闪带固定支架间距和高度是否符合要求。检查每个支持件能否承受 49 N 的垂直拉力。

首次检测时，根据建筑物实际情况，检测接闪器的以上全部内容。定期检测时，在查阅上次检测记录的基础上，现场勘查防雷装置有无变化，如果没有较大变化，可以只检测以上第(5)、(7)、(9)项内容。

3. 引下线

引下线的布置一般采用明敷、暗敷或利用建筑物内主钢筋或其他金属构件敷设。对引下线的检测主要包括以下内容：

(1)检查引下线隐蔽工程记录。

(2)检查专设引下线位置是否准确，焊接固定的焊缝是否饱满无遗漏，焊接部分补刷的防锈漆是否完整，专设引下线截面是否腐蚀 1/3 以上。检查明敷引下线是否平正顺直、无急弯，卡钉是否分段固定。检测引下线固定支架间距是否均匀，是否符合水平或垂直直线部分 0.5～1.0 m、弯曲部分 0.3～0.5 m 的要求，每个固定支架是否能承受 49N 的垂直拉力。检查专设引下线、接闪器和接地装置的焊接处是否锈蚀，油漆是否有遗漏及近地面的保护设施。

(3)用卷尺测量每相邻两根专设引下线之间的距离，记录专设引下线布置的总根数，每根专设引下线为一个检测点，按顺序编号检测。

(4)用游标卡尺测量每根专设引下线的规格尺寸。

(5)检测每根引下线与接闪器的电气连接性能，检测其过渡电阻是否大于 0.2 Ω。

(6)检查专设引下线上有无附着的电气和电子线路。测量专设引下线与附近电气和电子线路的距离是否符合要求。

(7)检查专设引下线的断接卡的设置是否符合要求。测量接地电阻时，每年至少应断开断接卡一次。专设引下线与环形接地体相连，测量接地电阻时，可不断开断接卡。

(8)检查专设引下线近地面处易受机械损伤处的保护是否符合要求。

(9)采用仪器测量专设引下线接地端与接地体的电气连接性能，检测其过渡电阻是否大于 0.2 Ω。

(10)检查防接触电压措施是否符合要求。

首次检测时，根据受检建筑物实际情况，检测引下线的以上全部内容。定期检测时，在查阅上次检测记录的基础上，现场勘查防雷装置有无变化，如果没有较大变化，可以只检测以上第(2)、第(5)至第(10)项内容。

4. 接地装置

第一类防雷建筑物独立接闪杆和架空接闪线(网)的接地装置有独立接地要求，其他建筑物应该利用建筑物内的金属支撑物、金属框架或钢筋混凝土的钢筋等自然构件、金属管道、低压配电系统的保护线等与外部防雷装置连接构成共用接地系统。接地装置的检测注意包括以下内容：

(1)查看隐蔽工程记录，检查接地装置的结构型式和安装位置，校核每根专设引下线接地体的接地有效面积，检查接地体的埋设间距、深度、安装方法，检查接地装置的材质、连接方法、防腐处理等是否符合要求。

(2)检查接地装置的填土有无沉陷情况。

(3)检查有无因挖土方、敷设管线或种植树木而挖断接地装置。

(4)检查相邻接地体在未进行等电位连接时的地中距离。

(5)检查独立接闪杆的杆塔、架空接闪线(网)的支柱及其接地装置与被保护建筑物及其有联系的管道、电缆等金属物之间的间隔距离是否符合要求。

(6)检查防跨步电压措施是否符合要求。

(7)用毫欧表测量两相邻接地装置的电气贯通情况，判定两相邻接地装置是否达到共用接地系统要求或独立接地要求。应使用最小电流为 0.2 A 的毫欧表对两相邻接地装置进行测量，若测得阻值不大于 1 Ω，判定为电气贯通，若测得阻值大于 1 Ω，判定各自为独立接地。

首次检测时，根据受检建筑物实际情况，检测接地装置的以上全部内容。定期检测时，在查阅上次检测记录的基础上，现场勘查防雷装置有无变化，如果没有较大变化，可以只检测以上第(2)、(3)、(5)、(6)、(7)项内容。

接地装置的工频接地电阻值测量常用三极法，其测得的值为工频接地电阻值，当需要冲击接地电阻值时，按规定进行换算。每次接地电阻测量最好固定在同一位置，采用同一型号仪器，采用同一种方法测量。对于大型接地地网测量，应选用大电流接地电阻测试仪。

5. 防雷区的划分

根据《建筑物防雷设计规范》(GB 50057—2010)，将需要防雷击电磁脉冲的环境划分为 $LPZ0_A$、$LPZ0_B$、LPZ1……LPZn+1 区。检查防雷工程设计中防雷区的划分是否符合标准。

6. 雷击电磁脉冲屏蔽

雷击电磁脉冲屏蔽检测包括以下内容：

(1)用毫欧表检查屏蔽网格、金属管(槽)、防静电地板支撑金属网格、大尺寸金属件、房间屋顶金属龙骨、屋顶金属表面、立面金属表面、金属门窗、金属格栅和电缆屏蔽层的电气连接，检查过渡电阻值是否大于 0.2 Ω。

(2)用游标卡尺测量屏蔽材料规格尺寸是否符合要求。

(3)计算建筑物利用钢筋或专门设置的屏蔽网的屏蔽效能。

(4)用仪器检测电磁屏蔽效能。

(5)检查按图施工是否符合要求。

首次检测时，根据受检建筑物实际情况，检测电磁脉冲屏蔽的以上全部内容。定期检测时，在查阅上次检测记录的基础上，现场勘查防雷装置有无变化，如果没有较大变化，可以只检测以上第(1)、(3)、(4)项内容。

7. 等电位连接

等电位连接检测内容包括：

(1)大尺寸金属物的连接检测，检查设备、管道、构架、均压环、钢骨架、钢窗、放散管、吊车、金属地板、电梯轨道、栏杆等大尺寸金属物与共用接地装置的连接情况、连接质量、连接导体的材料和尺寸。

(2)对于第一类和处在爆炸危险环境的第二类防雷建筑物中平行敷设的长金属物的检测，检查平行或交叉敷设的管道、构架和电缆金属外皮等长金属物，其净距小于规定要求值时的金属线跨接情况、连接质量、连接导体和尺寸。

(3)对于第一类和处在爆炸危险环境的第二类防雷建筑物中长金属物的弯头、阀门等连接物的检测，测量长金属物的弯头、阀门、法兰盘等连接处的过渡电阻，当过渡电阻大于 0.03 Ω 时，检查是否有跨接的金属线、连接质量、连接导体的材料和尺寸。

(4)总等电位连接带的检测，检查由 LPZ0 区到 LPZ1 区的总等电位连接状况，如已实现与防雷接地装置的两处以上连接，进一步检查连接质量、连接导体的材料和尺寸。

(5)低压配电线路引入和连接的检测，检查低压配电线路是否全线穿金属埋地或敷设在架空金属线槽内引入。如全线采用铠装电缆穿金属管埋地引入有困难，检测电缆埋地长度，电缆金属外皮、钢管及绝缘子铁脚等接地性能，连接导体的材料和尺寸，埋地电缆与架空线连接处安装的电涌保护器性能指标和安装工艺。

(6)第一类防雷建筑物外架空金属管道的检测，检查架空金属管道进入建筑物前是否每隔 25 m 接地一次，检查连接质量、连接导体的材料和尺寸。

(7)建筑物内竖直敷设的金属管道及其金属物的检测，检查建筑物内竖直敷设的金属管道及金属物与建筑物内钢筋就近不少于两处的连接，连接质量，连接导体的材料和尺寸。

(8)进入建筑物的外来导电物连接的检测，检查所有进入建筑物的外来导电物是否在 LPZ0 区与 LPZ1 区界面处与总等电位连接带连接、连接质量、连接导体的材料和尺寸。

(9)穿过各后续防雷区界面处导电物连接的检测，检查所有穿过各后续防雷区界面处导电物是否在界面处与建筑物内的钢筋或等电位连接预留板连接、连接质量、连接导体的材料和尺寸。

(10)电子设备等电位连接的检测，检查电子设备与建筑物共用接地系统的连接，检查连接的基本形式是否符合规定，检查连接质量、连接导体的材料和尺寸。测量配电柜(盘)内部的 PE 排及外露金属导体、UPS 及电池柜金属外壳、电子设备的金属外壳、设备机架、金属操作台、机房内消防设施及其他配套设施金属外壳、线缆的金属屏蔽层和金属加强筋、金属线槽、配线架、防静电地板支架、金属门窗和隔断等部位与等电位连接带(或等电位端子板)之间的电气连接情况。

测量要求：等电位连接的过渡电阻的测试采用空载电压 4～24 V、最小电流为 0.2 A 的测试仪器进行测量，过渡电阻值一般要求不大于 0.2 Ω。

8. 电涌保护器(SPD)

电涌保护器(SPD)检测内容包括：

(1)检查 SPD 是否劣化或失效。

(2)用 N-PE 环路电阻测试仪，测试从总配电盘(箱)引出的分支线路上的中性线(N)与保护线(PE)之间的阻值，确认线路为 TN-C 或 TN-C-S 或 TN-S 或 TT 或 IT 系统。

(3)检查并记录各级 SPD 的安装位置，安装数量、型号、主要性能参数(如 U_c、I_n、I_{max}、I_{imp}、U_p 等)和安装工艺(连接导体的材质和导线截面，连接导线的色标，连接牢固程度)。

(4)检查 SPD 外观是否表面平整、光洁、无划伤、无裂痕和烧灼痕或变形，SPD 的标示是否完整和清晰。

(5)测量多级 SPD 之间的距离和 SPD 两端引线的长度。

(6)检查 SPD 是否具有状态指示器，确认状态指示是否与生产厂说明相一致。

(7)检查安装在电路上的 SPD 限压元件前端是否有脱离器；若 SPD 无内置脱离器，检查是否有过电流保护器，检查安装的过电流保护器是否符合规定。

(8)检查安装在配电系统中的 SPD 的 U_c 值。

(9)检查安装的电信、信号 SPD 的 U_c 值。

(10)检查 SPD 安装工艺和接地线与等电位连接带之间的过渡电阻。

(11)检查输送火灾爆炸危险物质的埋地金属管道和具有阴极保护的埋地金属管道从室外进入户内处设有绝缘段，在绝缘段处跨接的电压开关型电涌保护器或隔离放电间隙是否符合要求。

(12)如有必要时，测试电源 SPD 压敏电压 U_{1mA}、泄露电流和绝缘电阻。

三、作业要求

检测土壤电阻率和接地电阻值要在非雨天和土壤未冻结时进行，雷雨天停止检测。检测需要有两人以上共同进行。检测时，接地电阻测试仪的接地引线和其他导线应该避开高、低压供电线路。现场检测时，严格遵守受检单位规章制度和安全操作规程，具备保障检测人员和设备的安全防护措施，攀高危险作业要遵守攀高作业安全守则。在检测爆炸火灾危险环境的防雷装置时，严禁带火种、手提电话，严禁吸烟，不应穿化纤服装，禁止穿钉子鞋，现场不准随意敲打金属物，以免产生火星，造成重大事故；使用防爆型对讲机、防爆型检测仪表和不易产生火花的工具。检测配电房、变电所的防雷装置时，穿戴绝缘鞋、绝缘手套，使用绝缘垫，以防电击。

第二节　雷电防护装置检测方法和程序

一、检测方法

防雷装置检测方法主要包括查阅资料、目测和器测。查阅资料是指查阅防雷装置的材质、规格、安装工艺等档案资料。目测的主要内容是防雷装置的安装工艺、焊接状况、防腐措施和线缆敷设情况等。器测主要包括土壤电阻率、接闪器高度、材料规格、连接状况、接地电阻等的仪器测量。

防雷装置检测仪器主要包括尺和经纬仪等测量仪器、工频接地电阻测试仪、土壤电阻率测试仪、绝缘电阻测试仪、环路电阻测试仪、毫欧表、万用表、压敏电压测试仪、电磁屏蔽用测试仪等。防雷装置检测仪器要符合国家计量法规的规定，并在检定合格有效期内。

二、检测程序

检测程序可分为检测前准备、现场检测和记录、出具检测报告和整改意见书三大步骤，又可细分为接受检测任务、调查防雷状况、制定检测方案、确认仪器设备状况、现场检查与测试、检测数据记录与整理、计算分析与结果判定、编制出具检测报告等程序。

检测前准备：检测前要对仪器仪表和测量工具进行检查，保证其在计量认证有效期内且能正常使用。

现场检测和记录：对相应检测项目进行现场检测，复核检测数据，填入原始记录表，原始记录表要有检测人员、校核人员和现场负责人签名。首次检测要检测建筑物的防雷分类、接闪器、引下线、接地装置、防雷区的划分、雷击电磁脉冲屏蔽、等电位连接、电涌保护器(SPD)八类项目；定期检测要在查阅上次检测记录的基础上，现场勘查防雷装置有无变化，如果没有较大变化，可以不检测建筑物的防雷分类、接闪器、防雷区的划分、雷击电磁脉冲屏蔽。现场检测一般先检测外部防雷装置，再检测内部防雷装置。首次检测要绘制建筑物防雷装置平面示意图，定期检测要对平面示意图进行补充或修改。

出具检测报告和整改意见书：用数值修约比较法将各项检测结果与相应的技术要求进行比较，判定各检测项目是否合格，根据检测内容和结果编制检测报告，检测报告要检测员、校核员、技术负责人签字，并加盖检测单位检测专用章或公章。

第三节　重点场所雷电防护装置检测技术

本章第一节概述了一般情形下建筑物雷电防护装置检测的主要内容，具体到某一特定建筑物和场所，因其特殊属性，其雷电防护装置检测内容会存在较大差别。本节重点介绍通信局站(基站)、风力发电机组、大型浮顶油罐、输气管道系统、加油加气站、石油库、液化石油气瓶装供应站、石油化工、烟花爆竹工程场所、煤炭矿区、旅游景点等重点场所的雷电防护装置检测内容以及应特别关注的要点。

一、通信局站(基站)雷电防护装置检测

通信局(站)包括综合通信大楼、交换局、数据中心、模块局、接入网站、局域网站点、移动通信基站、室外站、边界站、无线市话站、卫星地球站、微波站等，是所有通信站型的统称。通信局(站)防雷装置检测内容包括防雷分类、接闪器、引下线、接地装置、等电位连接、屏蔽措施、综合布线、电涌保护器(SPD)八项内容，与建筑物防雷检测不同，通信局(站)的八大检测项目不包括防雷区的划分，但是多了一项综合布线，通信局(站)对综合布线有特别要求。接地装置、等电位连接、屏蔽措施的检测要求也有不同。

通信局(站)连接导线材料、规格要求较严格应符合表 6.1 的要求。还要检查接地装置的防腐措施和地网腐蚀情况，人工接地体材料，钢管壁厚≥3.5 mm，圆钢直径≥10 mm。人工接地体的埋设最好敷设在冻土层以下，距墙或基础最好大于或等于 1 m，接地体远离由于烧窑、烟道等高温影响使土壤电阻率升高的地方。

表 6.1　通信局(站)连接导线材料、规格要求

连接导线类型	接地线材料	接地线截面积
配电室、电力室、发电机室内部主设备的接地线	多股铜线	$\geq 16\ mm^2$
楼层接地汇集线与接地排或设备之间相连接的连接线(距离较近时)	多股铜线	$\geq 16\ mm^2$
楼层接地汇集线与接地排或设备之间相连接的连接线(距离较远时)	多股铜线	$\geq 35\ mm^2$

续表

连接导线类型	接地线材料	接地线截面积
数据服务器、监控系统、数据采集器、小型光传输设备等小型设备的接地线	多股铜线	≥6 mm^2
光缆金属加强芯和金属护层的连接线	多股铜线	≥16 mm^2
光传输机架设备或子架的连接线	多股铜线	≥10 mm^2
馈线及同轴电缆金属外护层的接地线	多股铜线	≥10 mm^2

防雷接地、静电接地、保护接地、工作接地等应采用共有接地。移动基站和微波站接地装置的接地电阻最好不大于 10 Ω。当土壤电阻率大于 1000 Ω·m，接地电阻值达不到要求时，检测地网等效半径应该大于 10 m，辐射式接地体长度应该不小于 10 m。大、中型通信局(站)低压配电系统的供电方式应为 TN-S 或 TN-C-S。

通信局(站)的等电位连接还要特别注意强、弱电井中金属桥架、配电箱等是否连接建筑物内主筋；通信设备在机房的等电位连接网络状况是否符合要求；机房内走线架、吊挂铁架、机架或机壳、金属通风管道、金属门窗等是否与接地汇集线相连作保护接地，走线架各段是否做等电位连接，测量各段走线架之间的过渡电阻值、连接线材料、规格是否应符合要求(过渡电阻值应该不大于 0.2 Ω，连接线材料、规格要求见表 6.1)。检查垂直、水平、环形和条形接地汇集线各连接点的连接情况，检测其过渡电阻值不大于 0.2 Ω。

通信局(站)屏蔽措施应注意，当各类信号数据线垂直长度大于 30 m 时，缆线是否穿金属管或带屏蔽层，金属管两端、缆线的屏蔽层两端是否就近与楼层的均压环或接地网连接。检查铁塔上架设的馈线及其他同轴电缆金属外护层是否分别在塔顶处、地面处以及机房入口处就近接地。当馈线及其他同轴电缆长度大于 60 m 时，是否在铁塔中部增加一个连接点，连接线的截面积是否小于 10 mm^2 的多股铜线。

通信局(站)综合布线要求也更加严格，要检查架空线缆布线路径环境是否避免设置在孤立大树、杆塔、拉线、山顶、高耸建筑物等处。检测综合布线电缆和电力电缆的间距是否符合表 6.2 的要求。

表 6.2　通信局(站)综合布线电缆与电力电缆的间距

类别	与综合布线接近状况	最小间距(mm)
380 V 电力电缆＜2 kV·A	与缆线平行敷设	130
	有一方在接地金属线槽或钢管中	70
	双方都在接地金属线槽或钢管中[a]	10[a]
380 V 电力电缆 2～5 kV·A	与缆线平行敷设	300
	有一方在接地金属线槽或钢管中	150
	双方都在接地金属线槽或钢管中[b]	80
380 V 电力电缆＞5 kV·A	与缆线平行敷设	600
	有一方在接地金属线槽或钢管中	300
	双方都在接地金属线槽或钢管中[b]	150

a. 当 380 V 电力电缆小于 2 kV·A，双方都在接地的线槽中，且平行长度不大于 10 m 时，最小间距可为 10 mm。

b. 双方都在接地的线槽中，是指两个不同的线槽，或在同一线槽中用金属板隔开。

检测综合布线缆线与电气设备的最小间距是否符合表 6.3 要求。

表 6.3　通信局(站)综合布线缆线与电气设备的最小间距

名称	最小间距(m)	名称	最小间距(m)
配电箱	1	电梯机房	2
变电室	2	空调机房	2

检测综合布线缆线及管线与其他管线的间距是否符合表 6.4 的要求。

表 6.4　通信局(站)综合布线缆线及管线与其他管线的间距

其他管线	平行间距(mm)	垂直交叉间距(mm)
防雷引下线	1000	300
保护地线	50	20
给水管	150	20
压缩空气管	150	20
热力管(不包封)	500	500
热力管(包封)	300	300
煤气罐	300	20

二、风力发电机组防雷装置检测

风力发电机组是将风的动能转换为电能的系统，由一批风力发电机组或风力发电机组群组成的电站称为风电场。风力发电机组防雷装置检测项目包括防雷区的划分、接闪器、引下线、等电位连接、电涌保护器(SPD)、接地装置、接触电压与跨步电压防护七项内容。以下雷电防护装置检测要点主要是针对于陆地上风电场风力发电机组而言的。

对风力发电机组接闪器的检测，除了要检测接闪器的材料、规格尺寸、外观以及安装是否稳定牢固外，还要求风轮桨叶设置接闪装置，机舱上的风向风速仪要处在 $LPZ0_B$ 区内，还要检测桨叶的接闪金属导体与桨叶根部引下线连接点、机舱上的接闪杆与引下线的直流过渡电阻是否符合要求(过渡电阻不应该大于 0.2 Ω)。

对于等电位连接要检测机舱内发电机、齿轮箱、机械制动器和控制柜等金属结构件与防雷装置的直流过渡电阻，塔筒内所有金属导体与防雷装置的直流过渡电阻，控制柜及塔筒底部金属导体与防雷装置的直流过渡电阻是否符合要求(应该不大于 0.2 Ω)。风力发电机组接地装置的工频接地电阻应该小于 4 Ω。

三、大型浮顶油罐雷电防护装置检测

浮顶油罐是指顶盖漂浮在油面上的立式圆筒形钢制焊接油罐，其中浮顶是指随液面变化而上下升降的罐顶，包括外浮顶(在敞口油罐内的浮顶)和内浮顶(在固定顶油罐内的浮顶)，敞口隔舱式浮顶和浮筒式浮顶通常都只作为内浮顶。在不特别指出的情况下，浮顶指的是外浮顶。由一个或若干个油罐组构成的区域称为油罐区。存储原油、成品油，油罐容量在 50000 m^3 及以上的浮顶油罐的雷电防护装置的检测主要包括油罐接地装置、罐体及附件等内容。

油罐接地装置首次检测时，要查看基础的设计、施工资料，查询接地形式、接地体材质、安装位置及数量、与罐体的电气连接情况。对腐蚀性较强的土壤，一般每 6 年开挖检查接地装置腐蚀程度。

油罐的接地引下线非常重要，要检查是否有明显机械损伤、断裂，锈蚀程度是否大于截面积的 1/3，断开断接卡，使用接地电阻仪检测罐体与基础每个接地点的接地电阻是否符合要求(冲击接地电阻值应该不大于 10 Ω)，接上断接卡，使用回路电阻测试仪测试接地引下线与接地体、罐体组成回路的电阻，当回路电阻值大于 1 Ω 时要对接地系统进行检查。

罐体及附件首次检测时，应查看油罐的相关防雷设计、施工资料。还要检测输油管、消防管、配线钢管、金属构架等金属构件的冲击接地电阻是否符合要求(应该不大于 10 Ω)。油罐相连的设备、电缆桥架、电缆金属外皮等设施的等电位连接的过渡电阻值是否符合要求(应该不大于 0.03 Ω)。油罐的温度、液位等测量装置的铠装电缆或金属配线管与罐体的电气连接情况(其过渡电阻值应该不大于 0.03 Ω)。油罐电气设备、仪器仪表设置的电涌保护器外观及接地情况(外观应该无损坏，接地电阻不大于 4 Ω)。油罐的保温层金属护板与罐体的电气连接情况、罐体其他金属设备和管道的等电位连接情况(过渡电阻应该不大于 0.03 Ω)。浮顶与罐壁之间的导静电连接线及其他等电位连接设施的型式、数量、材质及腐蚀情况，检测其两端的电气连接情况(过渡电阻应该不大于 0.03 Ω)。还要着重检查人孔、排液装置、量油孔、自动通气阀等金属构件与浮顶等电位连接情况(过渡电阻应该不大于0.03 Ω,否则,连接处要用金属线跨接)。

四、输气管道系统雷电防护装置检测

输气管道系统是指采用管道输送天然气和煤气的相关设施的总称,一般包括输气管道、输气站、穿(跨)越管道、阀室和辅助生产设施等。其中输气站是输气管道系统中各类工艺站场的总称,一般包括输气首站、输气末站、压气站、气体接收站、气体分输站、清管站等。

陆上输气管道系统的雷电防护装置检测主要包括建(构)筑物、地面输气管道及户外防爆场所内露天布置的生产设备、电气和电子系统等三方面内容。

输气管道系统的建(构)筑物防雷分类和接闪器、引下线和接地装置等外部雷电防护装置的检测参照第一节进行,其内部等电位连接,除了检测连接情况、连接导体的材料、规格外,还需要检测等电位连接的有效性。等电位连接的有效性可以通过测试连接导体之间的电阻值来确定,各类防雷建筑物中长金属物的弯头、阀门、法兰盘等连接处的过渡电阻不应该大于0.03 Ω;连在额定值为16 A的断路器线路中,同时触及的外露可导电部分和装置外可导电部分之间的电阻不应该大于0.24 Ω;等电位连接带与连接范围内的金属管道等金属体末端之间的直流过渡电阻值不应该大于3 Ω。

对于地面敷设的输气管道及户外防爆场所内露天布置的生产设备,主要检查钢制密闭设备、容器等作为接闪器时,其顶板厚度是否符合要求;在使用独立接闪杆或架空接闪线(网)对地面输气管道及生产设施进行直击雷防护时,利用滚球法计算是否处在保护范围内;各种转动设备(或其转动部件)和非金属外壳的储罐,是否处在可作为接闪器的高大生产设备、框架和大型管架的防雷保护范围之内或处在专设外部防雷装置的保护范围之内;检测静设备,引向火矩的主管道、火矩、烟囱和排气管等排放设施,露天布置的天然气储罐等,在利用设备和容器的金属实体做接闪器时,其厚度及专设引下线的材料和最小尺寸是否符合要求;检测大型设备和撬装设备以及高大炉体、塔体、罐体和桶仓外部敷设的专设引下线的材料和最小尺寸及间距是否符合要求;检测独立接闪杆和架空接闪线(网)的支柱及接地装置与被保护管道之间的间隔距离是否符合要求;检测平行敷设的管道、构架和电缆金属外皮等长金属物以及阀门、法兰等的跨接是否符合要求。

输气管道的电气电子系统是比较脆弱的区域,应检测电气和电子系统等电位连接、共用接地系统、设备屏蔽、低压配电制式以及进入场站的低压配电线路和电子系统信号线路是否采用金属铠装电缆或护套电缆穿钢管直接埋地引入,埋地敷设长度是否符合要求。还要检测低压配电系统SPD和通信系统SPD是否能承受预期通过的雷电流并具有通过电涌时的电压保护水平和有熄灭工续流的能力,布置是否符合要求。对于埋地引入的输气管道,当其从室外进入户内处设有绝缘段和(或)具有阴极保护时,绝缘段处跨接的Ⅰ级试验的密封型电涌保护器(SPD)是否符合要求。

五、加油加气站雷电防护装置检测

加油加气站是加油站、加气站、加油加气合建站的统称。其中加油站是指具有储油设施,使用加油机为机动车加注汽油、柴油等车用燃油并可提供其他便利性服务的场所;加气站是指具有储气设施,使用加气机为机动车加注车用LPG、CNG或LNG等车用燃气并可提供其他便利性服务的场所;加油加气合建站是指具有储油储气设施,既能为机动车加注车用燃油,又能加注车用燃气,也可提供其他便利性服务的场所。

加油加气站防雷场所划分为加油加气作业区与辅助设施两大类。加油加气作业区包括作业区建(构)筑物(站房、罩棚)、作业区设备、罐区;辅助设施为非作业区建(构)筑物或设施。罐区油罐包括单层钢制油罐、双层钢制油罐、双层玻璃纤维增强塑料油罐、内钢外玻璃纤维增强塑料双层油罐四类。根据《建筑物防雷设计规范》(GB 50057—2010),加油加气站属于第二类防雷建筑物。

加油加气站作业区建(构)筑物,一般就指站房和罩棚,主要检测接闪器保护范围、支架高度/间距、材料规格、敷设方式和接地电阻是否符合要求;屋面设施的直击雷防护情况、地线数量/材料规格、接地电阻、防闪电电涌侵入措施是否符合要求;引下线数量、平均间距、支架高度/间距、材料规格、敷设方式和接地电阻是否符合要求;检查低压配电及SPD的敷设方式,检测SPD的接线长度、材料规格、I_{imp}、I_n、U_p、

U_c、U_{1mA}、I_{ie}、接地电阻和运行情况是否符合要求。

加油加气站作业区设施和罐区是雷电防护装置检测重点，作业区设施包括但不限于汽油通气管、柴油通气管、CNG/LNG 放散管、卸油(气、液)管口、平行敷设管道跨接、油品管道、LPG 管道、LNG 管道、脱硫脱水装置、泵和压缩机、气化器、配线电缆金属外皮、配线保护钢管、金属法兰、加油(气、液)机、加油(气、液)枪等。对作业区设施和罐区，主要检测接地材料规格、接地/过渡电阻是否符合要求，罐区的接地材料规格/点数、阳极与储罐连线规格、电气连接、接地电阻是否符合要求。

六、石油库雷电防护装置检测

石油库是指收发和储存原油、成品油及其他易燃和可燃液体化学品的独立设施。石油库防雷场所分为储罐区、装卸区、辅助作业区和行政管理区四类。储罐区包括储罐、泵房(棚)、变配电间等装置和建筑物，装卸区包括栈台、泵房(棚)、桶装液体库房、变配电间等装置和建筑物，辅助作业区包括锅炉房、污水处理用房、消防用房、机修车间、泵房(棚)、变配电间等建筑物，行政管理区包括办公用房、宿舍楼等建筑物。石油库等级按照《石油库设计规范》(GB 50074—2014)进行划分。储罐区、装卸区的泵房(棚)、变配电间以及辅助作业区和行政管理区的建筑物的雷电防护装置检测与普通建筑物类似，对于储罐区和装卸区下面另做说明。

石油库储罐区应检测储罐的壁厚、接地点数、接地点间距、接地线材料规格、浮顶与罐体电气连接情况是否符合要求。储罐通气管是否安装阻火器，检测控制、信号线路屏蔽情况是否符合要求。检测储罐区罐体、罐体附件以及周围装置的接地电阻是否符合要求。检查少于 5 根螺栓的法兰盘是否做跨接，检查间距小于 10 cm 管道是否做跨接。

石油库装卸区应检查装卸区栈台管道进入点是否接地，检查铁路罐车的铁轨、鹤管、栈桥、管道等是否做跨接和接地，检测接地线连接情况。检测装卸区栈台装置、设施的接地电阻是否符合要求。检查少于 5 根螺栓的法兰盘是否做跨接，检测法兰盘过渡电阻是否符合要求，检查间距小于 10 cm 管道是否做跨接。

七、液化石油气瓶装供应站雷电防护装置检测

液化石油气瓶装供应站是指经营和储存瓶装液化石油气的专门场所。液化石油气瓶装供应站防雷场所划分为生产区与辅助区两大类。生产区包括生产区建筑物、生产区设施、储罐区、灌装区；辅助区包括辅助区建筑物及站区内其他设施。根据《液化石油气供应工程设计规范》(GB 51142—2015)，液化石油气瓶装供应站为第二类防雷建筑物。液化石油气瓶装供应站生产区和辅助区建筑物的雷电防护装置检测与普通建筑物类似，不再赘述。重点要关注生产区设施、储罐区和灌装区的检测。

对液化石油气瓶装供应站生产区设施的雷电防护装置检测，主要检测泵和压缩机、液位计及压力表、可燃气体检测及泄露报警装置、消防设备、卸气(液)管口、放散管、平行敷设管道跨接、金属法兰、磅秤、加液枪、残液枪、装瓶枪等的接地材料规格和接地电阻是否符合要求。

对液化石油气瓶装供应站储罐区和灌装区的雷电防护装置的检测，主要检测储罐的接地点数、接地线材料规格、阴极保护法当中的阳极与储罐连线规格、电气连接、工艺管道上的法兰和胶管两端等连接情况、接地电阻是否符合要求。

八、石油化工雷电防护装置检测

石油化工装置是指以石油、天然气及其产品为原料，生产石油化工产品或中间体的生产装置。石油化工防雷场所划分为厂房房屋和户外装置区两大类，敞开式和半敞开式厂房根据其敞开程度，划分为厂房房屋类或户外装置区。有屋顶而墙面敞开的大型压缩机厂房为厂房房屋类；设备管道布置稀疏的框架为户外装置区。户外装置区包括炉区、塔区、静设备区、机器设备区、罐区、可燃液体装卸区、粉粒料桶仓、框架管架管道、冷却塔、烟囱和火炬、户外排放设施、户外灯具电器。

石油化工场所防雷分类按照《建筑物防雷设计规范》(GB 50057—2010)和《石油化工装置防雷设计规范》(GB 50650—2011)进行划分。厂房房屋的雷电防护装置检测与普通建筑物类似，不再赘述。下面专

门对石油化工场所和重点区域作详细说明。

炉区：检测炉接地引下线材料规格、间距、数量、炉体与金属框架、混凝土框架、炉上等电位连接、接地/过渡电阻是否符合要求。

塔区：检测塔壁厚、接地引下线材料规格、间距、数量、塔体与混凝土框架、平台金属栏杆、塔上放空管、接地/过渡电阻是否符合要求。

静设备区：检测金属静设备壁厚、接地引下线材料规格、间距、数量、设备上放空管、平台金属栏杆、接地/过渡电阻以及非金属或壁厚小于 4 mm 的静设备的防护情况是否符合要求。

机器设备区：检测防直击雷、设备等电位连接、设备底座接地是否符合要求。

罐区：检测罐壁厚、接地引下线材料规格、间距、数量、呼吸阀防护、接地/过渡电阻、浮顶储罐的浮顶与罐体电气连接是否符合要求。

可燃气体装卸站包括装卸站棚和露天装卸场所，站棚主要检测防直击雷措施露天装卸场所主要检测设备的金属架构接地情况、可燃气体输送管道接地情况和接地/过渡电阻是否符合要求。

粉、粒料桶仓：检测非金属桶仓接闪器和引下线是否符合要求；检测金属桶仓壁厚、接地引下线材料规格、间距、数量是否符合要求。

框架、管架和管道：检测立柱接地连接件材料规格、高度、数量、间距，爬梯、电缆支架、栏杆接地情况，管道等电位连接，平行敷设金属管道连接，输送可燃介质管道防雷电感应和接地/过渡电阻是否符合要求。

冷却塔：检测双曲线塔接闪器、引下线、接地电阻是否符合要求；检测自然通风开放式、机械鼓风逆流式、机械抽风逆流式冷却塔的塔顶接闪网格，金属栏杆接地情况、接地线材料规格及数量、钢梯及水管接地和接地/过渡电阻是否符合要求。

烟囱和火炬：检测烟囱和火炬的高度、接闪器材料规格、保护范围、接闪杆数量、引下线材料规格、敷设方式和数量是否符合要求。

户外排放设施：检测安装在户外空旷处的放散管、呼吸阀、排风管和自然通风管的防直击雷和防雷电感应措施是否符合要求，检查是否排放爆炸性气体、是否装阻火器、是否有管帽、是否在接闪器保护范围之内、是否与防雷装置相连、非金属排放设施是否有防护。

户外灯具和电器：检查安装在塔顶层平台上的照明灯、现场操作箱和航空障碍灯金属外壳是否接地，配电线路是否穿钢管、是否就近做等电位连接，检测接地/过渡电阻是否符合要求。

九、烟花爆竹工程场所雷电防护装置检测

烟花爆竹工程场所是指生产烟花、爆竹以及用于烟花、爆竹产品的黑火药、烟火药、引火线、电点火头等的厂房、场所及配套的仓库。烟花爆竹工程场所可以分为危险品生产区、危险品储存区、办公及附属用房。

烟花爆竹生产企业建筑物的防雷类别，根据《烟花爆竹生产企业防雷技术规范》(QX/T 430—2018)和《建筑物防雷设计规范》(GB 50057—2010)进行划分。办公及附属用房建筑物雷电防护装置检测与普通建筑物类似，不再赘述。重点关注危险品生产区和储存区。

危险品生产区包括装药车间、制筒车间、插引车间和烟花组装车间，危险品储存区包括原料仓库、半成品库、成品库和中转库。这些建筑物都应根据规范单独进行防雷分类；并检测独立接闪杆与建(构)筑物的间隔距离及接闪线弧垂间隔距离是否符合要求；检测金属屋面作为接闪器时的材料规格、作为接闪器的金属屋面搭接长度及过渡电阻是否符合要求；检测专设引下线数量、间距及冲击接地电阻是否符合要求；检测引下线断接卡的设置及保护措施是否符合要求；检测防接触和跨步电压措施是否符合要求；检测等电位连接的接地线材料规格和接地电阻值是否符合要求；检测长金属管道的连接情况是否符合要求；检测供配电系统的接地形式、线路敷设是否符合要求；检测低压配电 SPD 的参数 I_{imp}、I_n、U_p、U_c、U_{1mA}、I_{ie}、SPD 接线长度、运行情况、材料规格和接地电阻是否符合要求。

十、煤炭矿区雷电防护装置检测

煤炭矿区防雷场所划分为矿区建筑物、矿井等。煤炭矿区建筑物包括地面爆炸材料库、瓦斯抽放站、

通风机房、破碎站、选矸楼、提升机房、锅炉房、木料加工房、修理车间、办公楼、宿舍楼等。矿区建筑物防雷类别按照《煤炭工业矿井设计规范》(GB 50215)进行划分。煤炭矿区建筑物雷电防护装置检测与普通建筑物类似,不再赘述。重点关注煤炭矿区矿井的检测内容。

煤炭矿区矿井检测主要包括接触网、长金属管道和金属设施、供配电系统、低压配电 SPD 等。接触网主要检查在牵引变电所架空馈电线出口及线路上每个独立区段、接触线与馈电连接处、地面电机车接触线终端、矿井平硐口等位置是否安装有 SPD,检查 SPD 型号、标称放电电压、标称通流量、运行状况,检测 SPD 接地线安装位置、接线长度、接地电阻是否符合要求。供配电系统接地形式、线缆屏蔽情况和敷设方式,特别是瓦斯抽放站电缆埋地长度,瓦斯抽放金属管道的壁厚、过渡电阻及跨接。矿井低压配电 SPD 的型号、安装位置、I_{imp}、I_n、U_p、U_c、U_{1mA}、I_{ie} 等参数、运行情况,检测 SPD 接线长度、材料规格、接地电阻是否符合要求。

长金属管道和金属设施主要包括架空人车支架、运输轨道、架空运输索道、带式运输机支架。应检测这些设施金属管道的平行或交叉净距、跨接情况、跨接间距和跨接线规格是否符合要求;检测地面引入、引出矿井的金属设施接地及接地点数,检查进入井下电缆金属外皮、接地芯线与设备金属外壳有无接地,检测距井口 200 m 内架空敷设的金属管道的接地间距和冲击接地电阻是否符合要求。

十一、旅游景点雷电防护装置检测

旅游景点防雷场所划分为建(构)筑物、游道、观景平台、古树名木等。旅游景点建(构)筑物包括游客中心、游乐园(场)、水景泵房及控制机房、索道站房等。游客中心、游乐园(场)、水景泵房及控制机房等建(构)筑物的雷电防护装置检测按一般建筑物进行,对游乐园(场)高耸金属游乐设施保护范围之外的空旷地带安装的独立接闪装置,还要检测这些独立接闪装置的材料规格、安全距离、防接触和跨步电压、接地电阻是否符合要求。

对于索道站房还要考虑屏蔽与等电位连接措施的检测,检查线缆和金属管道进入方式,线缆和金属管道架空敷设时的屏蔽措施。检测索道站房作为接闪器的屋顶金属物的截面积和壁厚、作为接闪器的屋顶建筑构件内钢筋、腐蚀情况等。

对于游道检查接闪器安装位置,数量、间隔距离、保护范围、材料规格、接地电阻是否符合要求,检查有无设置接闪器指示牌;检测引下线的材料规格、支架间距、接地电阻、断接卡及保护措施、防接触和跨步电压措施是否符合要求;检查护栏的材质,检测金属护栏的接地电阻、接地点之间间距是否符合要求,检查护栏接地点处有无设置警示牌。

观景平台主要包括护栏和独立接闪杆,其中护栏应检测材质、接地点数、间距、电阻和警示牌数目,独立接闪杆应检测高度、安装方位、保护范围、材料规格、接地电阻、防接触和跨步电压措施是否符合要求。

古树名木如果有雷电防护装置也应该检测。检查接闪杆高于树冠的高度、抱箍数目及材料规格、独立接闪杆距树干的距离、接地电阻、防接触和跨步电压措施是否符合要求;引下线的敷设方式、材料规格、断接卡及保护措施、与接闪器及接地装置的连接方式、紧固螺栓数目及过渡电阻、与接闪器及接地装置连接处预留长度以及接地电阻是否符合要求。

第七章 雷电监测与预警技术

第一节 雷电监测综述

云闪和云地闪电有各自的独特物理过程。每一种物理过程都与其电场磁场特征有关。闪电在 5 Hz～300 MHz 的频率范围内发射大量电磁能量。目前国内外主要的闪电电磁辐射定位方式分为磁定向法、时间差法和干涉法等。

闪电是通常发生于雷暴期间的一种瞬态大电流放电过程,根据闪电发生的区域和其发展的结果,一般分为地闪和云闪两种。地闪通常是从云内开始发展到地,这种放电的出云通道部分是可见的。而云闪通常是发生在云内而不到达地面的放电过程。无论是地闪还是云闪,都伴随有大电流、高温、高压、冲击波以及强烈的无线电电磁辐射和光学辐射等各种物理现象。正是由于闪电发生过程中的各种特性,提供了对闪电研究的多种手段。如光学观测方法,利用条纹相机、高速摄像机等仪器得到的有关梯级先导、直窜先导以及回击在放电过程中的光学亮度变化;电磁场测量方法测量云闪、地闪放电过程中电场变化和电磁辐射强度;电流测量方法得到近地面电流的变化;光谱测量手段得到关于闪击温度变化、温度峰值及与电流和电场变化资料相关的光谱资料;声测量方法得到云闪和地闪的声谱等。

本节将着重介绍以下几种观测手段:

一、VLF/LF 辐射源定位技术

VLF/LF 定位技术主要分为磁定向(MDF)技术、时间到达差(TOA)技术和 MDF 与 TOA 综合定位技术 IMPACT。

20 世纪初,VLF/LF 无线电(磁)测向 MDF 技术用于远程(上千千米以外)雷电活动的监测获得成功。当雷电与测站距离小到 300～500 km 时,闪电通道的非垂直性(雷电电流同时具有垂直分量和水平分量,而水平分量所产生的磁场并不是严格地与传播方向垂直)开始影响测向精度,因此无法使用监测的信号来定向,导致 MDF 法一度在雷电定位方法上的应用进展缓慢。10 km 内的雷电,假设闪道相对地面呈 45°,测向误差可能达到 10°以上,100 km 以外的闪电,小于或等于 1°左右。Krider et al.(1983)研究发现地闪回击的瞬间,十分靠近地面的通道垂直于地面。如果能探测地闪过程仅在这段时间的辐射,用 MDF 法进行雷电定位的缺陷基本被消除。这部分辐射波形特征明显,便于捕捉。由此,出现了新一代有波形鉴别技术并加有时间门限的 VLF/LF 频段 MDF 技术及其多站网络,使实时雷电定位技术变成现实(Rakov et al.,2003)。

VLF/LF 频段 TOA 定位技术的典型应用系统是全球闪电定位网-WWLLN(Lay et al.,2005)。该系统由美国华盛顿大学地球与空间技术中心研发,建设的目的是为了更好地对全球闪电活动进行实时探测,其探测精度在 15～30 km。WWLLN 系统使用的是闪电发生时产生的 VLF 波段(3～30 kHz)电磁辐射信号,由于 VLF 电磁波能够在地-电离层波导中稳定传播且衰减较小,因而能探测到数千里之外的闪电活动(Lay et al.,2005;Rodger et al.,2005)。该系统采用改进的 TOGA(Time of Group Arrival)方法进行定位,通过测量波列信号的相位变化率来确定各探测点间的时间差(Richard et al.,2002),但是由于电离层的影响,接收到的波形会产生失真,所以 WWLLN 无法直接得到闪电的电流强度与极性等参数(杨宁,2012)。

为改进定位精度,将 MDF 和 TOA 两种技术结合在一起发展成了联合闪电定位法,形成了第二代地闪定位系统 IMPACT。每个探测站既探测回击发生的方位角,又测定回击电磁脉冲到达的精确时间。中心站将根据每个闪电探测子站测到闪电的方位和到达时间差数据,进行不同组合的联合定位。在不增加

探测子站数目的前提下，保证了较高的定位精度，是目前比较实用的闪电定位技术。

美国国家闪电定位网(NLDN)采用的就是IMPACT技术。NLDN有106个传感器，自从1989年以来，不同定位网的版本都可以提供覆盖美国大陆的闪电资料。1989—1995年，可以通过估算首次回击的峰值电流和极性、回击的数目来确定闪电的时间和位置。自从1995年7月1日以后，得到的数据包括时间、地点、峰值电流和由NLDN探测得到的首次回击及继后回击的极性。1998年Cummins et al.(1998)结合TOA技术和MDF技术对NLDN系统进行了第一次升级，定位精度提升了4～8倍，对峰值电流达到5 kA的闪电活动其预期探测效率达到了80%～90%。后续回击及峰值电流小于5 kA的回击也能分别探测和定位到。2002—2003年，NLDN进行了第二次系统升级，提高了灵敏度和探测精度。Rudlosky et al.(2010)对比分析了此次升级前后NLDN闪电定位数据，研究指出，此次升级之后，总闪电和正地闪密度增加了，而平均正地闪比例从10.61%降到了8.65%。升级后的结果表明大多数弱峰值电流的正地闪区域呈现出正地闪次数增多的态势，而强正地闪的主要区域则表现出相反的情况。

2010年Vaisala公司的Ronald et al.(2010)对2004—2008年NLDN定位数据做了相关研究，得出了NLDN全美地闪密度的月变化分布(而之前的研究主要是分析了地闪的年变化和季度变化的分布情况)。图7.1是全美大陆、周边大陆及海域的地闪月变化分布情况，可以看出大部分闪电活动发生在夏季，美国三分之二的闪电发生在6月、7月和8月，这主要归因于中低层大气的日间加热。中低层大气中较高的湿度为日雷暴循环提供了大气动力，而造成湿度较大的源头是东部和南部暖湿的海洋。

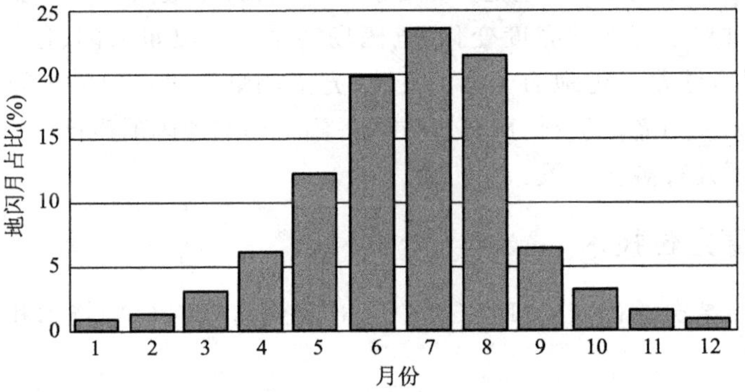

图7.1 全美大陆、周边大陆及海域的地闪月变化分布情况(Ronald et al.,2010)

二、VHF辐射源定位技术

由于闪电VHF辐射测量与其他观测手段相比有许多优势(王道洪 等,2000)，20世纪60年代末，Oetzel(1969)提出对闪电VHF辐射源进行定位的方法。20世纪70年代以来，闪电定位技术逐渐发展起来，国内外研究学者利用辐射源方法定位闪电主要分为两大类：到达时间差(TOA)和干涉仪法。

1. 时差法探测闪电

到达时间差法的基本原理是测量空间相距较大距离，接收机接收到的闪电同一辐射源信号的时间差，这种定位手段至少需要4个测站的到达时间，由3个到达时间差得到3个双曲面的交点，这个交点就是辐射源位置。1971年Proctor首先利用时差法技术发展了闪电通道的VHF三维辐射源定位系统，该系统通过两相交基线上的五个宽带垂直极化天线来接收闪电VHF辐射信号，通过到达各个天线的时间差计算闪电辐射源的位置。Proctor et al.(1983)利用该三维定位系统获取的资料，按辐射波形的持续时间将闪电辐射源分为了脉冲和Q噪音，时差法技术对短脉冲定位效果较好，而对连续波形的Q噪音定位效果较差。Taylor(1978)开发了短基线时差定位系统，该系统能够定位地闪和云闪辐射源的方位角和仰角，对近距离的闪电能较好的定位，但由于采用硬件直接读取时间差技术，对设备各通道的一致性要求极高，而且只适合处理规则的孤立脉冲信号，对复杂电场波形难以有效处理。

20世纪80年代，Proctor(1981b;1983)利用多站VHF辐射源定位系统分析了云内放电过程，研究表明，云内初始流光包括地闪的云内放电过程基本上是水平发展的，这与Liu et al.(1985)利用多站电场资料和折线流光模式分析的云内放电过程结果一致。Lennon(1976)与Poehler et al.(1979)在Proctor的多站 VHF 辐射源定位系统的基础上，开发了 7 站 LDAR 系统，该系统主要布设在美国佛罗里达的肯尼迪航天中心附近，测网直径达到 16 km。该系统的求解方法具有自由度，可以消除噪声对结果的影响，能较好地反映整个雷暴过程中闪电的发生发展情况，但其要求所有测站都参与位置解算，如果某一测站未能接收到信号，则无法进行定位。21 世纪初，美国新墨西哥技术学院的 Krehbiel et al. (2000) 在 LDAR 定位系统的基础上发展了基于 GPS 的 VHF 辐射源三维闪电定位系统(Lightning Mapping Array)，简称 LMA。该系统以最小二乘拟合算法作为时差法定位算法，并结合雷达观测资料的分析结果，能较为精确地对闪电 VHF 辐射源进行定位。该系统每个测站均在 60～66 MHz 频带内利用一个 20 MHz 数字转换器琐相到每秒输出一个脉冲的 GPS 接收机上的方法，精确地测量闪电辐射到达测站的时间，时间精度为 50 ns。LMA 系统可探测几百到几千个辐射事件，所以在直径为 100 km 的范围内可以精确的描绘闪电的三维结构。该系统在 2000 年夏季 STEPS(Severe Thunderstorm Electrification and Precipitation Study)实验中是雷电观测的主要手段。实验在美国堪萨斯州西部和科罗拉多州东部地区共立了 13 个测站，探测范围达 300 km，进行了 3 个月的观测，取得了大量的观测资料，揭示了许多有意义的新结果(Harlin et al.,2000)。

时差法的发展获得了很大的成功，对于揭示闪电发生发展的特征起到的很大的作用。国内张义军等(2003)等利用 VHF 辐射源高时空分辨率的 LMA 系统，分析了云闪和地闪的三维结构特征，发现雷暴电荷结构是比较复杂的，有时是反极性的，单独用偶极性或者三极性难以对其进行完整描述；云闪不仅发生在上部正电荷区和中部主负电荷区，也发生在中部主负电荷区和下部正电荷区之间；负地闪回击之前的梯级先导过程辐射较强，继后回击前的直窜先导过程辐射较弱，在回击之间的闪电在云内水平发展，通道以细小的分叉为主；正地闪的先导过程基本探测不到辐射源，在回击之前有一段云内过程，回击之后有更长的云内过程，其闪电通道没有负电闪那么精细。张义军等(2004)还对超单体雷暴的 VHF 辐射源时空特征进行了研究，通过对美国中西部地区夏季雷暴的综合实验，发现对流风暴中闪电洞或闪电环与强上升气流有关。近几年来，张广庶等(2010)自行研制了闪电 VHF 辐射源三维定位系统(LLR)，在我国内陆高原地区对闪电进行长期综合观测实验，结合其他闪电观测手段，如快慢电场变化测量、平均电场测量、三维时差法定位系统等，成功获得了雷暴中闪电放电通道的三维时空演变图像，揭示了典型的云闪、负地闪、正地闪等的三维时空结构，对闪电不同阶段的特征，如地闪预击穿过程、先导、回击、K 变化和 M 变化等进行了深入研究。分析结果表明，内陆高原地区尤其是青藏高原东北部的闪电负地闪初始激发对应向下发展负极性击穿过程；正地闪初始激发也是负流光传输．但方向是在正电荷区域内，有较长水平通道；云闪大部分始发于负电荷区，以垂直取向上或向下传输，进入正电荷区后呈现较长的水平通道，但少数云闪始发于上部正电荷区被双极性窄脉冲(NBP)激发(此类云闪及其三维传输过程在国内被首次发现)，在正电荷区域内以优势水平方向传输，不进入负电荷区域。李亚珺等(2009)利用这套系统和宽带电场，分析了山东地区一次雷暴过程闪电的三维时空结构。结果表明，在云内击穿放电过程，辐射源空间分布呈现明显的三极性分层电荷结构，三层结构的高度主要分布在 6～8 km 的上部正电荷区，4～6 km 的中部负电荷区和 2.5～4 km 的下部次正电荷区；对山东地区闪电特征的分析，发现云下部次正电荷区的形成主要是云中上部霰粒等水成物粒子逐渐下落至云下部形成的，而较强的次正电荷区的形成为正地闪的发展提供了条件。其还分析了一次负地闪传输过程，发现负地闪电荷结构和宏观电荷结构吻合，说明 LLR 系统能较好地描述雷暴宏观电荷结果(李亚珺 等,2012)。张泉等(2003)自行研制了短基线时差定位系统，该系统信号接收中心频率 280 MHz，带宽 6 MHz，采用了分段触发记录技术，并利用这套系统在青海大通地区进行了闪电观测。分析结果表明，该系统对地闪先导过程和云闪产生的辐射源能够较好地定位，定位结果的个例分析证实，观测地区的两次云闪放电过程都由起始于云下部负电荷区的负极性击穿引发，然后向上发展到上部正电荷区，但由于天线本身的长度和基线长度可以比拟，以及没有竖直方面的基线，定位得到的仰角误差相对较大。整体而言 TOA 技术受限于定位孤立的脉冲，对于 Q 噪音等连续脉冲定位比较困难，然而闪电放电过程产生的甚高频辐射包含着持续十几到上百毫秒的连续脉冲信号，TOA 定位技术对闪电的研究不太全面。

2. 干涉仪法探测闪电

干涉仪法是利用闪电 VHF 辐射源到达不同天线产生的相位差变化来定位的，这种手段能较好地定位连续脉冲信号(Q噪音)。干涉仪采用长短基线组合的天线阵列,根据闪电VHF辐射源到达不同天线的相位差,确定辐射源的方位角和仰角。Hayenga et al.(1981)首先使用VHF无线电窄带干涉仪观测闪电放电过程,该系统中心频率为37.3 MHz,时间分辨率较高。其使用该系统观测自然闪电发现,回击过程观测不到辐射源,在首次回击之后经常出现比较强的辐射脉冲,而强的辐射脉冲与回击无关。回击间的辐射源仰角变化不明显,呈现水平分布特征(Hayenga,1984)。Richard et al.(1985)在20世纪80年代利用中心频率为300 MHz干涉仪定位系统观测自然闪电的VHF-UHF电磁辐射特征,得到了比较可靠的自然闪电放电过程尤其是连续辐射脉冲的相关结论,并讨论了系统参数等对定位精度的影响和定位结果条纹模糊去除的方法。20世纪80年代末,Rhodes et al.(1989)开发了由5根天线组成正交天线阵列的窄带干涉仪VHF辐射源定位系统,并利用该系统观测了一次单回击的地闪放电,该放电过程开始时伴随有一段100 ms的预击穿过程,在预击穿过程期间,有一些水平流光发展到了云内,研究中发现,回击之后的10 ms期间干涉仪检测不到辐射源,K过程将电荷水平传输到放电通道的起始位置,为下次放电过程堆积电荷。Krehbiel et al.(1991)等利用干涉仪和宽带电场测量,观测到一次K事件包含传播方向相反的两个VHF流光辐射。Rhodes et al.(1989)利用多基线、角度精度大、微秒级的窄带干涉仪定位系统来确定闪电辐射源的位置,其利用交互式图像分析程序处理条纹模糊问题并揭示雷暴内部结构和发展情况,发现闪电初始击穿的辐射是间断的、集中的辐射脉冲并且移动较缓慢,首次先导的辐射也是类似的但是更加强烈、连续。云内K事件的辐射源本质上和直窜先导相同,两者都是产生于沿着已经导通的路径快速传输的负流光的前沿。Shao et al.(1995)利用窄带干涉仪对美国佛罗里达地区的闪电进行了观测研究,指出直窜先导、云内K过程和企图先导具有相同的物理现象,即负极性流光水平传输或者垂直传输到地引发这类过程,其得到的相关结论证实和加强了Rhodes(1994年)做过的关于新墨西哥的闪电特征的类似研究。Shao et al.(1996)还对该地区的云闪进行了观测分析,佛罗里达区域的云闪经常呈现由单个的上行通道连接的双极性结构,通道上部和下部电荷区域分别对应云内上部电荷区和中部主负电荷区;对比云闪和地闪云内的初始击穿,发现云闪的击穿过程比地闪的云内击穿更加不连续,即使两者极性相同和传输速度一致。Bondiou et al.(1986)利用窄带干涉仪并结合雷达观测资料对云闪进行了观测分析。Mazur(1989)利用法国UHF-VHF干涉仪定位系统观测了人工触发闪电和自然云内闪电,发现两者始发的机理从性质上是相同的,研究结果还表明利用飞机触发闪电的机载测量提供了一种在时域范围内研究反冲流光和确定闪击持续时间和高度特征的机会,这是其他技术无法做到的。为了更详细地解释反冲流光这个物理过程,Mazur et al.(1993)认为放电以多个正、负梯级先导同时发展开始,并指出正先导不产生可探测的VHF辐射源。这种VHF波段不可见的正流光被加强时会激发有辐射的快速负反冲流光,这个负反冲流光从正流光顶部开始,在到达初始区域前停止。随后,Shao et al. 于(1996)提出了宽带干涉仪定位技术,并在此基础上设计了宽带干涉仪定位系统。宽带干涉仪系统带宽为40~350 MHz,该系统的模拟源误差标定实验结果表明,该系统频带范围内的定位误差在2°左右。1996年和1997年,Shao et al.(1999)还结合宽带干涉仪和窄带干涉仪定位系统对正地闪放电现象进行了观测研究,研究指出正先导在高频到超高频波段的电磁辐射很少,对于分析的大多数正地闪在回击前的几毫秒完全没有辐射,这说明下行正先导在甚高频波段产生的辐射很少,这与实验室间隙放电和人工触发闪电的实验结果一致。

20世纪90年代,基于干涉仪技术的SAFIR系统由3个探测站和1个中心处理站组成,系统覆盖范围达到300 km×300 km,定位精度达到几百米至5 km,能够自动、连续、实时监测云闪和地闪发展过程(Vaisala,2001);可提供闪电的空间(二维和三维)分布,频数分布、密度图和闪电过程发展的趋势图等(Williams et al.,1989;Laroche et al.,1991)*;能探测跟踪雷暴过程,可对灾害性天气预报预警。三维型SAFIR还可以给出闪电通道结构发展变化情况、三维闪电演变和云闪密度空间分布图等产品,使得SAFIR对雷暴云结构的描述如同雷达回波图一样,从而使强雷暴生消发展、移动过程的资料更为直观。另外,有关SAFIR性能评估分析经常采用与雷达回波数据比较的方式,如图7.2所示(孟青 等,2002)。

国内张广庶等(2008)自行研制了无线电窄带干涉仪辐射源定位系统,主要架设在青海大通地区,用于研究内陆高原的闪电现象。该系统采用双基线正交天线阵列,以1 μs的时间分辨率连续确定闪电辐射源发生的二维位置(仰角和方位角),实现了对闪电放电通道空间位置的定位和跟踪,其利用该系统结合同步观测的VHF辐射强度和快电场变化资料分析了一次多回击负地闪放电过程,发现梯级先导辐射强

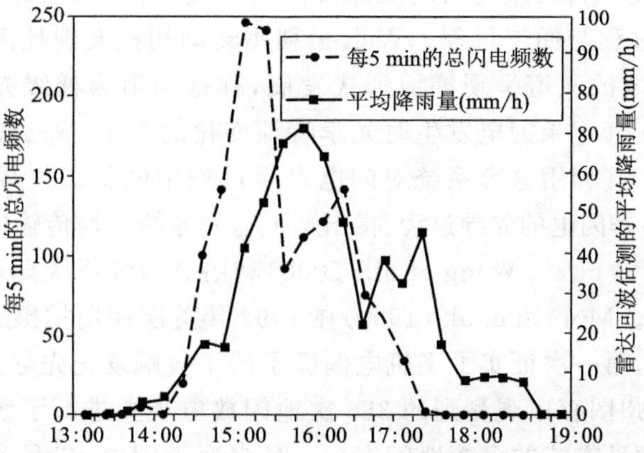

图 7.2 SAFIR 定位数据与雷达回波数据比较(孟青 等,2002)

且连续,而直窜先导相对离散且辐射较弱,通道电离度的变化,梯级先导和直窜先导能相互转化。甘泉等(2010)利用这套系统分析了一次正地闪放电过程,研究结果表明,正地闪预击穿过程起始于云中负电荷区域,并在预击穿后期有许多双极性脉冲,正先导的触发和传输过程需要比较长时间的云内放电过程来提供能量。余海等(2013)利用闪电 VHF 窄带干涉仪辐射源定位系统和高速光学观测系统对一次多回击负地闪放电过程进行了同步观测,对比分析了窄带干涉仪与光学摄像观测结果,验证了干涉仪在先导速度计算的精确度等方面优势显著。董万胜等(2001a)自行设计了闪电宽带干涉仪定位系统,并利用这套系统对地闪先导-回击过程进行了观测研究,观测结果表明闪电辐射主要由负击穿过程产生,地闪预击穿过程闪电通道比较集中,几乎没有分叉,辐射源主要出现在通道头部,梯级先导后期辐射源定位比较离散,有较多的分支通道,辐射源出现在一定长度的通道内,该通道高度随着先导向地面发展而逐渐降低(董万胜 等,2002)。在预击穿和梯级先导过程期间有一些快速负流光持续地从远处向通道传输电荷。董万胜等(2001b)还利用宽带干涉仪系统对一次人工触发闪电放电过程的观测结果,从电场变化、辐射源定位和辐射频谱 3 个方面对正先导发展过程进行了分析。结果表明:虽然正先导发展过程中辐射很弱,但在近距离处仍然可被探测到,而负极性击穿过程则有相对较强的辐射,正先导发展过程中通道分叉很少,初始发展速度约为 10^5 m/s 的量级。经 25 MHz 高通滤波器后的能量谱分布表明,正先导过程辐射峰值频率约为 25～30 MHz,而负极性击穿过程能量峰值频率约为 60～70 MHz。但由于记录宽频带的信号必须采用高速数字化 A/D 和存储设备,这使得连续记录的数据容量非常之大,因此在目前技术限制下,宽带干涉仪只能采用分段记录方式,其结果不可能连续的完整记录一次闪电全过程。

国内外部分学者还设计和建立了宽带干涉仪的三维观测网。Mardiana et al. (2002)最先设计和建立了宽带干涉仪的三维空间观测网,设立两站宽带干涉仪观测点,每个观测点配有一套宽带干涉仪系统、电场仪和 GPS 接收机。这套三维观测系统能够观测不同类型的放电并且能够估算出初始先导和后续先导的传输速度,得到了和前人研究结果一致的结论:初始先导传输速度量级在 10^5 m/s,K 过程、直窜先导等速度量级在 10^6 m/s。Yoshida et al. (2010)利用三维宽带干涉仪定位系统和一套时间同步的高速摄像系统观测分析了人工触发闪电上行正先导,其中在两个宽带干涉仪站点都安装有三套电容电场传感器,高速摄像的拍摄帧率为 8000 fps。观测结果表明,观测到的两个上行正先导平均速度量级在 10^6 m/s;当平均电流高于 3 kA 并且有强烈的辐射源活动时,系统能够定位出正先导 VHF 辐射源。

三、光学观测研究

闪电通道由于击穿放电产生高达几万度的热能,这些热能使得各种气体分子和原子被激发到高能态后向低能级跃迁,跃迁过程产生光辐射,人类对闪电的最初最直接的认识就来自于这些发光现象。因此采用光学手段观测闪电,成为最直接的研究方法。国内外学者很早开展了此类观测,取得了不少成果。

1. 光学观测闪电

19 世纪末,摄像技术开始被应用于自然闪电的研究中(Rust et al. ,2005)。最早采用的是普通摄像机获得闪电的静态图像,随后采用匀速移动的相机拍摄,获取不同时刻闪电放电通道出现在照片不同位置的资料。20世纪初，随着感光材料的改进以及摄像仪器的发展，自然闪电的光学观测以高分辨率的图像揭示着闪电先导过程、连接过程与回击过程。Walter利用转动相机发现地闪由多次回击组成，利用条纹相机观测到地闪放电过程形成的通道呈现梯级形式发展，称这通道为梯级先导。20世纪90年代，Yokoyama et al.（1990）设计了一套记录闪电发生时光学特征变化的系统——ALPS，这套系统具有很高的时间分辨率，精度达到100 ns。其利用这套系统对闪电发生过程中的梯级先导、直窜先导和回击过程进行了详细的研究，并通过观测冬季闪电的先导过程，得出了上行先导的平均传输速度为（0.8～2.7）$\times10^5$ m/s，下行先导平均速度为2.9$\times10^5$ m/s。Wang et al.（2000）利用ALPS系统记录的闪电光学资料，分析了一次双接地负地闪的放电过程。Moreau et al.（1992）在1992年首次使用拍摄速度率达到每秒200 fps的高速摄像机观测闪电传输过程，第一次证实了飞机电偶极子的正极触发正先导的事实。Valine et al.（2002）利用高速摄像机在亚利桑那州图森市观测到的386次地闪放电现象进行了统计，统计分析了具有多个接地点的地闪特征，并定义了两种方式的多接地闪电（一是多通道闪电，二是产生新通道的闪电），但这些观测中使用摄像机作为观测手段，时间分辨率不高（为33 ms）。Ballarotti et al.（2005）利用毫秒级高速摄像机观测了40个雷暴过程中的455个负地闪现象，发现观测到90.6%的新接地点产生在上一次的只有单次回击的闪电通道之后。国内学者在利用光学观测手段分析闪电现象方面也做了很多研究。王才伟等（1998）利用成像率为1000幅/s的高速摄像系统对人工触发闪电通道的发光特征进行了观测和研究，研究结果表明，闪电通道的发光截面基本上呈对称型。各次闪电的发光持续时间和光脉冲的个数可以有很大的差别，但它们都可分成4个共有的发光阶段，并与特定的闪电放电物理过程相联系。郄秀书等（2003）利用GPS多站同步观测和1 ms的高速摄像对青藏高原东北部夏季雷暴进行了观测研究，由于观测区域海拔较高，对流层顶相对于地面较低，所形成的雷暴云较弱、较薄，有利于光学观测。高速摄像观测证实发生于云内正电荷控制地面电场条件下的云内放电过程呈现出双层结构特征。云内放电从云中部负电荷区和下部正电荷区之间始发，并同时向上、下两个方向双向传输。当传输到正、负电荷区时，便形成了近乎垂直的主放电通道，然后在下部正电荷区以多分叉的形式水平扩展通道，下部的水平扩展停止后，主通道的上部开始出现水平扩展，并同时伴随有向上的发展分量。孔祥贞等（2003）利用成像率为1000幅/s的数字化高速摄像系统和时间分辨率为1 μs的快、慢天线闪电电场变化测量仪在广州附近观测到一次首次回击具有两个接地点的负极性地闪。光学和电场变化的同步观测证实了直窜——梯级先导的发展速度与前一次回击的时间间隔有关，较快的先导发展速度对应于较短的回击时间间隔，较慢的发展速度对应于较长的回击时间间隔。Kong et al.（2008）还利用高速摄像和地面电场同步资料，分析了正地闪下行先导的电学和光学特征，发现下行正先导速度量级为10^4 m/s。张义军等（2008）于2006—2008年在广州从化地区开展了闪电光学观测实验，研究结果表明：大于90%的负地闪首次回击前下行梯级先导具有明显的多级分叉现象，随其下行发展，接近地面时分叉逐渐增多，先导的发展速度为10^4～10^5 m/s量级；统计得出90%观测到的负地闪首次回击前的下行梯级先导具有明显的多级分叉现象。吕伟涛等（2007）利用成像速率为2000幅/s的高速摄像资料，对采用不同触发方式的两次负极性闪电进行了对比分析，结果表明：空中触发方式的上行正先导的起始速度比经典触发方式的低一个量级左右，而前者的触发高度要比后者的高。回击发生前的放电通道和M分量的放电通道的相对亮度存在明显的差异，回击前放电通道的相对亮度很弱，甚至观测不到任何发光现象，而M分量发生过程中的闪电通道仍有较强的发光。武斌等（2013）利用成像速率为10000幅/s的高速摄像资料和VHF辐射源三维定位资料，对比分析了青海大通地区一次双接地负地闪的辐射通道和光学通道。其研究结果表明，在预击穿阶段通道击穿作用很强，但电流小，其载体主要是雪崩电荷；回击激发阶段，通道电流迅速增大，其载体除了雪崩电荷外，还有大量的来自云内电荷区的电荷；对于高原雷暴和特殊的地面环境，地面尖端可以产生很强的上行先导并持续向上传输。武斌等（2019）还分析了一次单回击正地闪触发高塔两个上行闪电过程的光学结果。分析表明，正地闪回击过程中和了大量正电荷，且云内负先导朝高塔方向快速伸展造成塔顶局部区域的电场发生突变，这是两个上行闪电激发的原因。

有部分学者利用干涉仪定位系统定位闪电空间分布特征和光学观测直接呈现闪电通道发展的优势，将两者同步结合起来观测和研究闪电物理过程。Richard et al.（1986）利用常规摄像系统和干涉仪定位系统对比分析了一次人工触发闪电的通道的传输过程，光学观测资料验证和证实了干涉仪定位的先导通道。但由于常规摄像机分辨率较低，不能提供较细的通道发展过程。Mazur et al.(1995)利用1000 fps/s的高速摄像系统和时间精度达到1 μm的VHF干涉仪系统同步观测了一次负极性地闪的6次回击的放电过程，详细分析了这次地闪的梯级先导、直窜先导、M过程等，采用抛物面反射镜的全天空拍摄系统，能全方位的拍摄到闪电整个发展的光学演变过程，但未能呈现通道发展的高度及距离。Ushio et al.(1997)利用宽带干涉仪定位系统观测了一次人工触发的负极性放电过程，发现辐射源是由地面向上传播的上行先导，结合高速摄像光学观测资料能够很好地发现这一事实。

2. 闪电光谱分析

闪电放电过程产生的发光发亮现象为分析闪电通道特征提供了另一种途径——光谱分析。

Herschel(1868)最早在可见光范围内进行了闪电光谱的观测，看到了这一区域内的几条强谱线，由于试验设备和观测手段的限制，没有记录到这些谱线。Schuster(1880)首次作了光谱的记录和辨认工作，他用一台直视式光谱仪研究了500～580 nm范围的闪电光谱，光谱仪装有用螺旋测微仪调节的可移动狭缝在夜间进行观测，得到光谱后再测量相同试验条件下的夫琅和费谱线，由此确定记录到的闪电光谱的波长。以这种方式，Schuster(1880)辨认出了可见范围内最容易出现的两条强线，即，波长为500.5 nm和568.1 nm的NII离子谱线。Orville(1968)通过对一段10m长的回击通道的时间分辨光谱分析，利用一些典型谱线的强度和跃迁参数，估算了通道的平均温度，并给出了温度随时间变化的曲线，由5幅光谱的分析结果得到，峰值温度一般在28,000～31,000 K范围，估算得到的最高峰值温度为36,000 K。Barasch(1970)在可见光附近的5个窄谱区域内，测量了首次回击和继后回击、梯级先导和直窜先导、云空闪电、云内脉冲、以及回击的M分量等所发射的峰值光谱强度。他使用的光电探测器由广角、窄通带辐射计构成，可以看到整个闪电通道，所以测量信号是闪电通道几何增长的组合，是通道内光谱的真实变化。另外，Orville et al.(1984)用光学多通道分析仪研究了375～880 nm波长范围的时间分辨光谱，发现在连续电流阶段，384 nm的辐射非常强，并测量了光学辐照度。近年来，随着人工引雷技术的发展与应用，提供了一个利用多种先进仪器对闪电放电特性进行综合同步测量的好机会。Weidman et al.(1989)研究了人工触发闪电在850～1400 nm近红外波段的光谱辐射特性，发现在近红外范围内，触发闪电和自然闪电的回击光谱基本相同，线状谱主要是NI、OI中性原子的辐射，连续辐射的峰值强度比最强的谱线小至少一个数量级。国内袁萍等(2006)利用无狭缝摄谱仪，获得了一次强云对地闪电首次回击过程400～600 nm范围的光谱，结合相应的光谱跃迁参数和电学观测资料对试验光谱进行了分析并得到了回击通道的光谱结构及特性与闪电放电的强度密切相关。Cen et al.(2014)于2012年在青海大通地区通过光谱仪和摄像机捕捉到一次自然界球形闪电的光谱信息，这是国际上首次捕捉到有关自然界球形闪电的相关光学信息。

四、天气雷达探测闪电

天气雷达用于定位闪电，能够确定放电通道的物理特征。Dawson(1972)将散射理论应用于云地闪电的回击通道分析。Atlas(1964)、Battan(1973)和Browning(1977)开始利用微波雷达观测雷暴。Proctor(1981a)指出在50 cm和111 cm的闪电回波在一个脉冲到下个脉冲(除了当几十毫秒的平滑回波延迟之后出现的闪电击穿引起的幅值突变)的幅度变化不大，这不同于降水回波。而Holmes et al.(1980)发现在10.9 cm的闪电雷达回波呈现与降水回波类似的短期幅值波动。作为Holmes上述研究中的一部分，Szymanski et al.(1980)描述了一次闪电回波，这次回波之后在同一云层中很快发生了一次降水。Krehbiel et al.(1996)利用一台多通道圆偏振雷达观测了雷暴云内的电场的发展变化和电场的突然衰弱。Steiger(2012)指出，闪电大部分发生在最大反射率向上延伸处，即反射率梯度最大值处而不是最大反射率处。

国内外部分学者在大量统计工作的基础上，分析了雷达参量与闪电的相关性。Hondl et al.(1994)分析研究了25个雷暴资料，指出当在0 ℃附近首次探测到10 dBZ的雷达回波是雷暴的初始特征，比第一次观测到地闪提前5～45 min，平均提前15 min。Maribel(2002)发现风暴云中40 dBZ以上回波顶高必须高于7 km才能产生闪电。Zipser et al.(1994)认为能引起雷暴快速起电的回波阈值为−10 ℃处回波强度为40 dBZ。Richard et al.(2011)通过对67384个对流单体进行统计分析，发现在−10 ℃和−20 ℃等温层至少连续两次体扫都能探测到 30 dBZ 雷达回波作为最好的雷电预警指标，该指标的 CSI 值为 68%。张义军等(1995)对 6 次不同云系的闪电活动进行了分析，得出雷暴中的闪电活动与对流活动成正相关，闪电多发生在 30 dBZ 强回波高度超过－10 ℃的区域。冯桂力等(2010)对山东北部的一次中尺度对流系统的闪电活动进行分析，分析结果表明负地闪多发生于 25 dBZ 以上的回波区，对应于对流降水区，正地闪多发生在 25 dBZ 以下的回波区，对应于稳定的层状云降水区。王飞等(2008)指出，雷暴单体从 25 dBZ 到 35 dBZ 回波厚度变化率达到极值的时间差，与雷暴中最早的云闪和最早的地闪间的时间差，两者存在一定的线性关系。李亚珺等(2009)对山东地区闪电的分析，发现根据雷达回波资料，发现大量辐射源集中在 25～35 dBZ 的回波区域，下部正电荷区的下层雷达回波较强，达到 40～50 dBZ，而其上部及上部正电荷区和中部负电荷区基本落在 25～35 dBZ 回波强度范围内，这说明辐射源频数最大的区域并不一定是发生在回波最强的区域，但强回波区域的存在为闪电的发展提供了条件。

五、卫星探测闪电

星载探测技术主要包括光学观测和甚高频定位技术。

OTD(搭载于 Microlab-1 卫星)/LIS(搭载于热带降水测量计划任务卫星 TRMM)是 NASA(美国航天航空局)研制的光学闪电探测系统，两者相似，均搭载在非太阳同步极地轨道卫星上，垂直向下观测雷暴云中闪电发出的强烈的光脉冲，可以给出闪电发生的时间、经纬度、闪电光辐射能，持续时间等信息。OTD 倾向于为 LIS 的发射提供校验和性能评估等技术和理论基础，是 LIS 的原型产品。OTD 和 LIS 都工作在中性氧原子近红外的谱线(777.4 nm)，其独特的设计使得传感器即使在白天有日光反射的云顶背景下仍然能够识别出闪电的信号，利用闪电信号与背景信号之间的时间、空间和光谱特性差异从而识别出闪电的信号。OTD 的平均空间精度为 20～40 km，时间精度达 100 ms，对云地闪电的探测效率为 46%～69%。Thomas et al.(2000)利用 1998 年夏季发生在奥克拉荷马地区的一次雷暴的 LMA、NLDN 与 LIS 的同步观测进行了比较，发现两套数据在时间和空间上的相关都非常好。另外，研究表明，LIS 观测到的大部分闪电是扩展到雷暴上部的闪电，云地闪电主要发生在中下层，不及云闪容易探测到，并且倾向于在闪电放电的后期被 LIS 探测到。Ushio et al.(2002)利用 1998 年 8 月肯尼迪航空中心附近一次雷暴的 LDAR、NLDN 和 LIS 同步观测分析了 LIS 与 LDAR 记录的闪电在时间和空间上差异，结果发现 LIS 的首个事件(Event)通常落后于 LDAR 的首个源约 0.23 s(地闪)和 0.2 s(云闪)，而 LIS 记录的地闪和云闪的总持续时间分别是 0.28 s 和 0.38 s，也短于 LDAR 记录 0.56 s 和 0.44 s。另外，LIS 对云闪的定位误差为 4 km，地闪的误差大些，达到了 12 km。

卫星闪电观测产品在天气和气候研究中有重要应用(Ceil et al.,2005;Ceil et al.,2014;Boccippio et al.,2000;Christian et al.,2003)。在 OTD 和 LIS 的基础上，国际上雷电的空间探测的主要发展方向是通过发展静止卫星闪电成像仪，以静止卫星固定区域扫描的特点，可以实现连续的实时的闪电观测，借此发展雷电的追踪和预警技术。美国、中国和欧洲均陆续开展静止卫星搭载闪电成像仪的设计和研究。2016 年 11 月 19 日发射的美国静止卫星(GOES-R)，携带有闪电成像仪(GLM)，其 CCD 面阵大小为 1372×1300，空间分辨率为 8～14 km，闪电探测率为 70%，虚警率为 5%(Goodman et al.,2013)。欧洲第三代静止卫星(MTG)闪电成像仪(LI)(Finke et al.,2002)，计划 2020 年发射。中国新一代静止卫星风云四号(FY-4)闪电成像仪(LMI)是我国第一次自主研制的星载闪电成像仪，在仪器研制和产品生成算法等方面都面临着巨大的挑战(黄富祥 等,2009;鲍书龙 等,2012)。2016 年 12 月 11 日发射的我国新一代静止卫星风云四号(FY-4A)携带的闪电成像仪(Lightning Mapping Imager,LMI)星下点定位于 104.7°E,CCD 面阵大小为 400×600，星下点空间分辨率为 7.8 km。美国、中国和欧盟静止卫星闪电成像仪，仪器结构和工作原理相似，未来将构成近乎全球覆盖的天基闪电观测网，将对全球闪电探测、大气电学研究等相关领域产生重要影响。

目前我国风云四号气象卫星已经成功在轨运行，其搭载的闪电成像仪为区域闪电、强对流研究，尤其是西北太平洋、南海地区台风闪电的研究提供了更有利的监测手段(曹冬杰 等,2018;Zhang et al.,2020)。

另外，星载的 VHF～UHF 定位技术(TOA 和干涉仪)可以区别云闪和地闪，目前在研、试运行中的两种：①GPS卫星系列，搭载类似FORTE上的VHF接收机，利用DTOA技术，实行全球闪电的定位监测；②干涉仪天线阵列探测闪电的VHF辐射。

六、雷电监测网的发展

雷电监测主要分为单站和多站定位系统。现阶段的雷电监测网主要是利用时间差法、磁定向法和干涉法对闪电发生时产生的VLF/LF/VHF电磁波进行定位。代表性的国内外雷电监测网如下。

1. 国外雷电监测网

美国雷电监测网的建立起因是航天器起飞时遭受了雷击，从20世纪70年代开始，美国开始研究及设立雷电监测网，1984—1989年间，3个独立的雷电监测网建立，1989年这些局地监测网实现数据共享，国家级雷电监测网得以建立即NLDN，NLDN系统经历了两次升级，系统探测精度及性能提升，形成了现如今的全美雷电监测网。其发展过程中，定位原理上经历了方向→时差→综合定位系统的发展；在范围上经历了从局部区域到全国联网，形成了国家级雷电监测网，并实现了雷电信息产业化。1998年，加拿大建立了全国雷电探测网——CLDN。这套系统和NLDN联网共享，组成了北美雷电探测网——NALDN。

美国WSI和TOA公司于2004年开发了美国精密闪电监测网——USPLN。这套系统在全美设立了大约160个观测点，能够提供实时、高精度和全面的闪电数据。USPLN采用的精密闪电传感器具有较宽的频带，能探测到大量闪电信号，并且能很容易的区分地闪和云闪。其定位误差平均值小于250 m，地闪探测效率在95%以上，云闪探测效率在10%～15%，能够提供完整的雷击数据，包括位置、时间、极性、幅值(Neilley et al.，2009)。其还在原有基础上在加拿大、墨西哥、哥伦比亚、中美和东北美洲地区设立了60个新的探测点，组成了北美精密闪电定位网——NAPLN。

1988年，巴西开始在米纳斯吉拉斯州建立VLF/LF传感器的地闪定位网，其包括4个第三代闪电防护及追踪系统传感器(LPATS-III)。这个定位网探测面积较小，探测效率和精度较差。1988之后的几年，其他区域也建立了闪电定位网，并于1999年实现了集成共享网络——巴西集成闪电探测网(RINDAT)。到2005年底，巴西闪电探测网已建设了超过19个IMPACT和32个LPATS观测点，其探测效率大约为90%，平均探测精度达到500 m(Pinto et al.，2006)。Pinto通过分别对比分析RINDAT定位数据和人工触发闪电数据(Solozano，2003)和GPS同步触发的高速摄像机获得光学资料(Saba et al.，2004；Ballarotti，2005)，用以研究RINDAT的探测效率。对比结果指出监测网的平均探测效率达到85%，但摄像机无法获得监测网的定位精度，通过比较不同雷击点的RINDAT数据和光学资料，摄像手段分析定位精度只能得到一个初略的估测结果。

另外，全球尺度的闪电监测网是由美国华盛顿大学地球与空间科学中心负责建设的全球闪电定位网(World Wide Lightning Location Network，WWLLN)．该监测网由分布在全球的40个甚低频(VLF，3～30 kHz)闪电信号地面测站组成，根据GPS获取的VLF信号到达各个测站的精确时间，利用时间到达法(TOGA)确定每一个闪电的发生位置(Rodger et al.，2004)。WWLLN网工作在甚低频段，可以探测到几千千米外闪电发生的电磁场信号，可以实现全球尺度的闪电监测，这种大尺度全天候的闪电监测能够满足全球闪电分布研究、大尺度强对流天气系统等研究的需要。特别是在研究台风闪电方面，意义重大。台风生成于热带洋面，陆面的闪电定位网监测范围有限，相比于陆地上的雷暴过程，对于台风这种极端天气闪电活动特征了解甚少，而WWLLN监测网正好弥补了这个缺口。Pan et al.(2013)利用WWLLN网和卫星云图资料分析了西北太平洋地区强台风的闪电活动特征，研究发现台风不同区域闪电活动分布差异明显：眼壁和大于200 km的外雨带是闪电的高发区(潘伦湘 等，2010)。

2. 国内雷电监测网

我国中国科学院、信息产业部电子第22研究所、中国科技大学、武汉高压所等单位于20世纪80年代中后期亦先后开始研制雷电探测系统，并逐步形成了有自己特点的产品。从20世纪90年代初开始至今，相继在国内发达地区的20多个省市电网建立了雷电定位系统。

现阶段，我国全国布设的雷电监测网主要是中国气象局的地闪定位网(ADTD)，其原型最早是空间中心1986年从美国引进的ALDF，国内早期主要是满足军队、航空发射场安全保障而用。ADTD定位系统能够测量云地闪电每次回击过程的时间、位置、极性、峰值强度、接收点波形特征参量、陡点值，还可以导出放电电荷量、峰值辐射功率，也可以统计得出闪电的回击次数。该系统能全天候、连续运行、自动接收、定位处理并长期保存探测范围及周边地区发生的云地闪电的每次回击过程的放电参量。其定位误差在500 m以内，相对误差在±10%以内，极性判断正确率在99.99%，能够对雷电发展趋势进行跟踪及预测，另外长年代的闪电数据分析结果为当地雷电区划、雷电气候特征研究等提供了依据(冯桂力 等，2007，2008；赵丽娟 等，2009；余海 等，2016)。

七、展望与讨论

雷电的发生具有时空随机性、瞬时性，特别是不同地区之间闪电存在一定的差异性，这些都增加了对闪电放电物理过程和活动规律认识的难度。雷电研究的突破性进展依赖于对雷暴内动力、微物理和起电放电过程以及它们之间的相关性的充分认识，因此利用卫星、雷达和闪电探测系统等探测手段，对雷电放电特征及其活动规律开展系统研究，加深对雷电发生发展特征的认识和理解，建立雷电数值预报模式，提高雷电短时预报水平，是今后雷电研究的一个重要方向。对于重点区域的闪电观测预警与研究，可以在结合卫星、雷达和大尺度低频闪电探测系统进行观测和资料分析的基础上，利用定位精度较高的VHF辐射源定位系统(TOA和干涉法)进行组网布局，通过定位闪电发生发展过程的辐射通道，能够精细化的研究闪电发生发展的全过程：预击穿、梯级先导、回击、直窜先导、K过程、M分量等，这对我们在定义雷电预警和雷击风险评估的有关参数方面能够提供丰富的理论指导。

第二节　雷电预警预报综述

因雷电的复杂性、被防护体的特殊性和经济成本等因素的制约，现行的雷电防护技术并不是万无一失的。在某些场合或情况下，躲避仍不失为一种有效和必需的防雷手段，特别是户外作业和运动时。为保障人员和财产的安全，需要避开雷雨、雷暴天气，这些都需要雷电预报预警技术的保障。雷电预报预警作为一种主动防雷手段，被广泛研究和应用。

目前，雷电预报预警用到的资料主要包括天气形势、数值模式、气球探空、气象卫星、气象雷达、闪电定位、大气电场等观测数据或产品，这些资料分别被用于0～12 h或0～24 h的雷电潜势预报和0～2 h的雷电临近预警。国内外大量研究表明，每种资料都形成了独自的雷电预报预警技术和方法，但因为雷电的复杂性和各种手段的局限性，单独使用某一种资料的雷电预报预警效果都不太理想，因此雷电预报预警技术大多综合利用多种探测资料，这使得雷电预报预警的效果有很大的提高，但到目前为止，仍没有一种具有高预警准确率和低虚警率的雷电预报预警方法，雷电预报预警是一个热门却又存在诸多待解决的问题的雷电研究领域。

一、单一资料的雷电预报预警方法

1. 基于天气形势产品的雷电潜势预报方法

不同的天气形势下，雷电活动的特征不同，其预报参数和阈值也会存在差异，因此需要对雷暴天气进行划分和环流分型，分析环境场特征，分型结果可作为雷电潜势预报的参考，有利于雷电预警效果的提高。天气形势产品在雷电预警中的应用主要包括两点：一是利用大量的历史数据样本，统计出各种天气形势下雷电发生的概率，用于雷电潜势预报；二是对雷电发生的环流背景进行划分，在天气分型的基础上，针对不同的天气型分析出不同的雷电预警指标。熊亚军等(2012)在天气分型的基础上，在北京地区建立了11种雷暴天气型的潜势预报方法。纪晓玲等(2010)根据雷暴发生特点把宁夏的雷暴天气过程划分为全区性、区域性1、区域性2、持续性、局部性、分散性6类，总结得到有利于宁夏雷暴天气发生的主要环流分型有4类：蒙古冷涡(槽)型、东北冷涡后部横槽型、河套低涡型和西风槽型。辛吉武等(2008)统计1991—2000年1021个雷暴天气样本发现，海南儋州雷暴产生的天气系统主要有热带低值系统(占总样本的49.6%)、副热带高压(占18.1%)、变暖高压脊(占11.8%)、热带气旋(10.6%)和冷空气(占9.9%)。

2. 基于探空资料的雷电潜势预报方法

雷暴的发生需要具备3个条件：大气层结不稳定、水汽和触发机制。大气层结不稳定和水汽条件通常由分析探空资料得到。刘维成等(2014)总结了对闪电活动诊断较好的大气层结不稳定参数主要包括大气温湿类(700～400 hPa 平均湿度、800～600 hPa 平均相对湿度、整层比湿积分)、层结稳定度类(K 指数、潜在对流性稳定度指数、抬升指数、对流有效位能、对流抑制能量 CIN、850 hPa 假相当位温、700 hPa 相当位温)、动力类(潜在下冲气流指数 MDPI)、热力动力综合类(瑞士雷暴指数 SWISS、强天气威胁指数 Sweat)等。刘岩等(2010)利用探空资料分析了大气层结不稳定与闪电活动的关系。郑栋等(2005)提出了闪电活动预报的对流参数指标。张霞等(2010)、殷娴等(2011)建立了雷电概率潜势预报方程。庞谷乾等(2012)选取了整层比湿积分、K 指数、潜在下冲气流指数和瑞士第一雷暴指数作为预报因子,通过二值 Logistic 回归分析,建立了强对流诊断预报方程。赵旭寰等(2009)、陈勇伟等(2013)利用探空资料计算和选取一些与雷电发生关系较好的对流参数,建立了基于神经网络模型的雷电潜势预报方法。

利用探空资料分析大气层结不稳定度与闪电活动的关系来预报雷电的大致思路和方法是:首先根据探空资料计算层结不稳定参数;然后结合闪电定位资料,对比分析各不稳定参数与闪电活动的关系,筛选出相关性较好的不稳定参数并确定其预报阈值;接着建立预报方程或模型,进行多参数综合预报闪电活动;最后对预报效果进行检验、评估和订正。熊亚军等(2012)在天气分型的基础上,计算了 33 个对流参数,最后提取了 6 个预警参数,采用事件概率回归(REEP)方法,形成了 11 种雷暴天气型的潜势预报方法,并结合 WRF 模式预报场,建立了适用于北京地区的 3～36 h 雷电潜势预报系统。不同地区的雷暴云电荷结构、雷电活动的电场条件、气象条件存在差异,因此在进行雷电潜势预报时应充分考虑本地雷电活动的特点,分析得到适用于本地的对流参数及其预报阈值。

3. 基于数值模式的雷电潜势预报方法

闪电是雷暴云的电荷放电现象,雷暴云的起电、放电过程很大程度上决定于雷暴云的动力、微物理过程,雷暴云的起电、放电模式不仅能给出闪电起电、放电过程的云内特征,还能模拟得到 0～12 h 内雷电发生的可能性。郭凤霞等(2003;2004)模式分析结果表明,对流有效位能和中层平均相对湿度是影响闪电活动强弱的重要因子,不同的层结参数,雷暴云的电荷结构往往存在很大的差异。张义军等(2000)利用二维时变轴对称模式计算了南昌、兰州和昌都的雷暴云电荷结构,发现－20～－10 ℃的温度层高度是表征雷暴电活动的一个重要因子,我国北方地区的温度层结有利于三极性电荷结构的形成。言穆弘等(1996a,1996b)模式的结果表明雷暴电活动很大程度上依赖云底附近的热动特性,只有在强上升气流穿过－20 ℃高度层时才会产生强起电,且发生在达到最大上升速度后出现降落的时段。Takahashi(1984)利用二维轴对称模式,分别对暖云和冷云进行了模拟,得到了三极性电荷结构的特征和其他的一些电荷分布特征。

利用数值模式进行雷电预报有两种方法,一种是基于数值模式预报的动力和微物理,计算各种与闪电发生密切相关的参数开展雷电潜势预报(胡邦辉 等,2010;Zepka et al.,2014)。另一种方法是将各种粒子电荷浓度的预报方程直接引入微物理方案,基于预报的云内电荷结构计算场强,通过放电参数化方案来进行雷电预报(Lynn el al.,2012;徐良韬 等,2013)。因为第二种方法更符合闪电产生的物理机制,因此随着模式的不断发展完善,第二种方法将具有更大的潜力。中尺度天气预报模式 WRF 模式在雷电潜势预报中(Eugene et al.,2009;Wang et al.,2010;王佳 等,2012)使用得最为广泛。此外,全球环境多尺度模式(GEM)(Burrows et al.,2005)、T213/T639 模式(王新敏 等,2011)、NCEP/NCAR 再分析资料(梁巧倩 等,2008;王振会 等,2011;Rajeevan et al.,2012)、我国的全球/区域一体化数值预报系统(GRAPES)(陈德辉 等,2006;孟青,2009)、中国科学院大气物理研究所暴雨数值预报模式(AREM)(施萧等,2012)等在雷电预报中也都得到了有效应用,取得了一系列的有益成果。

4. 基于天气雷达资料的雷电临近预警方法

天气雷达监测的是云中粒子情况,它能反映各种天气过程,能对整个雷暴过程进行跟踪监测,并能对雷暴进行外推,因此天气雷达被广泛应用于雷电监测预警。马中元等(2009)分析江西强雷电天气的天气雷达回波特征发现,强雷电天气在天气雷达回波上表现为南北走向的回波带结构,当回波强度≥50 dBZ、回波出现不断合并现象、强回波水平尺度较大、具有“指状”或“弓状”回波结构,以及出现陡直“零值线”和 VIL 超过 50 kg/m^2 时,最易发生强雷电天气。李芳等(2010)通过分析两次雷暴天气过程的天气雷达特征,得到南京地区的雷电识别最佳指标为 40 dBZ 回波达到－10 ℃层高度,回波水平梯度≥4 dBZ/km。

尹丽云等(2010)分析低纬高原中部一次强对流天气过程发现,－10 ℃层高度上天气雷达回波强度≥35 dBZ 时,才开始有地闪活动发生。王飞 等(2008)研究表明,40 dBZ 是比较适合北京地区雷电预警的天气雷达回波参量,并结合 0 ℃层高度、－10 ℃层高度和强回波所占比例对孤立单体进行雷电预警。刘维成 等(2015)分析结果表明,35 dBZ 回波顶高突破－10 ℃层高度和 40 dBZ 回波顶高突破－10 ℃层高度 2 个指标在高原东北侧的预警效果较好。方标等(2017)分析认为,35 dBZ 回波顶高突破－10 ℃层高度和 25 dBZ 回波顶高突破－20 ℃层高度这两个指标在黔东北地区的预警效果较好。

国外,Roeder et al.(1998)给出了以天气雷达为工具的雷电临近预报经验规则,主要用到了最大回波强度及其出现高度、强回波体积、顶高等参数,对单体雷暴、砧状云、碎云等的云闪、地闪的预报提供了不同的规则。Hondl et al.(1994)通过分析美国佛罗里达州中部地区雷暴过程中多普勒天气雷达回波的演变,发现在冻结层附近首先探测到 10 dBZ 回波可以作为雷暴的初生特征,比首次地闪提前 5～45 min,中值为 15 min。Gremillion et al.(2009)分析了 39 个途经美国肯尼迪航天中心的雷暴后发现:天气雷达反射率因子和预报对象之间存在一个相关关系。对于夏季雷暴,他们找到的最好的预警指标是在－10 ℃温度高度上两个连续的体扫都能达到 40 dBZ 的反射率因子阈值。使用这种方法的预报准确率达到 84%,虚警率为 7%,中值预警时间为 7.5 min。Brandon et al.(2003)利用 WSR-88D 天气雷达和其他一些气象资料对云地闪的预报进行了研究。由于起电最可能发生在各种水成物粒子的混合区中的小冰晶同大的冰相粒子发生碰撞时,而大的冰相粒子,如霰和雹,通常在天气雷达上以强回波的形式出现,因此他们认为多普勒天气雷达可以用于对正在发展的雷暴云中的闪电过程进行间接的识别。据此,他们利用发生在美国北卡罗来纳州中部地区的 50 个雷暴个例的回波、环境温度等多种资料进行了综合研究,并获得了 8 套可以预测云地闪特征的参数组合。在经过评估后,他们得出结论:回波强度为 40 dBZ、环境温度参数为－10 ℃,回波强度为 40 dBZ、环境温度参数为－15 ℃是预测云地闪最好的参数组合。检验中,前一种预报组合的预报概率为 100%,而后一种为 86%,但后一种组合的虚警率较前一种要低 7 个百分点。留给两种预报方法的预警时间分别为 14.7 min 和 11 min。最后,根据检验评分的结果,他们认为 40 dBZ 回波达到－10 ℃温度层高度是预测云地闪最好的预报因子。但同时他们也指出了利用这两种参数进行雷电预警存在两个不利条件:一是天气雷达在体扫过程中存在一些盲区,在这些区域中的单体无法被探测到,因而也就无法为预报方法提供完整有效的回波信息,从而导致了对雷电的预警预报出现困难;二是由于云内剧烈的对流和湍流等的影响,云内实际温度变化曲线可能与之前探空所获得的温度曲线出现较大的差异,从而会导致对雷电预警预报的失败。Maribel 分析了 STEPS 试验过程中 12 个雷暴个例和 2 个非雷暴个例的天气雷达和闪电资料,结果发现:12 个雷暴个例中最初的闪电活动均为云闪;而若要闪电能够发生,则至少 40 dBZ 的回波要达到海拔 7 km 的高度;只发生云闪的雷暴和将要发生云地闪的雷暴在闪电初始激发位置的高度和回波强度方面的差异很明显;将要发生正地闪的雷暴和将要发生负地闪的雷暴通过各自初始云闪发生处的回波强度的差异,和最早出现 25 dBZ 回波的时间和初次云闪发生时间间隔的差异也能够被识别出来。

此外,天气雷达回波径向速度产品也被应用到雷电预警中。常越等(2010)分析发现雷电活动与径向速度存在着直接联系,闪电发生在回波径向速度分布不均匀的对流回波上,具有径向速度大小不均匀、大风区、逆风区和风的辐合等中尺度特征。孙红娉等(2011)研究表明,在降水回波速度辐合区,闪电活动频繁,逆风区的底层流场若为辐合和气旋型结构,回波则增强、发展,闪电频数则增加。

天气雷达资料除了在雷电的天气雷达回波特征分析和雷电临近预警方面应用外,还常被用来对雷暴进行外推。主要有区域追踪(Kessler,1966)和单体追踪(Barclay et al.,1970)两大外推技术,区域追踪是一种流型辨识技术,采用交叉相关方法进行某一二维反射率因子区域的追踪,区域追踪代表性的方法是 TREC;而单体追踪是识别个别的三维雷暴单体并对单体质心路径进行追踪,主要方法有 SCIT 和 TITAN。

利用相关跟踪天气雷达回波(TREC)是一种基于流型辨识技术的图像特征识别和追踪技术,Rinehart et al.(1978)首先提出该技术,它利用交叉相关方法跟踪天气雷达某一仰角扫描构成的锥面上某一个二维回波型。Tuttle et al.(1990)将 TREC 应用于直角坐标,将天气雷达体扫资料内插到某一等高面上,在该等高面上的二维直角坐标系中进行回波跟踪,该方法被称为 CTREC。CTREC 使用一定时间间隔的天气雷达资料，将反射率因子场分成若干个大小相当的“区域”，每个“区域”包含 m×m 个像素。将这些在上一时刻的“区域”分别与下一时刻的各个“区域”中的反射率因子分布做交叉相关，以找出此刻与上一个时刻的特定区域内反射率因子分布形态相关系数最大的“区域”，从而来确定整个回波的移动矢量，实现回波的跟踪。

风暴单体识别和跟踪（SCIT）是 Johnson et al.（1998）开发的算法，首先通过设定从小到大的一系列阈值，将所有的三维雷暴单体尽力识别出来，给出三维雷暴的质心坐标、垂直液态水含量、最大反射率因子及其所在高度；然后通过将识别出的雷暴与上一个体扫雷暴预报位置的比较实现同一雷暴的跟踪；最后根据所识别雷暴过去的质心位置和目前的质心位置利用线性加权外推预报该雷暴质心在 15 min、30 min、45 min 和 60 min 以后的位置。

雷暴识别跟踪分析和临近预报（TITAN）（Dixon et al.，1993）定义回波强度在 35 dBZ 以上体积超过 50 km^3 的雷暴为一个对流单体。TITAN 采用直角坐标，既可以用于单部天气雷达，也可以用于多部天气雷达，雷暴单体的识别直截了当，单体特征有质心坐标、体积和投影面积，用一个椭圆拟合其水平投影面积，椭圆的面积大小代表雷暴区域的大小，椭圆的取向（长轴与水平轴的夹角）也是重要的特征。单体的跟踪采用了数学最优化方法，并考虑了雷暴的合并和分裂，雷暴单体的预报分为路径预报和区域大小预报，都采用了加权线性外推方法。

5. 基于卫星资料的雷电临近预警方法

闪电一般是伴随强对流天气发生的，卫星探测范围大，观测高度高，尤其是红外云图，可以清楚地看到对流云的发展状况，并能获得雷暴云生消和发展的信息，因此常被用来监测预警闪电。Smith（1996）利用同步卫星红外云图和闪电监测网的地闪定位结果分析了两次雷暴过程，发现云顶冷却率超过 0.5 ℃/min 的时间比首次地闪出现的时间提前了 0.5 h 或者更长的时间，表明利用云顶温度的冷却速率可以制定一种雷电预警方法。Roberts et al.（2003）研究发现，高分辨率红外云图上首先发现的积云云顶温度的降温率，可以比单使用天气雷达资料提前 15～30 min 预报雷暴的生成，并发现如果位于边界层辐合线之上的积云云顶温度降到 0 ℃以下，则多数情况下该积云会发展成雷暴。如果积云云顶红外通道降温速度低于 15 min 降 4～8 ℃，则该积云只能发展为回波强度小于 35 dBZ 的弱雷暴，而如果云顶降温速度超过 15 min 降 8 ℃，则该积云将极可能发展为回波强度大于 35 dBZ 的较强雷暴。Mecikalski et al.（2006）进一步扩展和完善了 Roberts et al.（2003）的工作，利用 GOES-12 的 5 个红外通道构造了 8 个预报因子，除了与 Roberts et al.（2003）相同的云顶亮温降到 0 ℃以下和利用窗区 10.7 μm 通道的降温速度外，还利用 5 个红外通道间云顶亮温差作为预报因子，形成了一个基于 GOES-12 红外通道数据的独立雷暴生成预报系统，可以提前 30 min 预报在可见光通道云图上识别出的积云中哪些可以发展为回波强度超过 35 dBZ 的雷暴。张春龙等（2012）利用风云二号静止卫星获得的红外通道观测资料相当黑体温度 TBB，研究了南京及其周边地区 2009—2010 年出现的 16 次雷暴天气过程，发现雷暴云中心冷云顶降温率达到 10 ℃/h，并且冷云顶亮温 TBB 在−33 ℃以下时，雷暴云中会有闪电发生；雷暴云中心冷云顶到对流云区边界的温度梯度达到 0.65 ℃/km 是雷暴得以快速发展加强的重要指标。

另外，Zinner et al.（2008）利用欧洲静止气象卫星 Meteosat-8 的多光谱成像仪 SEVIRI 数据开发了识别、追踪和预报雷暴路径的一个预报系统 Cb-TRAM，其基本思路与 SCIT 类似，在此不重复具体介绍。由于可见光和红外成像仪探测不到雷暴内部，因此，与基于雷达资料的方法相比，该系统在判断雷暴强弱方面有相当的局限性。但在雷达不覆盖的地区，可以利用该系统进行雷暴识别与预报。例如，为解决受地形因素和探测范围影响的技术问题，卜俊伟等（2019）发明了一种基于气象卫星数据的雷电预警方法。因此，气象卫星资料在雷电预警中具有一定的应用前景。

6. 基于闪电定位资料的雷电临近预警方法

闪电定位资料主要用来分析雷暴的闪电活动特征和辅助其他探测资料对雷电进行预警，但当地闪频次足够高时，地闪的聚类也可以识别雷暴的对流结构，根据闪电发生的时间和地点等特性可以把闪电划分为不同的单体（Tuomi et al.，2005），从而也能对雷暴进行追踪。Betz et al.（2008）利用闪电定位资料（LINET）对雷暴单体进行追踪。吕伟涛等（2009）开发的雷电临近预警系统（CAMS_LNWS）利用闪电定位的实时观测资料，对已发生闪电的区域进行识别和跟踪，并预测将要发生雷电活动的区域。侯荣涛等

(2012)基于改进的DBSCAN聚类算法(IDBSCAN),建立地闪密度可达最大值的地闪聚类簇,并找到簇类中的核心地闪点,对核心地闪点的移动路径进行拟合,预报下一时刻的核心地闪点位置。高文胜等(2015)采用聚类算法,在聚类云团识别的基础上,线性拟合3个连续时间段每个聚类云团质心位置,预测未来15 min内任意时间聚类云团质心移动规律,来预测落雷区域。周康辉等(2016)提出了一种基于闪电数据的雷暴识别、追踪与外推方法,该方法利用密度极大值快速搜索聚类算法实现雷暴的识别,采用Kalman滤波算法实现雷暴的追踪与外推,对1 h内临近预报具有一定的参考价值。

7. 基于大气电场的雷电临近预警方法

大气电场仪能对大气电场值进行连续不间断的实时监测,大气电场的极性和强度变化能反映闪电发生前以及闪电发生时云中电荷的变化情况,因此它常被用来监测、预警雷电(孟青 等,2005)。利用大气电场仪预警雷电的方法主要有以下三种:一是分析雷暴过程中地面电场的变化规律,设置单级或多级雷电预警阈值,当地面电场达到阈值时发出雷电预警(罗林艳 等,2010;王凯 等,2015);二是基于电场资料时间系列分析雷暴初生、形成、高峰、衰减、消亡等阶段的电场频域特征,从而建立雷电发生的判别标准(李颖,2012;行鸿彦 等,2017);三是通过多站组网观测,反演云中电荷结构,根据计算出的云中电荷中心的电荷量和位置进行雷电预警(陈瑶,2006;徐彬彬,2018)。大气电场仪非常敏感,对安装环境要求非常高,多站组网观测更需要非常相似的电场安装环境,这常常难以实现,因此使用较多的是前两种电场雷电预警方法。

柴瑞等(2009)、朱男男等(2010)利用闪电发生前电场出现的快变抖动现象和电场强度阈值进行雷电预警。但此种雷电预警的准确率一直不是很高,因此研究人员尝试利用其他方法分析雷暴的大气电场特征,以期提高雷电预警效率。王强等(2009)对晴天大气电场和雷暴天气大气电场时序差分特征进行了分析;徐栋璞等(2013)利用经验模态分解(EMD)方法,分析了雷暴和晴天天气大气电场的振荡特征,发现晴天天气大气电场能量集中于长周期振荡分量,而雷暴电场能量主要集中于短周期振荡分量,雷暴发生前,IMF(本征模态函数)1分量的中心频率会出现明显跳跃或其对应幅度明显增大的现象。因为电场仪只能测量大气电场的强度和极性,无法获得雷暴移动方向、闪电发生位置、雷暴强弱变化等情况,这影响了雷电预警的效果。目前新的大气电场仪集成了磁场探头,能探测到几十千米范围内闪电发生的大致方位(例如8个方位)和距离,能有效弥补单站大气电场仪不能探测雷暴云移动方向和闪电情况的缺陷,能有效提升大气电场雷电预警效果。

二、多源数据融合的雷电预报预警方法

单一资料在雷电预报预警中存在局限性和不确定性。比如,天气形势只是一个大尺度的环流背景,其与雷电活动没有直接的内在相关性,给出的只是雷电潜势可能性;模式只是一个模拟结果,其与现实条件必然存在差异;探空资料一天只能获取两次,且投放探空仪的站点固定,站点布置较稀疏;卫星资料时空尺度都很大,对小尺度的局地雷暴过程以及雷暴发生发展的整个过程缺乏观测;天气雷达资料存在观测盲区,但只有在降水粒子形成后才会有较强回波;闪电定位资料预警提前时间有限,基于闪电定位数据的雷暴追踪与外推精度不够高;大气电场仪非常敏感,受环境影响很大,并且只能监测电场的强度和极性,无法得到雷暴过程的移动方向和路径。因此有必要综合利用多种资料进行雷电预报预警。

1. 多源数据融合的雷电潜势预报方法

雷电潜势预报的是在未来12 h或24 h内雷电发生的潜在可能性。雷电潜势预报主要采用天气形势、探空资料和数值模式等数据。杨仲江等(2009)分析了上海地区雷暴发生的形势场类型,利用天气型、K指数、沙氏指数以及对流有效位能作为预报因子,采用逐步消空法建立雷暴识别指标集合,以提高雷电潜势预报准确率。秦春明等(2012)对雷暴发生的天气形势进行了划分,并在此基础上,利用数值预报产品计算了与雷暴相关的物理量,建立了葫芦岛1～10 d的雷暴预报方法。

2. 多源数据融合的雷电临近预报方法

多源数据融合的0～2 h雷电临近预报大多采用天气雷达、闪电定位和大气电场这3种数据。宋佳军(2007)电场数据融合闪电数据进行雷电监测预警研究。曾庆锋(2013)提出了综合利用天气雷达、大气电场仪、闪电定位系统及探空等多源资料进行雷电预警的方法,并对预警效果进行了评估。李国梁等

(2015)利用湖北新一代多普勒天气雷达、闪电定位仪、电场仪等探测数据，采取概率统计方法，分析了武汉地区雷电预警指标阈值。赵伟等(2020)基于天气雷达数据产品，融合闪电定位和大气电场数据，提出了多源监测数据的雷电预警方法。

基于多源数据融合分析形成了一系列雷电预警系统。例如，刘跃红等(2007)综合卫星、天气雷达、闪电定位仪资料，建立了雷暴监测预警系统。香港天文台建立了基于闪电定位系统、多普勒天气雷达和大气电场仪等资料的闪电临近预报系统，该系统先将闪电定位系统探测的闪电群组合、标示，再沿临近预报系统“小涡旋”的天气雷达回波相关分析(TREC)矢量方向，将每一个闪电组合体外推，如果外推位置进入预设区域，且其附近 10 km 范围内有 35 dBZ 的雷达回波存在，则按照由大气电场强度、天气雷达回波和闪电定位系统探测的闪电位置等组成的一致标准发布未来 30 min 出现闪电的概率预警(Li et al.,2008)。

中国气象科学研究院研发了雷电临近预警系统(CAMS-LNWS)(张义军 等，2006)，CAMS-LNWS 综合利用天气雷达、气象卫星、闪电定位系统、地面电场仪和探空仪等观测资料，结合天气形势预报产品和雷暴云起电、放电模式运行结果，采用区域识别、跟踪与外推算法和决策树算法，自动生成雷电活动潜势预报和临近预警结果和产品，雷电临近预警产品包括雷电发生概率、雷电活动区域移动趋势和重点区域雷电危险度等级，能够较好地对 0～30 min 内可能发生雷电的区域进行有效预警(吕伟涛 等，2009；孟青 等，2009；马颖 等，2009)。CAMS-LNWS 已成功为 2008 年北京奥运会提供了雷电预警保障服务，且在我国多个省、区、市气象部门进行了推广使用。

海南省气象灾害防御技术中心于 2019 年建立了海南雷电监测预警系统，该系统融合了覆盖海南岛全岛的 64 套大气电场仪数据、海口和三亚多普勒天气雷达组网资料、海南省 ADTD 地闪定位数据，采用善于捕捉整个背景风场的稠密光流法、闪电簇聚类分析方法和深度学习算法，基于雷暴判识追踪和雷电定位识别等，实现了雷电的轨迹追踪和路径及发生概率预报，具有雷电 0～2 h 预警能力。

需要说明的是，因为雷暴和闪电活动特征存在区域性差异，各个地方的雷电预警参数和指标会有不同，应针对本地的雷暴、闪电活动特征和区域特殊性研究适应于本地的雷电预警方法。比如，Nisi et al.(2012)在对阿尔卑斯山脉地区的强对流预报系统中就考虑了地形强迫因素。

第八章　雷电灾害风险区划

自然灾害是自然界中所发生的异常现象，能够直接造成生命伤亡与人类社会财产损失的事件。自然灾害系统本身具有复杂性和不确定性，人们常常要在信息不完备的条件下进行自然灾害的分析和研判。雷电灾害也是一种自然灾害，雷电灾害的发生由致灾环境的危险性和承灾体的脆弱性所决定，致灾环境对一个区域来说很大程度上是自然的、难以改变和无法完全控制的，而承灾体却不同，人为因素可以起到极其重要的作用，影响和评价承灾体的易损性，确定雷电灾害的风险区划是防雷减灾的一种重要手段。

第一节　概述

风险(Risk)本质上说就是面临着伤害或损失的可能性，自然灾害风险在不同学科背景下有着不同的定义，根据联合国人道主义事务局 1991 年出版的《减轻自然灾害：现象、效果和选择》一书中的定义，自然灾害风险是特定地区在特定的时间内由于灾害的打击所造成的人员伤亡、财产破坏和经济活动中断的预期损失。自然灾害风险由风险源的危险性和承灾体的易损性组成，它们的作用都是非线性的，承灾体防护能力和恢复能力也对灾害风险产生影响。国际上常见的关系主要有下列表达式：

风险度(Risk)＝危险性(Hazard)＋易损性(Vulnerability)＋暴露性(Exposure)

风险度(Risk)＝危险性(Hazard)×易损性(Vulnerability)×暴露性(Exposure)

可见危险性是危险源决定的，危险源与致灾因子有关，易损性和暴露性与承灾体有关。它们共同产生了可能预期的风险。

自然灾害风险区划正是根据以上表达式对未来可能预期的灾害进行划区分级的手段，自然灾害风险区划与自然灾害区划不一样，不能用自然灾害区划来代替自然灾害风险区划，自然灾害区划只反映了一种历史状态，只有自然灾害风险区划才能表达未来，为防灾减灾提供预期的手段和方法。自然灾害本质上是极端的地球物理事件，灾害损失评估和区划是灾害学的重要组成部分。郭跃(2005)指出，易损度作为人类社会对自然灾害敏感的程度，它是人类社会组成和结构的函数，这个函数是可以调整和改造的，影响和评价承灾体的易损性是防灾减灾的一种重要手段。黄崇福等(2004)分析国内外近几年的发展表明，在科学研究基础上进行风险区划，将自然灾害管理提高到风险管理水平，是所有可能避免和减轻自然灾害的措施中最简便有效的方法之一。

雷电灾害是自然灾害中发生频率较高的一种，具有随机性和瞬时性的特征，雷电灾害风险区划是提前应对灾害，减少损失的有效手段。近年来，研究人员从雷灾易损性的角度出发，以实证的方法对区域灾害进行了分析评估和区划。蒋勇军等(2001)以灾害密度、灾害频数、经济损失模数、生命易损模数为评价指标，采用对称不等分间隔的五级分割法划分易损等级，并赋予各等级定值，利用区域综合易损度(CVD)对重庆自然灾害进行了评估和区划。严春银等(2007)、郭虎等(2008)、李彩莲等(2008)用同样的方法分别对江西、北京和陕西的雷电灾害进行易损度评估分析和区划，并给出了这些地区的雷电风险区划图。王惠等(2007)在进行雷灾易损度的评估分级时，改用距平百分率计算各个评价指标，依据综合易损度指数给出了云南省雷电区划结果。以上工作为雷电灾害的区域性防御提供了有益的帮助，然而这种方法存在以下局限性：①以预先假设的 4 个变量(灾害密度、灾害频数、经济损失模数、生命易损模数)作为评价指标，不能增减变量因子；②易损度区划的分类数无法改变，即 5 级分割法；③各指标变量等级采用主观赋于阈值，4 个指标变量累加后的综合指标采用组间最大值与最小值求平均作为等级划分的标准值进行分类；④分类区划的结果没有进行检验。事实上，选择不同的指标变量、增加或是减少指标变量数量都会产生完全不同的分级区划的结果，分类数的多少也应该根据不同的分类区划样本来确定，5 级分类对不同的样本并不是最好的选择，特别是各个等级之间的界限采用主观赋于阈值的办法，对于千差万别的样本来说，很难较为真实地反映易损度的实际情况。

为了克服以上不足，高燚等(2012)采用R型聚类分析的方法筛选影响易损度的关键指标，应用这些关键指标采用Q型层次聚类分析法计算出1类-N(样本数)类的各种分类情况，对比聚合系数的陡度来确定分类数。由于样本相似性测度采用了欧氏距离矩阵(Euclidean Distance)，类之间的聚合采用了类平均联结法，所以这种分类区划基本反映了样本的易损度。为了验证聚类解的稳定和可信，采用两种方法来计算分类，得出我国雷击致人伤亡的风险区划结果。

根据多元统计理论，扈海波等(2010)采用层次分析法(Analytic Hierarchy Process，简称AHP)选取闪电密度、人口密度、人均GDP为评估指标，给出了北京雷电灾害风险的4级区划结果，袁湘玲等(2010)也采用AHP法选取雷暴日数、雷电灾害频度、经济(GDP)易损模数、生命易损模数4个指标进行雷电灾害风险评估，得到了黑龙江省的四级区划结果。殷娴等(2017年)应用SAS多元统计分析中主成份分析法来对各区域的易损性指标进行综合评估，得到了云南省地震高发区雷灾风险区划结果。

随着多源遥感资料的普及，吴安坤等(2018)基于多源遥感资料及统计年鉴数据，反演贵州省人口、GDP空间精细化分布情况，得出了贵州省高风险区域主要集中在六盘水、毕节东南部、黔西南东北部、安顺南部及北部、贵阳东南部，黔南西南及东北部、遵义西北部、铜仁中部及东南部的雷电灾害风险区划结果。

根据以上研究方法和结果，雷电灾害风险区划主要有3种较为成熟的方法，即聚类分析方法(高燚，2012)、层次分析方法(袁湘玲，2010)和主成分分析方法(殷娴，2017)。而吴安坤(2018)基于多源遥感资料反演社会经济数据的方法成为了以上方法的最好补充，下面将分节详细介绍。

第二节　聚类分析方法

聚类分析(Cluster Analysis)是根据研究对象的特征对研究对象进行分类的多元分析技术的总称。把性质相近的变量或者案例归为一类，使得同一类中的个体具有高度的同质性，不同类之间的个体具有高度的异质性就是聚类分析的本质，聚类分析也能用于验证的目的，对于通过其他方法确定的数据分类，可以应用聚类分析进行验证和检验。聚类分析既可以对变量进行聚类也可以对案例进行聚类，通常把对变量的聚类分析叫R型聚类分析，对案例样本的聚类分析叫Q型聚类分析。在多种聚类分析的方法中，应用最广泛的主要是两类，即层次聚类法(Hierarchical cluster procedures)和迭代聚类法(Iterative partitioning procedures)。

在应用聚类分析方法进行雷电灾害风险区划时，以R型聚类对变量进行分类筛选，以Q型聚类对样本进行分类。为计算相似性测度，采用欧氏距离(Euclidean Distance)和Pearson相关系数进行计算，方法如下：

欧氏距离：

$$d_{ij}=\sqrt{\sum_{k=1}^{m}(x_{ik}-x_{jk})^2} \tag{8.1}$$

Pearson相关系数：

$$r_{ij}=\frac{\sum_{k=1}^{m}(x_{ik}-\overline{x}_i)(x_{jk}-\overline{x}_j)}{\sqrt{\sum_{k=1}^{m}(x_{ik}-\overline{x}_i)^2\sum_{k=1}^{m}(x_{jk}-\overline{x}_j)^2}} \tag{8.2}$$

在进行R型聚类时，m为样本数，x_i和x_j分别代表任意两个变量；在进行Q型聚类时，m为变量数，x_i和x_j分别代表任意两个样本。欧氏距离表征了多维空间中的点距，距离越近表示两者关系越紧密，归为同一类的可能性越大；相反，距离越远的点则可能归属于不同类。

应用(8.1)式计算得到两个距离矩阵后，可以采用层次聚类法进行分类，其原理是，先将n个观测样本各自看成一类，选择距离最近的两类样本合并成一个新类后，剩下$n-1$个类，再计算这$n-1$个类两两之间的距离，将距离最近的两类合并，剩下$n-2$个类……每次合并减少一类，直至所有样本都归成一类为止。聚类过程的每一步情况是由聚类进度表和二叉树聚类图来描述的,每一步计算对应一个聚合系数,可作为确定分类数的重要依据。在 SPSS 软件中可采用离差平方和法(Ward's method,简称 Ward's 法)进行 Q 型层次聚类分析,并用 Q 型迭代聚类分析进行验证。Ward's 法是计算出并类后的离差平方和增量,如果并类后的离差平方和增量最小,就可并为一类,否则重新计算直到并类完成。迭代聚类分析是给定初始聚类中心进行迭代,两次迭代之间的最小类中心的变化距离小于初始类中心距离的 1%时迭代停止,迭代达到收敛的目的,得到分类结果。以下为高燚等(2013)基于聚类分析方法的海南岛雷电灾害风险区划步骤和结果。

一、确定评估指标

评估指标应反映致灾因子、孕灾环境和承灾体的特征,可以根据灾后损失评估体系采用反推法确定,也可基于社会易损性的理解、由灾害案例采用信息量法确定。根据这个原则,初步选出与雷电灾害易损性相关的 6 个影响因子,定义如下:

(1)年平均雷暴日数 T_d,单位:$d\cdot a^{-1}$,每年平均发生雷暴多少天;

(2)50 kA 以上平均地闪密度 N_g,单位:次 · $km^{-2}\cdot a^{-1}$,每平方千米每年发生的强地闪次数;

(3)雷灾频数 N,单位:次 · a^{-1},发生雷电灾害的年平均次数;

(4)人员伤亡频数 P,单位:人 · a^{-1},雷击造成人员伤亡的年平均人数;

(5)区域生命易损模数 C,单位:万人 · km^{-2},一个区域单位面积上的潜在受灾人数;

(6)区域经济易损模数 E,单位:亿元 · km^{-2};一个区域单位面积上的潜在受灾经济量。

由于各变量的量纲不一致,对以上 6 个变量的 18 个样本数据进行标准化处理,对变量进行标准化变换。(表 8.1)

表 8.1 评估变量标准化变换值

		年平均雷暴日数($d\cdot a^{-1}$)	50 kA 以上地闪密度(次 · $km^{-2}\cdot a^{-1}$)	雷灾频数(次 · a^{-1})	人员伤亡频数(人 · a^{-1})	区域生命易损模数(万人 · km^{-2})	区域经济易损模数(亿元 · km^{-2})
1	海口	0.238	0.252	2.319	1.223	3.526	3.649
2	文昌	−0.287	0.505	0.010	1.840	−0.133	−0.064
3	澄迈	1.596	1.020	−0.199	2.008	−0.122	−0.064
4	临高	0.096	0.243	−0.507	−0.004	0.424	0.077
5	定安	0.799	1.283	−0.451	0.499	−0.050	−0.331
6	屯昌	0.893	2.368	−0.402	−0.903	−0.216	−0.418
7	儋州	1.029	0.062	−0.144	−0.508	0.209	−0.162
8	琼海	−0.582	0.912	0.626	0.103	0.209	0.186
9	琼中	0.439	0.559	2.522	−1.178	−1.015	−0.729
10	白沙	1.065	−0.327	−0.710	−0.903	−0.932	−0.681
11	五指山	0.935	−1.132	−1.123	−1.178	−0.860	−0.675
12	昌江	−0.594	−1.023	−0.556	−0.286	−0.579	−0.265
13	东方	−1.072	−1.051	−0.402	−0.004	−0.370	−0.232
14	乐东	−0.311	−1.331	−0.710	1.223	−0.447	−0.523
15	保亭	0.285	−0.942	−0.556	−0.843	−0.673	−0.598
16	万宁	−1.545	−0.119	0.878	−0.233	0.231	−0.033
17	陵水	−0.878	−0.363	0.010	−0.903	0.198	−0.180
18	三亚	−2.105	−0.915	−0.605	0.049	0.600	1.043

以上变量依据反推法和信息量法选出,可以认为是影响雷灾易损度的主要因子,但是并不是每个因子都会在聚类分析中起同等的作用。在模糊聚类分析中,理论上可以选择无限多变量来进行分析,然而实践表明

聚类分析的真实解并不与变量数目的多少成正比，如果选择不合适的变量或是相关性较高的变量，变量越多反而会出现多重共线性现象，一些变量无法发挥作用而增加了分析和解决问题的障碍，使聚类解不可信。因此，必须对这些变量进行因子筛选，R型聚类分析法即是对变量筛选的重要方法，具体过程如下：

(1)对6个变量进行R型模糊聚类。图8.1是Ward's法二叉树变量聚类图，可见变量C和E可归为一类，根据类间欧氏距离映射值10来分析，变量分成5类较为合理，也即T_d、N_g、N、P、(E,C)，每类挑选一个变量取5个变量为：T_d、N_g、N、P、E。

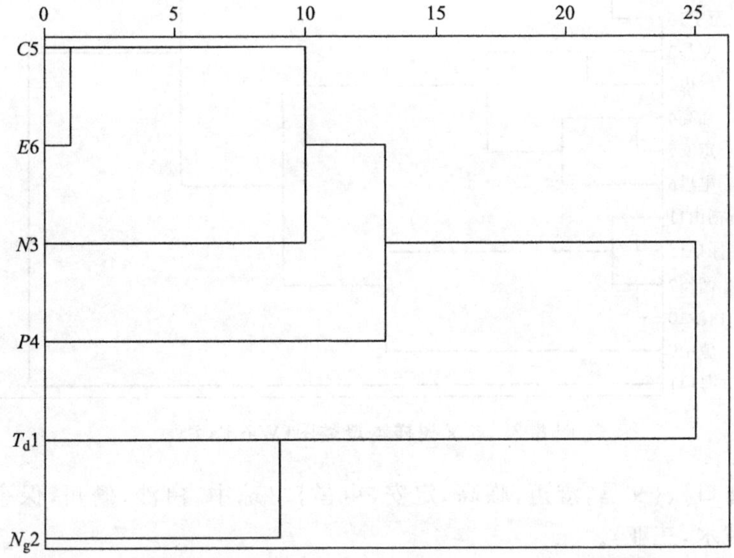

图8.1　二叉树变量聚类图(Ward's法)

(2)应用相关系数检验。表8.2是6个变量的皮尔逊相关系数计算结果，可以看出变量E和变量C的相关系数是0.967，两变量高度相关，去掉变量C，而T_d、N_g、N、P、E 5个变量的相关系数均小于0.6，因此最后选取T_d、N_g、N、P、E 5个变量对样本进行Q型模糊聚类。

表8.2　变量之间的相关系数检验表

	T_d	N_g	N	P	C	E
T_d	1					
N_g	0.434	1				
N	−0.060	0.301	1			
P	0.000	0.153	0.073	1		
C	−0.163	0.159	0.486	0.408	1	
E	−0.199	0.062	0.505	0.409	0.967	1

二、风险区划与评估

1. 风险区划

取年平均雷暴日数T_d、50 kA以上平均地闪密度N_g、雷灾频数N、人员伤亡频数P、区域经济易损模数E 5个指标变量的样本标准化值，采用Ward's法对18个样本进行Q型层次聚类分析，图8.2是聚类进程的二叉树聚类图，图顶部X轴(0～25)是聚类过程中各类间的距离测度映射值。从图中看出，聚类过程进行了17步，每一步都对应一个距离测度映射值和一个聚合系数，映射值越大说明聚类过程越可信，这个二叉树图非常清楚的体现了样本从分成18类开始，逐次合并最后合并成1类的全部过程。

图8.3是由Ward's法计算得到的聚合系数，方点代表每一步的聚合系数值，分析计算每两个点的斜率，斜率大说明各类的距离测度远，取一定范围内集中出现斜率较大值的点作为理想分类数，从图中可以看出分类数在4类时各类之间的斜率较大，应该是理想分类数，所以采用4级分类，取前面分类计算的4

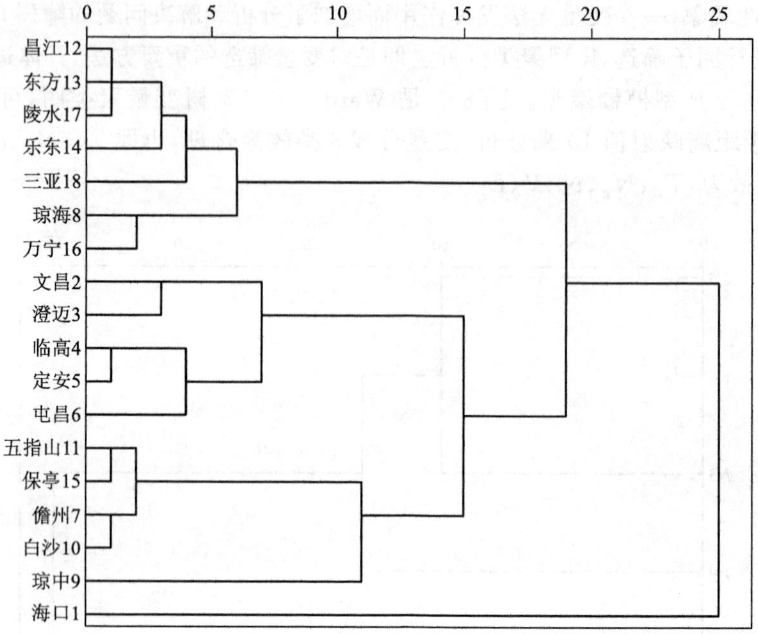

图 8.2 二叉树样本聚类图(Ward's 法)

类值得到下面结果:{海口}、{文昌,澄迈,临高,定安,屯昌}、{琼中,白沙,儋州,保亭,五指山}、{琼海,昌江,东方,乐东,万宁,陵水,三亚}。

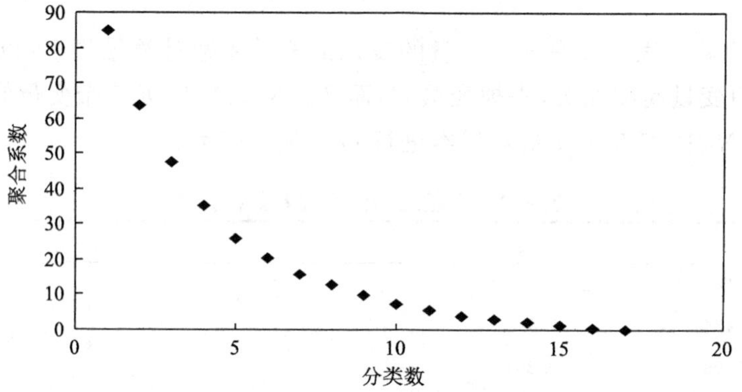

图 8.3 各类的聚合系数变化

为了验证以上聚类解的稳定性,选取以上分类结果为迭代聚类分析法的初始聚类中心,分别计算 5 个变量的均值如下(表 8.3):

表 8.3 迭代聚类的初始聚类中心

4 类组合	T_d	N_g	N	P	E
{海口}	0.238	0.252	2.319	1.223	3.649
{文昌,澄迈,临高,定安,屯昌}	0.619	1.084	−0.310	0.688	−0.160
{琼中,白沙,儋州,保亭,五指山}	0.750	−0.356	−0.002	−0.922	−0.569
{琼海,昌江,东方,乐东,万宁,陵水,三亚}	−1.013	−0.556	−0.108	−0.007	−0.001

以这个初始聚类中心,选取 0.01 的收敛准则进行迭代,两次迭代之间的最小类中心的变化距离小于初始类中心距离的 1%时迭代停止,迭代达到收敛的目的,完成分类结果如下(表 8.4)。

表 8.4　迭代聚类的聚类结果

样本号	样本	聚类	距离
1	海口	1	0.000
2	文昌	2	1.546
3	澄迈	2	1.844
4	临高	2	1.129
5	定安	2	0.587
6	屯昌	2	2.083
7	儋州	3	0.781
8	琼海	2	1.397
9	琼中	3	2.720
10	白沙	3	0.783
11	五指山	3	1.403
12	昌江	4	0.720
13	东方	4	0.365
14	乐东	4	1.706
15	保亭	3	0.935
16	万宁	4	1.396
17	陵水	4	1.041
18	三亚	4	1.535

从分类结果{海口}、{文昌，澄迈，临高，定安，屯昌，琼海}、{儋州，琼中，白沙，保亭，五指山}、{昌江，东方，乐东，万宁，陵水，三亚}可以看出与用 Ward's 法完成的分类结果几乎一样，唯一的变化是将琼海分到了{文昌…}那一类，可以认为聚类解非常稳定，分类得到验证，取{海口}、{文昌，澄迈，临高，定安，屯昌，琼海}、{儋州，琼中，白沙，保亭，五指山}、{昌江，东方，乐东，万宁，陵水，三亚}为最终分类结果。

2. 风险区划等级

要准确的描述聚类结果，给每一类合适的易损度进行排序，可以通过计算各类的特征量来进行，根据前面的指标筛选，可以选取雷暴日数和每年每万平方千米雷灾发生率为致灾因子危险性的特征量，经济易损模数为承灾体易损性的特征量，每年每万平方千米伤亡人数为孕灾环境承灾体暴露性的特征量，计算各类的特征值(表 8.5)。

表 8.5　各类别的特征值

样本集	雷暴日数 ($d \cdot a^{-1}$)	经济易损模数 (亿元·km^{-2})	人员伤亡率 (人·10^{-4}·km^{-2}·a^{-1})	雷灾发生率 (次·10^{-4}·km^{-2}·a^{-1})
{海口}	100.2	0.207	16.269	26.753
{文昌，澄迈，临高，定安，屯昌，琼海}	103.3	0.035	17.002	13.046
{儋州，琼中，白沙，五指山，保亭}	108.9	0.014	2.650	11.563
{昌江，东方，乐东，万宁，陵水，三亚}	77.8	0.039	9.853	10.577

可以看出各类别平均雷暴日数在 77.8～108.9($d \cdot a^{-1}$)之间，雷暴日数最高的区域，经济易损模数反而是最低，人员伤亡率和雷灾发生率也不高，然而雷暴日数仅有 100.2 d 的海口地区，经济易损模数和人员伤亡率都较高，可见经济和人口对雷灾易损度的影响是致关重要的，为了准确比较和描述各类易损度，先将这 4 个特征值进行标准化处理，累加 4 个无量纲变量值即是各类的综合易损值，根据综合易损值来进行比较，综合易损值越大的易损度越高，雷灾发生导致的风险越大(表 8.6)。

表 8.6 标准化下各类别的综合易损值

类别	样本集	标准化处理				综合易损值
		雷暴日数	经济易损模数	人员伤亡率	雷灾发生率	
第一类	{海口}	0.1941	1.4887	0.7219	1.4865	3.8913
第二类	{文昌,澄迈,临高,定安,屯昌,琼海}	0.4212	−0.4329	0.8316	−0.3217	0.4982
第三类	{儋州,琼中,白沙,五指山,保亭}	0.8315	−0.6675	−1.3156	−0.5174	−1.6689
第四类	{昌江,东方,乐东,万宁,陵水,三亚}	−1.447	−0.3882	−0.238	−0.6474	−2.7206

{海口}的综合易损值高达 3.89127 为第一类地区,该区域雷电灾害的易损度最高,属雷灾极高风险区,第二类地区{文昌,澄迈,临高,定安,屯昌,琼海}属次高风险区,第三类地区为{儋州,琼中,白沙,五指山,保亭}属中等风险区,第四类地区{昌江,东方,乐东,万宁,陵水,三亚}为一般风险区。根据这个结果就可绘制海南岛雷电灾害风险区划图(图 8.4)。

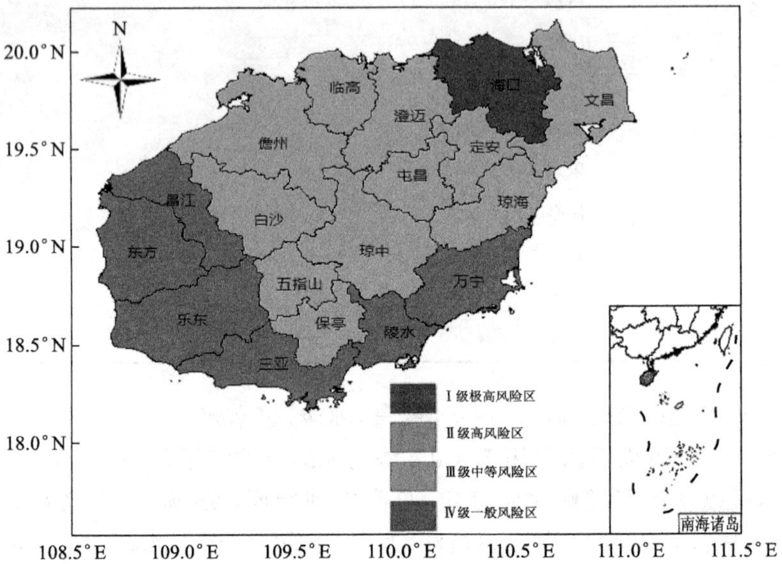

图 8.4 海南岛雷电灾害风险区划图(见彩图)

第三节 层次分析方法

层次分析法(AHP),是指将复杂的多目标决策问题作为一个系统,将目标分解为多个目标或准则,进而分解为多指标的若干层次,通过定性指标模糊量化方法算出层次权数和总权数,作为目标多方案优化决策的系统方法。该方法是美国运筹学家匹茨堡大学教授 Saaty 于 20 世纪 70 年代初,提出的一种层次权重决策分析方法。

层次分析法是将决策问题按总目标、各层子目标、评价准则直至具体的备投方案的顺序分解为不同的层次结构,然后用求解判断矩阵特征向量的办法,求得每一层次的各元素对上一层次某元素的优先权重,最后再加权和的方法递阶归并各备择方案对总目标的最终权重,此最终权重最大者即为最优方案。

在进行层次分析时,首先将决策的目标、考虑的因素(决策准则)和决策对象按它们之间的相互关系分为最高层、中间层和最低层,建立层次结构模型。然后构造判断矩阵,在确定各层次各因素之间的权重时,不把所有因素放在一起比较,而是两两相互比较,以尽可能减少性质不同的诸因素相互比较的困难,以提高准确度。如对某一准则,对其下的各方案进行两两对比,并按其重要性程度评定等级。

表 8.7 判断矩阵值标度表

标度	含义
1	表示两个因素相比,具有相同重要性

续表

标度	含义
3	表示两个因素相比,前者比后者稍重要
5	表示两个因素相比,前者比后者明显重要
7	表示两个因素相比,前者比后者强烈重要
9	表示两个因素相比,前者比后者极端重要
2,4,6,8	表示上述相邻判断的中间值
倒数	若因素 i 与因素 j 的重要性之比为 a_{ij},那么因系 j 与因素 i 重要性之比为 $a_{ij}=1/a_{ij}$

表 8.7 列出 9 个重要性等级及其赋值的标度方法。按两两比较结果构成判断矩阵。指向同一上层指标的各子指标的判断矩阵 **A** 如下。

$$\mathbf{A}=(a_{ij})_{m\times m}=\begin{bmatrix} a_{11} & a_{12} & \cdots & a_{1m} \\ a_{21} & a_{22} & \cdots & a_{2m} \\ \cdots & \cdots & \cdots & \cdots \\ a_{m1} & a_{m2} & \cdots & a_{mm} \end{bmatrix}$$

式中:m 为指向同一上层指标的子指标数量。

由以上判断矩阵计算出各指标相对权重,对于构造出的判断矩阵求出最大特征根 $\lambda_{\max}$ 和特征向量 $\boldsymbol{W}$,对特征向量进行归一化后即为各指标的相对权重。$\boldsymbol{W}$ 的元素为同一层次因素对于上一层次因素相对重要性的排序权值,这一过程称为层次单排序,能否确认层次单排序,则需要进行一致性检验。

当成对比较得出的判断矩阵的阶数大于或等于 3 时,则需要进行一致性检验,具体检验方法如下:

根据判断矩阵得出一致性指标 $C.I.$:

$$C.I.=\frac{\lambda_{\max}-m}{m-1} \tag{8.3}$$

根据判断矩阵阶数,对比 Saaty 给出的表 8.8 中,找出对应的平均随机一致性指标 $R.I.$:

表 8.8　平均随机一致性指标值

判断矩阵的阶数	1	2	3	4	5	6	7
R.I.	0	0	0.52	0.9	1.12	1.24	1.32
判断矩阵的阶数	8	9	10	11	12	13	14
R.I.	1.41	1.45	1.49	1.52	1.54	1.56	1.58

根据 $C.I.$ 和 $R.I.$ 的值,计算一致性比例 $C.R.$:

$$C.R.=\frac{C.I.}{R.I.} \tag{8.4}$$

当 $C.R.\leqslant 0.1$ 时,则判断矩阵 **A** 的一致性是符合要求的,反之,需要对判断矩阵 **A** 的两两比较值作调整,直到计算出符合一致性要求的 $C.R.$ 值。根据指标变量及其相对权重求出最终风险结果值。

以下为袁湘玲等(2010)基于层次分析方法的黑龙江省雷电灾害风险区划步骤和结果。

一、评估指标

选取雷暴日数、雷电灾害频度、经济(GDP)易损模数、生命易损模数 4 个雷电灾害风险评估指标变量。雷暴日数(M,单位:d)代表一个区域内雷暴活动的频繁程度,表征该区域内雷电灾害的孕灾危险程度。雷电灾害频度(P,单位:次·a^{-1})指各地市年平均发生雷电灾害的次数,能客观反映过去一段时期内各地市发生雷电灾害的实际情况。经济易损模数(D,单位:万元·km^{-2})表示区域内发生雷电灾害时单位面积上的经济损失,其计算式为 $D=D_s/S$,其中 D_s 为各地市的 GDP 生产总值,S 为各地市的国土面积,该指标既可反映区域单位面积上的经济损失,也可间接反映各地市抵御雷电灾害的能力及灾后恢复能力。生命易损模数(L,单位:人·km^{-2})表示区域发生雷电灾害时单位面积上受危害的人口数量,其计

算式为 $L=L_s/S$，其中 L_s 为各地市常住人口，S 为各地市国土面积，该指标反映了区域生命对灾害的敏感性。

二、建立雷电灾害风险评估模型

由所选定的 4 个评估指标，可得到评价指标体系矩阵 $\boldsymbol{Q}=[M\ P\ L\ D]$，其中 M、P、L、D 分别为雷暴日数、雷电灾害频度、生命易损模数、经济易损模数。只要通过层次分析法计算出评估指标权重矩阵 $\boldsymbol{W}$，就可通过以下步骤求出最终风险结果 $\boldsymbol{R}$，即 $\boldsymbol{R}=\boldsymbol{W}\cdot\boldsymbol{Q}$。

1. 评估指标的权重计算

按 Saaty 标度方法，建立雷电灾害风险评估判断矩阵(T)及权重分布(表 8.9)。

表 8.9 雷电灾害风险评估判断矩阵(T)及权重分布

T	$B1$	$B2$	$B3$	$B4$
$B1$	1	2	3	5
$B2$	1/2	1	2	4
$B3$	1/3	1/2	1	3
$B4$	1/5	1/4	1/3	1

注：$B1$、$B2$、$B3$、$B4$ 分别代表雷暴日数、雷电灾害频度、生命损失模数和经济损失模数。

计算最大特征值(λ)、特征向量($\boldsymbol{W}$，即评估指标权重)、一致性比例($C.R.$)。即：$\lambda=4.0511$，$\boldsymbol{W}=[0.47285\ 0.28438\ 0.16992\ 0.07285]^T$，$C.R.=(4.0511-4)/3=0.017$。因 $C.R.=0.017<0.10$，可以判断矩阵具有满意的一致性。

2. 雷电灾害风险评估模型

将计算得到的评估指标权重矩阵 $\boldsymbol{W}$ 值和评价指标体系矩阵 $\boldsymbol{Q}$ 代入 $\boldsymbol{R}=\boldsymbol{W}\cdot\boldsymbol{Q}$ 中，可得到雷电灾害风险值 $\boldsymbol{R}$ 与评估指标之间的换算公式为：

$$\boldsymbol{R}=0.47285\boldsymbol{M}+0.28438\boldsymbol{P}+0.16992\boldsymbol{L}+0.07285\boldsymbol{D} \tag{8.5}$$

式(8.5)即为雷电灾害风险评估模型计算公式。

三、黑龙江省雷电灾害风险区划结果

根据黑龙江省 1999—2008 年雷电灾害统计资料，以 12 个地市为基本分析单元，统计各地市的雷击事件，计算出各地市雷电灾害频度；根据 1959—2008 年雷暴日资料，计算 12 个地市年平均雷暴日数；通过各地市生产总值(GDP)、人口和国土面积资料，计算出各地市的经济易损模数和生命易损模数。其统计结果见表 8.10。

表 8.10 黑龙江省 12 个地市雷电灾害风险评估指标

地名	雷暴日数(d)	雷电灾害频度(次·a^{-1})	生命损失模数(人·km^{-2})	经济损失模数(万元·km^{-2})
哈尔滨	32.5	14.4	186.57	540.44
齐齐哈尔	28.4	4.5	134.03	156.82
鸡西	26.6	2.3	84.85	140.52
鹤岗	27.3	1.9	74.52	126.02
双鸭山	25.8	1.8	68.30	117.99
伊春	31.6	2.7	38.95	54.64
佳木斯	25.9	1.8	76.96	122.00
七台河	27.0	0.7	144.97	300.55
牡丹江	25.0	3.4	66.51	123.45
黑河	28.9	3.3	26.03	30.84

续表

地名	雷暴日数(d)	雷电灾害频度(次·a^{-1})	生命损失模数(人·km^{-2})	经济损失模数(万元·km^{-2})
绥化	31.7	1.9	165.08	152.73
大兴安岭	30.3	3.5	8.16	10.80

对表8.10中的指标值统一量纲，将其中的指标值用极高、高、中、低4个级别来描述。并结合黑龙江省雷电灾害实情，对各等级雷电灾害风险评估指标赋值如下：极高等级为1.0，高等级为0.8，中等级为0.5，低等级为0.2。将全省12个地市某个指标值从小到大按顺序排列，并按每组3个记录分为4组数据，然后，将第$n(n=1,2,3)$组中的最大值和第$n+1$组中的最小值的平均值作为第n级的最大值和第$n+1$级的最小值。黑龙江省4个雷电灾害易损性指标分级标准见表8.11。

表8.11 黑龙江省雷电灾害风险评估指标的等级标准

评估指标	等级(赋值)			
	极高(1.0)	高(0.8)	中(0.5)	低(0.2)
M/d	>30.96	30.95～27.86	27.85～26.26	<26.25
P/(次·a^{-1})	>3.46	3.45～2.51	2.50～1.86	<1.85
L/(人·km^{-2})	>139.51	139.50～75.75	75.74～52.74	<52.73
D/(万元·km^{-2})	>154.79	154.78～125.75	125.74～86.33	<86.32

按照表8.11中的分级标准，就可判断各地市每个指标的所属级别，并获取相应指标值，再由风险评估方程即式(8.4)，计算得到黑龙江省各地市雷电灾害风险值。其结果见表8.12。

表8.12 黑龙江省雷电灾害风险评估值

地名	雷电灾害级别指标值			风险值
	雷电灾害频度	生命损失模数	经济损失模数	
哈尔滨	1.0	1.0	1.0	1.00
齐齐哈尔	1.0	0.8	1.0	0.87
鸡西	0.5	0.8	0.8	0.57
鹤岗	0.5	0.5	0.8	0.52
双鸭山	0.2	0.5	0.5	0.27
伊春	0.8	0.2	0.2	0.75
佳木斯	0.2	0.8	0.5	0.32
七台河	0.2	1.0	1.0	0.54
牡丹江	0.8	0.5	0.5	0.44
黑河	0.8	0.2	0.2	0.65
绥化	0.5	1.0	0.8	0.84
大兴安岭	1.0	0.2	0.2	0.71

根据这个结果就可绘制黑龙江省雷电灾害风险区划图，由图8.5可知哈尔滨、齐齐哈尔和绥化为雷电灾害极高风险区；伊春、大兴安岭、黑河雷电灾害高风险区；鹤岗、鸡西、七台河为雷电灾害中风险区；佳木斯、双鸭山、牡丹江为雷电灾害低风险区。

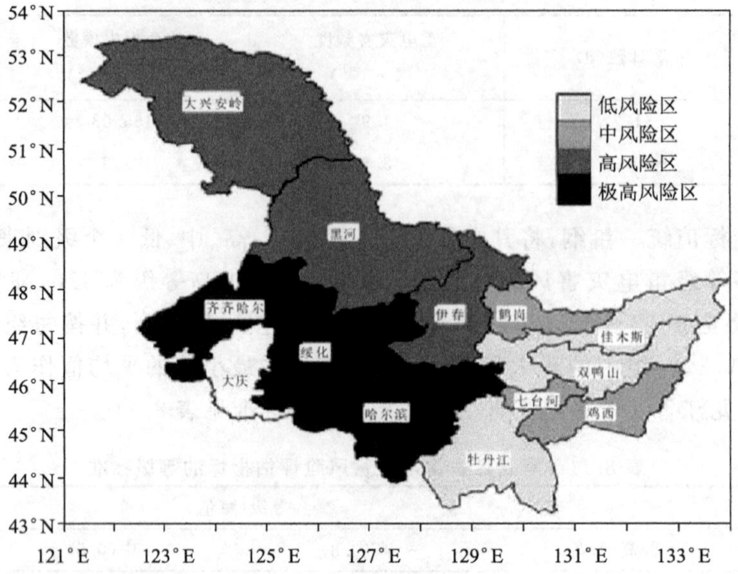

图 8.5　黑龙江省雷电灾害风险区划图

第四节　主成分分析方法

在多元统计分析中，经常碰到观测变量很多且变量之间存在着较强的相关关系，这不仅给问题的分析和描述带来了一定的困难，而且在使用某些统计方法时会出现问题，当自变量之间高度相关时，会出现多重共线性现象，变量之间高度相关意味着他们所反映的信息高度重合，通过因子分析我们能找到较少的几个因子来代表数据的基本结构，反映信息的本质特征。基于主成分分析模型的主成分分析法和基于公因子模型的公因子分析法都属于因子分析法，但是主成分分析法实际又是独立于因子分析的一种数据化简技术，可以将主成分分析的结果作为一个初始因子解，因为在确定因子个数时主要用到主成分分析产生的一个特征量，所以主成分分析在因子分析中占有重要地位。

主成分分析法(Principal Component Analysis，简称 PCA)，首先是由 Karl Pearson 对非随机变量引入的，尔后 H. 霍特林将此方法推广到随机向量的情形。它把给定的 k 个变量通过线性正交变换，将可能存在相关性的 k 个变量转换为 k 个线性不相关的变量，转换后的这组变量叫主成分。这些变量按照方差依次递减的顺序排列，在数学变换中保持变量的总方差不改变，具有最大方差的变量称为第一主成分，具有次大方差且与第一个变量不相关的变量称为第二主成分，依次类推。

求解主成分的主要数学工具是特征方程，通过建立 k 个变量矩阵和特征方程，并进行变量的标准化处理，求解得到 k 个特征值和对应的特征向量，把 k 个特征值按从大到小的顺序排列，特征值即是这一组观测变量的方差，主成分就是观测变量的线性组合，线性组合的权数即为相应的单位特征向量中的元素。

有 k 个变量就应该计算出 k 个主成分，但是因子分析要求我们简化变量，取部分主成分作为初始因子，实际应用中人们采用特征值准则或者碎石检验准则来确定因子的个数，即所取用的主成分。特征值准则就是取特征值大于或等于 1 的主成分作为所取因子，放弃小于 1 的主成分。而碎石检验准则是按照因子被提取的顺序画出因子的特征值随因子变化的散点图，根据图形的形状来判断因子的个数，曲率最大的点对应的数即为最大因子数。较为常用的是特征值准则法。

以下为殷娴等(2017)基于主成分分析法的云南省地震高发区雷电灾害风险区划步骤和结果。

一、评估指标

根据云南省地震活动性、雷电时空分布、雷电灾害损失、区域经济及人口等因素确定了 8 个易损性评价指标，对全省 124 个市县进行雷灾风险分析。如图 8.6 所示，指标体系中前二个指标作为地震高发区的判别；第三指标、第四指标反映了区域受灾的可能性；第五指标、第六指标反映了区域历年受损程度；最后两个指标反映了区域受灾隐患以及抵御灾害的能力。

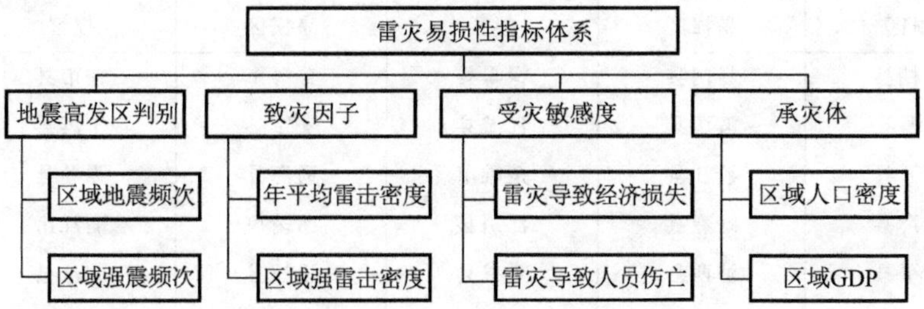

图 8.6　雷电灾害风险评估指标体系

二、求解主成分

以云南省 124 个市县为对象区域，每个区域对应 8 个评价指标，则原始数据矩阵为 $N=(n_{ji})_{124\times 8}$，j 等于 1，2……124，i 等于 1，2……8。可求出第 j 个区域的前 m 个主成分 Z_{jk}。

$$Z_{jk}=\sum\nolimits_{i=1}^{8} n_{ji}-e_k,(k=1、2、\cdots m(m\leqslant 8)) \tag{8.6}$$

式中：e_k 是原始数据矩阵对应其相关阵的特征向量。主成分彼此不相关，而且分别以方差贡献率为权重解释了各区域的 8 个指标。主成分与变量值是呈正相关的，即主成分得分值越大，所表征的易损性也越大，即雷灾风险也越大。当累计贡献率达到 75%～85%时的主成分就能综合反映所有指标。

具体计算主成分，可得出第 j 个区域的第 k 个主成分，同时可得出指标矩阵的指标特征值和方差贡献率。从表 8.13 可看出，前 5 个主成分的累计贡献率 $C=28.35\%+26.25\%+15.23\%+11.34\%+7.72\%=88.89\%$，大于 85%，即前 5 个主成分就可以充分体现所有指标的信息。

表 8.13　指标特征值和方差贡献率

主成分序号	特征值	方差贡献率	累计贡献率
1	2.2682	0.2835	0.2835
2	2.1002	0.2625	0.5461
3	1.2185	0.1523	0.6984
4	0.9070	0.1134	0.8118
5	0.6173	0.0772	0.8889
6	0.5288	0.0661	0.9550
7	0.2160	0.0270	0.9820
8	0.1436	0.0180	1

三、构建综合指标

用前 5 个主成分的方差贡献率为权重构建综合指标，即第 j 个区域的综合指标 F_j 为：

$$F_j=\sum\nolimits_{k=1}^{5} a_k\times Z_{jk} \tag{8.7}$$

其中 a_k 为选取的指标变量的方差贡献率。

综合指标值大小可表征易损度的大小，值越大所表征的易损性也越大，即雷灾风险也越大。

四、雷电灾害风险区划结果

在综合指标值中选取 7 个市县为初始聚类中心进行迭代聚类分析计算，两次迭代之间的最小类中心的变化距离小于初始类中心距离的 1%时迭代停止，迭代达到收敛。结果是将 124 个县市划分为 7 类，其中，7 个县市属于极低风险区；25 个县市属于较低风险区；33 个县市属于低风险区；29 个县市属于中风险区；20 个县市属于高风险区；7 个县市属于较高风险区；3 个县市属于极高风险区。见表 8.14。

表 8.14　云南省地震高发区雷电灾害风险区划

极低易损区	低易损区	较低易损区	中易损区	较高易损区	高易损区	极高易损区
南涧县	双柏县	易门县	禄丰县	普洱市	芒市县	腾冲县
玉龙县	西盟县	洱源县	江城县	安宁县	宁洱县	华坪县
屏边县	祥云县	盈江县	楚雄市	通海县	弥勒县	昆明市
兰坪县	漾濞县	绿春县	江川县	曲靖市	丽江市	
贡山县	金平县	泸西县	景谷县	里拉县	澜沧县	
维西县	砚山县	牟定县	泸水县	武定县	玉溪市	
福贡县	临沧市	丘北县	罗平县	大姚县	龙陵县	
	水富县	富源县	富民县	景洪市		
	西畴县	富宁县	蒙自县	耿马县		
	云县县	孟连县	晋宁县	峨山县		
	巍山县	彝良县	石屏县	宣威市		
	麻栗县	盐津县	姚安县	建水县		
	昌宁县	南华县	澄江县	华宁县		
	凤庆县	文山市	河口县	沧源县		
	绥江县	个旧市	会泽县	大关县		
	永善县	元谋县	昭通市	巧家县		
	元阳县	元江县	永胜县	寻甸县		
	景东县	墨江县	勐海县	大理市		
	瑞丽市	沾益县	马龙县	宁蒗县		
	云龙县	保山市	永仁县	嵩明县		
	镇康县	弥渡县	师宗县			
	梁河县	威信县	陆良县			
	德钦县	鹤庆县	剑川县			
	永德县	宾川县	石林县			
	陇川县	施甸县	禄劝县			
		鲁甸县	开远市			
		双江县	镇雄县			
		永平县	宜良县			
		红河县	勐腊县			
		广南县				
		马关县				
		新平县				
		镇沅县				

第五节　基于多源遥感资料反演社会经济数据

在以上各种雷电灾害风险区划中，都考虑选取人口和 GDP 数据作为生命易损模数和经济易损模数计算基础数据，但是随着雷电灾害风险区划的要求“下沉”，各级地方政府都要求给出各自区域的风险区划结果，各级政府的人口和 GDP 数据一般都来源于官方的统计年鉴，而一些地方政府（特别是县乡级政府）的统计年鉴常常出现不全或者是年限不足的情况，使得这些数据无法完整地应用在雷电灾害风险区划中。为了满足雷电灾害风险决策的精准化需求，突破人口、GDP 等社会经济数据受行政区域的限制，基于多源卫星遥感资料反演人口、GDP 空间精细化分布情况，实现受灾对象在空间上的连续性分布，成为解决以上数据缺失的有效方法。

近年来，随着卫星遥感和GIS技术的发展及应用，夜间灯光遥感数据(DMSP/OLS)被用来模拟人口经济的空间分布情况，而归一化植被指数(NDVI)与DMSP/OLS夜间灯光数据在反映人类活动方面具有很好的互补性，融合后可以有效减少夜灯数据本身的过饱和现象，在其基础上引入数字高程模型(DEM)数据进行海拔订正，得到更为精确的人口空间分布数据，并以此提出了雷电灾害风险区划的新指标——人居指数(Human settlement index，HSI)(Lu et al.，2008)，以此来表征某一区域的社会经济空间分布情况。

夜间灯光遥感数据(DMSP/OLS)作为能反映人类经济活动的数据集，备受关注，主要应用于城市发展、人口密度模拟、人类活动及效应、经济发展水平和生态环境等领域，与其他遥感数据紧密结合，应用更为广泛。数据来源于美国国防气象卫星(Defense Meteorological Satellite Program，简称DMSP)，该卫星搭载的传感器(Operational Linescan System，简称OLS)获取全球夜间灯光数据，夜间灯光数据在1992年以前主要是照片，1992年之后才有数字产品，稳定夜间灯光数据灯光亮度值在0～63，其空间分辨率为1 km×1 km，该数据是消除了闪电、天然气燃烧、火光和渔船等偶然灯光后对全年可见光通道灰度值进行直接平均化处理得到的。

归一化植被指数NDVI是目前应用最广泛的植被指数。不同的NDVI值对应不同的土地覆被类型，NDVI的时序资料可用于研究植被动态，以及与相关生态因子的相关性研究。卫星遥感技术具有覆盖面广、获取数据快等特点，植被指数NDVI可以用于环境、植被等的监测。NDVI指数数据来自于NASA的地球观测系统(EOS)数据中心(MODIS)。可以在NASA的官方网站上直接下载成品数据，数据的分辨率分别为250 m、500 m、1000 m自行选择使用，也可以下载遥感影像，根据NDVI=(NIR－R)/(NIR+R)进行波段运算，不过这对遥感影像的质量要求比较高，需要影像上的云量比较少，必要的话还需要进行去云处理。

土地覆盖数据来源于TERRA、AQUA卫星上的中分辨率成像光谱仪获取的MODIS数据，属于MODIS3级数据(MCD12Q1)。数字高程(DEM)数据，来源于美国地质调查局EROS数据中心的GTOP30数据集。

以下为吴安坤等(2018)反演的贵州省人口和GDP数据空间化的步骤和结果，供参考。

一、卫星遥感资料反演空间化人口数据

吴安坤等(2018)采用Lu et al.(2008)等的方法，将夜间灯光遥感数据(DMSP/OLS)与NDVI相互融合，引入DEM参考贵州省统计年鉴进行修正，得到了贵州全省的人居指数(Human settlement index，HSI)，反演完成了贵州全省人口数据空间化，图8.7为人口数据空间化技术路线。

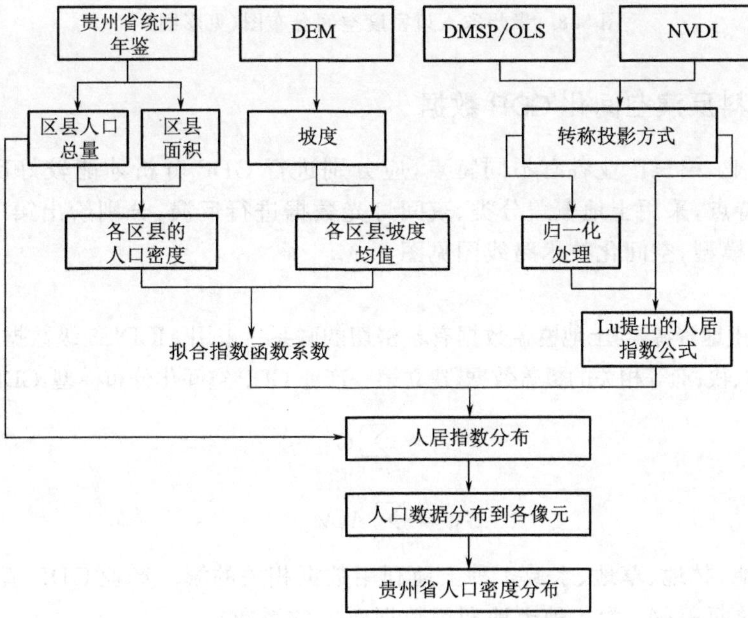

图8.7　人口数据空间化技术路线图

修正后的人居指数公式如下：

$$H_{si}=\left(\frac{1-I_{max}+O_{nar}}{(1-O_{nor})+I_{max}+O_{nor}+I_{max}}\right)\times e^{t} \tag{8.8}$$

其中：I_{max} 为 NDVI 的最大值；t 为坡度修正值；O_{nor} 是经标准化处理的夜间灯光（DMSP/OLS）强度。用式（8.9）进计算。

$$O_{nor}=\frac{O-O_{min}}{O_{max}-O_{min}} \tag{8.9}$$

式中：O 为夜间灯光（DMSP/OLS）强度；O_{max} 和 O_{min} 分别为夜间灯光（DMSP/OLS）强度的最大值和最小值。

标准化处理后的夜间灯光数据与 NDVI 指数在空间分布上具有很好的对应关系，夜间灯光值高的区域 NDVI 值低。根据 DEM 数据得到贵州省坡度分布情况，融入坡度分布修正后人居指数与人口统计数据之间具有很强的线性相关，t=-0.3955 时拟合度为 0.7182。各区县模拟得到的人口数据与人口统计数据间的平均绝对误差为 33.22%，为将误差控制在区县级行政区域内部，采用人口密度＝HSI×（人口统计数据/模拟人口数据）进行修正，反演生成分辨率为 1 km×1 km 的贵州省人口密度分布图 8.8。整体分布趋势与实际情况具有很好的一致性，呈现中部、西北部高于北部、东部、南部，贵阳、黔东南分别为全省人口密度最大、最小区域。局部高密度区分布在各市州及区县行政中心，

与其政治、经济、文化中心的地位密切相关。

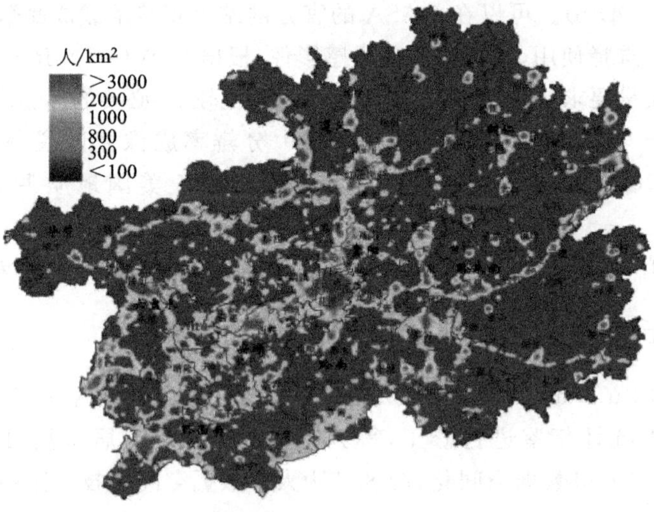

图 8.8　贵州省人口密度空间分布图（见彩图）

二、卫星遥感资料反演空间化 GDP 数据

第一产业、第二产业、第三产业各有不同特点，应分别进行 GDP 分析才能较好反映社会经济发展状况。结合三个产业的特点，采用土地覆盖分类、夜间灯光数据进行反演，分别给出第一产业反演模型和第二产业、第三产业反演模型，空间化技术路线图见图 8.9。

1. 第一产业模型

第一产业直接依靠土地资源，与土地覆盖数据有着密切的联系。采用 MODIS3 级数据的全球植被分类方案，提取与第一产业中农、林、牧、渔等相关的覆盖数据，建立第一产业 GDP 空间化分布模型，GDP 的值用 G_1 表示。

$$G_1=\sum_{i=1}^{4}G_{1i}$$

$$G_{1i}=\sum_{j=1}^{n}A_iM_{ij}$$

式中：G_{1i} 分别为与耕地、林地、草地、水域 4 种土地利用数据相关的第一产业 GDP 值；M_{ij} 为第 j 个区县 i 种土地利用数据对应的面积；A_i 为 4 种土地利用数据对应的系数。

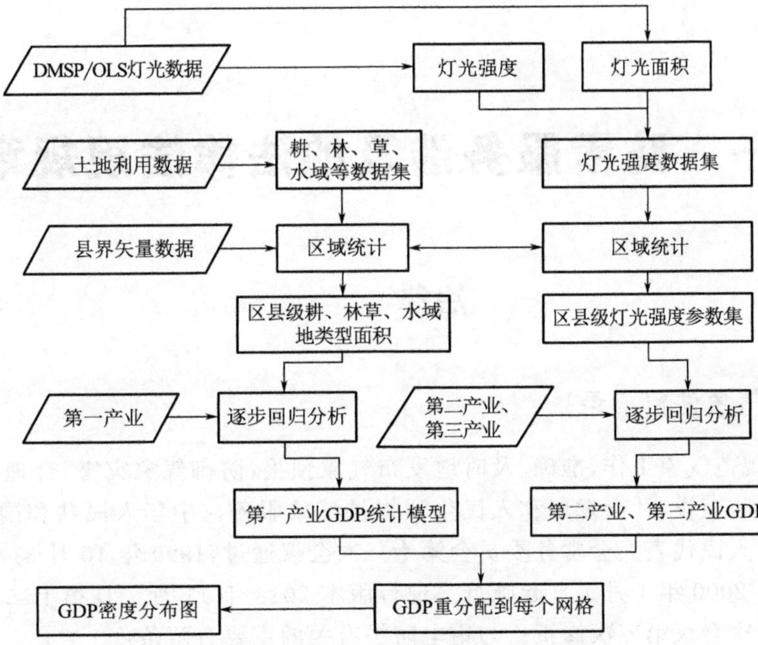

图 8.9 GDP 数据空间化技术路线图

2. 第二产业、第三产业模型

第二产业、第三产业主要涉及工业、建筑业和各种服务业，对自然资源的的依赖性不大，与间接表征社会经济情况的夜间灯光数据具有明显的相关性。提取 DMSP/ OLS 夜间灯光数据强度值($0<O\leqslant63$)，建立空间化分布模型。用 $G_{2/3}$ 表示第二产业、第三产业的 GDP 值。

$$G_{2/3}=\sum_{j=1}^{n}BO_j$$

式中：O_j 为第 j 个区县夜间灯光强度值，B 为拟合系数。

为保证空间化后的 GDP 误差控制在区县级行政区域内部，采用 k_1、k_2 分别对第一产业、第二产业、第三产业修正处理。

$$G=k_{1j}G_1=k_{2j}G_{2/3}$$

式中：k_{1j} 和 k_{2j} 为第 j 个区县第一产业和第二产业、第三产业模型修正系数。

将各区县第一产业及第二产业、第三产业统计值与夜间灯光数据进行线性拟合，拟合度较好，通过显著性检验，图 8.10 为贵州省空间化 GDP 分布模型得到的 GDP 数据空间化结果。

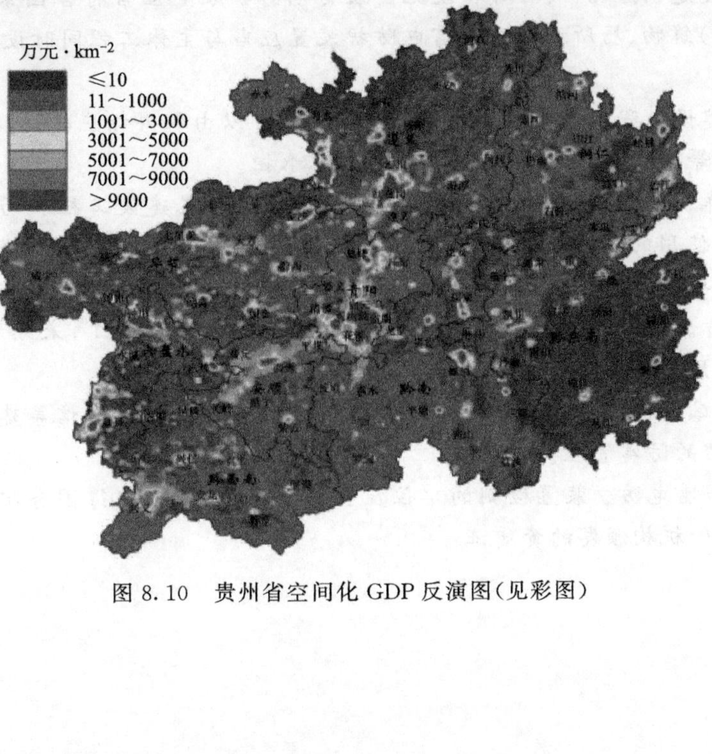

图 8.10 贵州省空间化 GDP 反演图(见彩图)

附录一 防雷服务涉及的法律法规规章

法律

《中华人民共和国气象法》(摘录)

为了发展气象事业,规范气象工作,准确、及时地发布气象预报,防御气象灾害,合理开发利用和保护气候资源,为经济建设、国防建设、社会发展和人民生活提供气象服务,《中华人民共和国气象法》于1999年10月31日第九届全国人民代表大会常务委员会第十二次会议通过,1999年10月31日中华人民共和国主席令第23号公布,自2000年1月1日起施行。现行版本2016年11月7日第十二届全国人民代表大会常务委员会第二十四次会议第三次修正。与雷电防护有关的主要有两条:

第三十一条 各级气象主管机构应当加强对雷电灾害防御工作的组织管理,并会同有关部门指导对可能遭受雷击的建筑物、构筑物和其他设施安装的雷电灾害防护装置的检测工作。

安装的雷电灾害防护装置应当符合国务院气象主管机构规定的使用要求。

第三十七条 违反本法规定,安装不符合使用要求的雷电灾害防护装置的,由有关气象主管机构责令改正,给予警告。使用不符合使用要求的雷电灾害防护装置给他人造成损失的,依法承担赔偿责任。

行政法规

一、《气象灾害防御条例》(摘录)

我国自然灾害多发、频发,是世界上受自然灾害影响最为严重的国家之一,几乎每年都发生多次重特大自然灾害。为加强气象灾害的防御,避免、减轻气象灾害造成的损失,保障人民生命财产安全,根据《中华人民共和国气象法》制定了本条例。2010年1月27日中华人民共和国国务院令第570号公布,根据2017年10月7日《国务院关于修改部分行政法规的决定》修订。与雷电防护相关主要有以下三条:

第二十三条 各类建(构)筑物、场所和设施安装雷电防护装置应当符合国家有关防雷标准的规定。新建、改建、扩建建(构)筑物、场所和设施的雷电防护装置应当与主体工程同时设计、同时施工、同时投入使用。

新建、改建、扩建建设工程雷电防护装置的设计、施工,可以由取得相应建设、公路、水路、铁路、民航、水利、电力、核电、通信等专业工程设计、施工资质的单位承担。

油库、气库、弹药库、化学品仓库和烟花爆竹、石化等易燃易爆建设工程和场所,雷电易发区内的矿区、旅游景点或者投入使用的建(构)筑物、设施等需要单独安装雷电防护装置的场所,以及雷电风险高且没有防雷标准规范、需要进行特殊论证的大型项目,其雷电防护装置的设计审核和竣工验收由县级以上地方气象主管机构负责。未经设计审核或者设计审核不合格的,不得施工;未经竣工验收或者竣工验收不合格的,不得交付使用。

房屋建筑、市政基础设施、公路、水路、铁路、民航、水利、电力、核电、通信等建设工程的主管部门,负责相应领域内建设工程的防雷管理。

第二十四条 从事雷电防护装置检测的单位应当具备下列条件,取得国务院气象主管机构或者省、自治区、直辖市气象主管机构颁发的资质证:

(一)有法人资格;

（二）有固定的办公场所和必要的设备、设施；

（三）有相应的专业技术人员；

（四）有完备的技术和质量管理制度；

（五）国务院气象主管机构规定的其他条件。

从事电力、通信雷电防护装置检测的单位的资质证由国务院气象主管机构和国务院电力或者国务院通信主管部门共同颁发。

第四十五条　违反本条例规定，有下列行为之一的，由县级以上气象主管机构或者其他有关部门按照权限责令停止违法行为，处5万元以上10万元以下的罚款；有违法所得的，没收违法所得；给他人造成损失的，依法承担赔偿责任：

（一）无资质或者超越资质许可范围从事雷电防护装置检测的；

（二）在雷电防护装置设计、施工、检测中弄虚作假的；

（三）违反本条例第二十三条第三款的规定，雷电防护装置未经设计审核或者设计审核不合格施工的，未经竣工验收或者竣工验收不合格交付使用的。

二、《国务院关于优化建设工程防雷许可的决定》(国发〔2016〕39号)(摘录)

为了减少建设工程防雷重复许可、重复监管，切实减轻企业负担，进一步明确和落实政府相关部门责任，加强事中事后监管，保障建设工程防雷安全而制定的法规，规定：整合部分建设工程防雷许可；清理规范防雷单位资质许可；进一步强化建设工程防雷安全监管。《防雷工程专业资质管理办法》同时废止。

2016年6月24日，《国务院关于优化建设工程防雷许可的决定》由国务院发布，自2016年6月24日起实施。主要内容如下：

一、整合部分建设工程防雷许可

（一）将气象部门承担的房屋建筑工程和市政基础设施工程防雷装置设计审核、竣工验收许可，整合纳入建筑工程施工图审查、竣工验收备案，统一由住房城乡建设部门监管，切实优化流程、缩短时限、提高效率。

（二）油库、气库、弹药库、化学品仓库、烟花爆竹、石化等易燃易爆建设工程和场所，雷电易发区内的矿区、旅游景点或者投入使用的建(构)筑物、设施等需要单独安装雷电防护装置的场所，以及雷电风险高且没有防雷标准规范、需要进行特殊论证的大型项目，仍由气象部门负责防雷装置设计审核和竣工验收许可。

（三）公路、水路、铁路、民航、水利、电力、核电、通信等专业建设工程防雷管理，由各专业部门负责。

二、清理规范防雷单位资质许可

取消气象部门对防雷专业工程设计、施工单位资质许可；新建、改建、扩建建设工程防雷的设计、施工，可由取得相应建设、公路、水路、铁路、民航、水利、电力、核电、通信等专业工程设计、施工资质的单位承担。同时，规范防雷检测行为，降低防雷装置检测单位准入门槛，全面开放防雷装置检测市场，允许企事业单位申请防雷检测资质，鼓励社会组织和个人参与防雷技术服务，促进防雷减灾服务市场健康发展。

三、进一步强化建设工程防雷安全监管

（一）气象部门要加强对雷电灾害防御工作的组织管理，做好雷电监测、预报预警、雷电灾害调查鉴定和防雷科普宣传，划分雷电易发区域及其防范等级并及时向社会公布。

（二）各相关部门要按照谁审批、谁负责、谁监管的原则，切实履行建设工程防雷监管职责，采取有效措施，明确和落实建设工程设计、施工、监理、检测单位以及业主单位等在防雷工程质量安全方面的主体责任。同时，地方各级政府要继续依法履行防雷监管职责，落实雷电灾害防御责任。

（三）中国气象局、住房城乡建设部要会同相关部门建立建设工程防雷管理工作机制，加强指导协调和相互配合，完善标准规范，研究解决防雷管理中的重大问题，优化审批流程，规范中介服务行为。

建设工程防雷许可具体范围划分，由中国气象局、住房城乡建设部会同中央编办、工业和信息化部、环境保护部、交通运输部、水利部、国务院法制办、国家能源局、国家铁路局、中国民航局等部门研究确定并落实责任，及时向社会公布，2016年底前完成相关交接工作。相关部门要按程序修改《气象灾害防御条例》，对涉及的部门规章等进行清理修订。国务院办公厅适时组织督查，督促各部门、各地区在规定时限内落实改革要求。

本决定自印发之日起施行，已有规定与本决定不一致的，按照本决定执行。

部门规章

一、《雷电防护装置检测资质管理办法》(中国气象局令第38号)(摘录)

为了加强雷电防护装置检测资质管理，规范防雷装置检测行为，保护人民生命财产和公共安全，依据《中华人民共和国气象法》《气象灾害防御条例》等法律法规，制定本办法。

《雷电防护装置检测资质管理办法》于2016年4月1日中国气象局第2次局务会议审议通过，4月7日中国气象局令第31号发布，自2016年10月1日起施行。中国气象局于2020年11月29日的第38号令发布了关于修改《雷电防护装置检测资质管理办法》的决定，该办法共有七章40条，详见中国气象局官网。

二、《防雷减灾管理办法》(中国气象局令第20号)(摘录)

为了加强雷电灾害防御工作，保护国家利益和人民生命财产安全，促进经济建设和社会发展，依据《中华人民共和国气象法》有关规定，制定本办法。于2000年6月16日经中国气象局局务会议通过，2000年6月26日中国气象局令第3号发布，自2000年6月26日起施行。本办法发布后到目前为止修订过四次。

第一次修订后于2004年12月16日中国气象局令第8号发布，自2005年2月1日起施行。第二次修订后于2011年7月11日经中国气象局局务会议通过，2011年7月21日中国气象局令第20号发布，自2011年9月1日起施行。第三次修订将第十二条第三款修改为："防雷工程专业设计或者施工资质分为甲、乙、丙三级，由省、自治区、直辖市气象主管机构认定。"将第二十条修改为："防雷装置检测机构的资质由省、自治区、直辖市气象主管机构负责认定。"也即将资质认定权下放给各省气象局，于2013年5月31日中国气象局令第24号发布，自2013年6月1日起施行。

2016年6月24日国务院发布的《关于优化建设工程防雷许可的决定》文件中明确规定了整合部分建设工程防雷许可。该文件的出台背景是根据简政放权、放管结合、优化服务协同推进的改革要求而发布的。为贯彻《国务院关于优化建设工程防雷行政许可的决定》(国发〔2016〕39号)和国务院取消职业资格许可和认定事项以及清理规范行政审批中介服务事项有关文件精神，进一步规范防雷管理工作，强化防雷安全监管，中国气象局对《防雷减灾管理办法》(中国气象局第20号令，第24号令修订)进行了第四次修订，重新规定了气象部门承担的防雷许可范围，取消了气象部门对防雷专业工程设计、施工单位资质许可，降低防雷装置检测单位准入门槛，全面开放防雷装置检测市场，鼓励社会组织和个人参与防雷技术服务，起草了《防雷减灾管理办法》修订征求意见稿，2019年5月10日中国气象局对《防雷减灾管理办法》向社会公开征求意见。详见中国气象局官网。

三、《雷电防护装置设计审核和竣工验收规定》(中国气象局令第37号)(摘录)

为了规范防雷装置设计审核和竣工验收工作，维护国家利益，保护人民生命财产和公共安全，依据《中华人民共和国气象法》《中华人民共和国行政许可法》等有关规定，制定本规定。于2005年1月28日中国气象局令第11号发布，自2005年4月1日起施行。本办法发布后到目前为止修订过二次。

第一次修订后于2011年7月11日中国气象局局务会议审议，7月22日中国气象局令第21号发布，自2011年9月1日起实施。

为了贯彻2016年6月24日国务院《国务院关于优化建设工程防雷行政许可的决定》(国发〔2016〕39号)和国务院取消职业资格许可和认定事项以及清理规范行政审批中介服务事项有关文件精神，进一步规范防雷管理工作，强化防雷安全监管，中国气象局对《防雷装置设计审核和竣工验收规定》(中国气象局第21号令)进行了第二次修订，重新规定了气象部门承担的防雷装置设计审核和竣工验收许可范围，起草了《防雷装置设计审核和竣工验收规定》修订征求意见稿，2019年5月10日中国气象局对《防雷装置设计审核和竣工验收规定》向社会公开征求意见。2020年11月29日，中国气象局以第37号令发布了《雷电防护装置设计审核和竣工验收规定》，自2021年1月1日起施行，2011年7月22日公布的中国气象局令第21号《防雷装置设计审核和竣工验收规定》同时废止。

《雷电防护装置设计审核和竣工验收规定》共6章31条，详见中国气象局官网。

附录二　防雷专业技术人员能力评价测试题

2007 年某省防雷专业技术人员资格考试试卷

一、填空题(每题 1 分,共 20 分)

1. 地面上有一座高为 2 m 的卫星接受天线,现要在离其 3 m 的位置安装一根独立避雷针进行直击雷防护,在不考虑裕量的情况下,避雷针至少要达到________m(h_r=45 m)。

2. 有一座属于第二类的防雷建筑物的高度为 92 m,在设计时,应采取防侧击雷措施:从________m起,每隔不大于________m 沿建筑物四周设水平避雷带并与________相连。

3. 化工企业内的爆炸危险的露天钢质封闭气罐,其属于第________类防雷建筑物。

4. 各类防雷建筑物应采取________和________的措施。

5. 建筑物电子信息系统必须坚持:________的原则。

6. 电涌保护器是一种利用元件的________特点,起到限制:________和分走________的器件。

7. 雷击电磁脉冲的防护措施,主要有________、________、________,其中________是最主要的措施。

8. 雷云从形成到发生闪电整个过程中,会出现 3 种物理现象:________、________和________。

9. 减少雷电耦合的方法:________、________、________、________。

10. 浪涌保护器必须能承受预期通过它们的雷电流,并应符合以下两个附加要求:具有通过雷电流时的________、有能力熄灭在雷电流通过后产生的 ________。

11. 第三类防雷建筑物首次雷电流幅值为________kA、雷电流陡度 di/dt 为________。

12. 由于雷击电磁脉冲严重程度不一,建筑物的防雷保护区一般应划分________、________、________、________等区。

13. 钢质油罐罐壁不小于________mm 时可不装设接闪器,但必须做防雷接地,接地点不应少于________处,接地点沿油罐周长的间距不宜大于________m,接地电阻不宜大于________Ω。

14. 建筑物内部防雷措施包括:共用接地装置、________、________、________和安装浪涌保护器。

15. ________防雷区内各物体不可能遭到大于所选滚球半径对应的雷电流直接雷击,但本区内电磁强度没有得到衰减。

16. 信息系统设备的接地及箱体、壳体、机架等金属组件与建筑物的共用接地系统的等电位连接,应采用________型________和________组合型结构的等电位连接网络。

17. 接地装置的焊接应采用搭接焊,搭接长度应符合:扁钢与扁钢搭接应为扁钢宽度的________倍,不少于三面施焊。圆钢与圆钢搭接为圆钢直径的________倍,双面施焊;圆钢与扁钢搭接为圆钢直径的________倍,双面施焊。

18.《建筑物防雷设计规范》GB 50057—94(2000 版)适用于________建筑物的防雷设计。

19. 易燃易爆危险场所等电位和屏蔽的电气连接的过渡电阻不宜大于________Ω。

20. 根据美国通用研究公司对电磁干扰进行的研究结果表明,当磁感应强度 B 为________Gs 时将致使信息系统设备产生永久损坏。

二、选择题(单项选择每题 0.5 分,多项选择每题 1 分,共 10 分)

(一)单项选择题

1. 第一类防雷建筑物引下线间距不应大于________,每根引下线的冲接接地电阻不应大于________。(　)

(A)18 m、10 Ω　　(B)25 m、30 Ω
(C)12 m、10 Ω　　(D)15 m、10 Ω

2. 第二类防雷建筑物整个屋面应组成不大于(　　)的避雷网格。
(A)20 m×20 m 或 24 m×16 m　　(B)10 m×10 m 或 12 m×8 m
(C)5 m×5 m 或 6 m×4 m　　(D)15 m×15 m 或 18 m×12 m

3. 在 220/380 v 三相系统中,特殊需要保护设备的绝缘耐冲击电压额定值是(　　)。
(A)6 kV　　(B)4 kV
(C)2.5 kV　　(D)1.5 kV

4. LPZ1 为(　　)。
(A)可能遭到直接雷击,本区电磁场得不到衰减
(B)不可能遭到直接雷击,本区电磁场得到衰减
(C)不可能遭到直接雷击,本区电磁场可能得到衰减,这取决于屏蔽措施
(D)可能遭到直接雷击,本区电磁场可能得到衰减

5. 下图中的低压配电系统接地型式属于(　　)系统。

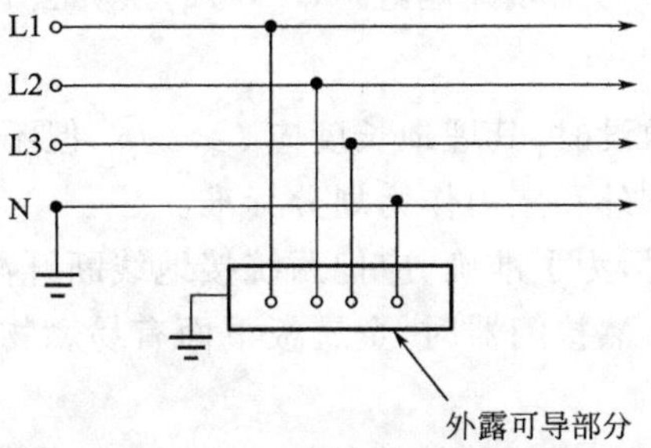

(A)TN-S　　(B)TN-C　　(C)IT　　(D)TT

6. 在计算建筑物的年预计雷击次数时,当建筑物位于旷野并且孤立时,校正系数 k 应取(　　)。
(A)1　　(B)1.5　　(C)1.7　　(D)2

7. 电子信息系统设备由 TN 交流配电系统供电时,配电线路必须采用(　　)系统的接地方式。
(A)TT　　(B)IT　　(C)TN-C　　(D)TN-C-S
(E)TN-S

8. 电源线路浪涌保护器 B 级别第一级 I_n 应选(　　)8/20 μs 波形。
(A)80 kA　　(B)60 kA　　(C)50 kA　　(D)12.5 kA
(E)10 kA

9. 接地装置与室内总等电位连接带的连接导体截面积,铜质接地线不应小于(　　)。
(A)50 mm^2　　(B)80 mm^2　　(C)25 mm^2　　(D)16 mm^2
(E)10 mm^2

10. 人工接地体在土壤中的埋设深度一般不应小于(　　)。
(A)1 m　　(B)0.8 m　　(C)0.5 m　　(D)0.6 m

(二)多项选择题(多答不得分)

11. 利用滚球法设计等高双针保护时必须满足的条件有:(　　)。
(A)$h \leqslant h_r$　　(B)$D \geqslant 2r$　　(C)$D < h_r$　　(D)$h \geqslant h_r$

12. 在闪电直接击在位于 $LPZ0_A$ 区的格栅形大空间屏蔽上的情况下,其内部 LPZ1 区某点的磁场强度 $\boldsymbol{H}_1$ 与下列哪些参数有关(　　)。
(A)格栅形屏蔽的网格宽度　　(B)格栅形屏蔽网格导体的半径
(C)该点与距 LPZ1 区屏蔽顶的最短距离　　(D)该点与距 LPZ1 区屏蔽壁的最短距离

13. 对扩、改建防雷工程,在进行现场勘察时,应收集的材料有(　　)。
(A) 防直击雷接闪装置的现状　　(B)地下管线、隐蔽工程分布情况

(C)电气竖井内线路布置情况　　(D)电源线路进入建筑物的方式

14. 电磁耦合的机理有(　　)。

(A)电阻性耦合　　(B)电压耦合

(C) 电场耦合　　(D)磁场耦合

15. 为减小线路雷电感应效应而采取的措施有(　　)。

(A)评估屏蔽效能　　(B)适当的布线措施

(C)线路屏蔽措施　　(D)外部屏蔽措施

三、判断题:对的打"√",错的打"×"(每题 0.5 分,共 10 分)

1. GB 50057—94(2000 版)"建筑物防雷设计规范"适用于天线塔、共用天线电视接收系统、油罐、化工户外装置的防雷设计。(　　)

2. 对于第二类防雷建筑物,当建筑物高度超过 60 m 时,应采取防侧击雷和等电位的保护措施设。(　　)

3. 接地干线应在电气竖井内明敷,为了减少干扰,应与楼层主钢筋作等电位连接。(　　)

4. 雷击电涌保护器,既可解决雷击过电压问题,又能满足电气操作过电压的性能要求。(　　)

5. 接地装置冲击接地电阻(R_i)与工频接地电阻($R\sim$)的换算公式为:$R_i=R\sim/A$,其中 A 是一个接地电阻换算系数。(　　)

6. 非屏蔽电缆穿金属管埋地敷设时,其埋地长度应 $l\geqslant 2\sqrt{\rho}$,但不应小于 15 m。(　　)

7. 防雷区的划分是以建筑物室外和室内作为划分标准。(　　)

8. 测试供配电系统接地电阻时,为了准确,应把系统接地线断开测试。(　　)

9. 利用建筑物金属屋面作为自然接闪器时,金属板下面有易燃物品时,其厚度,铁板不应小于 4 mm。(　　)

10. 当开关型 SPD 与限压型 SPD 之间的线路长度小于 10 m,限压型 SPD 之间线路长度小于 5 m,应加装退耦装置。(　　)

11. 接地是减小电磁干扰的基本措施。(　　)

12. 当采用人工独立接地极时,引下线应在距地面 1.8 m$\geqslant h \geqslant$0.3 m 处设置断接卡,采用闭合环形接地体及柱筋做引下线时,可以不设断接卡只设测试板。(　　)

13. 一般要求限压型 SPD 的通流容量应足够大,因此其泄漏电流一般应大于 20 μA。(　　)

14. 防雷接地应与交流工作接地、直流工作接地、安全保护接地共用一组接地装置,接地装置的接地电阻值必须小于 1 Ω。(　　)

15. 需要保护的电子信息系统必须采取等电位连接与屏蔽保护措施。(　　)

16. 信息系统金属导体,电缆屏蔽层及金属线槽(架)等进入机房时,应做接地。(　　)

17. 用以对外墙作机械保护的金属覆盖物,如果不存在由于金属熔融而引燃的风险,且金属覆盖物厚度不小于 0.5 mm;可将其用作防雷系统的自然接闪部件。(　　)

18. 防雷等电位连接与电气等电位连接本质上是不一致的。(　　)

19. 当邻近的建筑物之间有电力和通信电缆等互相连通时,宜将其接地装置互相连接。(　　)

20. 内部防雷装置由等电位连接系统、共用接地系统、屏蔽系统、合理布线系统、浪涌保护器等组成,主要用于减小和防止雷电流在需保护空间内所产生的过电流。(　　)

四、简答题(1～4 题每题 4 分,5 题 7 分,共 23 分)

1. 外部防雷装置(LPS)和接地装置的功能是什么?

2. 防雷等电位连接的目的?它应包括哪些措施?

3. 有一间第二类防雷建筑物(见下图),高 38 m,长 65 m,宽 28 m,利用框架结构柱(图中小方框)钢筋作为暗装防雷引下线,屋顶有中央空调冷却塔、金属通风管及广告铁牌。经测量,引下线工频接地电阻为 3.9 Ω。请设计、绘制建筑物直击雷防护设施。

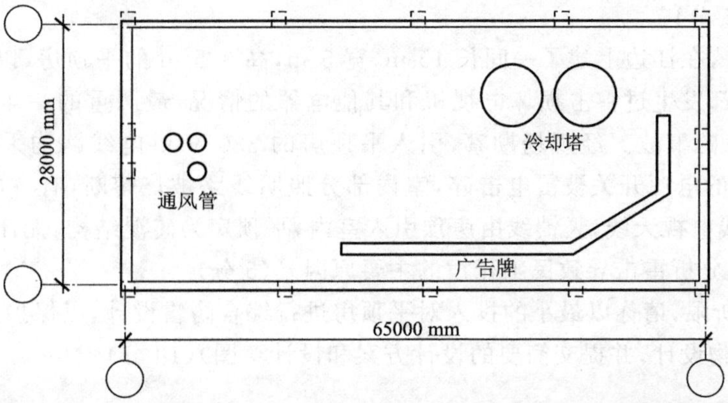

4. 图 1 和图 2 是两组电涌保护器(SPD)安装示意图，请分别说明两者的功用特点和区别。PD—电涌保护器的过电流保护电器，SPD—电涌保护器，E/I—被电涌保护器保护的电气装置或设备。

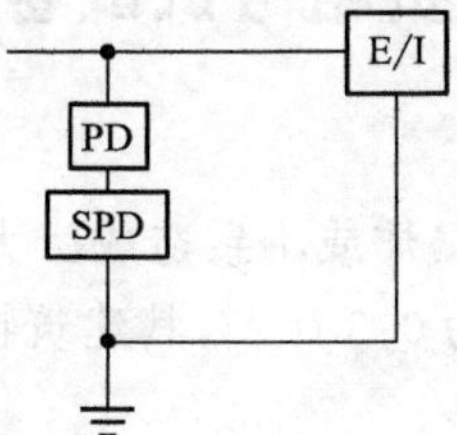

图 1

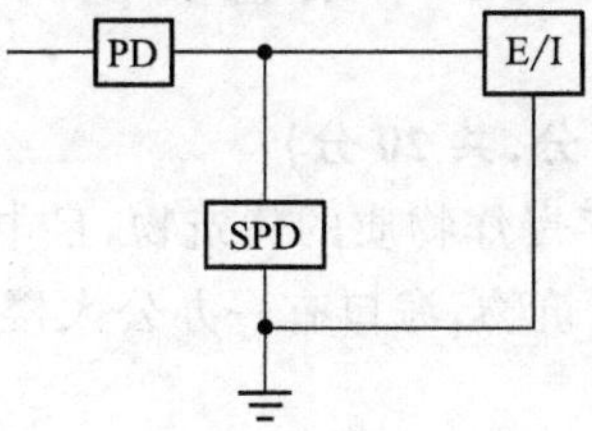

图 2

5. 叙述新建工程的防雷设计，应收集那些相关资料？(本题 7 分)

五、计算题(第 1、2 题，每题 6 分，第 3 题 10 分，共 22 分)

1. 有一栋高 18 层的第二类框防雷架结构建筑物，引下线 15 根沿周边均匀敷设，建筑物 6 面采用∅10 mm 圆钢安装 1 m×1 m 的屏蔽网格，在距建筑物 100 m 远处发生的首次雷击时，建筑物内 LPZ1 区中的最大磁感应强度及安全距离为多少？

2. 某市区有一栋综合大楼，长宽高分别为 54 m、22 m 和 97 m，该地区的平均雷暴日为 90 d，外引高压埋地电源线长 500 m、埋地信号线长 200 m，土壤的电阻率为 250 Ω · m，试计算建筑物及入户设施年预计雷击次数(N)，并确定该大楼属于几类防雷建筑物(经计算建筑物的等效面积 A_e 为 0.0478 km^2，电源线入户设施等效面积 A'_{e1} 为 0.0125 km^2，信号线入户设施等效面积 A'_{e2} 为 0.1 km^2，可接受的年平均最大雷击次数 N_c 为 0.9 次)。

3. 有一学校教学楼的信息系统设备经常遭首次雷击损坏，该教学楼属于第二类防雷建筑物，为此，请了一家公司在信息系统设备机房供电线路上设计安装了电涌保护器 SPD，SPD 安装在被保护设备的前端，请分析应选择电压保护水平 U_p 为多少的 SPD 及线路长度 L 多少合适？已知该被保护设备的耐绝缘电压为 1.5 kV(提示：不考虑电力线路屏蔽与否，也不考虑三相或单项。经计算，流经 SPD 两端引线 L1、L2 的电流平均陡度为 0.75 kA/μs，引线 L1、L2 单位长度电感为 L_0 = 1.6 μH/m，已知通过电源 SPD 的雷电流为 1 kA；电源 SPD 接地电阻为 1 Ω)。

六、综合应用题(15 分)

某县一水产养殖户，在江边上建了一间长 15 m，宽 5 m，高 3.5 m 的平顶房，以从事养殖业活动。自建成使用后，连续几年都发生过雷击损坏电视机和其他电器的情况，最严重的一年还造成了在房内休息的一名民工被雷击身亡的事故。经现场勘察，引入平顶房的 380 V 供电线路均采用木质电线杆架空引入，距死者身边 0.3 m 的电源开关被雷电击碎，室内部分照明线路被烧熔断，有一电机和电视机被烧坏，房顶有一 3 m 高的无线电视天线，天馈线由房顶引入室内，平顶房为砖混结构，无任何防雷措施。

问题：① 请你简要分析雷击导致民工死亡的主要原因。(5 分)

② 由于经济条件所限，请你以最小的投入对平顶房进行综合防雷设计，以保护人身和财产安全。(提示：按第几类防雷建筑物设计，并提交简要的设计方案和设计草图)(10 分)

2008 年某省防雷专业技术人员资格考试试卷

一、填空题(每题 1 分，共 20 分)

1. 制造、使用、储存爆炸物质的建筑物，且电火花不易引起爆炸或不致造成巨大破坏和人身伤亡应划为第________类防雷建筑物，海口有一办公大楼预计雷击次数为 0.3 次/a，其建筑物属于第________类防雷建筑物。

2. 有一座属于第二类的防雷建筑物的高度为 72 m，在设计时，应采取防侧击雷措施：从________m 起，每隔不大于________m 沿建筑物四周设水平避雷带并与________相连。

3. 各类防雷建筑物应采取________和________的措施。

4. 第二类防雷建筑物天面网格应不大于________m 或________m；第三类防雷建筑物引下线间距不应大于________m。

5. 建筑物应根据其________、________、________，按防雷要求分为________类。

6. 高为 32 m 独立避雷针在地面上的保护半径为________m，在 10 m 高平面上的保护半径为________m。($h_r=30$ m)

7. 第二类防雷建筑物首次雷电流幅值为________kA、雷电流陡度 di/dt 为________kA/μs。

8. 等电位连接的目的在于减少需要防雷的空间内各金属系统之间的________。

9. SPD 可按主要元件的特性组成________、________和________。

10. 除放电间隙外，SPD 在并联接入电网后都会有微安级的电流通过，当该漏电流________时，可以判定 SPD 不合格。

11. 雷击电磁脉冲的防护措施，主要有________、________、________，其中________是最主要的措施。

12. 下图为短时雷击波形，图中 T_1 表示________，T_2 表示________。

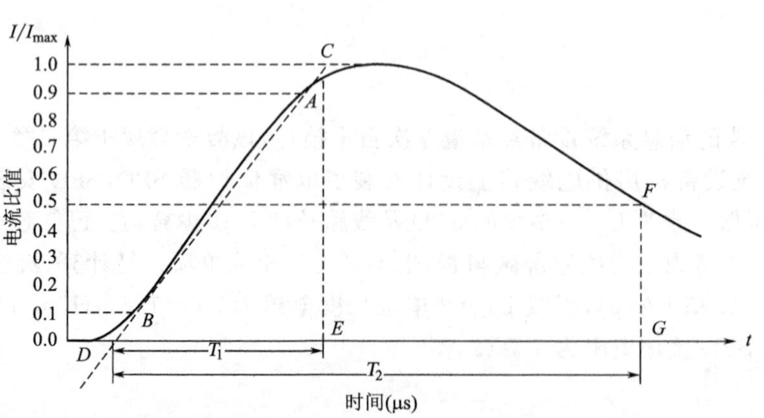

13. 在低压配电系统 TN-C-S 接地型式中，字母 C 表示：________，S 表示：________。

14. 钢质油罐罐壁不小于________mm 时可不装设接闪器，但必须做防雷接地，接地点不应少于________处，接地点沿油罐周长的间距不宜大于________m，接地电阻不宜大于________Ω。

15. 在________防雷区内各物体不可能遭到大于所选滚球半径对应的雷电流直接雷击，但本区内电磁强度没有得到衰减。

16. 在进行防雷工程焊接施工时，扁钢与扁钢搭焊接应为扁钢宽度的________倍，不少于 3 面施焊。圆钢与圆钢搭接为圆钢直径的________倍，双面施焊；圆钢与扁钢搭接为圆钢直径的________倍，双面施焊。

17.《建筑物防雷设计规范》GB 50057—94(2000 版)适用于________建筑物的防雷设计。

18. 建筑物内属于 C 级保护等级的电子信息系统，其电源线路安装的第一级浪涌保护器的标称放电电流不小于________kA(10/350 μs)，第二级浪涌保护器的标称放电电流不小于________kA(8/20 μs)。

19. 根据美国通用研究公司对电磁干扰进行的研究结果表明，当磁感应强度 B 达到________Gs 时计算机产生误动作，磁感应强度 B 达到________Gs 时将致使计机假性损坏。

20. 根据《汽车加油加气站设计与施工规范》(GB 50156—2002)，加油加气站的防雷接地、防静电接地、电气设备的工作接地、保护接地及信息系统的接地等，宜共用接地装置，其接地电阻不应大于________Ω。独立设置的防静电接地装置的接地电阻不应大于________Ω。

二、选择题(1～10 单项选择每题 0.5 分，多项选择每题 1 分，共 10 分)

(一)单项选择题

1. 第二类防雷建筑物引下线间距不应大于________，每根引下线的冲接接地电阻不应大于________。(　　)

(A)18 m、10 Ω　　(B)25 m、30 Ω　　(C)12 m、10 Ω　　(D)15 m、10 Ω

2. 依据国家标准，在第一、二、三类建筑物中当高度分别超过(　　)m 时，应采取防侧击雷的措施。

(A)20、30、45　　(B)25、40、50　　(C)30、45、60　　(D)30、40、50

3. 在 220/380 V 三相系统中，特殊需要保护设备的绝缘耐冲击电压额定值是(　　)。

(A)6 kV　　(B)4 kV　　(C)2.5 kV　　(D)1.5 kV

4. 在计算建筑物的年预计雷击次数时，当建筑物位于河边、湖边、土山顶部时，校正系数 k 应取(　　)。

(A)1　　(B)1.5　　(C)1.7　　(D)2

5. 电源线路浪涌保护器 B 级别第一级 I_n 应选(　　)8/20 μs 波形。

(A)80 kA　　(B)60 kA　　(C)50 kA　　(D)12.5 kA

(E)10 kA

6. 当第一类防雷建筑物所具有的长金属的弯头、阀门、法兰盘等连接处的过渡电阻大于时(　　)时，连接处应用金属线跨接。

(A)0.05 Ω　　(B)0.03 Ω　　(C)0.1 Ω　　(D)0.3 Ω

7. 利用滚球法设计等高双针(两针高 h、距离 D)保护时，除满足 $h \leqslant h_r$ 外，还须满足的条件是(　　)。

(A)$D \leqslant 2r_0$　　(B)$D \geqslant 2r_0$　　(C)$D < h_r$　　(D)$D \geqslant h_r$

8. 程控数字用户交换机配线架的接地线应采用线面积不小于(　　)。

(A)25 mm^2　　(B)4 mm^2　　(C)6 mm^2　　(D)10 mm^2

(E)16 mm^2　　(F)25 mm^2

9. 下图中的低压配电系统接地型式属于(　　)系统。

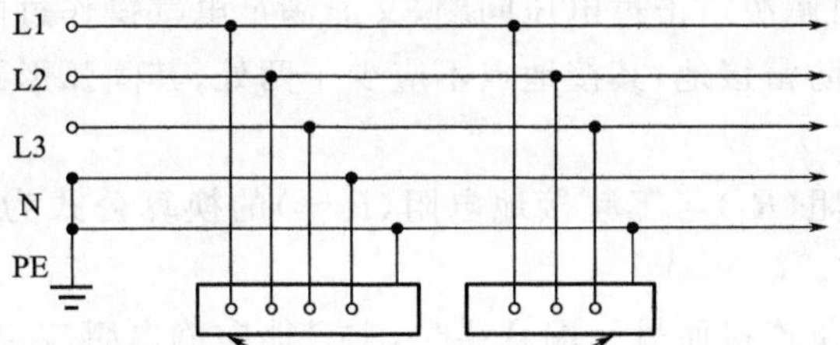

(A)TN-S　　(B)TN-C　　(C)IT　　(D)TT

10. 浪涌保护器必须能承受预期通过它们的雷电流,并应符合以下两个附加要求:一是具有通过雷电流时的最大钳压,二是有能力熄灭在雷电流通过后产生的(　　)。

(A)高频电流　　(B)电火花　　(C)工频续流　　(D)静电

(二)多项选择题(多答不得分)

11. 第二类防雷建筑物均应采取防(　　)措施。

(A)直击雷　　(B)静电感应　　(C)雷电波侵入　　(D)电磁感应

12. 用滚球法确定装置的保护范围,需要了解的数据有(　　)。

(A)建筑物的防雷类别　　(B)防雷装置的高度

(C)被保护物的高度　　(D)被保护物至防雷装置的水平距离

13. 防止雷电对电子电器设备损害的措施主要有(　　)。

(A)完善的外部防雷设施

(B)安装合适的电涌保护器

(C)采取等电位处理措施

(D)注意机房的选择、设备的安放位置

(E)合理布线

14. 下列需要安装防雷装置的场所有(　　)。

(A)易燃易爆物资贮存场所　　(B)电力设施

(C)第一类防雷建筑物　　(D)计算机信息系统

15. 在闪电直接击在位于 $LPZ0_A$ 区的格栅形大空间屏蔽上的情况下,其内部 LPZ1 区某点的磁场强度 $\boldsymbol{H}_1$ 与下列哪些参数有关(　　)。

(A)格栅形屏蔽的网格宽度

(B)格栅形屏蔽网格导体的半径

(C)该点与距 LPZ1 区屏蔽顶的最短距离

(D)该点与距 LPZ1 区屏蔽壁的最短距离

三、判断题:对的打"√",错的打"×"(每题 0.5 分,共 10 分)

1. 建筑物防雷设计,应在认真调查地理、地质、土壤、气象、环境等条件和雷电活动规律以及被保护物的特点等的基础上,详细确定防雷的形式及其布置。(　　)

2. 第三类防雷建筑物无需设置防雷电波侵入措施。(　　)

3. S 型等电位连接网络可用于较大的机房,M 型等电位连接网络可用于较小的机房。(　　)

4. 光缆通信方式,因为雷电感应对光缆无响应,所以不存在防雷问题。(　　)

5. 双支等高避雷针的保护范围在避雷针高度 h 小于或等于 h_r 时的情况下,当两支避雷针的距离 D 大于或等于?时,应按单支避雷针的方法确定。(　　)

6. 建筑物年预计雷击次数的计算公式中,位于旷野孤立的建筑物校正系统 k 取 1.5。(　　)

7. 为防止跨步电压,防直击雷的人工接地体距建筑物出口或人行道应小于 3 m。(　　)

8. 位于避雷针保护的大楼内部的人和设备不会遭受雷击。(　　)

9. 交流工作接地、安全保护接地、直流工作接地、防雷接地等 4 种接地共采用一组接地装置,其接地电阻按其中任意一个确定。(　　)

10. 雷击电涌保护器,既可解决雷击过电压问题,又能满足电气操作过电压的性能要求。(　　)

11. 金属油罐必须做环形防雷接地,其接地点不应少于两处,其间弧形距离不应大于 30 m,接地体距罐壁的距离应大于 5 m。(　　)

12. 接地装置冲击接地电阻(R_i)与工频接地电阻($R\sim$)的换算公式为:$R_i=R\sim/A$,其中 A 是一个与接地体敷设长度有关的系数。(　　)

13. 屏蔽层仅一端做等电位连接而另一端悬浮时,它只能防静电感应。(　　)

14. 当电子信息系统采用 M 型等电位连接网络时,其系统的各金属组件不应与共用接地系统各组件绝缘。(　　)

15. 非屏蔽电缆穿金属管埋地敷设时，其埋地长度应$\geqslant 2\sqrt{\rho}$，但不应小于 15 m。（　　）

16. 测试供配电系统接地电阻时，为了准确，应把系统接地线断开测试。（　　）

17. 防雷区的划分是以各区交界处的电磁环境有无变化为标准。通常，防雷区的级数越高，电磁场强度越小。（　　）

18. 防雷等电位连接与电气等电位连接本质上是不一致的。（　　）

19. 海口市年平均雷暴日为 113.8 d，按 GB 50343—2004 划分属强雷区 。（　　）

20. 用以对外墙作机械保护的金属覆盖物，如果不存在由于金属熔融而引燃的风险，且金属覆盖物厚度不小于 0.5 mm；可将其用作防雷系统的自然接闪部件。（　　）

四、简答题（1～4 题每题 4 分，5 题 7 分，共 23 分）

1. 请说明雷电危害的主要方式。

2. 防雷等电位连接的目的？它应包括哪些措施。

3. 防雷工程现场施工中应注意做好那些施工记录。

4. 请画出 TN-S 低压配电接地型式，并简要说明其特点。

5. 有一高为 60 m 的第二类框架结构防雷建筑物，请说明其直击雷防护设计要点。

五、应用题（第 1、2 题，每题 6 分，第 3 题 10 分，共 22 分）

1. 某市区的一栋通信大楼长宽高分别为 54 m、22 m 和 97 m，该地区的平均雷暴日为 100 d，外引高压埋地电源线长 500 m、埋地信号线长 200 m，土壤的电阻率为 250 Ω·m，试计算建筑物及入户设施年预计雷击次数（N），并确定其雷电防护等级（经计算 A_e 为 $0.0478\ km^2$，$A'_{e1}=0.0125\ km^2$，$A'_{e2}=0.1\ km^2$，$N_C=0.9$）。

2. 有一国家级档案馆，高 30 m，长 60 m，宽 30 m，防雷接地以利用框架柱钢筋结构作为暗装引下线。经检测，接地电阻为 0.9 Ω，但天面无避雷设施，要整改。请设计、绘制建筑物直击雷防护设施。（提示：基础到天面有一条主筋焊接，可作为暗装引下线）。

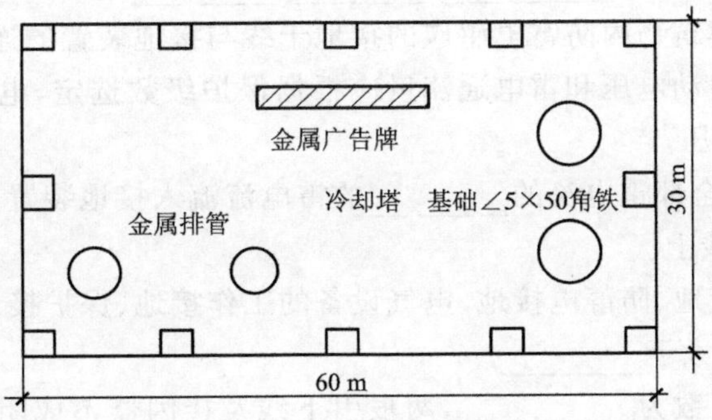

3. 有一栋高 16 层的框架结构防雷建筑物，设有 15 根防雷引下线，建筑物六面均采用∅20 mm 圆钢安装 1.5 m×1.5 m 的屏蔽网格，求在距离 100 m 处发生的首次雷击强度为 120 kA 的雷击时，建筑物内 LPZ1 区中的磁感应强度及安全距离。

六、综合应用题（15 分）

海南某县一农户，在水库边上建了一间长 15 m，宽 5 m，高 3.5 m 的砖混结构平顶房，以从事养殖业活动。自建成使用后，连续几年都发生过雷击损坏电视机或其他电器的情况，最严重的一年还造成了在房内休息的一名民工被雷击身亡的事故。经现场勘察，引入平顶房的 220 V 照明线路均采用木质电线杆架空引入室内，房顶有一用竹竿竖起距屋面有 3 m 高的无线电视接收天线，天馈线由房顶引入室内，平顶房无任何防雷措施。雷电将 3 m 高的电视天线竿击断，天馈线烧断，室内距死者身边 0.3 m 处有一电源开关被雷电击碎，室内部分照明线路被烧熔断，电视机被烧坏。

问题：① 请你分析雷击导致民工死亡的主要原因。(5 分)

② 由于经济条件所限，请你以最小的投入对平顶房进行综合防雷设计，以保护人身和财产安全。(提示：按第几类防雷建筑物设计，并提交简要的设计方案和设计草图)(10 分)

2009 年某省防雷工程专业资格考试试卷

一、填空题(请在空格里填上答案，每空 0.5 分，共 15 分)

1.《建筑物电子信息系统防雷技术规范》GB 50343—2004 适用于新建、扩建、改建的建筑物电子信息系统防雷的 ________、________、________、________ 和管理。

2. 建筑物防雷设计应在认真调查防雷建筑物的地理、地质、土壤、气象、环境等条件和 ________ 等基础上，详细研究防雷装置的形式及其布置。

3. 海口市区有一栋住宅楼，经计算，其预计雷击次数为 0.23 次/a，该住宅楼属于第 ________ 类防雷建筑物。

4. 人工垂直接地体的长度宜为 ________ m。人工垂直接地体间的距离及人工水平接地体间的距离宜为 ________ m，受地方限制时可适当减小。

5. 利用金属屋面作为接闪器时，金属板下面无易燃物品时，铁板厚度不应小于 ________，金属板下面有易燃物品时，铁板厚度不应小于 ________。

6. 当采用人工独立接地极时，引下线应在距地面 ________ 之间设置断接卡。

7. 在进行建筑物防雷装置施工时，若采用∅10 mm 圆钢作为避雷带，那么在采用双面焊接情况下，避雷带与避雷带的搭接长度应不短于 ________。

8. 防雷击电磁脉冲主要措施是：________、________、________。

9. 第二类防雷建筑物，建筑物内防雷电感应的接地干线与接地装置的连接，不应少于 ________ 处。

10. 电源电涌保护器的启动电压和雷电通流量应根据保护级数选定，电涌保护器的 ________ 越小越好，应小于设备的耐冲击过电压。

11. 建筑物遭受雷击时，全部雷电流的 ________ 的雷电流流入接地装置，剩下的平均分配在进入建筑物的金属管道、电力线、通信线上。

12. 加油加气站的防雷接地、防静电接地、电气设备的工作接地、保护接地及信息系统的接地等，宜共用接地装置，其接地电阻不应大于 ________。

13. 单根引下线的分流系数为 ________，两根引下线及接闪器不成闭合的多根引下线的分流系数为 ________，接闪器成闭合环或网状的多根引下线的分流系数为 ________。

14. 从雷云密布到发生闪电的整个过程中，同时会出现 3 种物理现象：________、________、________。

15. 当第一类、第二类防雷建筑物的面积之和小于建筑物总面积的 30%，且不可能遭直接雷击时，该建筑物可确定为第 ________ 类防雷建筑物。

16. 当防雷建筑物不可能遭直接雷击时，可不采取防直击雷措施，可仅按各自类别采取防 ________ 和防 ________ 的措施。

17. 有一支独立避雷针，设置了人工接地体，接地体周围土壤电阻率为 90 Ω·m，用摇表测得独立针的接地装置工频接地电阻为 4.8 Ω，则换算成冲击接地电阻为 ________。

二、单项选择题(请在括弧里填上一个选项，每题 0.5 分，共 10 分)

1. 第二类防雷建筑物整个屋面应组成不大于(　　)的避雷网格。

(A) 20 m×20 m 或 24 m×16 m　　　(B)10 m×10 m 或 12 m×8 m

(C) 5 m×5 m 或 6 m×4 m　　(D)15 m×15 m 或 18 m×12 m

2. 第三类防雷建筑物当仅利用建筑物四周的钢柱或柱内钢筋作为引下线时，可按跨度设引下线，但引下线的平均间距不应大于(　　)。

(A)18 m　(B)24 m　(C)25 m　(D)40 m

3. 露天棉花堆场采用独立避雷针防直击雷时，其滚球半径可取(　　)。

(A)30 m　(B)60 m　(C)100 m　(D)120 m

4. 为防止雷电流流经引下线和接地装置时产生的高电位对附近金属物或电气线路造成影响，在计算引下线与金属物或电气线路的距离时会使用到分流系数 k_c，对于分流系数 k_c 下列哪种说法是错误的。(　　)

(A)单根引下线时分流系数最大。

(B)两根以上引下线并且接闪器不成闭合环时，引下线越多分流系数越小。

(C)接闪器成闭合环或网状的多根引下线分流系数比接闪器不成闭合环时小。

(D)在接地装置相同(即采用环形接地体)的情况下，当计算的分流系数值不同时，可取较小的数值。

5. 我国一般按年平均雷暴日数将雷电活动区分为少雷区、多雷区、强雷区和高雷区。强雷区是指年平均雷暴日数为(　　)。

(A)<20 d　(B)20～40 d　(C)41～60 d　(D)>60 d

6. 对坡度不小于 1/2 的屋面，易受雷击的部位为(　　)。

(A)屋檐　(B)女儿墙　(C)屋面　(D)屋脊

7. 第一类防雷建筑物防直击雷的措施，应装设(　　)，使被保护的建筑物及风帽，放散管等突出屋面的物体均处于接闪器的保护范围内。

(A)避雷针　(B)避雷网

(C)避雷针或避雷网　(D)独立避雷针或架空避雷线(网)

8. 无电涌出现时在线 SPD 呈高阻状态，当线路上出现电涌且电压达到一定的值时，SPD 的阻抗突然下降变为低阻的 SPD，这种 SPD 的类型属于(　　)。

(A)电压开关型　(B)电流限制型

(C)电流开关型　(D)电压限制型

9. 当(　　)通过 SPD(以 MOV 为主的)时，会发出一定热量，致使发生漂移或退化，严重时会造成过热爆炸。

(A)标称放电电流　(B)残压　(C)工频续流　(D)漏电流

10. 第一类防雷建筑物，防雷电感应的接地装置(　　)，其工频接地电阻不应大于 10 Ω。

(A)应和电气设备接地装置共用

(B)不能和电气设备接地装置共用

(C)应与和电气设备接地装置保持规定的距离

(D)视具体情况可以和电气设备接地装置共用

11. 在爆炸性气体环境中，正常运行时可能出现爆炸性气体混合物的环境应划为(　　)。

(A)0 区　(B)1 区　(C)2 区　(D)10 区

12. 电子信息系统线缆与变电室、电梯机房、空调机房之间最小的净距为(　　)。

(A)1 m　(B)2 m　(C)3 m　(D)4 m

13. 基站天馈线应从铁塔中心部位引下，同轴电缆在其上部、下部和经走线桥进入机房前，屏蔽层应就近接地。当铁塔高度大于或等于(　　)时，同轴电缆金属屏蔽层还应在铁塔中部增加一处接地。

(A)15 m　(B)30 m　(C)45 m　(D)60 m

14. 为防止雷电波侵人，架空金属管道，在进出建筑物处，应与(　　)相连。

(A)防雷电感应的接地装置　(B)共用接地装置

(C)防直击雷的接地装置　(D)电气设备的接地装置

15. 第一类防雷建筑物，当树木高于建筑物且不在接闪器保护范围之内时，树木与建筑物之间的净距不应(　　)。

(A)小于 1 m　　(B)小于 2 m　　(C)小于 3 m　　(D)小于 5 m

16. 第二类防雷建筑物,每根引下线的冲击接地电阻(　　)。

(A)不应大于 5 Ω　　(B)可以大于 5 Ω　　(C)不应大于 10 Ω　　(D)可以大于 10 Ω

17. 防直击雷接地和防雷电感应、电气设备、信息系统等接地共用同一接地装置,并与埋地金属管道相连的情况下,接地装置宜围绕建筑物敷设成(　　)。

(A)长形接地体　　(B)L 型接地体　　(C)凹型接地体　　(D)环形接地体

18. 第二类防雷建筑物利用基础内钢筋网作为接地体时,在周围地面以下距地面不小于(　　),每根引下线所连接的钢筋表面积总和应符合《建筑物防雷设计规范》的要求。

(A)0.3 m　　(B)0.5 m　　(C)0.8 m　　(D)1.0 m

19. 国家级重点文物保护的建筑物属于(　　)。

(A) 第一类防雷建筑物　　(B)第二类防雷建筑物

(C)第三类防雷建筑物　　(D)第四类防雷建筑物

20. 用于限制暂态过电压和分流浪涌电流的装置不能称为(　　)。

(A)SPD　　(B)浪涌保护器　　(C)RCD　　(D)电涌保护器

三、多项选择题(请在每题里填上不少于两个选项,全对得 1 分,少选得 0.5 分,多选或只选 1 项不得分,共 15 分)

1. 闪电中可能出现的 3 种雷击是(　　)。

(A)短时首次雷击　　(B)感应雷击　　(C)向上闪击(上行雷)

(D)后续雷击　　(E)长时间雷击　　(F)雷电波侵入

2. 表征雷电流的参数有(　　)。

(A)单位能量　　(B)波头时间　　(C)波尾时间　　(D)电荷量

3. 与避雷针的引雷(拦截)效率有关的因素有(　　)。

(A)雷电极性　　(B)先导头部电位　　(C)避雷针数量　　(D)雷电流幅值

4. 在闪电直接击在位于 $LPZ0_A$ 区的格栅行大空间屏蔽上的情况下,其内部 LPZ1 区内的 V_S 空间内某点的磁场强度 $\boldsymbol{H}_1$ 大小与下列(　　)有关。

(A)雷电流　　(B)建筑物引下线　　(C)安全距离

(D)屏蔽网格宽度　　(E)屏蔽网格材料

5. 电子信息系统信号线路浪涌保护器应根据线路的(　　)等参数,选用适配的浪涌保护器。

(A)工作频率　　(B)电压驻波比　　(C)传输速率　　(D)传输带宽

(E)插入损耗　　(F)传输介质

6. 一个信息系统是否需要防雷击电磁脉冲,应在完成直接、间接损失评估和建设、维护投资预测后认真分析综合考虑,做到(　　)。

(A)安全　　(B)全面到位　　(C)适用　　(D)经济

7. 各类防雷建筑物均应采取防(　　)措施。

(A)直击雷　　(B)静电感应　　(C)雷电波侵入　　(D)雷电感应

8. 为减小雷电电磁效应而采取的措施有(　　)。

(A)外部屏蔽措施　　(B)评估屏蔽效能

(C)线路屏蔽措施　　(D)适当的布线措施。

9. 星型接地装置的任务是(　　)。

(A)将雷电流导入大地　　(B)引下线间的等电位连接

(C)导电性建筑物墙体附近的电位控制　　(D)拦截在地面传播的雷电流

10. 第二类防雷建筑物,当(　　)时,宜利用基础内的钢筋作为接地装置。

(A)基础采用硅酸盐水泥　　(B)周围土壤的含水量不低于 4%

(C)基础的外表面无防腐层　　(D)基础的外表面有沥青质的防腐层

11. 建筑物的(　　)宜作为引下线的一部分,其各部件之间均应连成电气通路。

(A)电梯井　　(B)消防梯　　(C)钢柱　　(D)金属门

12. 对防雷工程施工中部分隐蔽工程施工情况,如(　　)等,必须详细记录,如条件许可,可用图片和录像的方式保存下来,交公司资料室存档。

(A)基础柱筋的焊接　　(B)接地体的敷设

(C)降阻剂的敷设　　(D)引下线的焊接

13. 埋于土壤中的人工垂直接地体宜采用(　　)。

(A)扁钢　　(B)角钢　　(C)圆钢　　(D)钢管

14. 在高土壤电阻率地区,降低防直击雷接地装置接地电阻宜采用下列方法(　　)。

(A)采用多支线外引接地装置　　(B)接地体埋于较深的低电阻率土壤中

(C)采用降阻剂　　(D)换土

15. 当非金属烟囱无法采用单支或双支避雷针保护时,应采取的措施是(　　)。

(A)在烟囱口装设环形避雷带

(B)对称布置四支高出烟囱不低于 0.5 m 的避雷针

(C) 对称布置三支高出烟囱不低于 0.5 m 的避雷针

(D)在烟囱顶部加盖金属帽并与防雷接地装置相连

四、判断题:(请在对的题后打"√",错的题后打"×",每题 1 分,共 10 分)

1. 雷电浪涌保护器的应用,可解决雷击过电压问题,但不能满足电气操作过电压的性能要求。(　　)

2. 防雷区的划分是以建筑物室外和室内作为划分标准。(　　)

3. 内部防雷装置由等电位连接系统、共用接地系统、屏蔽系统、合理布线系统、浪涌保护器等组成,主要用于减小和防止雷电流在需保护空间内所产生的过电压。(　　)

4. 闪电电荷是指一次闪电中所有正电荷的数量。这个数量直接反映一次闪电放出的能量,也就是一次闪电的破坏力。(　　)

5. 大量的观测表明,雷电流具有单极性的脉冲波形,有 80%～90%的雷电流是正极性的。(　　)

6. 内部有大量金属体的厂房,或者内部经常潮湿的厂房,因其导电性好,不易发生雷击。(　　)

7. 各类防雷建筑物应采取防直击雷和防雷电感应的措施。(　　)

8. 装有防雷装置的建筑物,在防雷装置与其他设施和建筑物内人员无法隔离的情况下,不应采取等电位连接。(　　)

9. 为避免接闪时产生接触电压对人们造成危害,不应将建筑物外墙上的栏杆、门窗等较大的金属物与防雷装置连接。(　　)

10. 严禁在独立避雷针的支柱上悬挂电话线、广播线、电视接收天线及低压供电线路。(　　)

五、简答题(每题 5 分,共 20 分)

1. 什么是等电位连接?

2. 防雷装置拦截效率 E 与那些因素有关?

3. 简述信息系统电源线路采用多级 SPD 防护的主要目的。

4. 叙述电源开关型浪涌保护器和限压型浪涌保护器的主要优缺点,它们主要适合安装在电源线路的什么部位?

六、应用题(第 1、2 题 6 分,第 3 题 8 分,共 20 分)

1. 在某配电盘上安装了Ⅰ级分类试验的 SPD,其 U_P(电压保护水平)为 4 kV,SPD 与相线的连线长度为 0.4 m,与等电位连接带的连线长度为 0.6 m,此时如有雷击电涌通过,后端设备将要承受多大的最大电涌电压?(说明条件:二类雷电流已计算为 2.1 kV,连线电感为 1 μH/m)

2. 在海口市区发生的某次首次雷击中，闪电定位测网监测到其雷电流幅值为 40 kA，请计算本次雷击的电荷量和单位能量。

3. 某栋高 19 层的框架结构第二类防雷建筑物，设有 20 根防雷引下线，计算机放在第 10 层的 LPZ1 区中，计算机房 6 面均采用∅20 圆钢安装 1 m×1 m 的屏蔽网格，计算机离楼顶为 2 m，离四壁最短距离为 1 m，求：①邻近 120 m 情况下发生强度为 80 kA 首次雷击，求计算机房 LPZ1 区中的磁场强度和安全距离；②直击雷击中该大楼（注：首次雷击），求计算机房 LPZ1 区中的磁场强度和安全距离。

七、综合题（10 分）

海南某市区有一栋框架机构综合办公楼，该综合办公楼长宽高分别为 54 m、22 m 和 97 m，办公楼外引高压埋地电源线长 500 m、信号线埋地长 200 m，土壤的电阻率为 250 Ω·m，该综合办公楼主体工程于 2007 年 2 月通过验收投入使用，以后办公楼内逐步增加有计算机网络、安防监控、火灾自动报警和消防联动、电话、卫星电视等信息系统，其中安防监控、卫星电视和消防控制机房部分设备于 2008 年 7 月被雷电损坏过。根据该办公楼业主的要求，需对办公楼内部设施设备设计安装防雷设施保护。

问：① 该办公楼的年预计雷击次数为多少？办公楼所在地区雷击大地的年平均密度为多少？试计算建筑物及入户设施年预计雷击次数(N)，该办公楼应按几类防雷建筑物进行设计？并确定其雷电防护等级（经计算建筑物的等效面积 A_e 为 0.0478 km^2，电源线入户设施等效面积 A'_{e1} 为 0.0125 km^2，信号线入户设施等效面积 A'_{e2} 为 0.1 km^2，可接受的年平均最大雷击次数 N_c 为 0.9 次，该地区的年平均雷暴日为 110 d）。(4 分)

② 针对该办公楼内部诸多信息系统设备，你认为应该采取那些具体的防雷设施进行保护才能避免或减少损失？(6 分)

2010 年某省防雷工程专业资格考试试卷

一、填空题（请在空格里填上答案，每空 1 分，共 15 分）

1. 将分开的装置、诸导电物体用等电位连接导体或电涌保护器连接起来以减小雷电流在它们之间产生的________。

2. 外敷多根引下线时，应在各引下线上于距地面________之间装设断接卡。

3. 在建筑物进线处和其他防雷区界面处的最大浪涌电压，即浪涌保护器的最大箝压加上其两端引线的感应电压值应________与所保护系统的基本绝缘水平和设备允许的最大浪涌电压值。

4. 当电压开关型浪涌保护器至限压型浪涌保护器之间的线路长度小于 10 m、限压型浪涌保护器之间的线路长度小于 5 m 时，在两级浪涌保护器之间应加装________。

5. 下图为短时雷击波形，图中 T_1 表示波头时间，T_2 表示________。

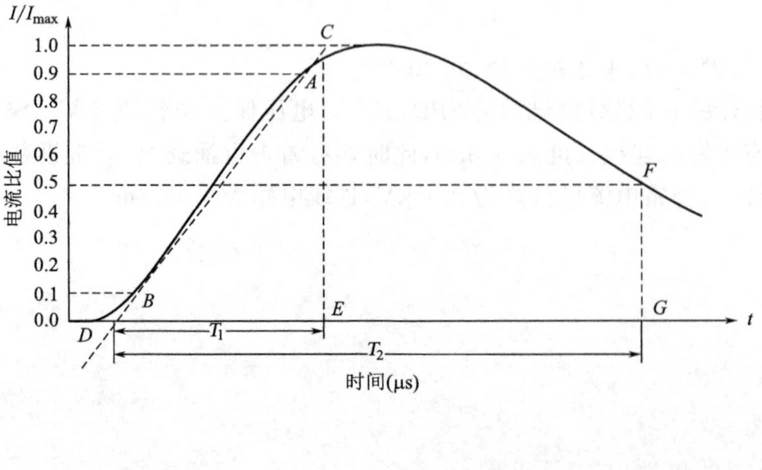

6. 有 18 层高的框架结构大楼，设有 10 根∅20 mm 的引下线，在 120 kA 雷电流直接击建筑物的情况下，大楼第 12 层防雷引下线的分流系数为________。

7. 根据建筑物的重要性、________、发生雷电事故的可能性和后果分为三类。

8. 信息系统设备的接地及箱体、壳体、机架等金属组件与建筑物的共用接地系统的等电位连接，等电位连接网络的结构形式有：________型和________型或两种结构形式的组合。

9. 大地被雷击时，90％以上都是负电荷从雷雨云向大地放电，这种放电称之为________。

10. 电子信息系统的防雷设计，当需要时可在设计前对现场________进行评估。

11. 当长金属物的弯头、阀门、法兰盘等连接处的过渡电阻大于________，连接处应用金属线跨接。

12. 金属导体、电缆屏蔽层及金属线槽(架)进入机房时，应做________。

13. 有一座属于第二防雷建筑物的高层大楼，高度为 81 m，在设计防侧击雷措施时，应________m 及以上外墙上的栏杆、门窗等较大的金属物与防雷装置连接。

14. 某厂区测得土壤电阻率为 100 Ω·m，用摇表测得避雷针的接地电阻为 16Ω，该避雷针冲击接地电阻值为________Ω。

二、单项选择题(请在括弧里填上一个选项，每题 1 分，共 30 分)

1. 关于等电位连接的定义，正确的是(　　)。

(A)使设备和装置外露可导电部分的电位基本相等的电气连接

(B)使设备和装置的电位相等的电气连接

(C)使设备和装置外露可导电部分的电位相等的电气连接

(D)使设备和装置的电位基本相等的电气连接

2. 内部防雷装置主要用于减小和防止雷电流在需防空间内所产生的(　　)。

(A)热效应　　(B)冲击波效应　　(C)静电感应　　(D)电磁效应

3. 信息系统机房接地装置应在不同处采用(　　)连接导体与室内总等电位接地端子板相连接。

(A)一根　　(B)两根　　(C)三根　　(D)四根

4. 在 220/380 V 三相系统中，特殊需要保护设备的绝缘耐冲击电压额定值是(　　)。

(A)6 kV　　(B)4 kV　　(C)2.5 kV　　(D)1.5 kV

5. 连接等电位端子的接地干线应在电气竖井内(　　)，并与楼层主钢筋作等电位连接。

(A)屏蔽　　(B)套管　　(C)暗敷　　(D)明敷

6. 防雷接地与交流工作接地、直流工作接地、安全保护接地共用一组接地装置时，接地装置的接地电阻值必须按(　　)确定。

(A)接入设备中要求的最小值　　(B)小于 30 Ω

(C)小于 10 Ω　　(D)小于 4 Ω

7. 对于电子信息系统防护等级是 B 级的场所，第一级、第二级、第三级电源线路浪涌保护器标称放电电流参数值应该分别大于(　　)kA。

(A)100　80　60　　(B)80　60　40　　(C)60　40　20　　(D)50　20　10

8. 在海口市区发生的某次首次雷击中，闪电定位测网监测到其雷电流幅值为 70 kA，本次雷击的电荷量是(　　)库仑。

(A)20　　(B)25　　(C)30　　(D)35

9. 独立避雷针存在阻抗和感抗，当大电流在极短时间内通过它时，会产生极大的对地电压，此时，如有物体和它相距接近到一定程度，就会引起击穿，导致发生(　　)。

(A)绕击　　(B)侧击　　(C)直击　　(D)反击

10. 不同楼层的楼层配线柜的接地线应采用(　　)，截面积不小于 16 mm。

(A)铝带　　(B)扁铁　　(C)圆钢　　(D)绝缘铜导线

11. 按照规范要求，电子信息系统线缆与电气设备之间的净距要求最小的是(　　)。

(A)配电箱　　(B)变电室　　(C)电梯机房　　(D)空调机房

12. 在 $LPZ0_A$ 或 $LPZ0_B$ 区与 LPZ1 区交界处，在从室外引来的线路上安装的 SPD，应选用符合

(　　)分类试验的产品。

(A)Ⅰ级　　(B)Ⅱ级　　(C)Ⅲ级　　(D)Ⅳ级

13. 电磁场没有衰减，各类物体很少遭受直接雷击，属充分暴露的直击雷防护区称为(　　)。

(A)$LPZ0_A$　　(B)LPZ1　　(C)$LPZ0_B$　　(D)LPZ2

14. 利用铜质材料安装接地装置时，钢质和铜质接地装置之间连接应采用(　　)方法连接，连接部位应作防腐处理。

(A)螺栓　　(B)焊接　　(C)压接　　(D)熔接

15. 当设置人工接地体时，人工接地体宜在建筑物四周散水坡外大于(　　)处埋设成环形接地体，并可作为总等电位连接带使用。

(A)2 m　　(B)1 m　　(C)0.5 m　　(D)1.5 m

16. 除第一类防雷建筑物外，可利用金属屋面作为接闪器，当金属板下面无易燃物品时，厚度不应小于(　　)mm。

(A)0.5　　(B)0.7　　(C)4　　(D)5

17. 等电位接地端子之间应用接地干线连接。接地干线宜采用多股铜芯导线或铜带，其截面积(　　)。

(A)不应小于 32 mm　　(B)不应小于 16 mm

(C)不应大于 32 mm　　(D)不应大于 16 mm

18. 当树木高于建筑物且不在接闪器保护范围之内时，树木与建筑物之间的净距不应小于(　　)。

(A)2 m　　(B)3 m　　(C)5 m　　(D)6 m

19. 下列说法正确的是(　　)。

(A)按照 GB 50057—94(2000 年版)规范设计的建筑物防雷装置的安全度是 100%

(B)建筑物内防雷电感应的接地干线与接地装置的连接不应多于两处

(C)雷电电磁干扰主要通过传导藕合和辐射藕合两种方式传送到被干扰对象

(D)LPZ0 区的电磁场强度最小

20. 电子信息系统的机房中，电气和电子设备的金属外壳、机柜、机架、金属管、槽、屏蔽线缆外层、信息设备防静电接地、安全保护接地、浪涌保护器接地端等均应以(　　)与等电位连接网络的接地端子连接。

(A)最长距离　　(B)最短距离　　(C)斜线距离　　(D)直线距离

21. 第二类防雷建筑物的引下线不应少于两根，并应沿建筑物四周均匀或对称布置，其间距不应大于(　　)m。

(A)6　　(B)12　　(C)18　　(D)25

22. 无电涌出现时在线 SPD 呈高阻状态，随着线路上的电涌电流及电压的增加达到一定值时，SPD 的阻抗跟着连续变小变为低阻的 SPD，过电压被限制到规定水平。这种属于(　　)SPD。

(A)电压开关型　　(B)电压限制型　　(C)电压泄流型　　(D)组合型

23. 向上负地闪是(　　)。

(A)先导向上，地闪电流方向向上　　(B)先导向上，地闪电流方向向下

(C)先导向下，地闪电流方向向上　　(D)先导向下，地闪电流方向向下

24. 第二类防雷建筑物每根防雷引下线的冲击接地电阻不应大于(　　)。

(A)5 Ω　　(B)10 Ω　　(C)20 Ω　　(D)30 Ω

25. 下图中的低压配电系统接地型式属于(　　)系统。

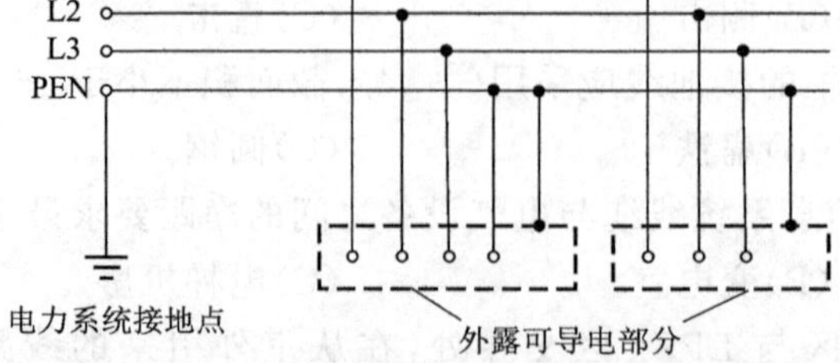

(A) TN-C-S　　(B) TN-C　　(C) TN-S　　(D) TT

26. 在工程的设计阶段不知道信息系统的规模和具体位置的情况下，若预计将来会有信息系统，应在设计时将建筑物的钢筋混凝土的钢筋等自然构件、金属管道、配电的保护接地系统联结在一起，并和建筑物防雷装置(　　)。

(A)构成一个共用接地系统　　(B)敷设独立接地系统

(C)预留适当接地系统位置　　(D)地下有保持 3 m 以上距离

27. 下列各种观点中，正确的是(　　)。

(A)顶层的引下线分流系数最小

(B)为了减少 k_c 值，工程设计时应增加接地装置面积

(C)进入建筑物的外来导电物应在 $LPZ0_A$ 或 $LPZ0_B$ 与 LPZ1 区的界面处做等电位连接

(D)S 型等电位连接网络适用于高频网络

28. 固定在建筑物上的节日彩灯、航空障碍信号灯及其他用电设备的线路，应根据建筑物的重要性，首先考虑采取防止(　　)的措施。

(A)直击雷　　(B)雷电感应　　(C)雷电波侵入　　(D)雷击电磁脉冲

29. 建筑物电子信息系统的雷电防护等级应按防雷装置的(　　)划分为 A、B、C、D 四级。

(A)拦截效率　　(B)配置大小　　(C)拦截水平　　(D)配置级别

30. 在裸露的坚硬岩石环境下进行接地装置安装时，可采用(　　)接地装置。

(A)星(S)型结构　　(B)降阻剂

(C)网(M)型结构　　(D)铜包钢

三、多项选择题(请在每题里填上不少于两个选项，全对得 1 分，少选得 0.5 分，多选或只选 1 项不得分，共 20 分)

1. 当电子信息系统设备为非金属外壳，且机房屏蔽未达到设备电磁环境要求时，应设(　　)，且应与等电位接地端子板连接。

(A)绝缘外壳　　(B)金属屏蔽网　　(C)金属屏蔽室　　(D)就近接地

2. 电磁兼容性是指(　　)。

(A)设备或系统工作时没有电磁感应

(B)设备或系统在其电磁环境中能正常工作

(C)设备或系统都安装了抗干扰元器件

(D)设备和系统工作时不对环境中的其他设备和系统构成不能承受的电磁干扰的能力

3. 对扩、改建防雷工程，在进行防雷现场勘察时，应收集的材料包括(　　)。

(A)地下管线、隐蔽工程分布情况　　(B)防直击雷接闪装置的现状况

(C)电源线路进入建筑物的方式　　(D)电气竖井内线路布置情况

4. 雷电的破坏作用主要是雷电流引起的，它的危害方式有(　　)。

(A)直击雷　　(B)雷电感应　　(C)雷电波侵入

(D)雷电电磁脉冲　　(E)球形雷

5. 接地装置冲击接地电阻与工频接地电阻的换算应 $R\sim = A \times R_i$ 确定，其中 A 为换算系数，它的大小与(　　)有关。

(A)土壤电阻率　　(B)接地体有效长度

(C)接地体接地电阻　　(D)接地体实际长度

6. 用滚球法确定防雷装置的保护范围时，需要了解(　　)。

(A)被保护物高度　　(B)防雷装置高度

(C)建筑物防雷类别　　(D)被保护物与防雷装置的垂直距离

7. 防止雷电造成信息系统设备损害的措施主要有(　　)。

(A)完善的外部防雷设施　　(B)安装合适的电涌保护器

(C)采取等电位处理措施　　(D)注意机房的选择、设备的安放位置

8. 自然接地体是指具有兼做接地功能的但不是为此目的而专门设置的与大地有良好接触的各种(　　)和设施的统称。

(A)金属构件　　(B)钢筋混凝土中的钢筋

(C)金属井管　　(D)埋地金属管道

(E)水泥柱

9. 在闪电直接击在位于格栅形大空间屏蔽以外附近的情况下，在格栅形大空间屏蔽内 LPZ1 区某点的磁场强度 $\boldsymbol{H}_1$ 与下列哪些参数有关(　　)。

(A)格栅形屏蔽的网格宽度　　(B)该点与距 LPZ1 区屏蔽壁的最短距离

(C)雷电流的大小　　(D)雷击点与格栅形屏蔽空间之间的距离

(E)格栅形屏蔽网格导体的半径

10. 电子信息系统的防雷主要考虑的因素包括(　　)。

(A)环境因素　　(B)雷电活动规律

(C)设备所在雷电防护区　　(D)系统对雷电电磁脉冲的抗扰度

(E)雷击事故受损程度　　(F)系统设备的重要性

11. 第一级浪涌保护器应当安装在什么地方?(　　)

(A)直击雷非防护区与直击雷防护区的交界处

(B)直击雷非防护区和第一防护区的交界处

(C)直击雷防护区与第一防护区的交界处

(D)第一防护区与后续防护区的交界处

12. 建筑物电子信息系统的防雷设计应遵循的原则是(　　)。

(A)减轻灾害　　(B)安全可靠

(C)技术先进　　(D)经济合理

(E)高效便民

13. 星(S)型接地装置可以(　　)。

(A)将雷电流导入大地　　(B)引下线间的等电位连接

(C)导电性建筑物墙体附近的电位控制　　(D)拦截在地面传播的雷电流

14. 关于电涌保护器的描述，下列说法正确的是(　　)。

(A)电涌保护器是用于限制瞬态过电压和分走电涌电流的器件，它至少含有一个非线性元件

(B)电涌保护器的残压越小越好，应高于设备的耐冲击过电压

(C)为使最大电涌电压足够低，其两端的引线应做到最短

(D)当电涌保护器具有能量配合功能时，电压开关型 SPD 与限压型 SPD 之间的线路长度不可小于 10 m

15. 在同一区域内雷击分布不均匀的现象，我们称之为“雷击选择性”。相对来说，下列(　　)极易遭受雷击。

(A)田间的休息凉亭　　(B)储藏金属矿床的地区

(C)地下水位低的地方　　(D)江河湖海岸

16. 外部防雷装置能(　　)。

(A)引导雷电流到地　　(B) 使雷电流入地消散

(C)衰减电磁场　　(D)截拦直击建筑物的雷电

17. 电子信息系统的内部部防雷措施包括(　　)。

(A)屏蔽　　(B)等电位连接

(C)合理布线　　(D)设置均压环

(E)安装浪涌保护器

18. 建筑物电子信息系统雷电防护等级应按照下列办法之一划分(　　)。

(A)按建筑物电子信息系统所处环境进行雷击风险评估，确定雷电防护等级

(B)按建筑物电子信息系统雷电防护等级的选择表确定等级

(C)按建筑物防雷分类确定等级

(D)按建筑物电子信息系统的重要性和使用性质确定等级

19. 第二类防雷建筑物防直击雷接闪器采用的网格尺寸不应大于(　　)的网格。

(A)12 m×8 m　　(B)20 m×20 m

(C)8 m×10 m　　(D)24 m×16 m

20.《建筑物电子信息系统防雷技术规范》适用于(　　)。

(A)工业建筑　　(B)民用建筑

(C)易燃易爆危险环境和场所　　(D)高层建筑

四、判断题:(请在对的题后打"√",错的题后打"×",每题 1 分,共 5 分)

1. M 型等电位连接网络适用于较复杂的信息系统的机房。(　　)

2. 当建筑物之间采用屏蔽电缆互联,且电缆屏蔽层能承载可预见的雷电流时,电缆可不敷设在金属管道内。(　　)

3. 金属结构的建筑物,因导电性好,不易发生雷击。(　　)

4. 接地装置应优先利用建筑物的自然接地体,当自然接地体的接地电阻达不到要求时,应增加人工接地体。(　　)

5. 突出屋面的排放无爆炸危险气体、蒸气或粉尘的放散管、风管、烟囱等金属物体可不装接闪器,但应和屋面防雷装置相连。(　　)

五、简答题(每题 5 分,共 15 分)

1. 画出 TN-S 配电系统接地型式图,并从防雷观点简要说明保护线(PE 线)的作用。

2. 在进行电源线路浪涌保护器(SPD)的安装时,应符合那些规定要求?

3. 人工接地体在土壤中的埋设深度不应小于多少米?简要说明降低防直击雷接地装置接地电阻的几种措施?

六、应用题(第 1 题 8 分,第 2 题 7 分,共 15 分)

1. 有一栋框架机构综合办公楼,该综合办公楼长宽高分别为 58 m、22 m 和 103 m,办公楼外引高压埋地电源线长 300 m、信号线埋地长 200 m,土壤的电阻率为 300 Ω·m。该综合办公楼主体工程于 2008 年 2 月通过验收投入使用,以后办公楼内逐步增加有计算机网络、安防监控等信息系统设备,其中安防监控控制机房部分设备于 2009 年 7 月被雷电损坏过。根据该办公楼业主的要求,需对办公楼内部设施设备设计安装防雷设施保护。

问:① 该办公楼的年预计雷击次数为多少?办公楼所在地区雷击大地的年平均密度为多少?试计算建筑物及入户设施年预计雷击次数(N),该办公楼应按几类防雷建筑物进行设计?并确定其雷电防护等级(经计算 A_e 为 0.0425 km^2,$A'_{e1}=0.0545\ km^2$,$A'_{e2}=0.35\ km^2$,$N_C=0.9$,该地区的平均雷暴日为 110 d)。(5 分)

② 简要说明应采取什么防雷设施进行防护。(3 分)

2. 有一栋存放大量炸药的混合结构仓库,长 $L=20$ m,宽 $D=10$ m,高 $H=4$ m,设双支高为 13 m 的独立避雷针进行直击雷防护,双支等高避雷针设在仓库宽边的正中,距离建筑物 3 m(见图)。请问双支等高避雷针能否保护这一仓库?(3 分)若无法保护,请简要说出整改措施(1 分),并画出双支等高避雷针的有效保护平面图(3 分)。

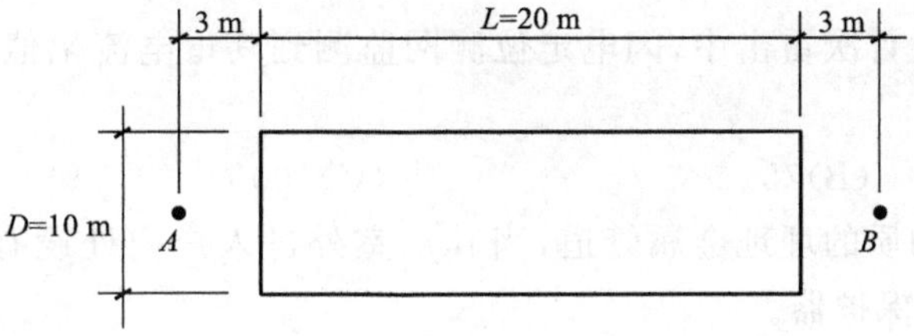

2011年某省防雷工程专业资格考试试卷

一、填空题(请在空格里填上答案,每空1分,共15分)

1.《建筑物防雷设计规范》(GB 50057—2010)适用于________建(构)筑物的防雷设计。

2. 制定《建筑物防雷设计规范》(GB 50057—2010)的目的是为了使建筑物防雷设计因地制宜地采取防雷措施,防止或减少雷击建筑物所发生的人身伤亡和文物、财产损失,以及________引发的电气和电子系统损坏或错误运行,做到安全可靠、技术先进、经济合理。

3. 在发生雷击时,雷电的机械效应所产生的破坏作用主要表现为两种形式,其中之一是雷电流流过金属物体时产生的________。

4. 雷电流经接地体散入大地,将在周围土壤中产生电压降,使附近地面上不同地点之间出现电位差,如果人站在这地面上,人的两脚之间就会有电位差,通常将这电位差称为________。

5. 在第三类防雷建筑物利用槽形或板形基础的钢筋作为接地体的情况下,当槽形或板形基础钢筋网在水平面的投影面积大于或等于 ________,可不补加接地体。

6. 不论哪一类的防雷建筑物,除了应设防直击雷的外部防雷装置外,还应采取________措施。

7. 对第二类防雷建筑物屋面设计安装接闪网时,整个屋面应应用不小于∅8 mm的热镀锌圆钢组成不大于________的接闪网格。

8. $LPZ0_B$ 区是指本区内的各物体不可能遭到大于所选滚球半径对应的雷电流直接雷击,以及本区内的雷击________仍没有衰减 。

9. 接地体的有效长度与接地极的实际长度无关,只和接地极周围的________有关。

10. 假如某次发生的首次正极性雷击的雷电流幅值为180 kA,那么其雷电流陡度 di/dt 为________。

11. 有一支独立避雷针,设置了人工接地体,接地体周围土壤电阻率为500 Ω·m,换算系数为1.2,用摇表测得独立针的接地电阻为4.8 Ω,独立针的冲击接地电阻为________Ω。

12. 在现代防雷工程设计中常用的屏蔽方法有建筑物屏蔽、设备屏蔽和________三种。

13. 有爆炸危险的露天钢质封闭气罐,当其高度小于或等于60 m、罐顶壁厚不小于________时,可不装设接闪器,但应接地。

14. 有11层高的框架结构大楼,设有10根∅12 mm的引下线,在100 kA雷电流直接击建筑物的情况下,大楼第6层处防雷引下线的分流系数为________。

15. 对于水平突出外墙的第二类防雷建筑物,当滚球半径________m球体从屋顶周边接闪带外向地面垂直下降接触到突出外墙的物体时,应采取相应的防雷措施。

二、单项选择题(请在括弧里填上一个选项,每题1.5分,共30分)

1. 云层是否发生对地闪击,主要取决于云体的电荷量及对地高度或者说是云地间的(　　)。

(A)磁场强度　　(B)电场强度　　(C)起电机制　　(D)温度及湿度

2. 独立接闪杆和架空接闪线或网的支柱及其接地装置与被保护建筑物及与其有联系的管道、电缆等金属物之间的间隔距离应按有关公式计算,但不得小于(　　)。

(A)2 m　　(B)3 m　　(C)4 m　　(D)5 m

3. 除第一类防雷建筑物外,可利用金属屋面作为接闪器,当金属板下面有易燃物品时,热镀锌钢板的厚度不应小于(　　)mm。

(A)0.5　　(B)0.7　　(C)4　　(D)5

4. 在发生的某次正极性首次雷击中,闪电定位测网监测到其雷电流幅值为150 kA,本次雷击的电荷量是(　　)库仑。

(A)50　　(B)75　　(C)100　　(D)125

5. 输送火灾爆炸危险物质的埋地金属管道,当其从室外进入户内处设有绝缘段时,应在绝缘段处跨接符合要求的(　　)型电涌保护器。

(A)电压开关　　(B)波导分流　　(C)电压限制　　(D)电压箝位

6. 第二类防雷建筑物的引下线不应少于两根，并应沿建筑物四周均匀或对称布置，其周长间距不应大于(　　)m。

(A)6　　(B)12　　(C)18　　(D)25

7. 第三类防雷建筑物每根防雷引下线的冲击接地电阻不应大于 30 Ω，但属于省级办公大楼的第三类防雷建筑物，每根防雷引下线的冲击接地电阻不应大于(　　)。

(A)5 Ω　　(B)10 Ω　　(C)20 Ω　　(D)30 Ω

8. 对第二类和第三类防雷建筑物，不处在接闪器保护范围内的非导电性屋顶物体，当它没有突出由接闪器形成的平面(　　)m 以上时，可不要求附件增设接闪器的保护措施。

(A)0.03　　(B)0.5　　(C)0.7　　(D)1.0

9. 根据 GB 50343—2004，地区雷暴日等级宜划分为少雷区、多雷区、高雷区、强雷区四类，其中年平均雷暴日大于 40 d，不超过 60 d 的地区，应划为(　　)。

(A)少雷区　　(B)多雷区　　(C)高雷区　　(D)强雷区

10. 内部防雷装置主要用于减小和防止雷电流在需防空间内所产生的(　　)。

(A)热效应　　(B)冲击波效应　　(C)静电感应　　(D)电磁效应

11. 固定在建筑物上的节日彩灯、航空障碍信号灯及其他用电设备的线路，应根据建筑物的重要性，首先考虑采取防止(　　)的措施。

(A)直击雷　　(B)闪电感应　　(C)闪电电涌侵入　　(D)雷击电磁脉冲

12. 当已经确定雷击电涌从户外沿线路引入的情况时，在被保护设备距电涌保护器的距离，在线路有屏蔽并两端等电位连接下沿线路的长度小于或等于 10 m 时，电涌保护器的有效保护水平值应不大于被保护设备的(　　)额定值。

(A)最大持续运行电压　　(B)绝缘耐冲击电压

(C)标称导通电压　　(D)启动工作电压

13. 有一条无屏蔽层低压 TT 电源线路埋地和有一条供水管、一条煤气管道进入第二类的防雷建筑物，如在电源线路引入的总配电箱处应装设 I 级试验的电涌保护器时，其每一保护模式的冲击电流值应为(　　)。

(A)3.25 kA　　(B)4.25 kA　　(C)5.25 kA　　(D)6.25 kA

14. 在爆炸性气体环境中，正常运行时可能偶然出现爆炸性气体混合物的环境应划为(　　)。

(A)0 区　　(B)1 区　　(C)2 区　　(D)10 区

15. 在 220/380V 三相系统中，特殊需要保护设备的绝缘耐冲击电压额定值是(　　)。

(A)6 kV　　(B)4 kV　　(C)2.5 kV　　(D)1.5 kV

16. 对于低压配电接地 TN-S 型式来说，下列说法正确的是(　　)。

(A)整个系统的中性线与保护线始终是分开的

(B)整个系统有一部分中性线与保护线是合一的

(C)整个系统的中性线与保护线始终是合一的

(D)系统中性点不与大地直接相连地

17. 为了避免混淆和确保安全操作，安装 SPD 的各连接线颜色应符合《电线电缆识别标志方法 第 2 部分：标准颜色》(GB/T 6995.2—2008)要求，对于三相线路，A 相线用黄色、B 相线用绿色、C 相线用(　　)。

(A)浅蓝色　　(B)黄/绿色　　(C)红色　　(D)黑色

18. 建筑物电子信息系统设备，因直击雷和雷电电磁脉冲损坏可接受的年平均最大雷击次数可按(　　)计算。

(A)$5.8\times10^{-1.5}/C$　　(B)$0.1\times T_d$

(C)$k\times N_g\times A_e$　　(D)$N_g\times kA_e'$

19. 雷电防护 A 级的第一级 SPD 的 I_n 应选择≥(　　)10/350 μs 波形。

(A) 15 kA　　(B)30 kA　　(C)20 kA　　(D)12.5 kA

20. 防止雷击电磁脉冲对电子电气设备损害的措施不包含( )。

(A)合理布线　　(B) 安装合适的电涌保护器

(C) 采取等电位处理措施　　(D) 采用接闪杆进行外部防雷

三、多项选择题(请在每题里填上不少于两个选项,全对得 2 分,少选得 1 分,多选或只选 1 项不得分,共 20 分)

1. 积雨云中正负不同极性电荷区的形成过程,也称为积雨云的起电过程。概括来说,积雨云的起电机制主要有( )。

(A)感应起电机制　　(B)非感应起电机制

(C)对流起电机制　　(D)离子的选择捕获机制

2. 直击雷是指闪电直接击在建筑物、其他物体、大地或防雷装置上,产生的( )。

(A)电效应　　(B)热效应　　(C)磁场效应　　(D)机械力

3. 在高土壤电阻率的场地,降低建筑物防直击雷装置冲击接地电阻常采用的方法有( )。

(A)采用多支线外引接地装置　　(B)接地体埋于较深的低电阻率土壤

(C)采用环形接地体　　(D)采用降阻剂

4. 对于第二类和第三类的防雷建筑物,没有得到接闪器保护的屋顶孤立金属物的尺寸不超过( )数值时,可不要求附加保护措施。

(A)高出屋顶平面不超过 0.5 m　　(B)上层表面总面积不超过 1.0 m^2

(C)上层表面的长度不超过 2.0 m　　(D)底层表面的宽度不超过 3.0 m

5. 第三类防雷建筑物防直击雷接闪器采用的网格尺寸不应大于( )的网格。

(A)12 m×8 m　　(B)20 m×20 m　　(C)8 m×10 m　　(D)24 m×16 m

6. 在建筑物的地下室或地面层处,应与防雷装置做防雷等电位连接的物体有( )。

(A)建筑物金属物　　(B)金属装置　　(C)建筑物内电气系统

(D)进出建筑物的金属管线　　(E)建筑物内电子系统

7. 接闪杆并非越高保护范围就越大,它有一定的拦截效率。与接闪杆的拦截效率有关的因素有( )。

(A) 雷电极性　　(B)先导头部电位

(C)放电电位高度　　(D)接闪杆数量

(E)接闪杆高度

8. 除第一类防雷建筑物外,金属屋面的建筑物宜利用其屋面作为接闪器,并应符合下列( )的规定。

(A)金属板间采用卷边压接且须电气贯通

(B)金属板下面无易燃物品时,不锈钢板厚度不应小于 0.7 mm

(C)金属板下面有易燃物品时,铝板厚度不应小于 7.0 mm

(D)金属板应设不少于三根的防雷引下线

(E)金属板应无绝缘被覆层

9. 将建筑物内部空间按照电磁环境是否发生改变的原则可以划为 LPZ0、LPZ1、LPZ2 等多个防雷区。防雷划区的实际意义有( )。

(A)可以确定屏蔽保护措施　　(B)可以确定等电位连接点位置

(C)可以确定电涌保护器参数　　(D)可以确定信息设备布设位置

(E)可以确定低压配电系统接地型式

10. 为取得较小的电涌保护器有效电压保护水平,除选用有较小电压保护水平值的电涌保护器(SPD)外,还应采取的措施有( )。

(A)延长 SPD 两端引线长度　　(B)缩短 SPD 两端引线长度

(C)选用大通流量值的 SPD　　(D)合理的接线

(E)减少 SPD 两端引线的感应电压值

四、判断题：(请在对的题后打"√"，错的题后打"×"，每题 1 分，共 10 分)

1. 国家级计算中心、国际通讯枢纽等对国民经济有重要意义的建筑物，从其重要性的角度上，应划为第一类防雷建筑物。(　　)

2. 接地装置冲击接地电阻与工频接地电阻的换算应 $R\sim=A\times R_i$ 确定，其中 A 为换算系数，它的大小与接地体接地电阻无关。(　　)

3. 第三类防雷建筑物引下线不应少于 2 根，并应沿建筑物四周和内庭院四周均匀或对称布置，其间隔沿直线距离不宜大于 25 m。(　　)

4. 利用滚球法设计等高双针(两针高 h、距离 D)保护时必须满足 $D\geqslant 2r_0$ 且 $h<h_r$ 的条件。(　　)

5. 当长金属物的弯头、阀门、法兰盘等连接处的过渡电阻大于 0.03 Ω 时，连接处应用金属线跨接。(　　)

6. 粮、棉及易燃物大量集中的露天堆场，当其年预计雷击次数大于或等于 0.05 时，应采用独立接闪杆或架空接闪线防直击雷，独立接闪杆或架空接闪线保护范围的滚球半径可取 120 m。(　　)

7. 当电源采用 TN 系统时，从建筑物总配电箱起供电给本建筑物内的配电线路和分支线路必须采用 TN-C-S 系统。(　　)

8. 当电子信息系统设备为非金属外壳，且机房屏蔽未达到设备电磁环境要求时，应设绝缘外壳，且应与等电位接地端子板连接。(　　)

9. 在一般情况下，当在线路上多处安装 SPD 且无准确数据时，电压开关型 SPD 与限压型 SPD 之间的线路长度不宜小于 10 m，限压型 SPD 之间的线路长度不宜小于 5 m，否则应安装退耦装置。(　　)

10. 在安装防雷装置时，圆钢与圆钢焊接长度应为圆钢直径的 6 倍，且双面施焊；扁钢与扁钢焊接长度应为扁钢宽度的 2 倍，且双面施焊。(　　)

五、简答题(每题 4 分，共 12 分)

1. 接地电阻是表征接地体向大地泄散雷电流的一个基本物理参量，请问接地电阻由哪三个部分构成，其中哪个是主要部分？

2. 当在闪电直接击在建筑物的接闪带上时，建筑物内部 LPZ1 区内安全空间内 A 点(如下图)的磁场强度大小与那些因素有关？

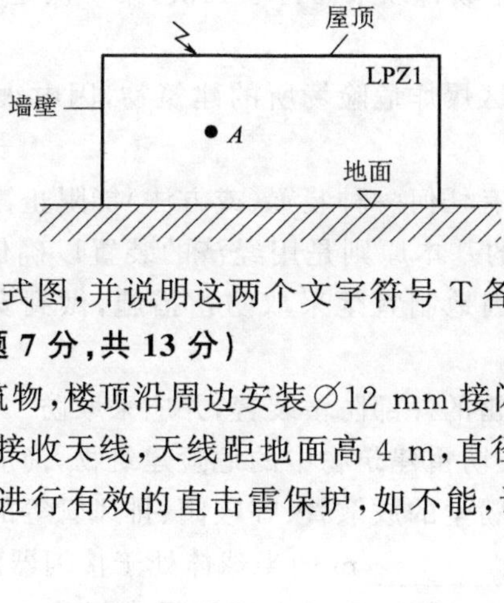

3. 请画出 TT 低压配电接地型式图，并说明这两个文字符号 T 各表示什么含义？

六、应用题(第 1 题 6 分，第 2 题 7 分，共 13 分)

1. 有一栋高为 8.8 m 高的建筑物，楼顶沿周边安装∅12 mm 接闪带，带高 0.2 m。在建筑物一侧的地面上有一个水平放置的圆形卫星接收天线，天线距地面高 4 m，直径 3 m，中心距大楼 8 m。请问大楼顶上的接闪带能否对卫星接收天线进行有效的直击雷保护，如不能，请提出最经济的保护方案。(注：计算时不考虑裕量，h_r 取 45 m)

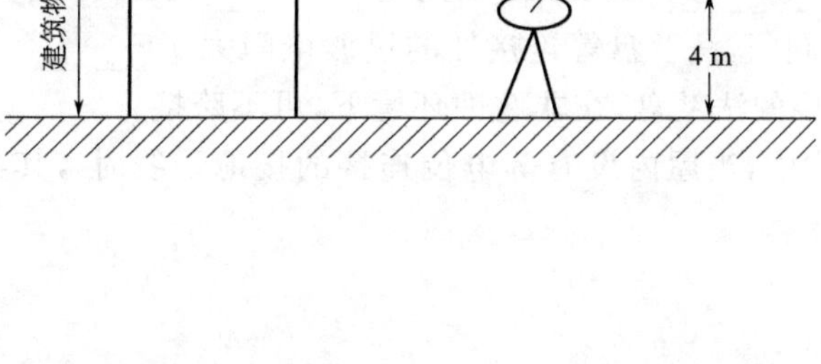

2. 有一栋位于旷野的孤立框架结构综合办公大楼，长 43.2 m、宽 12.9 m、高 22.6 m。大楼外引高压埋地电源线缆长 500 m、埋地信号线缆长 500 m，土壤的电阻率为 500 Ω·m。大楼内安装有计算机网络、安防监控、程控交换机等信息系统设备。根据业主要求，需对大楼内部计算机网络等信息系统设备设计安装防雷设施保护。

请问：

① 综合办公大楼的年预计雷击次数 N_1 是多少？综合办公大楼外部防雷装置应按第几类防雷建筑物标准进行设计？

② 综合办公大楼入户设施年预计雷击次数 N_2 是多少？

③ 综合办公大楼内计算机网络等电子信息系统的雷电防护等级是多少？

(注：经计算 A_e 为 0.0257 km^2，$A'_{e1}=0.025$ km^2，$A'_{e2}=0.5$ km^2，$N_C=0.9$，年平均雷暴日为 110 d)。

2012 年某省防雷专业技术人员资格考试试卷

一、填空题(请在空格里填上答案，每空 0.5 分，共 15 分)

1. 雷电是大气中的放电现象，主要产生于积雨云中，目前比较成熟的四种积雨云起电机制是________起电机制、________起电机制、________起电机制和________起电机制。

2. 一次地闪发展过程分为________雷击和________雷击。

3. 首次雷击包含________、________、________和________四个闪电物理过程。

4. 闪电的种类多种多样，但总的来说分成两大类，即________和________。

5. 据中国气象局最新发布的全国雷暴日数(T_d)图，年平均雷暴日数在 100 d 以上的地区分别为________、________、________和________，其中海南岛澄迈县最高，其年平均雷暴日数高达 123 d。

6.《建筑物防雷设计规范》是防雷设计中最基本、最重要和应用最广泛的防雷国家标准，也是每一个防雷工作者必须掌握的，自从 1994 年颁布以来修订了二次，第一次是________年，第二次是________年，目前在用的是 GB 50057—2010。

7. 具有________区或________区爆炸危险场所的建筑物，因电火花引起爆炸，会造成巨大破坏和人身伤亡者，属于第一类防雷建筑物。

8. IEC 指出，到目前为止，还没有任何一种装置(或方法)能阻止雷电的产生，也没有能阻止雷击到建筑物上的器具和方法。建筑物防雷的基本原则是用经济的装置以确保建筑物及其内的人和设备的防雷安全，将建筑物进行防雷分类，可以因地制宜地采取防雷措施，做到安全可靠、经济合理，________雷电灾害。

9. 各类防雷建筑物应设防直击雷的外部防雷装置，并应采取防________的措施。

10. 第一类防雷建筑物和第二类防雷建筑物中的危险建筑物，尚应采取防________的措施。

11. 排放爆炸危险气体、蒸气或粉尘的放散管、呼吸阀、排风管等的管口，当其排放物有可能达到爆炸浓度而无管帽时，应将管口上方半径________m 的半球体处于接闪器的保护范围内。

12. 对于第一类防雷建筑物，独立接闪杆和架空接闪线或网的支柱及其接地装置至被保护建筑物及与其有联系的管道、电缆等金属物之间的间隔距离不得小于________m。

13. 平行敷设的管道、构架和电缆金属外皮等长金属物，其净距小于________mm 时，应采用金属线跨接，跨接点的间距不应大于________m；交叉净距小于________mm 时，其交叉处也应跨接。

14. 当长金属物的弯头、阀门、法兰盘等连接处的过渡电阻大于________Ω 时，连接处应用金属线跨接。对有不少于 5 根螺栓连接的法兰盘，在非腐蚀环境下，可不跨接。

15. 在第一类防雷建筑物中，当屋内设有等电位连接的接地干线时，其与防闪电感应接地装置的连接不应少于________处。

二、单项选择题(请在括弧里填上一个选项,每题 1 分,共 30 分)

1. 大气的电场强度数值由地面向上(　　)。

(A)逐渐减小　(B)逐渐增大　(C)不变　(D)没有规律

2. 海口市的年平均雷暴日数为(　　)d。

(A)149　(B)60.5　(C)100.2　(D) 20

3. 根据国家标准 GB 50057—2010《建筑物防雷设计规范》雷击大地年平均密度可按(　　)计算。

(A)$5.8\times10^{-1.5}/C$　(B)$0.1\times T_d$

(C)$0.024\times T_d^{1.3}$　(D)$k\times N_g\times A_e$

4. 在防雷工程的相关雷电流参量设计中,第二类防雷建筑物首次正极性雷击电流幅值为(　　)kA。

(A)200　(B)30　(C)150　(D) 75

5.《建筑物防雷设计规范》(GB 50057—2010)将于(　　)起实施。

(A)2010 年 11 月 3 日　(B)2011 年 10 月 1 日

(C)2010 年 10 月 1 日　(D)2011 年 11 月 3 日

6. 预计雷击次数(　　)的住宅、办公楼等一般性民用建筑物或一般性工业建筑物应划为第三类防雷建筑物。

(A)$N>0.5$ 次/a　(B)$N>0.25$ 次/a

(C)0.01 次/a$\leqslant N\leqslant$0.5 次/a　(D)0.05 次/a$\leqslant N\leqslant$ 0.25 次/a

7. 预计雷击次数(　　)的部、省级办公建筑物和其他重要或人员密集的公共建筑物以及火灾危险场所,应划为第二类防雷建筑物。

(A)$N>0.25$ 次/a　(B)$N>0.05$ 次/a

(C)0.01 次/a$\leqslant N\leqslant$0.5 次/a　(D)0.05 次/a$\leqslant N\leqslant$0.25 次/a

8. 在 GB 50016—2006《建筑设计防火规范》中将火灾危险性的物质分为(　　)。

(A)甲、乙、丙、丁、戊 5 类　(B)甲、乙、丙、丁 4 类

(C)甲、乙、丙 3 类　(D)甲、乙 2 类

9. 在 GB 50057—2010 中用于计算第一、二、三类防雷建筑物保护范围的滚球半径分别是(　　)m。

(A)20、30、45　(B)30、45、60　(C)30、40、50　(D)20、45、60

10. 架空接闪线和接闪网宜采用截面积不小于(　　)热镀锌钢绞线或铜绞线。

(A)16 mm^2　(B)6 mm^2　(C)50 mm^2　(D)25 mm^2

11. 海口一幢二类的防雷建筑物发生一次正极性首次雷击,闪电定位测网监测到其雷电流幅值是误码,那么本次雷击的雷电流陡度是(　　)。

(A)20 kA/μs　(B)10 kA/μs　(C)15 kA/μs　(D)12.5 kA/μs

12. 连接Ⅲ级试验电涌保护器的导体最小截面是(　　)。

(A)铜 6 mm^2　(B)铁 4 mm^2　(C)铜 1.5 mm^2　(D)铁 2.5 mm^2

13. 在防雷区的划分中,本区内的各物体不可能遭到大于所选滚球半径对应的雷电流直接雷击,以及本区内的雷击电磁场强度仍没有衰减时,应划分在(　　)。

(A)$LPZ0_A$ 区　(B)$LPZ0_B$ 区　(C)LPZ1 区　(D)LPZ2 区

14. 一个电子系统的各种箱体、壳体、机架等金属组件与建筑物接地系统的等电位连接网络做功能性等电位连接应采用 S 型星形结构或 M 型网形结构,当电子系统为兆赫级数字线路时,应采用(　　)等电位连接。

(A)S 型　(B)S 型和 M 型　(C)S 型或 M 型　(D)M 型

15. 建筑物内 220/380 V 配电系统中,配电线路和最后分支线路的Ⅲ类设备的耐冲击电压额定值 Uw 为(　　)。

(A)6 kV　(B)5 kV　(C)4 kV　(D)2.5 kV

16. 当被保护设备距电涌保护器的距离沿线路的长度小于或等于 5 m 时,或在线路有屏蔽并两端等电位连接下沿线路的长度小于或等于 10 m 时,有效电压保护水平应按(　　)式来计算。

(A)$U_{p/f} \leqslant U_w$　　　　(B)$U_{p/f} \leqslant \dfrac{U_w - U_i}{2}$

(C)$U_{p/f} \leqslant \dfrac{U_w}{2}$　　　　(D)都不正确

17. 下图中(　　)低压配电接地制式是 TT 接地制式。

(A)
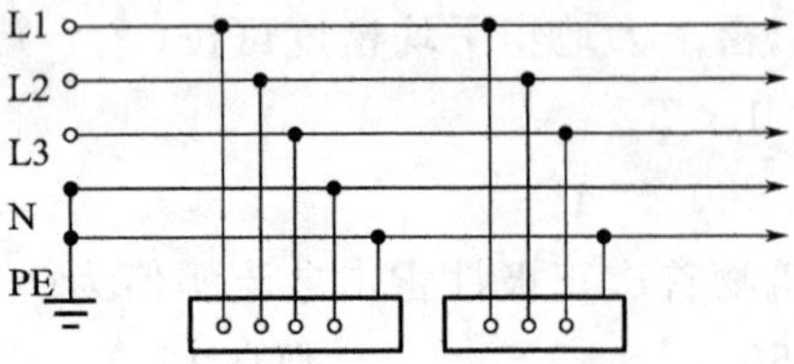

(B)
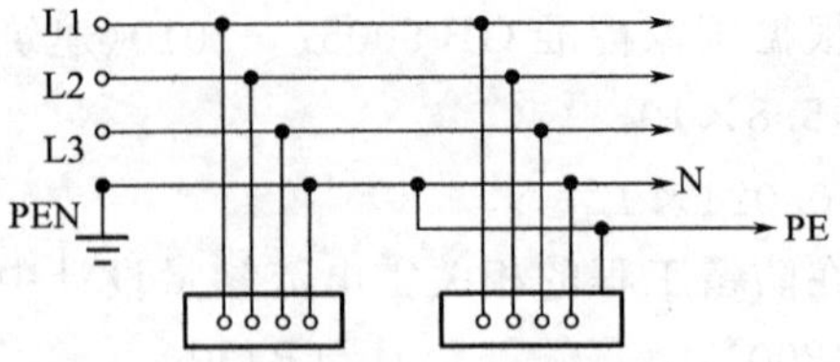

(C)
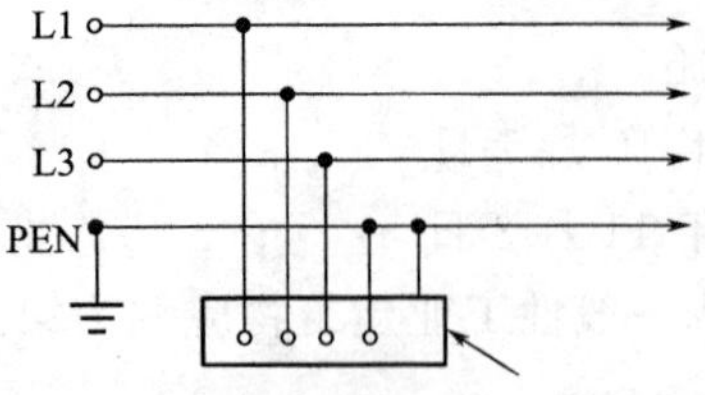

(D)
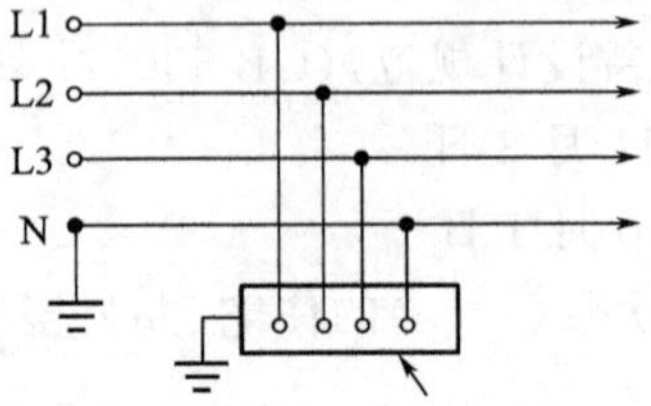

18. 有一支独立避雷针,设置了人工接地体,接地体周围土壤电阻率为 500 Ω·m,换算系数为 1.4,用接地电阻表测得独立针的工频接地电阻为 7 Ω,独立针的冲击接地电阻为(　　)Ω。

(A)7　　(B)9.8　　(C)1.4　　(D)5

19. 除第一类防雷建筑物外,可利用金属屋面作为接闪器,当金属板下面无易燃物品时,热镀锌钢板的厚度不应小于(　　)mm。

(A)0.5　　(B)0.7　　(C)4　　(D)5

20. 对第二类和第三类防雷建筑物,不处在接闪器保护范围内的非导电性屋顶物体,当它没有突出由接闪器形成的平面(　　)m 以上时,可不要求附加增设接闪器的保护措施。

(A)0.03　　(B)0.5　　(C)0.7　　(D)1.0

21. 接闪杆宜采用热镀锌圆钢或钢管制成,当采用杆长 1～2 m 的圆钢做接闪杆时,其直径不应小于(　　)mm。

(A) 25　　(B)12　　(C)20　　(D) 16

22. 钢制防雷装置采用焊接时,扁钢与扁钢搭接时,其搭接长度应为扁钢宽度的________倍,圆钢与圆钢搭接时,其搭接长度应为圆钢直径的________倍。(　　)

(A) 2,5　　(B)2,6　　(C)4,6　　(D)3,4

23. 第一类、第二类、第三类防雷建筑物的引下线间距分别是(　　)m。

(A)10,15,25　　(B)12,15,25　　(C)12,18,25　　(D)30,45,60

24. 对于第一类防雷建筑物,当树木邻近建筑物且不在接闪器保护范围之内时,树木与建筑物之间的净距不应小于(　　)m。

(A) 5　　(B)15　　(C)3　　(D)10

25. 第三类防雷建筑物每根防雷引下线的冲击接地电阻不应大于 30 Ω,但对预计雷击次数 0.05 次/a≥N≥0.01 次/a 的部、省级办公大楼的第三类防雷建筑物,每根防雷引下线的冲击接地电阻不应大于(　　)。

(A)4 Ω　　(B)10 Ω　　(C)1 Ω　　(D)30 Ω

26. 固定在建筑物上的节日彩灯、航空障碍信号灯及其他用电设备及线路,应根据建筑物的防雷类别,首先考虑采取防止(　　)的措施。

(A)地电位反击　　(B)跨步电压

(C)闪电电涌侵入　　(D)雷击电磁脉冲

27. 采用多根专设引下线时,应在各引下线上于距地面(　　)m 装设断接卡。

(A)0.3～1.8　　(B)−0.3～1.7

(C)0.3～2.7　　(D)−0.3～2.7

28. 为实现多级 SPD 的能量配合，在无明确的产品安装指南的情况下，开关型电涌保护器与限压型电涌保护器之间的线路长度不宜小于 10 m，限压型电涌保护器之间的线路长度不宜小于 5 m，否则应在两级电涌保护器之间加装(　　)。

(A)自动触发型电涌保护　　(B)退耦元件

(C)漏电保护器　　(D)组合型电涌保护器

29. 海口某建筑工地建筑物周边的土壤电阻率为 100 Ω·m，测试得到该建筑物的工频接地电阻为 2.5 Ω，那么该建筑物的接地装置的冲击接地电阻是(　　)。

(A)250 Ω　　(B)无法计算　　(C)25 Ω　　(D)2.5 Ω

30. 根据 GB 50057—2010《建筑物防雷设计规范》，接闪器保护范围的计算方法应采用(　　)进行。

(A)折线法　　(B)45 度角法　　(C)滚球法　　(D)估算法

三、多项选择题(请在每题里填上不少于两个选项，全对得 1.5 分，少选一项得 1 分，其他不得分，共 15 分)

1. 雷电的基本特点是(　　)。

(A)放电时间长　　(B)冲击电流大　　(C)冲击电压高　　(D)频谱宽

2. 系统要发生电磁兼容性问题，必须存在如下因素，即(　　)。

(A)电磁骚扰源　　(B)耦合途径　　(C)雷电流　　(D)敏感设备

3. 直击雷是指闪电直接击在建筑物、其他物体、大地或外部防雷装置上，产生的(　　)。

(A)电效应　　(B)热效应　　(C)磁场效应　　(D)机械力

4. 下面选项中哪些属于雷电产生的危害(　　)。

(A)直击雷　　(B)旁侧闪络　　(C)雷电反击　　(D)雷击电磁脉冲

5. 根据雷击建筑物的选择性，如果一幢建筑物的屋面的坡度≥1/2，那么这幢建筑物屋面易受雷击的部位是(　　)。

(A)屋脊　　(B)檐角　　(C)女儿墙　　(D)屋角

6. 在 GB 12476.3—2007《可燃性粉尘环境用电气设备·第 3 部分：存在或可能存在可燃性粉尘的场所分类》中规定：可燃性粉尘场所用(　　)表示。

(A)10 区　　(B)20 区　　(C)21 区　　(D)22 区

7. 对于第二类和第三类的防雷建筑物，没有得到接闪器保护的屋顶孤立金属物的尺寸不超过(　　)数值时，可不要求附加保护措施。

(A)高出屋顶平面不超过 0.5 m　　(B)上层表面总面积不超过 1.0 m^2

(C)上层表面的长度不超过 2.0 m　　(D)高出屋顶平面不超过 0.3 m

8. 第二类防雷建筑物防直击雷接闪器采用的网格尺寸不应大于(　　)的网格。

(A)12 m×8 m　　(B)6 m×4 m　　(C)10 m×10 m　　(D)24 m×16 m

9. 从等电位连接带至接地装置或各等电位连接带之间的连接导体最小截面是(　　)。

(A)铝 25 mm^2　　(B)铁 50 mm^2　　(C)铜 16 mm^2　　(D)铜 50 mm^2

10. 在高土壤电阻率的场地，降低建筑物防直击雷装置冲击接地电阻常采用的方法有(　　)。

(A)采用多支线外引接地装置　　(B)接地体埋于较深的低电阻率土壤

(C)采用环形接地体　　(D)采用降阻剂

(E)换土

四、判断题：(请在对的题后打"√"，错的题后打"×"，每题 1 分，共 10 分)

1. 国家级的会堂、办公建筑物、大型展览和博览建筑物、大型火车站和飞机场、国宾馆、国家级档案馆、大型城市的重要给水泵房等特别重要的建筑物，应划为第一类防雷建筑物。(　　)

2. 具有 2 区或 22 区爆炸危险场所的建筑物，应划为第二类防雷建筑物。(　　)

3. 对于第一类防雷建筑物的防侧击雷措施，当建筑物高于 30 m 时，尚应从 30 m 起每隔不大于 12 m 沿建筑物四周设水平接闪带并与引下线相连。(　　)

4. 第二类、第三类防雷建筑物高度超过 45 m 或 60 m 时，首先应沿屋顶周边敷设接闪带，接闪带应

设在外墙外表面或屋檐边垂直面上，也可设在外墙外表面或屋檐边垂直面外。（　　）

5. 在土壤电阻率小于或等于 3000 Ω·m 时，外部防雷装置环形接地体所包围面积的等效圆半径大于或等于所规定的值时，可不计及冲击接地电阻。（　　）

6. 对于第二类、第三类防雷建筑物，在电气接地装置与防雷接地装置共用或相连的情况下，应在低压电源线路引入的总配电箱、配电柜处装设Ⅰ级试验的电涌保护器。电涌保护器的电压保护水平值应小于或等于 2.5 kV。每一保护模式的冲击电流值，当无法确定时应取大于或等于 12.5 kA。（　　）

7. 有爆炸危险的露天钢质封闭气罐，在其高度小于或等于 60 m、罐顶壁厚不小于 4 mm 时，或其高度大于 60 m 的条件下、罐顶壁厚和侧壁壁厚均不小于 4 mm 时，可不装设接闪器，但应接地，且接地点不应少于 2 处，两接地点间距离不宜大于 30 m，每处接地点的冲击接地电阻不应大于 30 Ω。（　　）

8. 高度不超过 40 m 的烟囱，可只设一根引下线，超过 40 m 时应设两根引下线。利用螺栓或焊接连接的金属爬梯不可作为引下线用。（　　）

9. 粮、棉及易燃物大量集中的露天堆场，当其年预计雷击次数大于或等于 0.05 时，应采用独立接闪杆或架空接闪线防直击雷，独立接闪杆或架空接闪线保护范围的滚球半径可取 60 m。（　　）

10. 防雷区的划分是以建筑物室内和室外作为划分标准的。（　　）

五、名词解释(每题 3 分，共 15 分)

1. 什么是雷暴日数？

2. 国际电工委员会 IEC 对电磁兼容(EMC)的定义是什么？EMC 包括哪两个部分？

3. 什么是电压保护水平 U_p？

4. 什么是设备耐冲击电压的额定值 U_w？

5. 什么是Ⅰ级试验？

六、计算题(第 1 题 4 分，第 2 题 5 分，第 3 题 6 分，共 15 分)

1. 如下图，有一个首次正极性的闪电直接击在这幢建筑物的屋面接闪器上，经计算该建筑物属于第三类防雷建筑物，其内部 A 点距 LPZ1 区屏蔽顶的距离是 4 m，距墙的距离是 1.5 m，该 LPZ1 区的格栅形屏蔽的网格宽为 50 cm，请计算建筑物内部空间 A 点的磁场强度大小？(保留小数二位)

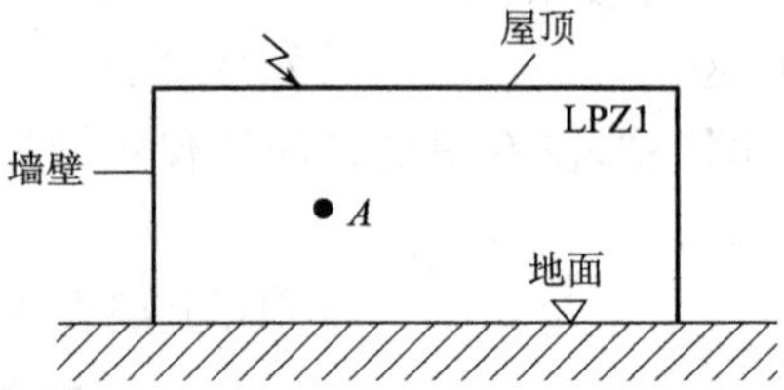

2. 有一个省级档案馆长 12 m、宽 5 m、高 5 m，由于条件限制无法在屋面上装设防雷装置，为了保护该档案馆，在其旁边 3 m 外安装一支接闪杆，请问这个接闪杆应该安装在什么位置最经济？这个接闪杆最少要几米高就可以保护这栋档案馆。(注：计算时不考虑裕量)

3. 有一栋地处三亚的民用办公楼，长 60 m、宽 30 m、高 50 m。大楼四周范围内无任何建筑物，请计算该大楼属于第几类防雷建筑物？五年后距该办公楼 30 m 的四周都盖起了 50 m 的建筑物，而这幢民用办公楼的防雷装置需要整改，请问这时又应按第几类防雷建筑物进行整改？(注：校正系数均取 1，三亚的年平均雷暴日数取 60 d)

2013 年某省防雷专业技术人员资格考试试卷

一、填空题(请在空格里填上答案,每空 0.5 分,共 15 分)

1. 雷电特点包括形状特征、时空特征和基本物理特点,基本物理特点表现在________、________、________、________、________和________ 6 个方面。

2. 系统要发生电磁兼容性问题,必须存在________、________、________ 3 个因素。

3. 直击雷是指闪电直接击在建筑物、其他物体、大地或外部防雷装置上,产生的________、________、________者。

4. 外部防雷装置由________、________、________组成。

5. 一次地闪发展过程分为首次雷击和后续雷击,首次雷击包含初始击穿、________、________和________四个闪电物理过程。

6.《建筑物防雷设计规范》自从 1994 年颁布以来修订了二次,目前在用的是 GB 50057—2010 于 2010 年 11 月 3 日发布,________年________月 1 日起实施。

7. 具有 1 区或 21 区爆炸危险场所的建筑物,因电火花不易引起爆炸或不致造成巨大破坏和人身伤亡者,属于第________类防雷建筑物。

8. 对于第一类防雷建筑物的防侧击雷措施,当建筑物高于 30 m 时,尚应从____m 起每隔不大于________m 沿建筑物四周设水平接闪带并与引下线相连。

9. 第二类防雷建筑物高度超过________m 或第三类防雷建筑物高度超过________m 时,首先应沿屋顶周边敷设接闪带,接闪带应设在外墙外表面或屋檐边垂直面上,也可设在外墙外表面或屋檐边垂直面外。

10. 对于第二类、第三类防雷建筑物,应在低压电源线路引入的总配电箱、配电柜处装设Ⅰ级试验的电涌保护器。电涌保护器的电压保护水平值应小于或等于________kV。每一保护模式的冲击电流值,当无法确定时应取大于或等于________kA。

11. 有爆炸危险的露天钢质封闭气罐,在其高度小于或等于 60 m、罐顶壁厚不小于________mm 时,可不装设接闪器。

12. 对于第一类防雷建筑物,独立接闪杆和架空接闪线或网的支柱及其接地装置至被保护建筑物及与其有联系的管道、电缆等金属物之间的间隔距离不得小于________m。

13. 平行敷设的管道、构架和电缆金属外皮等长金属物,其净距小 100 mm 时,应采用金属线跨接,跨接点的间距不应大于________m;交叉净距小于 100 mm 时,其交叉处也应跨接。

14. 当长金属物的弯头、阀门、法兰盘等连接处的过渡电阻大于 0.03 Ω 时,连接处应用金属线跨接。对有不少于________根螺栓连接的法兰盘,在非腐蚀环境下,可不跨接。

二、单项选择题(请在括弧里填上一个选项,每题 1 分,共 25 分)

1. 地闪是指(　　)。

(A) 云与大地相接触的放电现象　　(B) 不与大地相接触的放电现象

(C)云内电荷间的放电现象　　(D) 云内电荷向太空放电现象

2. 固定在建筑物上的节日彩灯、航空障碍信号灯及其他用电设备及线路,应根据建筑物的防雷类别,首先考虑采取防止(　　)的措施。

(A)地电位反击　　(B)跨步电压

(C)闪电电涌侵入　　(D)雷击电磁脉冲

3. 正确的雷击大地年平均密度计算公式是(　　)。

(A)$5.8\times10^{-1.5}/C$　　(B)$k\times N_g\times A_e$

(C)$0.024\times T_d$　　(D)$0.024\times T_d^{1.3}$

4. 第一类防雷建筑物首次正极性雷击电流幅值为(　　)kA。

(A)200　　(B)30　　(C)150　　(D) 75

5. 预计雷击次数(　　)的住宅、办公楼等一般性民用建筑物或一般性工业建筑物应划为第三类防雷建筑物。

(A)$N>0.5$ 次/a　　(B)$N>0.25$ 次/a

(C)0.05 次/a$\leqslant N\leqslant$ 0.25 次/a　　(D)0.01 次/a$\leqslant N\leqslant$ 0.5 次/a

6. 利用扁钢与扁钢焊接的接地装置,其搭接长度和焊接要求为(　　)。

(A) 搭接长度为扁钢宽度的 2 倍,不少于三面施焊

(B)搭接长度为扁钢宽度的 2 倍,双面施焊

(C) 搭接长度为扁钢宽度的 6 倍,不少于三面施焊

(D)搭接长度为扁钢宽度的 6 倍,双面施焊

7. 预计雷击次数(　　)的部、省级办公建筑物和其他重要或人员密集的公共建筑物以及火灾危险场所,应划为第二类防雷建筑物。

(A)$N>0.25$ 次/a　　(B) 0.01 次/a$\leqslant N\leqslant$0.5 次/a

(C)$N>0.05$ 次/a　　(D) 0.05 次/a$\leqslant N\leqslant$0.25 次/a

8. 在《建筑设计防火规范》中将火灾危险性的物质分为(　　)。

(A)甲、乙 2 类　　(B)甲、乙、丙、丁 4 类

(C)甲、乙、丙 3 类　　(D)甲、乙、丙、丁、戊 5 类

9. 用于计算第二类防雷建筑物保护范围的滚球半径是(　　)m。

(A)20　　(B)45　　(C)30　　(D)60

10. 根据最新国家标准的要求架空接闪线和接闪网宜采用截面积不小于(　　)热镀锌钢绞线或铜绞线。

(A)50 mm^2　　(B)6 mm^2　　(C)35 mm^2　　(D)25 mm^2

11. 根据 GB 50057—2010 的要求,连接 I 级试验电涌保护器的导体最小截面是(　　)。

(A)铜 6 mm^2　　(B)铁 4 mm^2

(C)铜 1.5 mm^2　　(D)铁 2.5 mm^2

12. 在防雷区的划分中,本区内的各物体可能遭到直接雷击并导走全部雷电流,以及本区内的雷击电磁场强度没有衰减时,应划分在(　　)。

(A)$LPZ0_B$ 区　　(B)$LPZ0_A$ 区　　(C)LPZ1 区　　(D)LPZ2 区

13. 三亚市的年平均雷暴日数为(　　)d。

(A)100.2　　(B)60.5　　(C)150　　(D) 20

14. 一个电子系统的各种箱体、壳体、机架等金属组件与建筑物接地系统的等电位连接网络做功能性等电位连接应采用 S 型星形结构或 M 型网形结构,当电子系统为 300 kHz 以下的模拟线路时,应采用(　　)等电位连接。

(A)S 型　　(B)S 型和 M 型

(C)S 型或 M 型　　(D)M 型

15. 建筑物内 220/380 V 配电系统中,Ⅱ类用电设备的耐冲击电压额定值 U_w 为(　　)。

(A)6 kV　　(B)5 kV　　(C)4 kV　　(D)2.5 kV

16. 在防雷工程的相关雷电流参量设计中,第二类防雷建筑物首次正极性雷击电流幅值为(　　)kA。

(A)200　　(B)30　　(C)150　　(D)75

17. 下图中(　　)低压配电接地制式是 TN-S 接地制式。

(A)

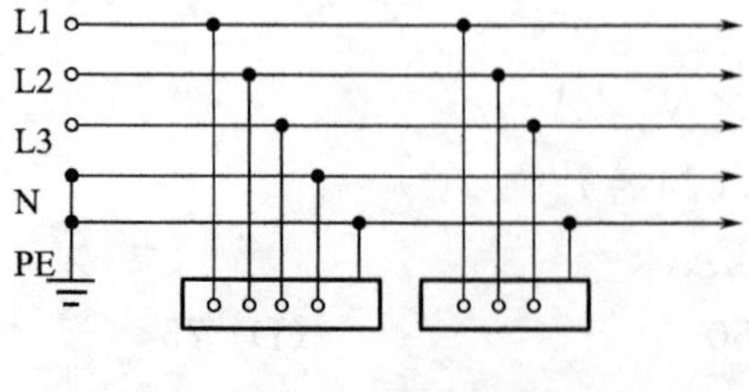

(B)

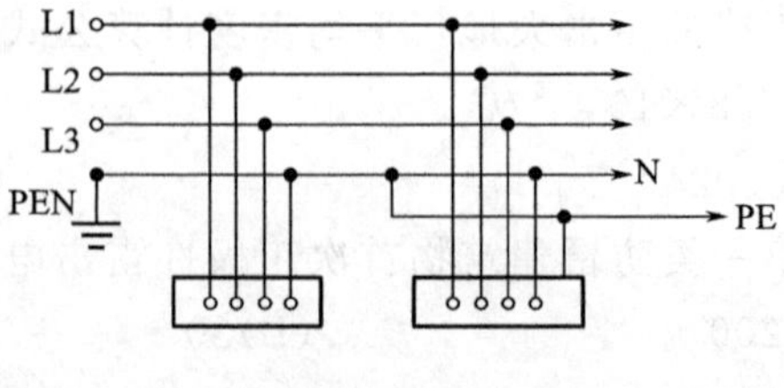

(C)
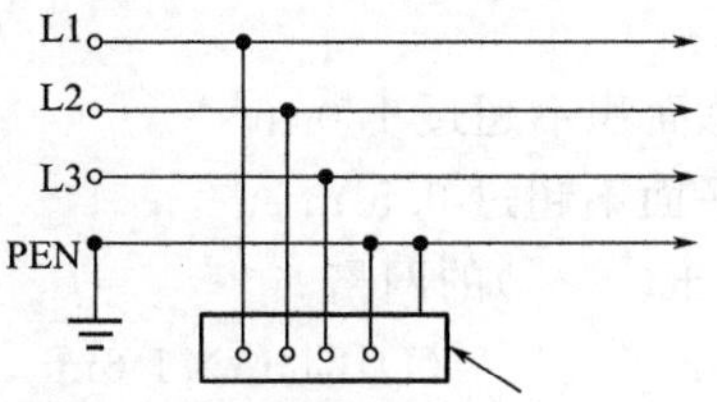

(D)
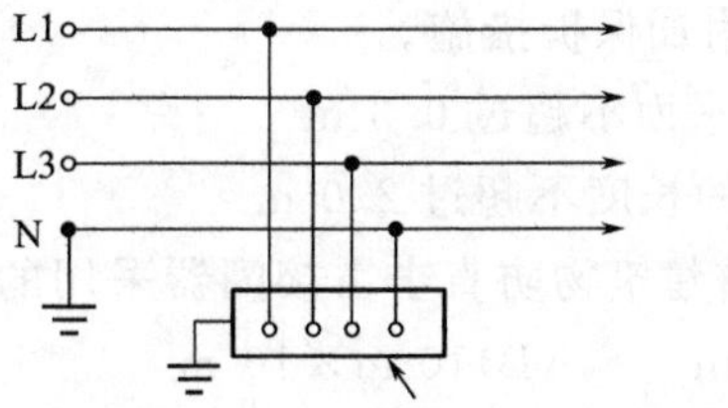

18. 除第一类防雷建筑物外，可利用金属屋面作为接闪器，当金属板下面有易燃物品时，热镀锌钢板的厚度不应小于(　　)mm。

(A)0.5　　(B)0.7　　(C)4　　(D)5

19. 对第二类和第三类防雷建筑物，不处在接闪器保护范围内的非导电性屋顶物体，当它没有突出由接闪器形成的平面(　　)m 以上时，可不要求附加增设接闪器的保护措施。

(A)0.03　　(B)0.5　　(C)0.7　　(D)1.0

20. 如果采用圆钢制作长度为 0.8 m 的避雷针，则圆钢直径应不小于(　　)。

(A)12 mm　　(B)14mm　　(C)16 mm　　(D)20 mm

21. 第三类防雷建筑物的引下线间距是(　　)m。

(A)12　　(B)18　　(C)25　　(D)24

22. 对于第一类防雷建筑物，当树木邻近建筑物且不在接闪器保护范围之内时，树木与建筑物之间的净距不应小于(　　)m。

(A)5　　(B)15　　(C)3　　(D)10

23. 第三类防雷建筑物每根防雷引下线的冲击接地电阻不应大于 30 Ω，但对预计雷击次数 0.05≥N≥0.01 次/a 的部、省级办公大楼的第三类防雷建筑物，每根防雷引下线的冲击接地电阻不应大于(　　)。

(A)4 Ω　　(B)10 Ω　　(C)1 Ω　　(D)30 Ω

24. 采用多根专设引下线时，应在各引下线上装设断接卡，断接卡安装的位置是(　　)。

(A)−0.3～2.7 m　　(B)−0.3～1.7 m

(C)0.3～2.7 m　　(D)0.3～1.8 m

25. 限压型 SPD 之间线路长度小于(　　)时，在两级 SPD 之间应加装退耦装置。

(A)10 m　　(B)5 m　　(C)15 m　　(D)20 m

三、多项选择题(请在每题里填上不少于两个选项，全对得 1.5 分，少选一项得 1 分，其他不得分，共 15 分)

1. 雷电是大气中的放电现象，主要产生于积雨云中，目前比较成熟的积雨云起电机制是(　　)。

(A)感应起电机制　　(B)对流起电机制

(C)破碎起电机制　　(D)摩擦起电机制

2. 用滚球法确定接闪杆的保护范围，需要了解下列哪些数据？(　　)

(A)建筑物的等效面积　　(B)接闪杆的高度

(C)被保护物的高度　　(D)建筑物防雷类别

3. 雷电主要通过下列方式对人体造成危害。(　　)

(A)闪电电涌侵入　　(B)接触电压

(C)跨步电压　　(D)旁侧闪络

4. 根据雷击建筑物的选择性，如果一幢建筑物的屋面的坡度≤1/10，那么这幢建筑物屋面易受雷击的部位是(　　)。

(A)屋脊　　(B)檐角　　(C)女儿墙　　(D)屋角

5. 国家标准规定爆炸性气体混合物的场所用(　　)表示。

(A)10 区　　(B)0 区　　(C)11 区　　(D)1 区

(E)2 区　　(F)20 区

6. 对于第二类和第三类的防雷建筑物，没有得到接闪器保护的屋顶孤立金属物的尺寸不超过(　　)

数值时,可不要求附加保护措施。

(A)高出屋顶平面不超过 0.3 m　　(B)上层表面总面积不超过 1.0 m^2

(C)上层表面的长度不超过 2.0 m　　(D)高出屋顶平面不超过 0.5 m

7. 第三类防雷建筑物防直击雷接闪器采用的网格尺寸不应大于(　　)的网格。

(A)12 m×8 m　　(B)10 m×10 m　　(C)20 m×20 m　　(D)24 m×1 6m

8. 从屋内金属装置至等电位连接带的连接导体最小截面是(　　)。

(A)铝 10 mm^2　　(B)铁 16 mm^2

(C)铜 16 mm^2　　(D)铜 6 mm^2

9. 在高土壤电阻率的场地,降低建筑物防直击雷装置冲击接地电阻常采用的方法有(　　)。

(A)采用铜做垂直接地体　　(B)接地体埋于较深的低电阻率土壤

(C)采用环形接地体　　(D)采用降阻剂

(E)换土　　(F)采用多支线外引接地装置

10. 据中国气象局最新发布的全国雷暴日数(T_d)图,年平均雷暴日数在 100 d 以上的地区分别为(　　)。

(A)海南岛　　(B)云南南部

(C)广东西部　　(D)雷州半岛

四、判断题:(请在对的题后打"√",错的题后打"×",每题 1 分,共 10 分)

1. 到目前为止,还没有任何一种装置(或方法)能阻止雷电的产生,也没有能阻止雷击到建筑物上的器具和方法。(　　)

2. 各类防雷建筑物应设防直击雷的外部防雷装置,并应采取防闪电电涌侵入的措施。(　　)

3. 第一类防雷建筑物和第二类防雷建筑物中的危险建筑物和第三类防雷建筑物尚应采取防闪电感应的措施。(　　)

4. 排放爆炸危险气体、蒸气或粉尘的放散管、呼吸阀、排风管等的管口,当其排放物有可能达到爆炸浓度而无管帽时,应将管口上方半径 3 m 的半球体处于接闪器的保护范围内。(　　)

5. 国家级的会堂、办公建筑物、大型展览和博览建筑物、大型火车站和飞机场、国宾馆、国家级档案馆、大型城市的重要给水泵房等特别重要的建筑物,应划为第二类防雷建筑物。(　　)

6. 具有 2 区或 22 区爆炸危险场所的建筑物,应划为第一类防雷建筑物。(　　)

7. 闪电的种类多种多样,但总的来说分成两大类,即地闪和云闪。(　　)

8. 工频接地电阻值小于冲击接地电阻值。(　　)

9. 粮、棉及易燃物大量集中的露天堆场,当其年预计雷击次数大于或等于 0.05 时,应采用独立接闪杆或架空接闪线防直击雷,独立接闪杆或架空接闪线保护范围的滚球半径可取 100m。(　　)

10. 晴天大气的电场强度数值由地面向上逐渐增大。(　　)

五、名词解释(每题 3 分,共 15 分)

1. 画图表示雷电流的波头时间?

2. 什么是电磁兼容(EMC)?

3. 雷击大地年平均密度 N_g 的定义是什么?

4. 电涌保护器 SPD 的定义是什么?

5. 外部防雷装置的定义是什么?

六、计算题(第 1、2 题每题 3 分,第 3、4 题每题 7 分,共 20 分)

1. 有一幢建筑物按第一类防雷装设了一支独立避雷针,设置了人工接地体,接地体周围土壤电阻率为 1000 Ω·m,换算系数为 1.6,用接地电阻表测得独立针的工频接地电阻为 12 Ω,请计算这个独立针的冲击接地电阻,并判断电阻是否符合规范要求?

2. 2012 年海口一幢第二类的防雷建筑物发生一次正极性首次雷击,闪电定位测网监测到其雷电流幅值是误码，请用 GB 50057—2010 标准估算这次雷击的雷电流和雷电流陡度。

3. 有两栋地处年平均雷暴日数为 100 d 的住宅楼，甲楼高 40 m，东西长 70 m、南北宽 20 m，距甲楼正南边 50 m 处的有一栋长宽相同的乙楼高 20 m 如下图，请根据 GB 50057—2010 国家标准计算并判断甲楼属于第几类防雷建筑物？乙楼与甲楼防雷类别相同吗？请说明理由。(注：校正系数取 1)

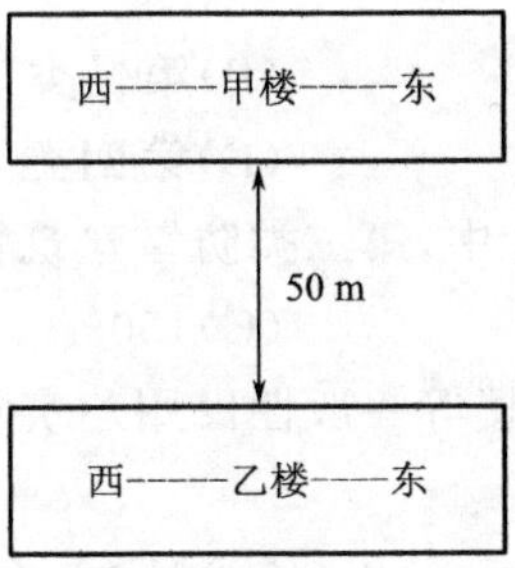

4. 有一幢具有 2 区爆炸危险场所的平屋面建筑物长 10 m、宽 5 m、高 3 m，为了保护该建筑物，在其屋面设计安装一支接闪杆，请问这个接闪杆应该安装在什么位置最经济？这个接闪杆最少要几米高就可以全面保护这个建筑物？(注：计算时不考虑裕量，取 $\sqrt{29}=5$，取 $\sqrt{65}=8$)

2014 年某省防雷专业技术人员资格考试试卷

一、填空题(请在空格里填上答案，每空 0.5 分，共 15 分)

1. GB 50057—2010 是防雷设计中最基本、最重要和应用最广泛的防雷国家标准，于 2010 年______月______日发布，并于 2011 年______月______日起实施。

2. 在土壤电阻率小于或等于 3000 Ω·m 时，外部防雷装置环形接地体所包围面积的等效圆半径大于或等于所规定的值时，可不计及____________的大小。

3. 高度不超过____ m 的烟囱，可只设一根引下线，否则应设两根引下线，也可利用螺栓或焊接连接的金属爬梯作为引下线用。

4. 由低压供电组合部件构成的系统称为低压配电系统，也称____系统。由敏感电子组合部件构成的系统，称____系统。

5. 首次雷击包含__________、__________、__________和__________4 个闪电物理过程。

6. 在遇到电磁兼容问题时须从____、____和____3 个因素入手，对症下药，消除其中某一个因素，来解决电磁兼容问题。

7. 雷电对人体危害最主要有 4 种形式分别是________、________以及________和________。

8. 电涌保护器两端的连接导线应平直，并尽可能做到最短，其两端连接导线长度之和不应大于____ m，也可采用__________式接法。在低压配电柜内，当 SPD 接地端与接地母排的距离无法满足要求时，在配电柜金属外壳接地良好的前提下，也可将接地端就近直接接至配电柜金属外壳上。

9. 请列举任意最常见的 2 个防雷标准的名称及标准号。

①____

②____

10. 一次地闪发展过程分为______雷击和______雷击。闪电的种类多种多样，但总的来说分成两大类，即______和______。

11. 防雷装置是用于减少闪击击于建(构)筑物上或建(构)筑物附近造成的物质性损害和人身伤亡，由外部防雷装置和内部防雷装置组成。外部防雷装置由__________、__________、__________组成。

二、单项选择题(请在括弧里填上一个选项，每题 1 分，共 25 分)

1. 大气的电场强度数值由地面向上(　　)。

(A)没有规律　　(B)逐渐增大

(C)不变　　(D)逐渐减小

2. 具有 1 区或 21 区爆炸危险场所的建筑物，因电火花引起爆炸，会造成巨大破坏和人身伤亡者，属于(　　)防雷建筑物。

(A)第一类　　(B)第二类

(C)第三类　　(D)第四类

3. 在防雷工程的相关雷电流参量设计中，第三类防雷建筑物首次负极性雷击电流幅值为(　　)kA。

(A)200　　(B)50　　(C)150　　(D)75

4. 预计雷击次数(　　)的住宅、办公楼等一般性民用建筑物或一般性工业建筑物应划为第三类防雷建筑物。

(A)$N>0.5$ 次/a　　(B)$N>0.25$ 次/a

(C)0.05 次/a$\leqslant N\leqslant$0.25 次/a　　(D)0.01 次/a$\leqslant N\leqslant$0.5 次/a

5. 海口市的年平均雷暴日数(　　)三亚市的年平均雷暴日数。

(A)等于　　(B)大于

(C)小于　　(D)无法确定

6. 排放爆炸危险气体、蒸气或粉尘的放散管、呼吸阀、排风管等的管口，当其排放物有可能达到爆炸浓度而无管帽时，应将管口上方半径(　　)m 的半球体处于接闪器的保护范围内。

(A)5　　(B)10　　(C)15　　(D)3

7. 各类防雷建筑物应设防直击雷的外部防雷装置，并应采取(　　)的措施。

(A)防闪电感应　　(B)防静电

(C)防闪电电涌侵入　　(D)阴极保护

8. 第一类防雷建筑物和第二类防雷建筑物中的危险建筑物，尚应采取(　　)的措施。

(A)防闪电感应　　(B)防静电

(C)防闪电电涌侵入　　(D)阴极保护

9. 预计雷击次数(　　)的部、省级办公建筑物和其他重要或人员密集的公共建筑物以及火灾危险场所，应划为第二类防雷建筑物。

(A)$N>0.25$ 次/a　　(B)$N>0.05$ 次/a

(C)0.01 次/a$\leqslant N\leqslant$0.5 次/a　　(D)0.05 次/a$\leqslant N\leqslant$0.25 次/a

10. 在 GB 50016—2006 中将火灾危险性的物质分为(　　)。

(A)甲、乙、丙、丁、戊 5 类　　(B)甲、乙、丙、丁 4 类

(C)甲、乙、丙 3 类　　(D)甲、乙 2 类

11. 在 GB 50057—2010 中用于计算第一、二、三类防雷建筑物保护范围的滚球半径分别是(　　)m。

(A)20、30、45　　(B)20、45、60

(C)30、40、50　　(D)30、45、60

12. 架空接闪线和接闪网宜采用截面积不小于(　　)热镀锌钢绞线或铜绞线。

(A)16 mm^2　　(B)6 mm^2　　(C)25 mm^2　　(D)50 mm^2

13. 对于第一类防雷建筑物，独立接闪杆和架空接闪线或网的支柱及其接地装置至被保护建筑物及与其有联系的管道、电缆等金属物之间的间隔距离不得小于(　　)m。

(A)5　　(B)10　　(C)3　　(D)无法确定

14. 连接Ⅲ级试验电涌保护器的导体最小截面是(　　)。

(A)铜 6 mm^2　　(B)铁 4 mm^2　　(C)铜 1.5 mm^2　　(D)铁 2.5 mm^2

15. 在防雷区的划分中,本区内的各物体可能遭到直接雷击并导走全部雷电流,以及本区内的雷击电磁场强度没有衰减时,应划分在(　　)。

(A)$LPZ0_A$ 区　　(B)$LPZ0_B$ 区　　(C)LPZ1 区　　(D)LPZ2 区

16. 平行敷设的管道、构架和电缆金属外皮等长金属物,其净距小于________时,应采用金属线跨接,跨接点的间距不应大于________;交叉净距小于________时,其交叉处也应跨接。(　　)

(A)30 mm,30 m,30 mm　　(B)100 mm,30 m,100 mm

(C)100 mm,25 m,100 mm　　(D)100 mm,15 m,100 mm

17. 一个电子系统的各种箱体、壳体、机架等金属组件与建筑物接地系统的等电位连接网络做功能性等电位连接应采用 S 型星形结构或 M 型网形结构,当电子系统为兆赫级数字线路时,应采用(　　)等电位连接。

(A)S 型　　(B)S 型和 M 型　　(C)S 型或 M 型　　(D)M 型

18. 当被保护设备距电涌保护器的距离沿线路的长度小于或等于 5 m 时,或在线路有屏蔽并两端等电位连接下沿线路的长度小于或等于 10 m 时,有效电压保护水平应按(　　)式来计算。

(A)$U_{p/f} \leqslant \frac{U_w}{2}$　　(B)$U_{p/f} \leqslant \frac{U_w - U_i}{2}$　　(C)$U_{p/f} \leqslant U_w$　　(D)都不正确

19. 有一支独立避雷针,设置了人工接地体,接地体周围土壤电阻率为 500 Ω·m,换算系数为 1.5,用接地电阻表测得独立针的工频接地电阻为 15 Ω,独立针的冲击接地电阻为(　　) Ω。

(A)7　　(B)9.8　　(C)10　　(D)5

20. 除第一类防雷建筑物外,可利用金属屋面作为接闪器,当金属板下面无易燃物品时,热镀锌钢板的厚度不应小于(　　)mm。

(A)0.7　　(B)0.5　　(C)4　　(D)5

21. 对第二类和第三类防雷建筑物,不处在接闪器保护范围内的非导电性屋顶物体,当它没有突出由接闪器形成的平面(　　)m 以上时,可不要求附加增设接闪器的保护措施。

(A)0.03　　(B)0.5　　(C)0.7　　(D)1.0

22. 当长金属物的弯头、阀门、法兰盘等连接处的过渡电阻大于(　　) Ω 时,连接处应用金属线跨接。对有不少于 5 根螺栓连接的法兰盘,在非腐蚀环境下,可不跨接。

(A)0.03　　(B)0.1　　(C)0.02　　(D)1.0

23. 采用多根专设引下线时,应在各引下线上于距地面(　　)m 装设断接卡。

(A)−0.3～2.7　　(B)−0.3～1.7　　(C)0.3～2.7　　(D)0.3～1.8

24. 钢制防雷装置采用焊接时,扁钢与扁钢搭接时,其搭接长度应为扁钢宽度的多少倍?圆钢与圆钢搭接时,其搭接长度应为圆钢直径的多少倍?(　　)

(A)2,5　　(B)2,6　　(C)4,6　　(D)3,4

25. 第一类、第二类、第三类防雷建筑物的引下线间距分别是(　　)m。

(A)10,15,25　　(B)12,15,25

(C)12,18,25　　(D)30,45,60

三、多项选择题(请在每题里填上不少于两个选项,全对得 1.5 分,少选一项得 1 分,其他不得分,共 15 分)

1. 下面给出了 4 种低压配电线路接地制式图,判断下图中(　　)属于是 TN 接地制式。

(A)
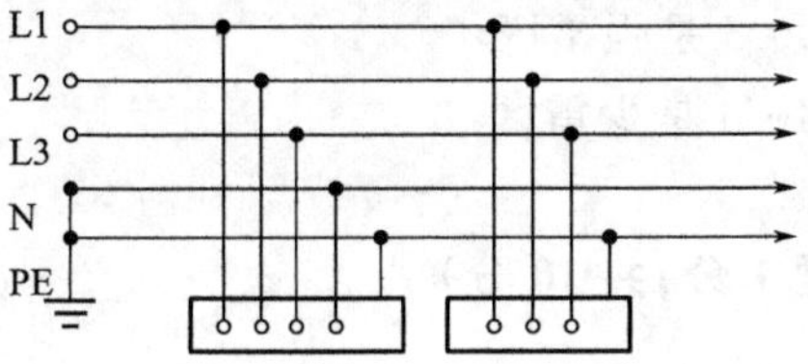

(B)
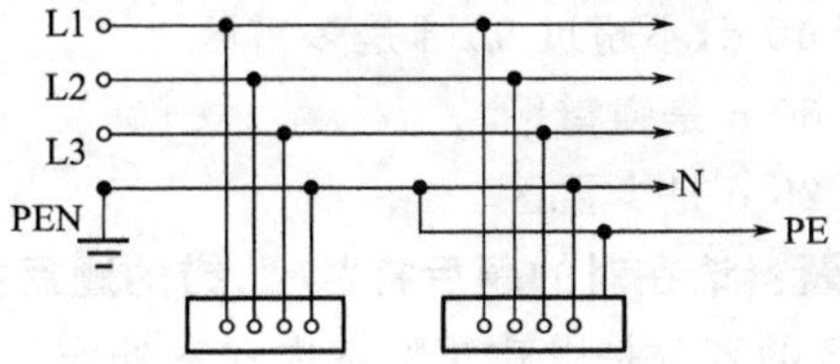

(C)
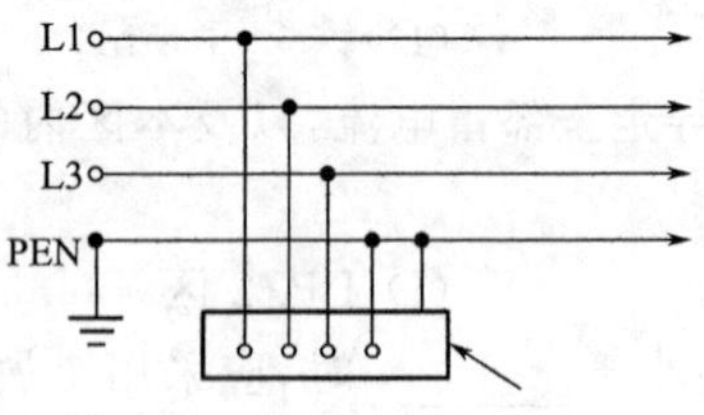

(D)
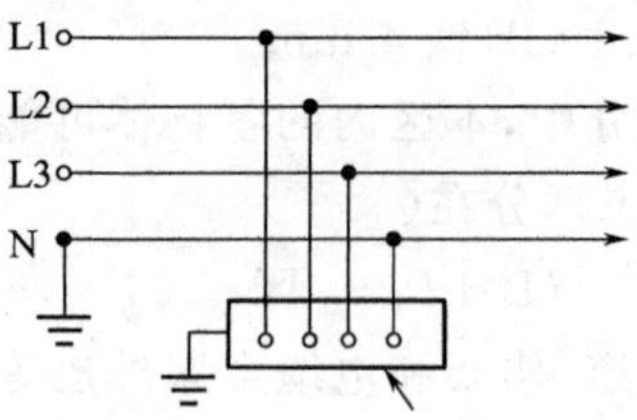

2. 雷电的基本物理特点是(　　)。

(A)放电时间长　　(B)释放能量大

(C)冲击电压高　　(D)频谱宽

(E)冲击电流大

3. 除第一类防雷建筑物外,没有得到接闪器保护的屋顶孤立金属物的尺寸超过(　　)任一数值时,应设计安装附加保护措施。

(A)上层表面的长度超过 2.0 m　　(B)上层表面总面积超过 1.0 m^2

(C)高出屋顶平面 0.5 m　　(D)高出屋顶平面 0.3 m

4. 根据雷击建筑物的选择性,如果一幢建筑物的屋面的坡度小于 50%且大于 10%,那么这幢建筑物屋面易受雷击的部位是(　　)。

(A)屋脊　　(B)檐角　　(C)屋檐　　(D)女儿墙

(E)屋角

5. 第一类防雷建筑物防直击雷接闪器采用的网格尺寸不应大于(　　)的网格。

(A)12 m×8 m　　(B)6 m×4 m　　(C)10 m×10 m　　(D)24 m×16 m

(E)5 m×5 m

6. 从等电位连接带至接地装置或各等电位连接带之间的连接导体最小截面是(　　)。

(A)铝 25 mm^2　　(B)铁 50 mm^2　　(C)铜 16 mm^2　　(D)铜 50 m^2

(E)铁 16 mm^2

7. 在高土壤电阻率的场地,降低建筑物防直击雷装置冲击接地电阻常采用的方法有(　　)。

(A)采用多支线外引接地装置　　(B)接地体埋于较深的低电阻率土壤

(C)采用环形接地体　　(D)采用降阻剂

(E)换土　　(F)加密垂直接地体和水平接地体

8. 各类防雷建筑物应设内部防雷装置。在建筑物的地下室或地面层处,下列物体应与防雷装置做防雷等电位连接(　　)。

(A)建筑物金属体　　(B)金属装置

(C)建筑物内系统　　(D)进出建筑物的金属管线

9. 有一根长 1.5 m 的接闪杆采用热镀锌钢材制作而成,其直径应符合下列规定(　　)才是合格的接闪杆。

(A)圆钢∅≥12 mm　　(B)圆钢∅≥16 mm

(C)圆钢∅≥20 mm　　(D)钢管∅≥20 mm

(E)钢管∅≥25 mm　　(F)钢管∅≥40 mm

10. 根据 GB 50343—2012 按年平均雷暴日数,将地区雷暴日等级划分为少雷区、多雷区和强雷区等,下面哪些划分是正确的。(　　)

(A)大于 40 d,不超过 90 d 是多雷区　　(B)大于 90 d 是强雷区

(C)大于 60 d 是强雷区　　(D)小于 40 d 是少雷区

(E)小于 25 d 是少雷区

四、判断题:(请在对的题后打"√",错的题后打"×",每题 1 分,共 10 分)

1. 防雷区的划分是以建筑物室内和室外作为划分标准的。(　　)

2. 高度超过 45 m 的第二类防雷建筑物或高度超过 60 m 的第三类防雷建筑物,其上部占高度 20%的部位应采取防侧击雷措施。(　　)

3. 国家级计算中心、国际通信枢纽、国家特级和甲级大型体育馆以及国宾馆、国家级档案馆等特别重要的建筑物，应划为第一类防雷建筑物。(　　)

4. 具有2区或22区爆炸危险场所的建筑物，应划为第二类防雷建筑物。(　　)

5. 有爆炸危险的露天钢质封闭气罐，在其高度小于或等于60 m、罐顶壁厚不小于4 mm时，或其高度大于60 m的条件下、罐顶壁厚和侧壁壁厚均不小于4 mm时，可不装设接闪器，但应接地，且接地点不应少于2处，两接地点间距离不宜大于30 m，每处接地点的冲击接地电阻不应大于30 Ω。(　　)

6. 当第一类防雷建筑物部分的面积占建筑物总面积的30%以下，且第二类防雷建筑物部分的面积占建筑物总面积的30%及以上时，或当这两部分防雷建筑物的面积均小于建筑物总面积的30%，但其面积之和又大于30%时，该建筑物宜确定为第二类防雷建筑物。(　　)

7. 对于第二类、第三类防雷建筑物，在电气接地装置与防雷接地装置共用或相连的情况下，应在低压电源线路引入的总配电箱、配电柜处装设Ⅰ级试验的电涌保护器。电涌保护器的电压保护水平值应小于或等于12.5 kV。每一保护模式的冲击电流值，当无法确定时应取大于或等于2.5 kA。(　　)

8. 粮、棉及易燃物大量集中的露天堆场，当其年预计雷击次数大于或等于0.05时，应采用独立接闪杆或架空接闪线防直击雷，独立接闪杆或架空接闪线保护范围的滚球半径可取100 m。(　　)

9. 对于第一类防雷建筑物的防侧击雷措施，当建筑物高于30 m时，尚应从30 m起每隔不大于12 m沿建筑物四周设水平接闪带并与引下线相连。(　　)

10. 排放爆炸危险气体、蒸气或粉尘的放散管、呼吸阀、排风管等，当其排放物达不到爆炸浓度、长期点火燃烧、一排放就点火燃烧时，及发生事故时排放物才达到爆炸浓度的通风管、安全阀，接闪器的保护范围可仅保护到管帽，无管帽时应保护到管口上方半径5m的半球体。(　　)

五、简答及名词解释题(每题3分，共15分)

1. 在GB 50057—2010中U_p、U_c、U_w分别指什么？

2. 解释什么是T_d和N_g？

3. 什么是电涌保护器？

4. 国际IEC对EMC的定义是什么？

5. 什么是近端串扰？

六、计算题(每题5分，共20分)

1. 假设有一个首次负极性的闪电击在一幢第一类防雷建筑物以外附近时，请计算建筑物内无屏蔽和有屏蔽时的磁场强度分别是多少？(雷击点与建筑物屏蔽空间的平均距离Sa取100 m，有屏蔽时的屏蔽系数SF取20，小数取二位数)。

2. 一栋地处海口长、宽、高分别为40 m、20 m、20 m的办公楼，距办公楼四周110 m有15 m高的住宅楼包围着该办公楼，请计算该办公楼属于第几类防雷建筑物？(注：校正系数均取1，海口的年平均雷暴日数取100 d，四舍五入保留二位小数)。

3. 用4102接地电阻测试仪测试一支按第一类防雷设计的接闪杆的引下线，接地电阻值为19 Ω，测试时的线阻为1 Ω，该处的土壤电阻率为1000 Ω·m，安装独立接闪杆时，设置了人工接地体，最长接地支线为 12 m，请根据下图查出换算系数，计算这个独立接闪杆的冲击接地电阻值，并判断电阻是否符合 GB 50057—2010 规范要求？

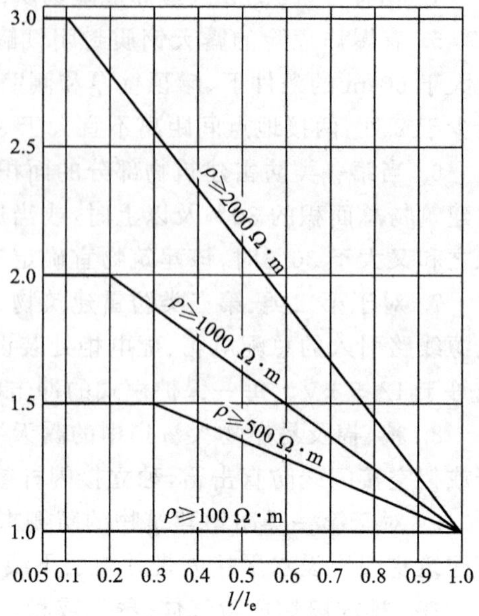

换算系数 A

注：l 为接地体最长支线的实际长度，其计量与 l_e 类同；当 l 大于 l_e 时，取其等于 l_e。

4. 有一个废弃的长方形露天钢质封闭油气罐（如图），罐内仍有余量的油气，顶板的厚度为 3 mm，该罐长 12 m、宽 5 m、高 2 m，为了保护该油气罐免遭雷击，在长边中间距该罐 3 m 外安装一支接闪杆，请计算最少要几米高的接闪杆才可以保护这罐。（注：计算时不考虑裕量，四舍五入保留一位小数）

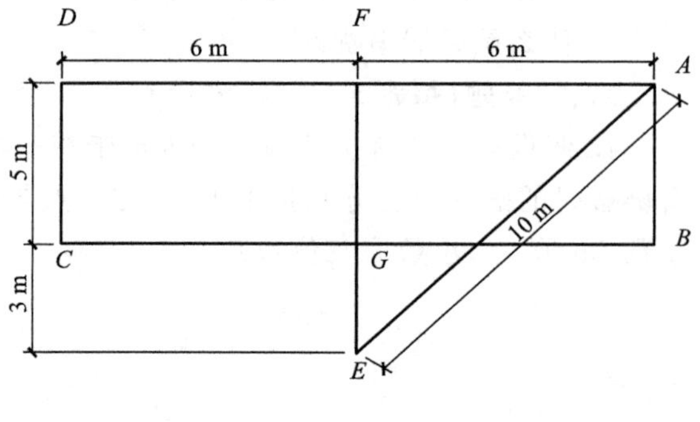

2015 年某省防雷专业技术人员资格考试试卷

一、填空题（请在空格里填上答案，每空 0.5 分，共 15 分）

1.《建筑物防雷设计规范》GB 50057—2010 适用于________、________和________建（构）筑物的防雷设计。《建筑物电子信息系统防雷技术规范》GB 50343—2012 不适用于____________和____________的建筑物电子信息系统防雷。

2. 目前比较成熟的 4 种积雨云起电机制是________起电机制、________起电机制、________起电机制和________起电机制。

3. 首次雷击包含 4 个闪电物理过程分别是__________、__________、__________和__________。

4. 闪电的种类多种多样，但总的来说分成两大类，即________和________。

5. 在进行建筑物电子信息系统防雷设计时，应根据建筑物电子信息系统的特点，按工程整体要求，进行全面规划，协调统一______________和______________做到____________、____________、____________的设计原则。

6. 离地面越高大气静电场强度数值越________。

7. 具有________区或________区爆炸危险场所的建筑物，因电火花引起爆炸，会造成巨大破坏和人身伤亡者，属于第一类防雷建筑物。

8. 粮、棉及易燃物大量集中的露天堆场，当其年预计雷击次数大于或等于 0.05 时，应采用独立接闪杆或架空接闪线防直击雷，独立接闪杆或架空接闪线保护范围的滚球半径可取________m。

9. 各类防雷建筑物应设防直击雷的外部防雷装置，并应采取防________的措施。第一类防雷建筑物和第二类防雷建筑物中的危险建筑物，尚应采取防________的措施。

10. 排放爆炸危险气体、蒸汽或粉尘的放散管、呼吸阀、排风管等的管口，当其排放物有可能达到爆炸浓度而无管帽时，应将管口上方半径________m 的半球体处于接闪器的保护范围内。

11. 有爆炸危险的露天钢质封闭气罐，在其高度小于或等于 60 m、罐顶壁厚不小于 4 mm 时，或其高度大于 60 m 的条件下、罐顶壁厚和侧壁壁厚均不小于 4 mm 时，可不装设接闪器，但应接地，且接地点不应少于__________处，两接地点间距离不宜大于__________m，每处接地点的冲击接地电阻不应大于________Ω。

二、单项选择题（请在括弧里填上一个选项，每题 1 分，共 30 分）

1. 对于第一类防雷建筑物，独立接闪杆和架空接闪线或网的支柱及其接地装置至被保护建筑物及与其有联系的管道、电缆等金属物之间的间隔距离不得小于（　　）m。

(A)3　　(B)5　　(C)15　　(D)1

2. 当长金属物的弯头、阀门、法兰盘等连接处的过渡电阻大于（　　）Ω 时，连接处应用金属线跨接。对有不少于 5 根螺栓连接的法兰盘，在非腐蚀环境下，可不跨接。

(A)10　　(B)0.05　　(C)0.03　　(D)1

3. 根据国家标准《建筑物防雷设计规范》雷击大地年平均密度可按（　　）计算。

(A)$5.8\times10^{-1.5}/C$　　(B)$k\times N_g\times A_e$　　(C)$0.025\times T_d^{1.3}$　　(D)$0.1\times T_d$

4. 在第一类防雷建筑物中，当屋内设有等电位连接的接地干线时　，其与防闪电感应接地装置的连接不应少于（　　）处。

(A)3　　(B)1　　(C)4　　(D)2

5. 平行敷设的管道、构架和电缆金属外皮等长金属物，其净距小于 100 mm 时，应采用金属线跨接，跨接点的间距不应大于（　　）m；交叉净距小于 100 mm 时，其交叉处也应跨接。

(A)20　　(B)30　　(C)3　　(D)15

6. 在防雷工程的相关雷电流参量设计中，第二类防雷建筑物首次正极性雷击电流幅值为（　　）kA。

(A)200　　(B)30　　(C)150　　(D)75

7.《建筑物防雷设计规范》(GB50057—2010)于（　　）起实施。

(A)2010 年 11 月 3 日　　(B)2011 年 10 月 1 日

(C)2010 年 10 月 1 日　　(D)2011 年 11 月 3 日

8. 预计雷击次数（　　）的住宅、办公楼等一般性民用建筑物或一般性工业建筑物应划为第三类防雷建筑物。

(A)$N>0.5$ 次/a　　(B)0.05 次/a$\leqslant N\leqslant$0.25 次/a

(C)0.01 次/a$\leqslant N\leqslant$0.5 次/a　　(D)$N>0.25$ 次/a

9. 在 GB 50016—2006《建筑设计防火规范》中将火灾危险性的物质分为（　　）。

(A)甲、乙、丙 3 类　　(B)甲、乙、丙、丁 4 类

(C)甲、乙、丙、丁、戊 5 类　　(D)甲、乙 2 类

10. 在 GB 50057—2010 中用于计算第一、二、三类防雷建筑物保护范围的滚球半径分别是(　　)m。

(A)20,30,45　　(B)30,45,60

(C)30,40,50　　(D)20,45,60

11. 架空接闪线和接闪网宜采用截面积不小于(　　)热镀锌钢绞线或铜绞线。

(A)16 mm^2　　(B)6 mm^2　　(C)50 mm^2　　(D)25 mm^2

12. 有一幢第一类防雷建筑物发生一次负极性首次雷击,那么本次雷击的雷电流陡度是(　　)。

(A)20 kA/μs　　(B)100 kA/μs

(C)15 kA/μs　　(D)7.5 kA/μs

13. 连接Ⅰ级试验电涌保护器的导体最小截面是(　　)。

(A)铜 6 mm^2　　(B)铁 4 mm^2

(C)铁 2.5 mm^2　　(D)铜 1.5 mm^2

14. 在防雷区的划分中,本区内的各物体不可能遭到大于所选滚球半径对应的雷电流直接雷击,以及本区内的雷击电磁场强度仍没有衰减时,应划分在(　　)。

(A)$LPZ0_A$ 区　　(B)$LPZ0_B$ 区　　(C)LPZ1 区　　(D)LPZ2 区

15. 根据 GB 50057—2010 建筑物防雷设计规范,接闪器保护范围的计算方法应采用(　　)进行。

(A)折线法　　(B)45 度角法

(C)滚球法　　(D)估算法

16. 一个电子系统的各种箱体、壳体、机架等金属组件与建筑物接地系统的等电位连接网络做功能性等电位连接应采用 S 型星形结构或 M 型网形结构,当电子系统为兆赫级数字线路时,应采用(　　)等电位连接。

(A)M 型　　(B)S 型和 M 型　　(C)S 型或 M 型　　(D)S 型

17. 建筑物内 220/380 V 配电系统中,配电线路和最后分支线路的Ⅱ类设备的耐冲击电压额定值 U_w 为(　　)。

(A)6 kV　　(B)5 kV　　(C)4 kV　　(D)2.5 kV

18. 当被保护设备距电涌保护器的距离沿线路的长度小于或等于 5 m 时,或在线路有屏蔽并两端等电位连接下沿线路的长度小于或等于 10 m 时,有效电压保护水平应按(　　)式来计算。

(A)$U_{p/f} \leqslant 0.5U_w$　　(B)$U_{p/f} \leqslant \frac{U_w - U_i}{2}$

(C)$U_{p/f} \leqslant \frac{U_w}{2}$　　(D)都不正确

19. 下图中(　　)低压配电接地制式是 TN-C-S 接地制式。

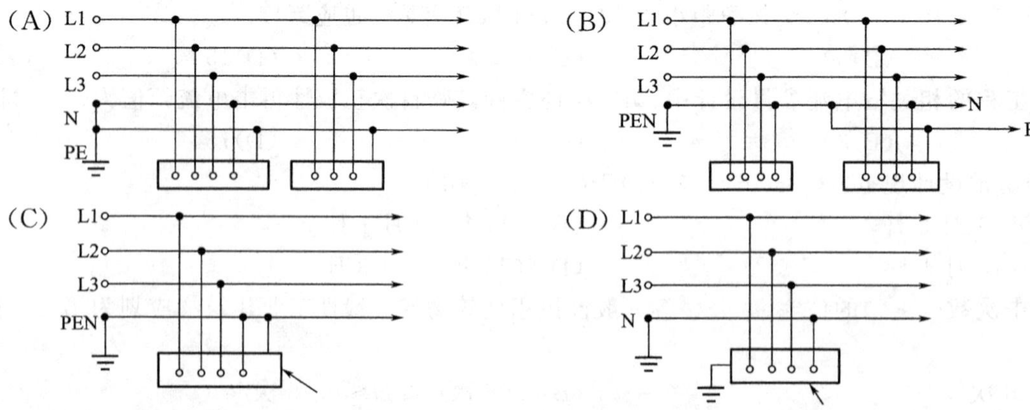

20. 第二类、第三类防雷建筑物,可利用金属屋面作为接闪器,当金属板下面无易燃物品时,不锈钢、热镀锌钢、钛和铜板的厚度不应小于(　　)mm。

(A)4　　(B)0.7　　(C)0.5　　(D)0.65

21. 对于第一类防雷建筑物,当树木邻近建筑物且不在接闪器保护范围之内时,树木与建筑物之间的净距不应小于(　　)m。

(A)15　　(B)5　　(C)3　　(D)10

22. 接闪杆宜采用热镀锌圆钢或钢管制成，当采用杆长 1～2 m 的钢管做接闪杆时，其直径不应小于(　　)mm。

(A)25　　(B)12　　(C)20　　(D)16

23. 为实现多级 SPD 的能量配合，在无明确的产品安装指南的情况下，开关型电涌保护器与限压型电涌保护器之间的线路长度不宜小于(　　)m，限压型电涌保护器之间的线路长度不宜小于(　　)m，否则应在两级电涌保护器之间加装退耦元件。

(A)10，10　　(B)5，10

(C)10，5　　(D)5，5

24. 对第二类和第三类防雷建筑物，不处在接闪器保护范围内的非导电性屋顶物体，当它没有突出由接闪器形成的平面(　　)m 以上时，可不要求附加增设接闪器的保护措施。

(A)0.03　　(B)0.5　　(C)0.7　　(D)1.0

25. 钢制防雷装置采用焊接时，扁钢与扁钢搭接时，其搭接长度应为扁钢宽度的______倍，圆钢与圆钢搭接时，其搭接长度应为圆钢直径的______倍。(　　)

(A)2，2　　(B)4，4　　(C)4，6　　(D)2，6

26. 第一类、第二类、第三类防雷建筑物的引下线间距分别是(　　)m。

(A)10，15，25　　(B)12，18，25

(C)12，15，25　　(D)30，45，60

27. 第三类防雷建筑物每根防雷引下线的冲击接地电阻不应大于 30 Ω，但对预计雷击次数 $0.05 \geqslant N \geqslant 0.01$ 次/a 的部、省级办公大楼的第三类防雷建筑物，每根防雷引下线的冲击接地电阻不应大于(　　)。

(A)4 Ω　　(B)20 Ω　　(C)10 Ω　　(D)1 Ω

28. 固定在建筑物上的节日彩灯、航空障碍信号灯及其他用电设备及线路，应根据建筑物的防雷类别，首先考虑采取防止(　　)的措施。

(A)地电位反击　　(B)跨步电压

(C)静电感应　　(D)闪电电涌侵入

29. 采用多根专设引下线时，应在各引下线上于距地面(　　)m 装设断接卡。

(A)0.3～1.8　　(B)－0.3～1.7

(C)0.3～2.7　　(D)－0.3～2.7

30. 有一幢建筑物周边的土壤电阻率为 100 Ω·m，除去线阻后测得该建筑物的工频接地电阻为 2.5 Ω，那么该建筑物的接地装置的冲击接地电阻是(　　)。

(A)250 Ω　　(B)25 Ω　　(C)2.5 Ω　　(D)无法计算

三、多项选择题(请在每题里填上不少于两个选项，全对得 2 分，少选一项得 1 分，其他不得分，共 10 分)

1. 具有________区或________区爆炸危险场所的建筑物，且电火花不易引起爆炸或不致造成巨大破坏和人身伤亡者，应属于第二类防雷建筑物。(　　)

(A)0 区　　(B)1 区　　(C)2 区　　(D)20 区

(E)21 区　　(F)22 区

2. 雷电是大气中的放电现象，主要产生于积雨云中，它的基本特点是(　　)。

(A)放电时间长　　(B)冲击电流大　　(C)冲击电压高　　(D)频谱宽

(E)冲击压力大

3. 根据雷击建筑物的选择性，如果一幢建筑物的屋面的坡度大于 1/10 且小于 1/2，那么这幢建筑物屋面易受雷击的部位是(　　)。

(A)屋脊　　(B)檐角　　(C)屋面　　(D)屋墙

(E)屋角　　(F)屋檐

4. 对于第二类和第三类防雷建筑物，没有得到接闪器保护的屋顶孤立金属物的尺寸不超过(　　)数值时，可不要求附加保护措施。

(A)高出屋顶平面不超过 1.0 m　　(B)上层表面总面积不超过 1.0 m^2

(C)上层表面的长度不超过 1.0 m　　(D)高出屋顶平面不超过 0.5 m

(E)上层表面的长度不超过 2.0 m　　(F)高出屋顶平面不超过 0.3 m

5. 第二类防雷建筑物防直击雷接闪器采用的网格尺寸不应大于(　　)的网格。

(A)12 m×8 m　　(B)6 m×4 m　　(C)24 m×16 m　　(D)10 m×10 m

(E)5 m×5 m　　(F)20 m×20 m

四、名词解释(每题 3 分，共 15 分)

1. 什么是雷击电磁脉冲(LEMP)?

2. 什么是共用接地系统?

3. 什么是防雷装置(LPS)?

4. 什么是Ⅰ级试验?

5. 什么是电涌保护器的残压?

五、计算题(第 1 题 5 分，第 2、3 题 8 分，第 4 题 9 分，共 30 分)

1. 有一支独立避雷针，设置了人工接地体，接地体周围土壤电阻率为 500 Ω·m，换算系数为 1.4，用接地电阻表测得独立针的工频接地电阻为 8 Ω，测试线的线阻为 1 Ω，请计算这只独立针的冲击接地电阻为多少欧。

2. 有一幢高 6 m 的单层楼实验室，建设时均已按第三类防雷建筑物安装了合格的防直击雷装置，并在屋面和侧墙面加强安装了 0.5 m×0.5 m 的格栅形屏蔽网格，现在要在实验室内离地面高 2 m，距侧面墙 1.5 m 的地方安装一台高精实验设备，该设备若有超过 200(A/m)的磁场强度干扰将会误动作，请问如果有一个首次正极性的闪电直接击在这幢实验室的屋面接闪器上，这台实验设备能正常工作吗?(不写出计算过程不得分)

3. 多普勒天气雷达天线罩是一个直径为 12 m 的圆球，安置在雷达楼的顶层平台上，该平台在土建时已设计了符合要求的接闪带，为保护天线罩不被雷击，要求在离球边缘 3 m 四周安装四根 15 m 高均匀分布的接闪杆，请问这 4 根接闪杆能够保护雷达天线罩吗? 为什么?(注：计算时不考虑裕量，雷达楼按第二类防雷建筑物计算)

4. 10 年前海口市有一幢 20 层的省级办公楼，长宽分别为 60 m 和 30 m。那时站在楼顶上四周 200 m 看不见一幢建筑物，而现在四周 100 m 范围内全是 30 层以上的高层建筑物，请你分析 10 年前该大楼属于第几类防雷建筑物? 而今这幢建筑物的防雷装置需要整改，请问这时又应按第几类防雷建筑物进行整改?(注：校正系数均取 1，π 取 3.14，海口的年平均雷暴日数为 100 d，该楼层高取 2.5 m)

2016 年某市防雷检测机构技术负责人能力测试试卷(甲级附加卷)

一、简答题(每题 10 分,共 20 分)

1. 根据建筑物的重要性、使用性质和发生雷电事故的可能性和后果,哪些建筑物应划为第一类防雷建筑物?

2. 爆炸性气体混合物场所和空气中可燃性粉尘云环境分别划分为几区?简述各分区的定义。

二、计算题(每题 15 分,共 30 分)

1. 某省会城市效区 2007 年建了一幢 12 层高 40 m 的省级办公建筑,长宽分别为 60 m 和 40 m,那时该建筑四周 200 m 内无任何建筑物。10 年后的 2017 年,该楼四周 100 m 范围内都建起了 30 层以上的高楼,请你分析 10 年前该大楼属于第几类防雷建筑物?而今这幢建筑物的防雷装置需要整改,请问这时又应按第几类防雷建筑物进行整改?(注:校正系数均取 1,π 取 3.14,该市的年平均雷暴日数取 50 d)

2. 在设计一幢层高 6 m 的单层楼防爆实验室时,由于要在实验室内离地面高 2 m,距侧面墙 1.5 m 的地方安装一台高精防爆实验设备,请计算①如果闪电击在该实验室外,闪击点到这台设备的直线距离为 100 m,实验室设计有屏蔽系数 SF 为 20 的屏蔽时,该防爆设备处的磁场强度?②如果闪电击在该实验室的接闪器上,在屋面和侧墙面设计了 50 cm 的格栅形屏蔽网格时,该防爆设备处的磁场强度?若该设备有超过 200(A/m)的磁场强度干扰时将会误动作,请问以上两种情况下这台实验设备能正常工作吗?(假设两处雷击都是首次负极性雷击,实验室按第一类防雷建筑物设计。计算时四舍五入保留二位小数)

2016 年某市防雷检测机构技术负责人能力测试试卷(乙级卷)

一、填空题(请在空格里填上答案,每空 0.5 分,共 15 分)

1. 雷电是大气中的放电现象,主要产生于积雨云中,目前比较成熟的 4 种积雨云起电机制是________起电机制、________起电机制、________起电机制和________起电机制。

2. 一次地闪发展过程分为________雷击和________雷击。

3. 首次雷击包含________、________、________和________4 个闪电物理过程。

4. 闪电的种类多种多样,但总的来说分成两大类,即________和________。

5.《建筑物防雷设计规范》GB 50057—2010 适用于________、________和________建(构)筑物的防雷设计。《建筑物电子信息系统防雷技术规范》GB 50343—2012 不适用于________和________的建筑物电子信息系统防雷设计。

6. 由低压供电组合部件构成的系统称为低压配电系统,也称________系统。由敏感电子组合部件构成的系统,称________系统。

7. 当长金属物的弯头、阀门、法兰盘等连接处的过渡电阻大于________Ω时，连接处应用金属线跨接。对有不少于5根螺栓连接的法兰盘，在非腐蚀环境下，可不跨接。

8. 系统要发生电磁兼容性问题，必须存在________、________和________3个因素。在遭受雷击的过程中，电子电气设备可能存在电磁兼容问题，应从这三因素入手，对症下药，消除影响因素，即可解决电磁兼容问题。

9. 各类防雷建筑物应设防直击雷的外部防雷装置，并应采取防________的措施。

10. 当电子系统为________线路时，应采用M型等电位连接，系统的各金属组件不应与接地系统各组件绝缘；当电子系统为300 kHz以下的模拟线路时，可采用S型等电位连接，且所有设施管线和电缆宜从ERP处附近进入该电子系统。

11. 电涌保护器两端的连接导线应平直，并尽可能做到最短，其两端连接导线长度之和不应大于0.5 m，也可采用________式接法。在低压配电柜内，当SPD接地端与接地母排的距离无法满足要求时，在配电柜金属外壳接地良好的前提下，也可将接地端就近直接接至配电柜金属外壳上。

12. 高度不超过________m的烟囱，可只设一根引下线，否则应设两根引下线，也可利用螺栓或焊接连接的金属爬梯作为引下线用。

13. 对于第二类、第三类防雷建筑物，应在低压电源线路引入的总配电箱、配电柜处装设Ⅰ级试验的电涌保护器。电涌保护器的电压保护水平值应小于或等于__________kV。每一保护模式的冲击电流值，当无法确定时应取大于或等于________kA。

14. 在土壤电阻率小于或等于3000 Ω·m时，外部防雷装置环形接地体所包围面积的等效圆半径大于或等于所规定的值时，可不计及________的大小。

二、单项选择题(每题1分，共20分)

1. 大气的电场强度数值由地面向上(　　)。

(A)没有规律　　(B)逐渐增大

(C)逐渐减小　　(D)不变

2. 平行敷设的管道、构架和电缆金属外皮等长金属物，其净距小于100 mm时，应采用金属线跨接，跨接点的间距不应大于(　　)m；交叉净距小于100 mm时，其交叉处也应跨接。

(A)30　　(B)15　　(C)20　　(D)45

3. 在防雷工程的相关雷电流参量设计中，第三类防雷建筑物首次负极性雷击电流幅值为(　　)kA。

(A)100　　(B)50　　(C)150　　(D)75

4. 在GB 50057—2010中用于计算第一、二、三类防雷建筑物保护范围的滚球半径依次是(　　)m。

(A)20,30,45　　(B)20,45,60

(C)30,40,50　　(D)30,45,60

5. 预计雷击次数(　　)的住宅、办公楼等一般性民用建筑物或一般性工业建筑物应划为第三类防雷建筑物。

(A)$N>0.5$ 次/a　　(B)$N>0.25$ 次/a

(C)0.05 次/a$\leqslant N \leqslant$0.25 次/a　　(D)0.01 次/a$\leqslant N \leqslant$0.05 次/a

6. 根据GB/T 32938—2016的要求，现场检测前，检测负责人应就现场作业方案与受检单位做好沟通，并进行安全交底和技术交底，参加现场检测人员不少于(　　)人。

(A)5　　(B)2　　(C)3　　(D)6

7. 架空接闪线和接闪网宜采用截面积不小于(　　)热镀锌钢绞线或铜绞线。

(A)16 mm^2　　(B)6 mm^2　　(C)25 mm^2　　(D)50 mm^2

8. 上海市的年平均雷暴日数(　　)d。

(A)约为60　　(B)在20～30　　(C)小于20　　(D)约为90

9. 排放爆炸危险气体、蒸气或粉尘的放散管、呼吸阀、排风管等的管口，当其排放物有可能达到爆炸浓度而无管帽时，应将管口上方半径(　　)m的半球体处于接闪器的保护范围内。

(A)5　　(B)10　　(C)15　　(D)3

10. 采用多根专设引下线时，应在各引下线上距地面(　　)m 装设断接卡。

(A)－0.3～2.7　　(B)－0.3～1.7

(C)0.3～2.7　　(D)0.3～1.8

11. 在连接电涌保护器的导体中，连接Ⅰ级试验电涌保护器的导体最小截面是(　　)。

(A)铜 6 mm^2　　(B)铁 4 mm^2　　(C)铜 4 mm^2

(D)铜 2.5 mm^2　　(E)铁 6 mm^2

12. 在防雷区的划分中，本区内的各物体不可能遭到大于所选滚球半径对应的雷电流直接雷击，以及本区内的雷击电磁场强度仍没有衰减时，应划分在(　　)。

(A)$LPZ0_A$ 区　　(B)$LPZ0_B$ 区　　(C)LPZ1 区　　(D)LPZ2 区

13. 当被保护设备距电涌保护器的距离沿线路的长度小于或等于 5 m 时，或在线路有屏蔽并两端等电位连接下沿线路的长度小于或等于 10 m 时，有效电压保护水平应按(　　)式来确定。

(注：式中 $U_{p/f}$ 为有效电压保护水平，U_w 为设备绝缘耐冲击电压额定值，U_i 为环路感应过电压)

(A)$U_{p/f}\leqslant\frac{U_w}{2}$　　(B)$U_{p/f}\leqslant\frac{U_w-U_i}{2}$

(C)$U_{p/f}\leqslant U_w$　　(D)都不正确

14. 在上海一座位于山丘上的通信基站的防雷检测中，测得周围土壤电阻率为 1000 Ω·m，用接地电阻表测得塔座的工频接地电阻为 15 Ω，那么这个通信塔的冲击接地电阻为(　　)Ω。(换算系数取 2.0，保留一位小数)

(A)33.3　　(B)7.5　　(C)30.0　　(D)15.0

15. 根据 GB/T 32938—2016 的要求，新(改、扩)建项目防雷检测技术档案的保管期限和防雷定期检测技术档案的保管期限分别为(　　)。

(A)至少 3 a，至少 1 a　　(B)至少 5 a，至少 3 a

(C)永久，至少 1 a　　(D)永久，至少 2 a

16. 第二类和第三类防雷建筑物，可利用金属屋面作为接闪器，当金属板下面无易燃物品时，热镀锌钢板的厚度不应小于(　　)mm。

(A)0.7　　(B)0.5　　(C)4　　(D)5

17. 第一类、第二类、第三类防雷建筑物的引下线间距分别是(　　)m。

(A)10，15，25　　(B)12，15，25　　(C)12，18，25　　(D)30，45，60

18. 当第一类防雷建筑物部分的面积占建筑物总面积的 30%以下，且第二类防雷建筑物部分的面积占建筑物总面积的 30%及以上时，或当这两部分防雷建筑物的面积均小于建筑物总面积的 30%，但其面积之和又大于 30%时，该建筑物宜确定为(　　)防雷建筑物。

(A)第一类　　(B)第二类　　(C)第三类　　(D)无法确定

19. 根据 GB 50601—2010 的要求，建筑物外的引下线敷设在人员可停留或经过的区域时，引下线 3 m 外应设立阻止人员进入的护栏警示牌或者引下线采用穿管防护的方法，防止(　　)对人员造成伤害。

(A)闪电电涌侵入　　(B)电位反击

(C)跨步电压和旁侧闪络　　(D)接触电压和旁侧闪络

20. 粮、棉及易燃物大量集中的露天堆场，当其年预计雷击次数大于或等于 0.05 时，应采用独立接闪杆或架空接闪线防直击雷，独立接闪杆或架空接闪线保护范围的滚球半径可取(　　)。

(A)100 m　　(B)60 m　　(C)45 m　　(D)30 m

三、多项选择题(每题至少有两个正确选项，全对得 3 分，多选少选均不得分，共 30 分)

1. 除第一类防雷建筑物外，没有得到接闪器保护的屋顶孤立金属物的尺寸不超过(　　)数值时，可不要求附加的保护措施。

(A)上层表面的长度不超过 3.0 m　　(B)上层表面总面积不超过 2.0 m^2

(C)上层表面的长度不超过 2.0 m　　(D)上层表面总面积不超过 1.0 m^2

(E)高出屋顶平面不超过 0.5 m　　(F)高出屋顶平面不超过 0.3 m

2. 根据雷击建筑物的选择性，如果一幢建筑物的屋面两边的坡度小于50%且大于10%，那么这幢建筑物屋面易受雷击的部位是(　　)。

(A)屋脊　　(B)女儿墙　　(C)屋檐

(D)檐角　　(E)屋角

3. 下面给出了4种低压配电线路接地制式图，判断下图中(　　)属于是TN接地制式。

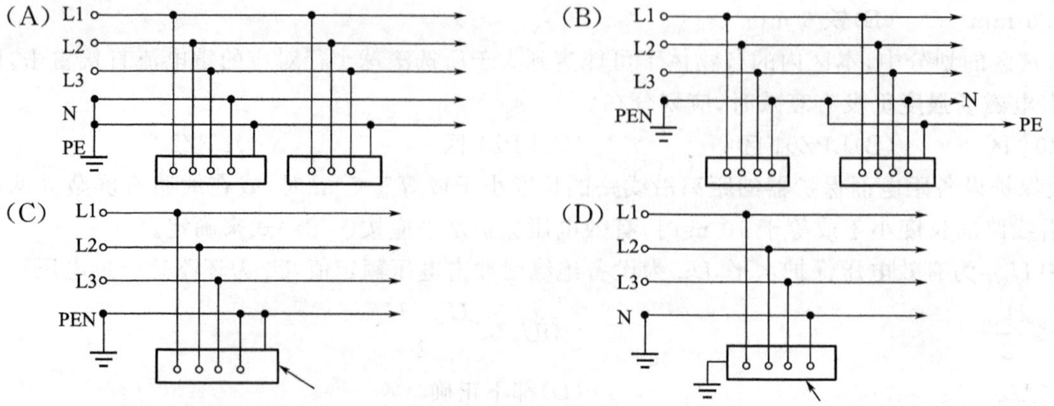

4. 第二类防雷建筑物防直击雷接闪器采用的网格尺寸不应大于(　　)的网格。

(A)5 m×5 m　　(B)12 m×8 m　　(C)6 m×4 m　　(D)10 m×10 m

(E)24 m×16 m　　(F)20 m×20 m

5. 从等电位连接带至接地装置或各等电位连接带之间的连接导体最小截面是(　　)。

(A)铝 25 mm^2　　(B)铁 50 mm^2　　(C)铜 16 mm^2　　(D)铜 50 mm^2

(E)铁 16 mm^2

6. 具有(　　)区爆炸危险场所的建筑物，且电火花不易引起爆炸或不致造成巨大破坏和人身伤亡者，应属于第二类防雷建筑物。

(A)0 区　　(B)1 区　　(C)2 区　　(D)20 区

(E)21 区　　(F)22 区

7. 在高土壤电阻率的场地，降低建筑物防直击雷装置冲击接地电阻常采用的方法有(　　)。

(A)采用多支线外引接地装置　　(B)接地体埋于较深的低电阻率土壤

(C)采用环形接地体　　(D)采用降阻剂　　(E)换土

(F)加密垂直接地体和水平接地体

8. 在建筑物的地下室或地面层处，下列物体应与防雷装置做防雷等电位连接(　　)。

(A)建筑物金属体　　(B)金属装置

(C)建筑物内系统　　(D)进出建筑物的金属管线

9. 有一根长1.5 m的接闪杆采用热镀锌圆钢和钢管制作而成，其直径应符合下列规定(　　)才是合格的接闪杆。

(A)圆钢∅≥12 mm　　(B)圆钢∅≥16 mm

(C)圆钢∅≥20 mm　　(D)钢管∅≥20 mm

(E)钢管∅≥25 mm　　(F)钢管∅≥40 mm

10. 根据GB 50343—2012按年平均雷暴日数，将地区雷暴日等级划分为不同区域，下面哪些划分是正确的。(　　)

(A)大于40 d，不超过90 d是多雷区　　(B)大于60 d是高雷区

(C)大于40 d，不超过60 d是中雷区　　(D)大于90 d是强雷区

(E)大于25 d，不超过40 d是中雷区　　(F)小于或等于40 d是少雷区

(G)不大于25 d是少雷区

四、简答题(每题5分，共15分)

1. 简述防雷装置(LPS)的定义及其组成。

2. 依据建筑物防雷装置检测技术规范的要求，简述建筑物防雷装置检测的八个项目是什么？

3. 简述如何防御地电位反击？

五、计算题(每题 10 分，共 20 分)

1. 用 4102 接地电阻测试仪测试一支按第二类防雷建筑物设计的接闪杆，表中显示接地电阻值为 19 Ω，测试时的线阻为 1 Ω，该处的土壤电阻率为 1000 Ω · m，安装接闪杆时，设置了人工接地体，最长接地支线为 12 m，请根据下图查算这个接闪杆的冲击接地电阻值，并判断电阻是否符合 GB 50057—2010 规范要求？

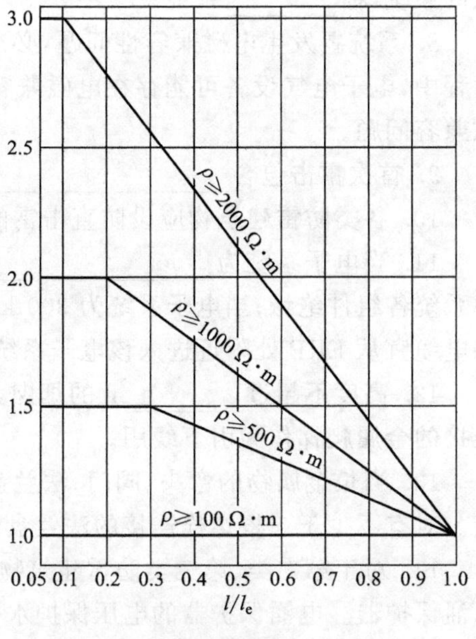

换算系数 A

注：l 为接地体最长支线的实际长度，其计量与 l_e 类同；当 l 大于 l_e 时，取其等于 l_e。

2. 某气象局有一幢 6 层楼的业务楼，屋顶安装了合格的接闪带，接闪带距地面 20 m 高，业务楼一侧地面上有一个高 9 m 的气象探头，距业务楼的水平距离为 12 m，业务楼和探头地面标高均为±0，请问探头是处在 $LPZ0_A$ 区还是 $LPZ0_B$ 区？后来业务楼屋顶周围又加装了 10 m 高经防雷检测合格的广告牌，请问探头在保护范围内吗？请写出计算过程。(注：计算时按第二类防雷建筑物不考虑裕量，四舍五入保留一位小数，取 $\sqrt{2}=1.4$，$\sqrt{7}=2.6$)

2017 年某省防雷专业技术人员能力评价测试试卷

一、填空题(请在空格里填上答案，每空 0.5 分，共 15 分)

1. 雷电是大气中的放电现象，主要产生于积雨云中，目前比较成熟的 4 种积雨云起电机制是________起电机制、________起电机制、________起电机制和________起电机制。

2. 在土壤电阻率小于或等于 3000 Ω · m 时，外部防雷装置环形接地体所包围面积的等效圆半径大于或等于所规定的值时，可不计及________的大小。

3. 一次地闪发展过程分为________雷击和________雷击。

4. 闪电的种类多种多样，但总的来说分成两大类，即________和________。

5.《建筑物防雷设计规范》GB 50057—2010 适用于________、________和________建(构)筑物的防雷设计。《建筑物电子信息系统防雷技术规范》GB 50343—2012 不适用于________和________的建筑物电子信息系统防雷设计。

6. 电涌保护器两端的连接导线应平直,并尽可能做到最短,其两端连接导线长度之和不应大于 0.5 m,也可采用________式接法。在低压配电柜内,当 SPD 接地端与接地母排的距离无法满足要求时,在配电柜金属外壳接地良好的前提下,也可将接地端就近直接接至配电柜金属外壳上。

7. 由低压供电组合部件构成的系统称为低压配电系统,也称________系统。由敏感电子组合部件构成的系统,称________系统。

8. 系统要发生电磁兼容性问题,必须存在________、________和________3 个因素。在遭受雷击的过程中,电子电气设备可能存在电磁兼容问题,应从这 3 因素入手,对症下药,消除影响因素,即可解决电磁兼容问题。

9. 首次雷击包含________、________、________和________4 个闪电物理过程。

10. 各类防雷建筑物应设防直击雷的外部防雷装置,并应采取防________的措施。

11. 当电子系统为____________线路时,应采用 M 型等电位连接,系统的各金属组件不应与接地系统各组件绝缘;当电子系统为 300 kHz 以下的模拟线路时,可采用 S 型等电位连接,且所有设施管线和电缆宜从 ERP 处附近进入该电子系统。

12. 高度不超过________m 的烟囱,可只设一根引下线,否则应设两根引下线,也可利用螺栓或焊接连接的金属爬梯作为引下线用。

13. 当长金属物的弯头、阀门、法兰盘等连接处的过渡电阻大于________Ω 时,连接处应用金属线跨接。对有不少于 5 根螺栓连接的法兰盘,在非腐蚀环境下,可不跨接。

14. 对于第二类、第三类防雷建筑物,应在低压电源线路引入的总配电箱、配电柜处装设Ⅰ级试验的电涌保护器。电涌保护器的电压保护水平值应小于或等于________kV。每一保护模式的冲击电流值,当无法确定时应取大于或等于________kA。

二、单项选择题(每题 1 分,共 20 分)

1. 大气的电场强度数值由地面向上(　　)。

(A)没有规律　　(B)逐渐增大　　(C)逐渐减小　　(D)不变

2. 粮、棉及易燃物大量集中的露天堆场,当其年预计雷击次数大于或等于 0.05 时,应采用独立接闪杆或架空接闪线防直击雷,独立接闪杆或架空接闪线保护范围的滚球半径可取(　　)。

(A)100 m　　(B)60 m　　(C)45 m　　(D)30 m

3. 在 GB 50057—2010 中用于计算第一、二、三类防雷建筑物保护范围的滚球半径依次是(　　)m。

(A)20、30、45　　(B)20、45、60　　(C)30、40、50　　(D)30、45、60

4. 预计雷击次数(　　)的住宅、办公楼等一般性民用建筑物或一般性工业建筑物应划为第三类防雷建筑物。

(A)$N>0.5$ 次/a　　(B)$N>0.25$ 次/a

(C)0.05 次/a$\leqslant N \leqslant$0.25 次/a　　(D)0.01 次/a$\leqslant N \leqslant$0.05 次/a

5. 根据 QX/T 232—2014 的要求,定期检测前,检测负责人应就现场作业方案与受检单位做好沟通,并进行安全交底和技术交底,现场检测的原始记录应有(　　)。

(A)检测人员和现场负责人签名　　(B)检测人员签名

(C)检测人员、校核人员和现场负责人签名　　(D)无需签名

6. 架空接闪线和接闪网宜采用截面积不小于(　　)热镀锌钢绞线或铜绞线。

(A)16 mm^2　　(B)6 mm^2　　(C)25 mm^2　　(D)50 mm^2

7. 海口市的年平均雷暴日数(　　)d。

(A)约为 60　　(B)在 20～30　　(C)小于 20　　(D)约为 100

8. 平行敷设的管道、构架和电缆金属外皮等长金属物,其净距小于 100 mm 时,应采用金属线跨接,跨接点的间距不应大于(　　)m;交叉净距小于 100 mm 时,其交叉处也应跨接。

(A)30　(B)15　(C)20　(D)45

9. 在防雷工程的相关雷电流参量设计中,第三类防雷建筑物首次负极性雷击电流幅值为(　　)kA。

(A)100　(B)50　(C)150　(D)75

10. 排放爆炸危险气体、蒸气或粉尘的放散管、呼吸阀、排风管等的管口,当其排放物有可能达到爆炸浓度而无管帽时,应将管口上方半径(　　)m 的半球体处于接闪器的保护范围内。

(A)5　(B)10　(C)15　(D)3

11. 采用多根专设引下线时,应在各引下线上距地面(　　)m 装设断接卡。

(A)−0.3～2.7　(B)−0.3～1.7　(C)0.3～2.7　(D)0.3～1.8

12. 在连接电涌保护器的导体中,连接Ⅰ级试验电涌保护器的导体最小截面是(　　)。

(A)铜 6 mm^2　(B)铁 4 mm^2　(C)铜 4 mm^2

(D)铜 2.5 mm^2　(E)铁 6 mm^2

13. 在海口一座位于山丘上的通信基站的防雷检测中,测得周围土壤电阻率为 1000 Ω·m,用接地电阻表测得塔座的工频接地电阻为 15 Ω,那么这个通信塔的冲击接地电阻为(　　)Ω。(换算系数取 2.0,保留一位小数)

(A)33.3　(B)7.5　(C)30.0　(D)15.0

14. 根据 QX/T 149—2011 的要求,新建建筑物防雷装置检测报告电子文档和纸质文档的保存期限为(　　)。

(A)至少 1 a　(B)至少 5 a　(C)永久　(D)至少 3 a

15. 第二类和第三类防雷建筑物,可利用金属屋面作为接闪器,当金属板下面无易燃物品时,热镀锌钢板的厚度不应小于(　　)mm。

(A)0.7　(B)0.5　(C)4　(D)5

16. 第一类、第二类、第三类防雷建筑物的引下线间距分别是(　　)m。

(A)10,15,25　(B)12,15,25　(C)12,18,25　(D)30,45,60

17. 当第一类防雷建筑物部分的面积占建筑物总面积的 30%以下,且第二类防雷建筑物部分的面积占建筑物总面积的 30%及以上时,或当这两部分防雷建筑物的面积均小于建筑物总面积的 30%,但其面积之和又大于 30%时,该建筑物宜确定为(　　)防雷建筑物。

(A)第一类　(B)第二类　(C)第三类　(D)无法确定

18. 在防雷区的划分中,本区内的各物体不可能遭到大于所选滚球半径对应的雷电流直接雷击,以及本区内的雷击电磁场强度仍没有衰减时,应划分在(　　)。

(A)$LPZ0_A$ 区　(B)$LPZ0_B$ 区　(C)LPZ1 区　(D)LPZ2 区

19. 当被保护设备距电涌保护器的距离沿线路的长度小于或等于 5 m 时,或在线路有屏蔽并两端等电位连接下沿线路的长度小于或等于 10 m 时,有效电压保护水平应按(　　)式来确定。

(注:式中 $U_{p/f}$ 为有效电压保护水平,U_w 为设备绝缘耐冲击电压额定值,U_i 为环路感应过电压)

(A)$U_{p/f}\leqslant\frac{U_w}{2}$　(B)$U_{p/f}\leqslant\frac{U_w-U_i}{2}$

(C)$U_{p/f}\leqslant U_w$　(D)都不正确

20. 根据 GB 50601—2010 的要求,建筑物外的引下线敷设在人员可停留或经过的区域时,引下线 3 m 外应设立阻止人员进入的护栏警示牌或者引下线采用穿管防护的方法,防止(　　)对人员造成伤害。

(A)闪电电涌侵入　(B)电位反击

(C)跨步电压和旁侧闪络　(D)接触电压和旁侧闪络

三、多项选择题(每题至少有两个正确选项,全对得 1.5 分,多选少选均不得分,共 15 分)

1. 根据雷击建筑物的选择性,如果一幢建筑物的屋面两边的坡度小于 50%且大于 10%,那么这幢建筑物屋面易受雷击的部位是(　　)。

(A)屋脊　(B)女儿墙　(C)屋檐　(D)檐角　(E)屋角

2. 第二类防雷建筑物防直击雷接闪器采用的网格尺寸不应大于(　　)的网格。

(A)5 m×5 m　(B)12 m×8 m　(C)6 m×4 m

(D)10 m×10 m　(E)24 m×16 m　(F)20 m×20 m

3. 除第一类防雷建筑物外，没有得到接闪器保护的屋顶孤立金属物的尺寸不超过(　　)数值时，可不要求附加的保护措施。

(A)上层表面的长度不超过 3.0 m　(B)上层表面总面积不超过 2.0 m^2

(C)上层表面的长度不超过 2.0 m　(D)上层表面总面积不超过 1.0 m^2

(E)高出屋顶平面不超过 0.5 m　(F)高出屋顶平面不超过 0.3 m

4. 从等电位连接带至接地装置或各等电位连接带之间的连接导体最小截面是(　　)。

(A)铝 25 mm^2　(B)铁 50 mm^2　(C)铜 16 mm^2　(D)铜 50 mm^2

(E)铁 16 mm^2

5. 具有(　　)区爆炸危险场所的建筑物，且电火花不易引起爆炸或不致造成巨大破坏和人身伤亡者，应属于第二类防雷建筑物。

(A)0 区　(B)1 区　(C)2 区　(D)20 区

(E)21 区　(F)22 区

6. 根据 GB 50343—2012 按年平均雷暴日数，将地区雷暴日等级划分为不同区域，下面哪些划分是正确的。(　　)

(A)大于 40 d，不超过 90 d 是多雷区　(B)大于 60 d 是高雷区

(C)大于 40 d，不超过 60 d 是中雷区　(D)大于 90 d 是强雷区

(E)大于 25 d，不超过 40 d 是中雷区　(F)小于或等于 40 d 是少雷区

(G)不大于 25 d 是少雷区

7. 在建筑物的地下室或地面层处，下列物体应与防雷装置做防雷等电位连接(　　)。

(A)建筑物金属体　(B)金属装置

(C)建筑物内系统　(D)进出建筑物的金属管线

8. 下面给出了 4 种低压配电线路接地制式图，判断下图中(　　)属于是 TN 接地制式。

(A)

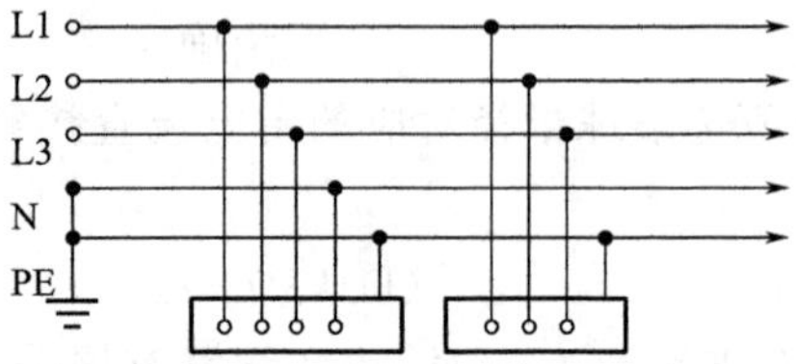

(B)

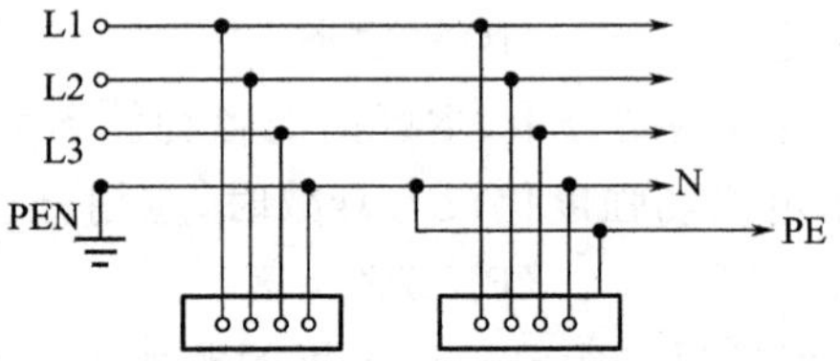

(C)

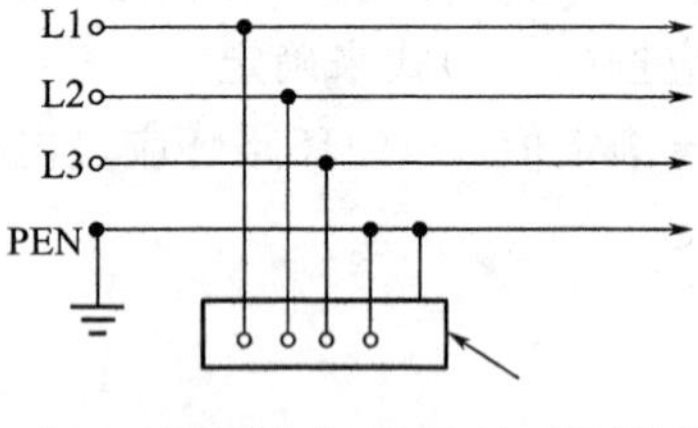

(D)

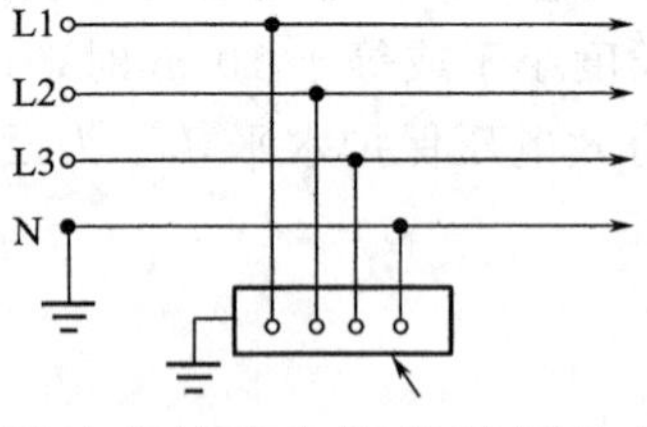

9. 在高土壤电阻率的场地，降低建筑物防直击雷装置冲击接地电阻常采用的方法有(　　)。

(A)采用多支线外引接地装置　(B)接地体埋于较深的低电阻率土壤

(C)采用环形接地体　(D)采用降阻剂　(E)换土

(F)加密垂直接地体和水平接地体

10. 有一根长 1.5 m 的接闪杆采用热镀锌圆钢和钢管制作而成，其直径应符合下列规定(　　)才是合格的接闪杆。

(A)圆钢∅≥12 mm　(B)圆钢∅≥16 mm

(C)圆钢∅≥20 mm　(D)钢管∅≥20 mm

(E)钢管∅≥25 mm　(F)钢管∅≥40 mm

四、简答题(共 20 分)

1. 依据 GB/T 21431—2015 检测技术规范的要求，简述建筑物防雷装置检测的 8 个项目是什么？(本题 4 分)

2. 简述防御地电位反击通常采用的两种措施？(本题 4 分)

3. 根据建筑物的重要性、使用性质和发生雷电事故的可能性和后果，哪些建筑物应划为第一类防雷建筑物？(本题 6 分)

4. 爆炸性气体混合物场所和空气中可燃性粉尘云环境分别划分为几区？简述各分区的定义。(本题 6 分)

五、计算题(第一题 6 分，其余题各 8 分，共 30 分)

1. 用接地电阻测试仪测试一支按第二类防雷建筑物设计的接闪杆，表中显示接地电阻值为 19 Ω，测试时的线阻为 1 Ω，该处的土壤电阻率为 1000 Ω·m，安装接闪杆时，设置了人工接地体，最长接地支线为 12 m，请根据下图查算这个接闪杆的冲击接地电阻值，并判断电阻是否符合 GB 50057—2010 规范要求？(本题 6 分)

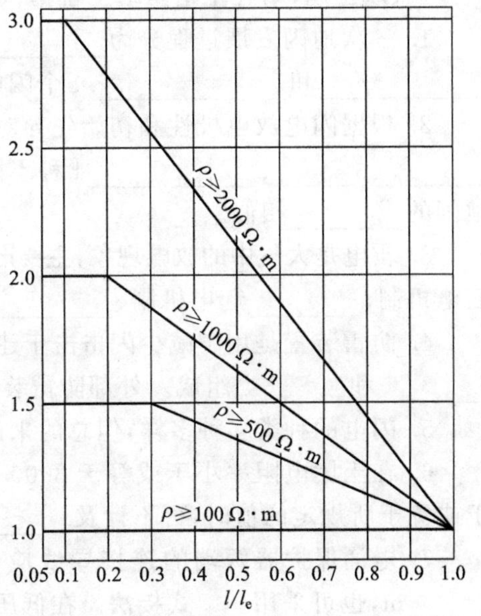

换算系数 A

注：l 为接地体最长支线的实际长度，其计量与 l_e 类同；当 l 大于 l_e 时，取其等于 l_e。

2. 某省会城市效区 2007 年建了一幢 12 层高 40 m 的省级办公建筑，长宽分别为 60 m 和 40 m，那时该建筑四周 200 m 内无任何建筑物。10 年后的 2017 年，该楼四周 100 m 范围内都建起了 30 层以上的高楼，请你分析 10 年前该大楼属于第几类防雷建筑物？而今这幢建筑物的防雷装置需要整改，请问这时又应按第几类防雷建筑物进行整改？(注：校正系数均取 1，π 取 3.14，该市的年平均雷暴日数取 50 d)(本题 8 分)

3. 有一幢 6 层楼的业务楼，屋顶安装了合格的接闪带，接闪带距地面 20 m 高，业务楼一侧地面上立起一个高 9 m 的设备探头，距业务楼的水平距离为 12 m，业务楼和探头地面标高均为±0，请问探头是否处在 $LPZ0_B$ 区？后来业务楼屋顶周围又加装了 10 m 高经防雷检测合格的钢结构广告牌，请问探头在保护范围内吗？请写出计算过程。(注：计算时按第二类防雷建筑物不考虑裕量，四舍五入保留一位小数，取 $\sqrt{2}=1.4$，$\sqrt{7}=2.6$)(本题 8 分)

4. 在设计一幢层高 6 m 的单层楼实验室时，由于要在实验室内离地面高 2 m，距侧面墙 1.5 m 的地方安装一台高精实验设备，请计算①如果闪电击在该实验室外，闪击点到这台设备的直线距离为 100 m，实验室设计有屏蔽系数 *SF* 为 20 的屏蔽时，该设备处的磁场强度？②如果闪电击在该实验室的接闪器上，在屋面和侧墙面设计了 50 cm 的格栅形屏蔽网格时，该设备处的磁场强度？若该设备有超过 200(A/m)的磁场强度干扰时将会受损，请问以上两种情况下这台实验设备能正常工作吗？(假设两处雷击都是 100 kA。计算时四舍五入保留二位小数)(本题 8 分)

2018 年某省防雷专业技术人员能力评价测试试卷

一、填空题(请在空格里填上答案，每空 0.5 分，共 15 分)

1. 一次地闪发展过程分为________雷击和________雷击。首次雷击包含________、____________、____________和____________4 个闪电物理过程。

2. 根据闪电放电极性和初始先导对地的传播方向，可将地闪分成________________、________________、________、__________4 种不同的类型。人工触发闪电的先导和回击数据在大多数方面与自然地闪的________相似。

3. 雷电是大气中的放电现象，主要产生于积雨云中，目前比较成熟的 4 种积雨云起电机制是________起电机制、________起电机制、________起电机制和________起电机制。

4. 防雷装置是用于减少闪击击于建(构)筑物上或建(构)筑物附近造成的物质性损害和人身伤亡，由________和________组成。外部防雷装置由________、________、________组成。

5. 闪电的种类多种多样，但总的来说分成两大类，即________和________。

6. 在土壤电阻率小于或等于 3000 Ω · m 时，外部防雷装置环形接地体所包围面积的等效圆半径大于或等于所规定的值时，可不计及________的大小。

7. 电涌保护器两端的连接导线应平直，并尽可能做到最短，其两端连接导线长度之和不应大于______m，也可采用____式接法。在低压配电柜内，当 SPD 接地端与接地母排的距离无法满足要求时，在配电柜金属外壳接地良好的前提下，也可将接地端就近直接接至配电柜金属外壳上。

8. 各类防雷建筑物应设防直击雷的外部防雷装置，并应采取防________的措施。第一类防雷建筑物和第二类防雷建筑物中的危险建筑物，尚应采取防________的措施。

9. 当电子系统为________线路时，应采用 M 型等电位连接，系统的各金属组件不应与接地系统各组件绝缘；当电子系统为 300 kHz 以下的模拟线路时，可采用________型等电位连接，且所有设施管线和电缆宜从 ERP 处附近进入该电子系统。

10. 高度不超过________m 的烟囱，可只设一根引下线，否则应设两根引下线，也可利用螺栓或焊接连接的金属爬梯作为引下线用。

二、单项选择题(每题 1 分，共 25 分)

1. 根据雷击建筑物的选择性，如果一幢建筑物的屋面两边的坡度不大于 10%，那么这幢建筑物屋面易受雷击的部位是(　　)。

(A)檐角、女儿墙、屋檐　　(B)屋角、屋脊、女儿墙

(C)屋角、檐角、屋檐、屋脊　　(D)屋角、檐角、屋檐

2. 大气的电场强度数值由地面向上(　　)。

(A)没有规律　　(B)逐渐增大　　(C)逐渐减小　　(D)不变

3. 第二类防雷建筑物防直击雷接闪器采用的网格尺寸不应大于(　　)的网格。

(A)5 m×5 m　　(B)12 m×8 m　　(C)6 m×4 m　　(D)24 m×16 m

(E)20 m×20 m

4. 在第二类、第三类防雷建筑物上，没有得到接闪器保护的屋顶孤立金属物的上层表面总面积不超过 1.0 m^2、长边不超过 2.0 m 且高度不超过(　　)m 时，可不要求附加的保护措施。

(A)0.5 m　(B)1 m　(C)2 m　(D)0.3 m

5. 在 GB 50057—2010 中用于计算第一、二、三类防雷建筑物保护范围的滚球半径依次是(　　)m。

(A)20、30、45　(B)20、45、60　(C)30、40、50　(D)30、45、60

6. 预计雷击次数(　　)的住宅、办公楼等一般性民用建筑物或一般性工业建筑物应划为第三类防雷建筑物。

(A)$N>0.5$ 次/a　(B)$N>0.25$ 次/a

(C)0.05 次/a$\leqslant N\leqslant 0.25$ 次/a　(D)0.01 次/a$\leqslant N\leqslant 0.05$ 次/a

7. 根据 GB 50601—2010 的要求，建筑物外的引下线敷设在人员可停留或经过的区域时，引下线 3 m 外应设立阻止人员进入的护栏警示牌或者引下线采用穿管防护的方法，防止(　　)对人员造成伤害。

(A)闪电电涌侵入　(B)电位反击

(C)跨步电压和旁侧闪络　(D)接触电压和旁侧闪络

8. 架空接闪线和接闪网宜采用截面积不小于(　　)热镀锌钢绞线或铜绞线。

(A)16 mm^2　(B)6 mm^2　(C)50 mm^2　(D)25 mm^2

9. 平行敷设的管道、构架和电缆金属外皮等长金属物，其净距小于(　　)时，应采用金属线跨接，跨接点的间距不应大于 30 m。

(A)100 m　(B)150 mm　(C)100 mm　(D)200 mm

(E)20 m

10. 从等电位连接带至接地装置或各等电位连接带之间的连接导体最小截面是(　　)。

(A)铁 6 mm^2　(B)铜 16 mm^2　(C)铜 6 mm^2　(D)铁 16 mm^2

11. 具有(　　)区爆炸危险场所的建筑物，且电火花不易引起爆炸或不致造成巨大破坏和人身伤亡者，应属于第二类防雷建筑物。

(A)0 区，1 区　(B)1 区，2 区　(C)0 区，20 区　(D)1 区，21 区

(E)21 区，22 区

12. 在防雷工程的相关雷电流参量设计中，第三类防雷建筑物首次负极性雷击电流幅值为(　　)kA。

(A)100　(B)50　(C)150　(D)75

13. 在连接电涌保护器的导体中，连接Ⅰ级试验电涌保护器的导体最小截面是(　　)。

(A)铜 6 mm^2　(B)铁 4 mm^2　(C)铜 4 mm^2　(D)铜 2.5 mm^2

(E)铁 6 mm^2

14. 根据 QX/T 149—2011 的要求，新建建筑物防雷装置检测报告电子文档和纸质文档的保存期限为(　　)。

(A)至少 1 a　(B)至少 5 a　(C)永久　(D)至少 3 a

15. 根据 GB 50343—2012 按年平均雷暴日数，将地区雷暴日等级划分为不同区域，大于 40 d，不超过 90 d 属于(　　)。

(A)多雷区　(B)高雷区　(C)中雷区　(D)强雷区

(E)少雷区

16. 在建筑物的地下室或地面层处，下列物体应与防雷装置做防雷等电位连接(　　)。

(A)建筑物非金属体　(B)金属装置

(C)建筑物内的桌椅　(D)进出建筑物的非金属管线

17. 排放爆炸危险气体、蒸气或粉尘的放散管、呼吸阀、排风管等的管口，当其排放物有可能达到爆炸浓度而无管帽时，应将管口上方半径(　　)m 的半球体处于接闪器的保护范围内。

(A)5　(B)10　(C)15　(D)3

18. 采用多根专设引下线时，应在各引下线上距地面(　　)m 装设断接卡。

(A)－0.3～2.7　　(B)－0.3～1.7　　(C)0.3～2.7　　(D)0.3～1.8

19. 接闪杆宜采用热镀锌圆钢或钢管制成，当采用杆长 1～2 m 的圆钢做接闪杆时，其直径不应小于(　　)mm。

(A)25　　(B)12　　(C)20　　(D)16

20. 第二类防雷建筑物的引下线不应少于两根，并应沿建筑物四周均匀或对称布置，其周长间距不应大于(　　)m。

(A)6　　(B)12　　(C)18　　(D)25

21. 下面给出了 4 种低压配电线路接地制式图，判断下图中(　　)属于是 TN-S 接地制式。

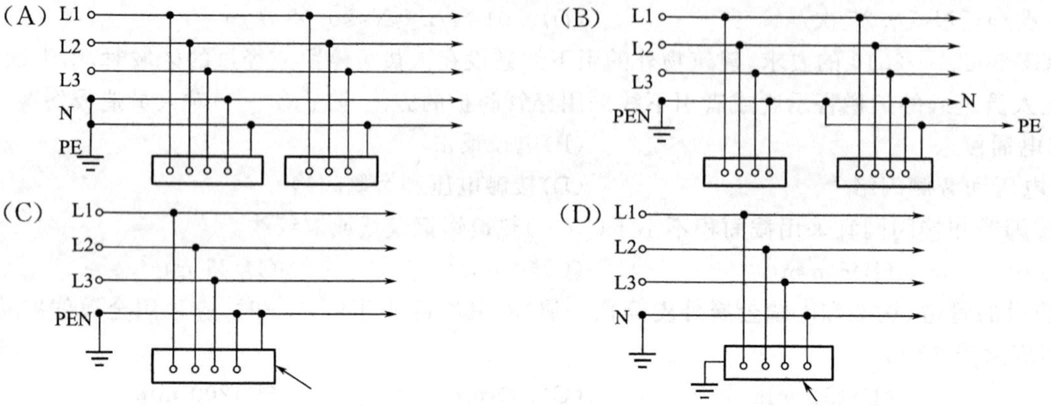

22. 在文昌对一幢建筑物进行防雷定期检测，测得周围土壤电阻率为 1000 Ω·m，用 4102 接地电阻表测得的工频接地电阻为 15 Ω，那么这幢建筑物的冲击接地电阻为(　　)Ω。(换算系数取 2.0，保留一位小数)

(A)33.3　　(B)7.5　　(C)30.0　　(D)15.0

23. 第二类和第三类防雷建筑物，可利用金属屋面作为接闪器，当金属板下面无易燃物品时，热镀锌钢板的厚度不应小于(　　)mm。

(A)0.7　　(B)0.5　　(C)4　　(D)5

24. 当第一类防雷建筑物部分的面积占建筑物总面积的 30%以下，且第二类防雷建筑物部分的面积占建筑物总面积的 30%及以上时，或当这两部分防雷建筑物的面积均小于建筑物总面积的 30%，但其面积之和又大于 30%时，该建筑物宜确定为(　　)防雷建筑物。

(A)第一类　　(B)第二类　　(C)第三类　　(D)无法确定

25. 明敷接闪器固定支架的间距应符合 GB50057 规范的要求，固定支架的高度不宜小于(　　)。

(A)200 mm　　(B)300 mm　　(C)100 mm　　(D)150 mm

三、判断题(共 10 分)

1.《建筑物防雷设计规范》GB 50057—2010 适用于新建、扩建和改建建(构)筑物的防雷设计。《建筑物电子信息系统防雷技术规范》GB 50343—2012 不适用于爆炸和火灾危险场所的建筑物电子信息系统防雷设计。(　　)

2. 具有 2 区或 22 区爆炸危险场所的建筑物，应划为第二类防雷建筑物。(　　)

3. 由低压供电组合部件构成的系统称为低压配电系统，也称电子系统。由敏感电子组合部件构成的系统，称电气系统。(　　)

4. 系统要发生电磁兼容性问题，必须存在电磁干扰源、耦合途径、敏感设备三个因素。在遭受雷击的过程中，电子电气设备可能存在电磁兼容问题，应从这三因素入手，对症下药，消除影响因素，即可解决电磁兼容问题。(　　)

5. 当长金属物的弯头、阀门、法兰盘等连接处的过渡电阻大于 0.03 Ω 时，连接处应用金属线跨接。对有不少于 4 根螺栓连接的法兰盘，在非腐蚀环境下，可不跨接。(　　)

6. 对于第二类、第三类防雷建筑物，应在低压电源线路引入的总配电箱、配电柜处装设Ⅱ级试验的电涌保护器。电涌保护器的电压保护水平值应小于或等于 2.5kV。每一保护模式的冲击电流值，当无法确

定时应取或大于等于 12.5 kA。（　　）

7. 国家级的会堂、办公建筑物、大型展览和博览建筑物、大型火车站和飞机场、国宾馆、国家级档案馆、大型城市的重要给水泵房等特别重要的建筑物，应划为第一类防雷建筑物。（　　）

8. 防雷区的划分是以建筑物室内和室外作为划分标准的。（　　）

9. 第二类、第三类防雷建筑物高度超过 45 m 或 60 m 时，首先应沿屋顶周边敷设接闪带，接闪带应设在外墙外表面或屋檐边垂直面上，也可设在外墙外表面或屋檐边垂直面外。（　　）

10. 粮、棉及易燃物大量集中的露天堆场，当其年预计雷击次数大于或等于 0.01 时，应采用独立接闪杆或架空接闪线防直击雷，独立接闪杆或架空接闪线保护范围的滚球半径可取 100m。（　　）

四、简答题(共 20 分)

1. 什么是雷暴日数？（本题 4 分）

2. 依据 GB/T 21431—2015 检测技术规范的要求，简述建筑物防雷装置检测的 8 个项目是什么？（本题 4 分）

3. 简述 SPD 的泄漏电流的概念及其危害？（本题 4 分）

4. 什么是设备耐冲击电压的额定值 U_w，建筑物内配电系统中 U_w 额定值分为哪几类？（本题 4 分）

5. 表示雷电流波形的参数有哪些？画图说明。（本题 4 分）

五、计算题(共 30 分)(计算题可用计算器计算，也可参考用下列等式：$\sqrt{2}=1.414$，$\sqrt{3}=1.732$，$\sqrt{7}=2.646$)

1. 有一幢第二类防雷建筑物，要设计总配电箱处的电涌保护器，地下有自来水管一根，架空有电源电缆和燃气管各一根，电源电缆为四芯电缆线，所有线路均无屏蔽层，如果按首次正地闪强度来考虑设计，请计算该建筑物总配电箱处 SPD 每一保护模式的冲击电流应设计安装多大？（结果四舍五入，保留一位小数）（本题 5 分）

2. 有一幢平屋面建筑物长 8 m、宽 6 m、高 6 m，根据国家标准 GB 50058—2014 应划为具有 22 区爆炸危险场所的建筑物，其屋面上无法设计安装接闪带，现在其屋面中心位置设计安装一支高 4 m 的接闪杆，请计算这个接闪杆能全面保护这个平屋面建筑物吗？（计算时不考虑裕量，四舍五入保留一位小数）（本题 10 分）

3. 某单位有三栋地处年平均雷暴日数为 100 d 的座南朝北住宅楼，一号楼高 40 m，东西长 70 m、南北宽 20 m，距该楼正南和正北 90 m 处各有一栋座南朝北的相同住宅楼（二号楼和三号楼），这两栋楼高 50 m，东西长 70 m、南北宽 20 m，距该单位三栋楼 300 m 范围内再无建筑物。请计算并判断一号楼、二号楼、三号楼分别属于第几类防雷建筑物？要求写出计算过程。（注：校正系数取 1）（本题 15 分）

2019 年某省防雷专业技术人员能力评价测试试卷

一、填空题(请在空格里填上答案，每空 0.5 分，共 15 分)

1.《建筑物防雷设计规范》GB 50057—2010 适用于________、________和________建(构)筑物的防雷

设计。《建筑物电子信息系统防雷技术规范》GB 50343—2012 不适用于________的建筑物电子信息系统防雷设计。

2. 由低压供电组合部件构成的系统称为低压配电系统，也称________。由敏感电子组合部件构成的系统，称________。

3. 根据闪电的出现的部位分类，总的来说分成两大类，即________和________。

4. 系统要发生电磁兼容性问题，必须存在________、________、________3 个因素。在遭受雷击的过程中，电子电气设备可能存在电磁兼容问题，应从这三因素入手，对症下药，消除影响因素，即可解决电磁兼容问题。

5. 一次地闪首次回击发展过程包含________、________、________和________4 个闪电物理过程。

6. 当年预计雷击次数大于或等于____________次/a 时，粮、棉及易燃物大量集中的露天堆场，应采用独立接闪杆或架空接闪线防直击雷，独立接闪杆或架空接闪线保护范围的滚球半径可取________m。

7. 防雷装置是用于减少闪击击于建(构)筑物上或建(构)筑物附近造成的物质性损害和人身伤亡，由________和________组成。外部防雷装置由________、________、________组成。

8. 低压电源线路引入的总配电箱、配电柜处应装设________级试验的电涌保护器。电涌保护器的电压保护水平值应小于或等于________kV。每一保护模式的冲击电流值，当无法确定时应取大于或等于________kA。

9. 当电子系统为________线路时，应采用 M 型等电位连接，系统的各金属组件不应与接地系统各组件绝缘；当电子系统为________线路时，可采用 S 型等电位连接，且所有设施管线和电缆宜从 ERP 处附近进入该电子系统。

10. 当长金属物的弯头、阀门、法兰盘等连接处的过渡电阻大于________Ω 时，连接处应用金属线跨接。对有不少于________根螺栓连接的法兰盘，在非腐蚀环境下，可不跨接。

11. 电涌保护器两端的连接导线应平直，并尽可能做到最短，其两端连接导线长度之和不应大于________m。

二、单项选择题(每题 1 分，共 25 分)

1. 根据 QX/T 317—2016 的要求，当验证建(构)筑物基础接地电阻测量值时，测量值修正后与检测报告对应原值误差处于下列范围内时，可判定具有同质性(　　)。

(A)±1%　　(B)±10%

(C)±20%　　(D)±5%

2. 在对某幢建筑物进行防雷检测时，测得周围土壤电阻率为 500 Ω·m，用 4102 接地电阻表测得的工频接地电阻为 30 Ω，那么这幢建筑物的冲击接地电阻为(　　)Ω。(换算系数取 1.5，保留一位小数)

(A)16.6　　(B)20　　(C)45.0　　(D)30.0

3. 第一类防雷建筑物防直击雷接闪器采用的网格尺寸不应大于(　　)的网格。

(A)6 m×6 m　　(B)6 m×4 m　　(C)10 m×10 m　　(D)24 m×16 m

(E)20 m×20 m

4. 根据雷击建筑物的选择性，如果一幢建筑物的屋面两边的坡度大于或等于 50%，那么这幢建筑物屋面易受雷击的部位是(　　)。

(A)檐角、屋脊、屋角　　(B)屋角、屋脊、女儿墙

(C)屋角、檐角、屋檐、屋脊　　(D)屋角、檐角、屋檐

5. 晴天大气电场的电力线由地面向上(　　)。

(A)没有规律　　(B)变密　　(C)变疏　　(D)不变

6. 在第二类、第三类防雷建筑物上，没有得到接闪器保护的屋顶孤立金属物的上层表面总面积不 1.0 m^2、长边不超过 2.0 m 且高度不超过(　　)m 时，可不要求附加的保护措施。

(A)0.5 m　　(B)1 m　　(C)2 m　　(D)0.3 m

7. 在 GB 50057—2010 中用于计算第二类防雷建筑物保护范围的滚球半径是(　　)m。

(A)30　　(B)20　　(C)60　　(D)45

8. 预计雷击次数(　　)的住宅、办公楼等一般性民用建筑物或一般性工业建筑物应划为第二类防雷建筑物。

(A)N>0.5 次/a　　(B)0.05 次/a≤N≤0.25 次/a

(C)N>0.25 次/a　　(D)0.01 次/a≤N≤0.05 次/a

9. 不同类别的防雷建筑物要选择不同的雷电流参量，第一类防雷建筑物首次负极性雷击电流幅值为(　　)kA。

(A)150　　(B)100　　(C)200　　(D)75

10. 建筑物外的引下线敷设在人员可停留或经过的区域时，引下线 3 m 外应设立阻止人员进入的护栏警示牌或者引下线采用穿管防护的方法，防止(　　)对人员造成伤害。

(A)闪电电涌侵入　　(B)电位反击

(C)雷击电磁脉冲　　(D)接触电压、旁侧闪络和跨步电压

11. 架空接闪线和接闪网宜采用截面积不小于(　　)热镀锌钢绞线或铜绞线。

(A)16 mm^2　　(B)6 mm^2　　(C)50 mm^2　　(D)25 mm^2

12. 平行敷设的管道、构架和电缆金属外皮等长金属物，其净距小于(　　)时，应采用金属线跨接，跨接点的间距不应大于 30m。交叉净距达不到这个要求时，其交叉处也应跨接。

(A)100 m　　(B)150 mm　　(C)100 mm　　(D)200 mm

(E)20 m

13. 对于单根圆形导体的接闪带(网)固定支架的间距，不宜大于(　　)，固定支架的高度不宜小于 150 mm。

(A)200 mm　　(B)500 mm　　(C)1500 mm　　(D)1000 mm

14. 从等电位连接带至接地装置或各等电位连接带之间的连接导体最小截面是(　　)。

(A)铁 6 mm^2　　(B)铜 16 mm^2　　(C)铜 6 mm^2　　(D)铁 16 mm^2

15. 具有(　　)区爆炸危险场所的建筑物，且电火花而引起爆炸，会造成巨大破坏和人身伤亡者，应属于第一类防雷建筑物。

(A)0 区，1 区　　(B)1 区，2 区　　(C)0 区，20 区　　(D)1 区，21 区

(E)21 区，22 区

16. 在连接电涌保护器的导体中，连接Ⅱ级试验电涌保护器的导体最小截面是(　　)。

(A)铜 6 mm^2　　(B)铁 4 mm^2　　(C)铜 4 mm^2　　(D)铜 2.5 mm^2

(E)铁 6 mm^2

17. 根据 GB 50343—2012 按年平均雷暴日数，将地区雷暴日等级划分为不同区域，超过 90 d 属于(　　)。

(A)多雷区　　(B)高雷区　　(C)中雷区　　(D)强雷区

(E)少雷区

18. 采用多根专设引下线时，应在各引下线上距地面(　　)m 装设断接卡。

(A)－0.3～2.7　　(B)－0.3～1.7

(C)0.3～2.7　　(D)0.3～1.8

19. 第三类防雷建筑物的专设引下线不应少于两根，平均间距不应大于(　　)m。

(A)6　　(B)12　　(C)25　　(D)18

20. 当被保护设备距电涌保护器的距离沿线路的长度小于或等于 5 m 时，或在线路有屏蔽并两端等电位连接下沿线路的长度小于或等于 10 m 时，有效电压保护水平应按(　　)式来确定。

(注：式中 $U_{p/f}$ 为有效电压保护水平，U_w 为设备绝缘耐冲击电压额定值，U_i 为环路感应过电压)

(A)$U_{p/f}\leqslant\frac{U_w}{2}$　　(B)$U_{p/f}\leqslant\frac{U_w-U_i}{2}$

(C)$U_{p/f}\leqslant U_w$　　(D)都不正确

21. 排放爆炸危险气体、蒸气或粉尘的放散管、呼吸阀、排风管等的管口，当其排放物有可能达到爆炸

浓度而无管帽时，应将管口上方半径(　　)m 的半球体处于接闪器的保护范围内。

(A)5　　(B)10　　(C)15　　(D)3

22. 接闪杆宜采用热镀锌圆钢或钢管制成，当采用杆长 1 m 以下的圆钢做接闪杆时，其直径不应小于(　　)mm。

(A)25　　(B)12　　(C)20　　(D)16

23. 钢制防雷装置采用焊接时，扁钢与扁钢搭接时，其搭接长度应为扁钢宽度的____倍，圆钢与圆钢搭接时，其搭接长度应为圆钢直径的____倍。(　　)

(A)2,2　　(B)4,4　　(C)4,6　　(D)2,6

24. 第二类和第三类防雷建筑物，可利用金属屋面作为接闪器，当金属板下面有易燃物品时，不锈钢、热镀锌钢和钛板的厚度不应小于(　　)mm。

(A)0.7　　(B)0.5　　(C)4　　(D)5

25. 对于第一类防雷建筑物，独立接闪杆和架空接闪线或网的支柱及其接地装置至被保护建筑物及与其有联系的管道、电缆等金属物之间的间隔距离不得小于(　　)m。

(A)3　　(B)5　　(C)15　　(D)1

三、判断题(共 10 分)

1. 第二类、第三类防雷建筑物高度超过 45 m 或 60 m 时，首先应沿屋顶周边敷设接闪带，接闪带应设在外墙外表面或屋檐边垂直面上，不可设在外墙外表面或屋檐边垂直面外。(　　)

2. 低压配电线路接地制式，包括 TN-S、TN-C、TN-C-S、TT 和 IT 5 种接地制式。电子信息系统设备配电线路接地制式一般应采用 TN-S 制式。(　　)

3. 高度不超过 40 m 的烟囱，可只设一根引下线，也可利用螺栓或焊接连接的金属爬梯作为引下线用。(　　)

4. 具有 2 区或 22 区爆炸危险场所的建筑物，防雷分区都属于 LPZ2 区。(　　)

5. 目前比较成熟的 4 种雷电起电机制是碰撞感应起电机制、温差起电机制、破碎起电机制和对流起电机制。(　　)

6. 国家级的会堂、办公建筑物、大型展览和博览建筑物、大型火车站和飞机场、国宾馆、国家级档案馆、大型城市的重要给水泵房等特别重要的建筑物，应划为第一类防雷建筑物。(　　)

7. 各类防雷建筑物应设防直击雷的外部防雷装置，并应采取防闪电电涌侵入的措施。第三类防雷建筑物中的危险建筑物，尚应采取防闪电感应的措施。(　　)

8. 在土壤电阻率小于或等于 3000 Ω·m 时，外部防雷装置环形接地体所包围面积的等效圆半径大于或等于所规定的值时，可不计及冲击接地电阻的大小。(　　)

9. 人工触发闪电的先导和回击数据在大多数方面与自然地闪的继后回击相似。(　　)

10. 防雷区的划分是按照建筑物的重要性、使用性质、发生雷击事故的可能性和后果进行划分的。(　　)

四、简答题(共 20 分)

1. 什么是电涌保护器？(本题 4 分)

2. 依据 GB/T 32937—2016 检测技术规范的要求，爆炸性气体场所分为几个区，并简述各区的定义？(本题 4 分)

3. 简述雷电的基本特点是什么？(本题 4 分)

4. 什么是设备耐冲击电压的额定值 U_w，建筑物内配电系统中，设备 U_w 额定值分为哪几类？分别是多少？(本题 4 分)

5. 根据雷暴云放电电荷极性，地闪可以划分为以下 4 种类型(见下图)，请分别说出与图中(a)、(b)、(c)和(d)相对应的 4 种类型。(本题 4 分)

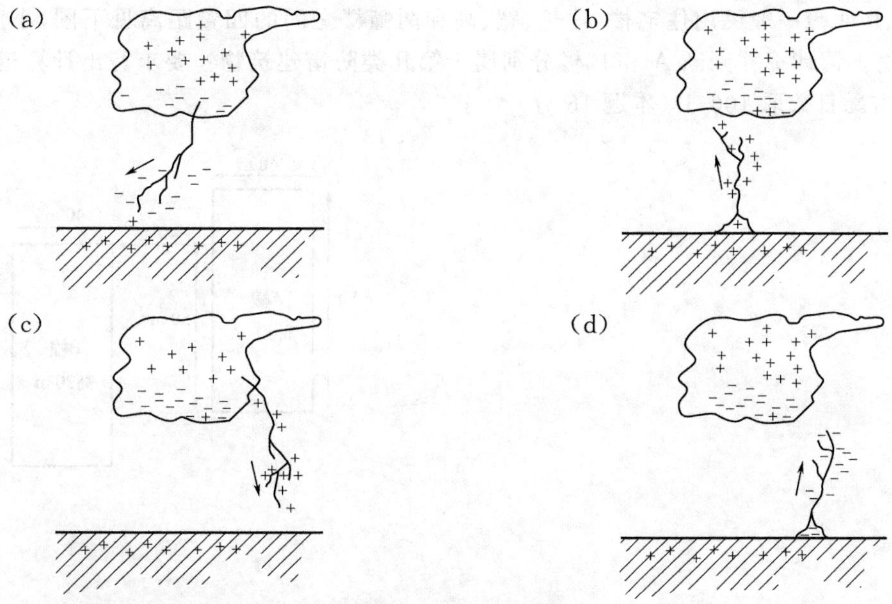

五、计算题(共 30 分)(计算题可用计算器计算)

1. 雷电试验室内层高 5 m,防直击雷装置合格,并在屋面和侧墙内加装了 50 cm×50 cm 的格栅形屏蔽网格,现在要在实验室内离地面高 1 m,距侧面墙 1.6 m 的地方安装一台实验设备,该设备若有超过 200(A/m)的磁场强度干扰将会误动作,请问如果有一个首次正极性的闪电直接击在试验室的屋面接闪器上,这台实验设备能正常工作吗?(雷电流参量按第二类防雷取值,不写出计算过程不得分)(本题 5 分)

2. 有 2 个仓库相隔 6 m,四置距离见下图。1 号仓库长 12 m、宽 5 m、高 5 m,2 号仓库长 16 m、宽 3 m、高 3 m。2 个仓库均存放易燃易爆物品,属于 2 区或 22 区的爆炸危险场所建筑物,屋面上无法设计安装接闪带,现在在 2 个仓库之间的正中位置设计安装一支高 11 m 的接闪杆,请计算这个接闪杆能全面保护这 2 个仓库吗?(计算时不考虑裕量,四舍五入保留一位小数)(本题 10 分)

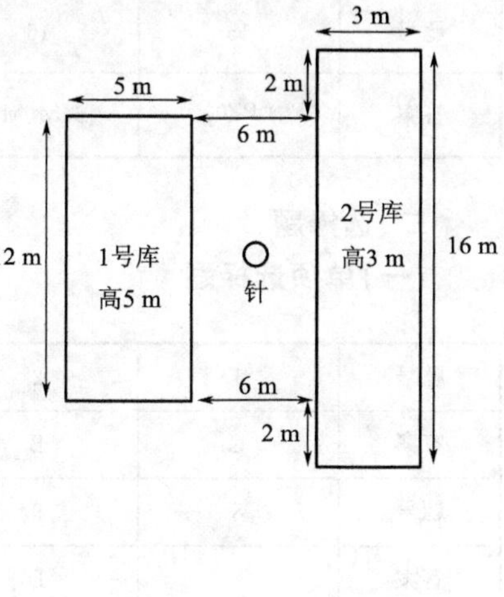

3. 海口某小区共有 A、B 两幢一般民用住宅楼，楼长、宽、高和两幢楼之间的四置距离见下图，小区周围 200 m 范围内再无建筑物。请计算并判断 A 和 B 楼分别属于第几类防雷建筑物？要求写出计算过程。(注：校正系数取 1，海口年雷暴日数取 100 d)(本题 15 分)

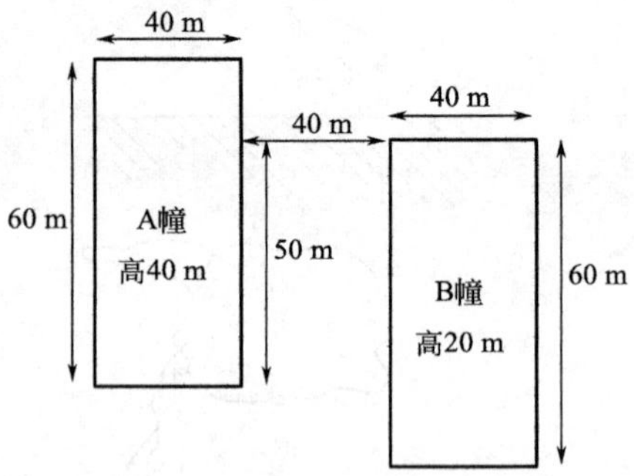

测试试卷参考答案

2007 年某省防雷专业技术人员资格考试试卷答案

一、填空题

题号	1	2	3	4	5	6	7
答案	3	45、 6、 引下线	二	外部防雷、 内部防雷	预防为主、 安全第一	非线性、 瞬态过电压、 电涌电流	屏蔽、接地、 等电位连接、 等电位连接
题号	8	9	10	11	12	13	14
答案	云间闪电、 云闪、 地闪	屏蔽、 装退耦器、 接地、 等电位	最大钳压、 工频续流	10 kA/μs	$LPZ0_A$、 $LPZ0_B$、 LPZ1、LPZn+1	4、 两、 30、 30	等电位连接、 屏蔽、 合理布线
题号	15	16	17	18	19	20	
答案	$LPZ0_B$	S、M、MS	2、6、6	新建	0.03	2.4 Gs	

二、选择题

(一)单项选择题

题号	1	2	3	4	5	6	7
答案	C	B	D	C	D	D	E
题号	8	9	10				
答案	B	D	C				

(二)多项选择题

题号	11	12	13	14	15		
答案	AE	ACD	ABCD	ACD	CD		

三、判断题

题号	1	2	3	4	5	6	7
答案	×	×	√	√	√	×	×
题号	8	9	10	11	12	13	14
答案	×	√	√	×	√	√	×
题号	15	16	17	18	19	20	
答案	×	×	√	×	√	√	

四、简答题

1. 答:外部防雷装置功能是接闪、引导直接雷击、将雷电流安全传导入大地、分导雷电流等。接地装置的作用是将接闪器(地线)承受的雷电流引入大地,并通过接地体向大地扩散,以保证送电线路的正常运行。

2. 答:将分开的装置、诸导电物体用等电位连接导体或电涌保护器连接起来以减小雷电流在它们之间产生的电位差。等电位连接目的:在于减小需要防雷的空间内,各金属部件和各系统之间的电位差。

等电位连接措施:S 型和 M 型等电位连接网络。

3. 答:按照第二类防雷建筑物设计,屋面采用∅12 mm 镀锌圆钢沿边敷设接闪带,采用∅12 mm 镀锌圆钢设计 11 条引下线,引下线通过屋面预留的柱筋与接闪带连接。冷却塔,通风管和广告牌分别两点与接闪带焊接。

4. 答:PD 按照图 1 接法,过电流保护器断开不影响用电设备使用;图 2 接法过电流保护器断开影响用电设备使用。

5. 答:(1)被保护建筑物所在地区的地形、地物状况、气象条件(如雷暴日)和地质条件(如土壤电阻率)。

(2)被保护建筑物(或建筑物群体)的长、宽、高度及位置分布,相邻建筑物的高度。

(3)建筑物内各楼层及楼顶被保护的电子信息系统设备的分布状况。

(4)配置于各楼层工作间或设备机房内被保护设备的类型、功能及性能参数(如工作频率、功率、工作电平、传输速率、特性阻抗、传输介质及接口形式等)。

(5)电子信息系统的计算机网络和通信网络的结构。

(6)电子信息系统的各设备之间的电气连接关系、信号的传输方式。

(7)供、配电情况及其配电系统接地形式。

五、计算题

1. 答:(1)磁场强度 $\boldsymbol{H}_1=\boldsymbol{H}_0/10^{SF/20}$

$$\boldsymbol{H}_0=I_0/2\pi S_a \qquad I_0=150\ \text{kA} \qquad S_a=100\ \text{m}$$

$$SF=20\cdot\lg\left[\left(\frac{8.5}{\omega}\right)/\sqrt{1+18\cdot 10^{-6}/r^2}\right]=16\ \text{dB}$$

$$\omega=1\ \text{m} \quad r=0.005$$

$$\boldsymbol{H}_0=0.2 \qquad \boldsymbol{H}_1=0.03$$

(2)$d_{s/2}=\omega^{SF/10}=1\ \text{m}$

2. 答:(1)$N_1=k\cdot N_g\cdot A_e \qquad k=1$

$N_g=0.1\times T_d \qquad T_d=90 \quad N_g=9$

$A_e=\left[LW+2(L+W)\sqrt{H(200-H)}+\pi H(200-H)\right]\cdot 10^{-6}=0.048$

$L=54\ \text{m} \quad W=22\ \text{m} \quad H=97\ \text{m}$

$D=\sqrt{H(200-H)}=99.95$

$N_1=1\times 9\times 0.048=0.432$

(2)$N_2=N_g\times A'_e=0.1\times T_d\times(A'_{e1}+A'_{e2})=2.3625$

高压埋地 $A'_{e1}=0.1\times D_s\times L_1\times 10^{-6}=0.0125$

信号埋地 $A'_{e2}=0.1\times D_s\times L_2\times 10^{-6}=0.25$

$D_s=250\ \Omega\cdot m\quad L_1=500\ m\quad L_2=200\ m$

$N=N_1+N_2=2.7945$

$E=1-N_c/N=0.68\quad E<0.8$ 属于 D 级雷电防护等级。

3. 答:(1)所选用的电源 SPD 耐压水平 U_p 必须小于或等于设备的耐压水平,也就是必须选用 $U_p\leqslant 1.5$ kV 的电源 SPD。

(2)$U=U_g+U_i=IR+L_0\cdot L\cdot di/dt$

$$I=1\quad R=1\quad U=1.5\quad L_0=1.6\quad di/dt=0.75\quad L=0.4$$

2008 年某省防雷专业技术人员资格考试试卷答案

一、填空题

题号	1	2	3	4	5	6	7
答案	二、 二	45、 6、 引下线	防直击雷、 防雷电波侵入	10 m×10 m、 12 m×8 m、 25 m	重要性、使用性质、发生雷电事故的可能性和后果、三	30、 30	150、 15 kA/μs
题号	8	9	10	11	12	13	14
答案	电位差	电压开关型、 限压型、 组合型	20μA	屏蔽、 接地、 等电位连接、 等电位连接	波头时间、 波长时间	中性线 N 与保护线 PE 合一、中性线 N 与保护线 PE 分开	4、 2、 30、 30
题号	15	16	17	18	19	20	
答案	$LPZ0_B$	2、6、6	新建	12.5、20	0.03、0.75	4、100	

二、选择题

(一)单项选择题

题号	1	2	3	4	5	6	7
答案	A	C	D	B	B	B	A
题号	8	9	10				
答案	E	B	C				

(二)多项选择题

题号	11	12	13	14	15		
答案	AB	ABCD	ABCDE	ABCD	ACD		

二、判断题

题号	1	2	3	4	5	6	7
答案	√	×	×	×	√	×	×

续表

题号	8	9	10	11	12	13	14
答案	×	×	√	×	×	×	√
题号	15	16	17	18	19	20	
答案	√	×	√	√	×	√	

四、简答题

1. 答:直接雷击危害,雷电感应危害,雷电波侵入危害。

2. 等电位连接目的:在于减小需要防雷的空间内,各金属部件和各系统之间的电位差。等电位连接措施:S 型和 M 型等电位连接网络。

3.

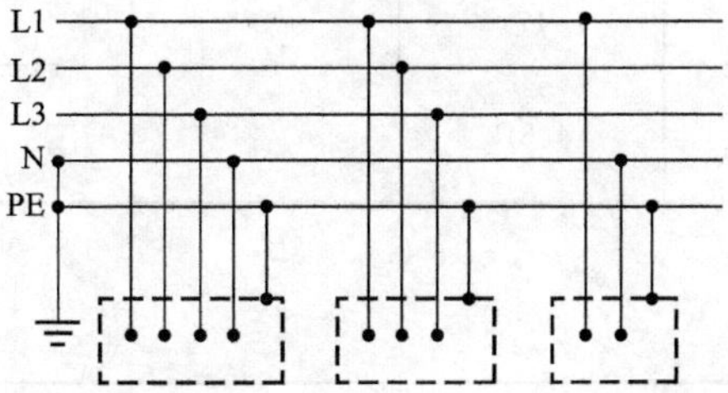

TN-S 方式供电系统:它是把工作零线 N 和专用保护线 PE 严格分开的供电系统。

4. 答:直击雷防护接闪形式;引下线的设计数量;引下线的敷设方式;接闪器及引下线的材料规格;天面金属构件的接地处理。

五、应用题

1. 答:(1)$N_1=k\cdot N_g\cdot A_e$　　$k=1$　　$A_e=0.0478\ \text{km}^2$

$N_g=N_g=0.1\times T_d$　　$T_d=100$　$N_g=10$

$N_1=0.478$

(2)建筑物入户设施年预计雷击次数 $N_2=N_g\cdot A'_e=1.125$

$A'_e=A'_{e1}+A'_{e2}=0.0125+0.1=0.1125\ \text{km}^2$

防雷装置拦截效率 $E=1-N_c/N$　　$N=N_1+N_2=1.603$

$N_c=0.9$　　$E=0.44$　　$E<0.8$ 应确定为 D 级雷电防护等级。

2. 答:该建筑物按照第二类防雷建筑物设计,沿建筑物天面边沿敷设接闪带,从天面已预留的 12 个柱钢筋作为引下线与接闪带焊接。广告牌两点与接闪带焊接,两个金属排管分别与接闪带焊接,两个冷却塔金属底座分别与接闪带焊接。

3. 答:(1)磁场强度 $\boldsymbol{H}_1=\boldsymbol{H}_0/10^{SF/20}$

$$\boldsymbol{H}_0=I_0/2\pi S_a\qquad I_0=150\ \text{kA}\qquad S_a=100\ \text{m}$$

$$SF=20\cdot\lg\left[\left(\frac{8.5}{\omega}\right)/\sqrt{1+18\cdot10^{-6}/r^2}\right]=14.32\ \text{dB}$$

$$\omega=1.5\text{m}\qquad r=0.01$$

$$\boldsymbol{H}_0=0.16\qquad \boldsymbol{H}_1=0.03$$

(2)由于 $SF>10$

$$d_{s/2}=\omega^{SF/10}=1.787\ \text{m}$$

六、综合应用题

答:(1)导致民工死亡的原因是建筑物无防直击雷保护,民工在屋内遭受直接雷击死亡。

(2)经过计算,该平房属于第三类防雷建筑物,按照第三类防雷设计。屋面采用∅12 mm 镀锌圆钢沿边敷设接闪带,采用∅12 mm 镀锌圆钢设计两条引下线,并沿房屋四周设计环形接地体。在低压架空线路入户端设计一组10/350波形，$I_{imp}=15$ kA　$U_p\leqslant 2.5$ kV　SPD防护。

2009年某省防雷工程专业资格考试试卷答案

一、填空题

题号	1	2	3	4	5	6	7
答案	设计、施工验收、维护	雷电活动规律、被保护物的特点	三	2.5、5	0.05 mm、4 mm	0.3～1.8 m	圆钢直径的2倍
题号	8	9	10	11	12	13	14
答案	屏蔽、接地、等电位连接	两	残压	50%	4Ω	1、0.66、0.44	静电感应、电磁感应、电磁波辐射
题号	15	16	17				
答案	三	雷电感应、雷电波侵入	4.8Ω				

二、单项选择题

题号	1	2	3	4	5	6	7
答案	B	C	C	B	D	D	D
题号	8	9	10	11	12	13	14
答案	A	D	A	B	B	D	A
题号	15	16	17	18	19	20	
答案	D	C	D	B	B	C	

三、多项选择题

题号	1	2	3	4	5	6	7
答案	ADE	ABD	ABCD	ABD	ACDF	ACD	ACD
题号	8	9	10	11	12	13	14
答案	ACD	AD	ABCD	BC	ABC	BD	ABCD
题号	15						
答案	AC						

四、判断题

题号	1	2	3	4	5	6	7
答案	×	×	√	√	×	√	×
题号	8	9	10				
答案	×	×	√				

五、简答题

1. 答：是将建筑物中各电气装置和其他装置外露的金属及可导电部分与人工或自然接地体同导体连接起来以达到减少电位差。

2. 答：可接受的年平均最大雷击次数 N_c；建筑物及入户设施年预计雷击次数 N。

3. 答：达到分级泄流，避免单级防护随过大的雷击电流而出现损坏率高和产生高残压，通过合理的多级泄流能量配合，保证 SPD 有较长的使用寿命和设备电源端口的残压低于设备端口耐受的电压范围内。

4. 答：开关型电涌保护器适合安装在低压供电线路总输出端；限压型电涌保护器适合安装在分配电柜输出端及用电设备前端。

六、应用题

1. 答：

$$U=U_p+L_0\times L\times di/dt$$

首次雷击以后的雷电流波头时间为 0.25 μs，电流最大平均陡度是 2.1/0.25=8.4 kV/μs

$$U=4+1\times(0.4+0.6)\times 8.4=12.4\ \mathrm{kV}$$

2. 答：在海口市区一幢第三类建筑物遭受的某次首次正极性雷击中，闪电定位仪监测到其雷电流的幅值为 40 kA，请计算本次雷击的电荷量和单位能量。

$$40/Q_s=100/50\quad Q_s=20\ \mathrm{C}\qquad 100/2.5=40\quad 40/40=1$$

单位能量 $W/R=1$。

3. 答：(1)磁场强度 $\boldsymbol{H}_1=\boldsymbol{H}_0/10^{SF/20}$

$$\boldsymbol{H}_0=I_0/2\pi S_a\qquad I_0=150\ \mathrm{kA}\qquad S_a=120\ \mathrm{m}$$

$$SF=20\cdot\lg\left[\left(\frac{8.5}{\omega}\right)/\sqrt{1+18\cdot 10^{-6}/r^2}\right]=17.7\ \mathrm{dB}$$

$$\omega=1\ \mathrm{m}\quad r=0.01$$

$$\boldsymbol{H}_0=0.2\quad \boldsymbol{H}_1=0.026$$

(2)$d_{s/2}=\omega^{SF/10}=1(\mathrm{m})$

(3)磁场强度

$$\boldsymbol{H}_1=k_H\cdot I_0\cdot\omega/(d_w\cdot\sqrt{d_r})=1.06(\mathrm{A/m})$$

(4)安全距离

$$d_{s/2}=\omega\cdot SF/10=1.77(\mathrm{m})$$

七、综合题

答：(1)$N_1=k\cdot N_g\cdot A_e\qquad k=1$

$N_g=0.1\times T_d\qquad T_d=110\quad N_g=11\quad A_e=0.0478$

$N_1=0.5258>0.25$ 次/a　因此按照第二类防雷建筑物设计。

$N_2=N_g\times A_e'=0.1\times T_d\times(A_{e1}'+A_{e2}')=1.2375$

$A_{e1}'=0.0125\qquad A_{e2}'=0.1$

$N=N_1+N_2=1.7633$

$N_c=0.9$

$E=1-N_c/N=0.49\quad E<0.8$　属于 D 级雷电防护等级。

(2)在办公楼低压总配电，楼层分配电以及用电设备前端各安装一级与设备相适配的电源 SPD，入户信息线路安装相适配的信号 SPD。

2010 年某省防雷工程专业资格考试试卷答案

一、填空题

题号	1	2	3	4	5	6	7
答案	电位差	0.3～1.8 m	低于	退耦装置	波长时间（半波时间）	0.1	使用性质
题号	8	9	10	11	12	13	14
答案	S、M	负地闪	雷电电磁环境	0.03 Ω	等电位连接	45	16

二、单项选择题

题号	1	2	3	4	5	6	7
答案	A	D	B	D	D	A	C
题号	8	9	10	11	12	13	14
答案	D	D	D	A	A	C	D
题号	15	16	17	18	19	20	21
答案	B	A	B	C	C	B	C
题号	22	23	24	25	26	27	28
答案	B	B	B	B	A	C	C
题号	29	30					
答案	A	C					

三、多项选择题

题号	1	2	3	4	5	6	7
答案	BC	BD	ABCD	ABCDE	ABD	ABC	ABCD
题号	8	9	10	11	12	13	14
答案	ABCD	ACDE	ABCDEF	AC	BCD	AD	AC
题号	15	16	17	18	19	20	
答案	ABD	ABD	ABCE	ABD	AC	ABD	

四、判断题

题号	1	2	3	4	5		
答案	×	√	×	√	√		

五、简答题

1.

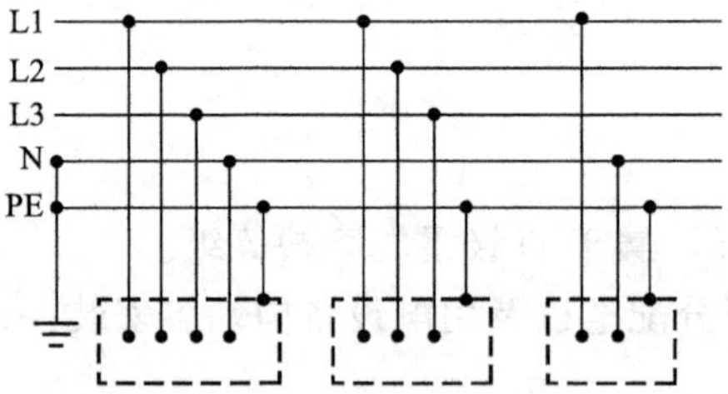

PE线的作用是保护地线。

2. 答：电源线路电涌保护的安装应该符合：U_p 值不大于用电设备的耐压水平；所安装的 SPD 波形应符合在线路中属于第几级要求。地线和相线材料及规格应符合相应的级数要求。

3. 答：不应小于 0.5 m。

① 利用低电阻系数的土壤(即换土法)；

② 采用加食盐等人工处理法；

③ 采用外引式接地；

④ 采用导电性混凝土；

⑤ 采用降阻剂的化学处理方法；

⑥ 钻孔深埋法。

六、应用题

1. 答：① $N_1=k\cdot N_g\cdot A_e \quad k=1$

$N_g=0.1\times T_d \qquad T_d=110 \quad N_g=11 \quad A_e=0.0425$

$N_1=k\times N_g\times A_e$

$N_1=0.4675>0.25$ 次/a 因此按照第二类防雷建筑物设计。

$N_2=N_g\times A'_e=0.1\times T_d\times(A'_{e1}+A'_{e2})=4.4495$

$A'_{e1}=0.0545 \qquad A'_{e2}=0.35$

$N=N_1+N_2=4.917$

$N_c=0.9$

$E=1-N_c/N=0.82 \quad 0.9>E>0.8$　属于 C 级雷电防护等级。

② 在办公楼低压总配电，楼层分配电以及用电设备前端各安装一级与设备相适配的电源 SPD，入户信息线路安装相适配的信号 SPD。

2. 答：经过计算，该双针可以有效保护该建筑物。

2011 年某省防雷工程专业资格考试试卷答案

一、填空题

题号	1	2	3	4	5	6	7
答案	新建、扩建、改建	雷击电磁脉冲	电动力	跨步电压	$79m^2$	防闪电电涌侵入	10 m×10 m 或 12 m×8 m
题号	8	9	10	11	12	13	14
答案	电磁场强度	土壤电阻率	18 kA/μs	4	线路屏蔽	4 mm	0.1
题号	15						
答案	45						

二、单项选择题

题号	1	2	3	4	5	6	7
答案	B	B	C	B	A	C	B
题号	8	9	10	11	12	13	14
答案	B	C	D	C	B	D	B
题号	15	16	17	18	19	20	
答案	D	A	C	A	C	D	

三、多项选择题

题号	1	2	3	4	5	6	7
答案	ABCD	ABD	ABD	BC	BD	ABCDE	ABCDE
题号	8	9	10				
答案	ACE	ABCD	BDE				

四、判断题

题号	1	2	3	4	5	6	7
答案	×	√	×	×	√	×	×
题号	8	9	10				
答案	×	√	√				

五、简答题

1. 答：接地引下线，接地体，连接端。接地体是主要部分。

2. 答：磁场强度大小与屏蔽系数、无屏蔽时产生的无衰减磁场强度有关系。

3. 答：TT 图如下：

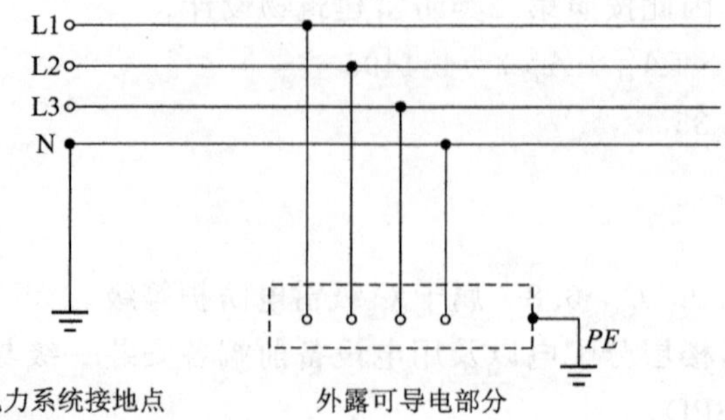

第一个符号 T 表示电力系统中性点直接接地；第二个符号 T 表示负载设备外露不与带电体相接的金属导电部分与大地直接联接，而与系统如何接地无关。

六、应用题

1. 答：$r_x=\sqrt{h(2h_r-h)}-\sqrt{h_x(2h_r-h_x)}$

$$h=9\ \text{m}\quad h_r=45\ \text{m}\quad h_x=4\ \text{m}$$

求得 $r_x=8$ m

由于大楼距离卫星天线最远端的距离是 9.5 m，因此大楼无法完全保护。

解决方案：

$$r_x=\sqrt{h(2h_r-h)}-\sqrt{h_x(2h_r-h_x)}$$
$$r_x=9.5\ \text{m}\quad h_r=45\ \text{m}\quad h_x=4\ \text{m}$$

求得 $h=10$ m

因此，在大楼接闪带上距离卫星天线垂直距离处增设一支 1 m 高的避雷短针保护。

2. 答：① $N_1=k\cdot N_g\cdot A_e\qquad k=1$

$N_g=0.1\times T_d\quad T_d=110\quad N_g=11\quad A_e=0.0257$

$N_1=k\times N_g\times A_e$

$N_1=0.2827>0.25$ 次/a　因此按照第二类防雷建筑物设计。

② $N_2=N_g\times A'_e=0.1\times T_d\times(A'_{e1}+A'_{e2})=5.775$

$A'_{e1}=0.025\quad A'_{e2}=0.5$

③ $N=N_1+N_2=6.0577$

$N_c=0.9$

$E=1-N_c/N=0.85\quad 0.9>E>0.8$　属于 C 级雷电防护等级。

2012 年某省防雷专业技术人员资格考试试卷答案

一、填空题

题号	1	2	3	4	5	6	7
答案	感应、温差、破碎、对流	首次、后继	初始击穿、梯级先导、连接先导、回击	地闪、云闪	海南岛、云南南部、广西南部、雷州半岛	2000、2010	1、21
题号	8	9	10	11	12	13	14
答案	减少和防止	闪电电涌侵入	闪电感应	5	3	100、30、100	0.03

续表

题号	15					
答案	2					

二、单项选择题

题号	1	2	3	4	5	6	7
答案	A	C	B	C	B	D	B
题号	8	9	10	11	12	13	14
答案	A	B	C	C	C	B	D
题号	15	16	17	18	19	20	21
答案	C	A	D	D	A	B	D
题号	22	23	24	25	26	27	28
答案	B	C	A	B	C	A	B
题号	29	30					
答案	D	C					

三、多项选择题

题号	1	2	3	4	5	6	7
答案	BCD	ABD	ABD	ABCD	ABD	BCD	BCD
题号	8	9	10				
答案	AC	ABC	ABDE				

四、判断题

题号	1	2	3	4	5	6	7
答案	×	√	×	√	×	√	√
题号	8	9	10	11	12	13	14
答案	×	×	×				

五、名词解释

1. 答：在气象观测站，在一天内，观测员只要听到雷声一次或一次以上就记当日为一个雷暴日，雷暴日数的单位为 d。

2. 答：电磁兼容是指系统或设备在所处的电磁环境中能正常工作，同时不对其他系统和设备造成干扰。EMC 包括 EMI(电磁干扰)及 EMS(电磁耐受性)两部份。

3. 答：表征电涌保护器限制接线端子间电压的性能参数，其值可从优先值的列表中选择。电压保护水平值应大于所测量的限制电压的最高值。

4. 答：设备制造商给予的设备耐冲击电压额定值，表征其绝缘防过电压的耐受能力。

5. 答：电气系统中采用Ⅰ级试验的电涌保护器要用标称放电电流 I_n、1.2/50 μs 冲击电压和最大冲击电流 I_{imp} 做试验。Ⅰ级试验也可用 T1 外加方框表示，即 T1。

六、计算题

1. 答：(1)第三类防雷建筑物首次正极性雷击

雷电流大小为 100 kA＝100000 A

(2)A 点的磁场强度为：

$$H_1 = k_H \cdot i_0 \cdot \omega / (d_w \cdot \sqrt{d_r})$$

(3)格栅形屏蔽的网格宽度为 50 cm=0.5 m

(4)$H_1 = 0.01 \times 100000 \times 0.5/(1.5 \times 2) = 166.67$(A/m)

2. 答:(1)建筑物应该划为第三类防雷建筑物,取 $h_r = 60$ m。

(2)独立针应安装在距建筑物的长边中点 3 m 的 E 位置最为经济(图可参见 2014 年试题最后一题)。

(3)E 点装设独立针,要保护最远的屋角是 A 或 D,这二个屋角的高度是 5 m,$R_x = 10$ m,$h_x = 5$ m

(4) $R_x = \sqrt{h(2h_r - h)} - \sqrt{h_x(2h_r - h_x)}$,

$10 = \sqrt{h(120-h)} - \sqrt{5(120-5)}$

$h^2 - 120h + 1154 = 0$

解一元二次方程 $h=21$ m 或 218 m,舍掉不合理的根,所以独立针的高度为 $h=21$ m

3. 答:(1)因为 $T_d = 60$ d,所以办公楼所在地的雷击大地年平均密度:

$N_g = 0.1 \times T_d = 6$(次·km^{-2}·a^{-1})

(2)办公楼年预计雷击次数 $N = k \cdot N_g \cdot A_e \quad k=1 \quad$ 所以 $N = 6 \cdot A_e$

(3)四周无建筑物时

$A_e = [LW + 2(L+W) \cdot \sqrt{H(200-H)}] + \pi H(200-H) \cdot 10^{-6}$

$A_e = 0.040936$

$N = 0.040936 \times 6 = 0.245$ 次

所以该办公楼属于第三类防雷建筑物。

(4)5 年后

$A_e = [LW + (L+W) \cdot \sqrt{H(200-H)}] + \pi H(200-H) \cdot 10^{-6}$

$A_e = 0.016$

$N = 0.016 \times 6 = 0.096$ 次

所以该办公楼属于第三类防雷建筑物。此时应按第三类防雷进行整改。

2013 年某省防雷专业技术人员资格考试试卷答案

一、填空题

题号	1	2	3	4	5	6	7
答案	放电时间短、冲击电流大、冲击电压高、释放能量大、冲击压力大、宽频	电磁干扰源、耦合途径、敏感设备	电效应、热效应、机械力	接闪器、引下线、接地体	梯级先导、连接先导、回击	2011、10	二
题号	8	9	10	11	12	13	14
答案	6	45、60	2.5、12.5	4	3	30	5

二、单项选择题

题号	1	2	3	4	5	6	7
答案	A	C	D	A	C	A	C
题号	8	9	10	11	12	13	14
答案	D	B	A	A	B	B	A
题号	15	16	17	18	19	20	21
答案	D	C	A	C	B	A	C

续表

题号	22	23	24	25			
答案	A	B	D	B			

三、多项选择题

题号	1	2	3	4	5	6	7
答案	ABC	BCD	BCD	BC	BDE	ABC	CD
题号	8	9	10				
答案	ABD	BDEF	ABD				

四、判断题

题号	1	2	3	4	5	6	7
答案	√	√	×	×	√	×	√
题号	8	9	10				
答案	×	√	×				

五、名词解释

1. 答:如图,先由纵轴上的0.1、0.9、和1.0三个刻度作3条横轴的平行线,前两条平行线分别与波形曲线的头部分相交于A、B两点,过A、B两点作一条直线,该直线与第三条平行线和横轴分别相交于C、D两点,由C点引横轴的垂线,其垂足E点与D点之间的时间即定义为波头时间,用T_1表示,单位:微秒(μs)。

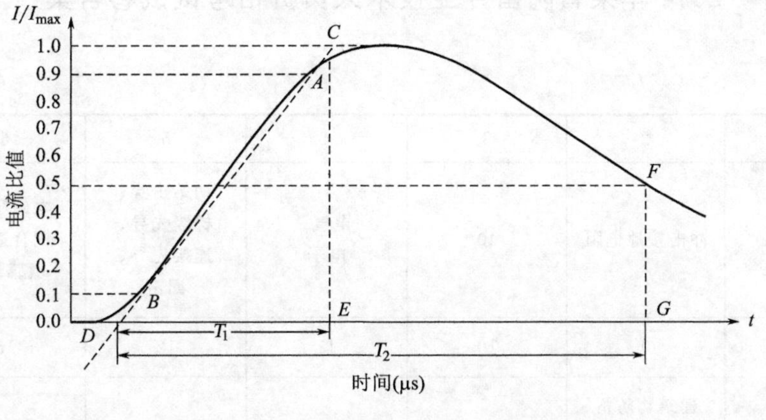

2. 答:电磁兼容的定义是:系统或设备在所处的电磁环境中能正常工作,同时不对其他系统和设备造成干扰。

3. 答:雷击大地年平均密度N_g定义:一定区域上每年每平方千米所发生的地闪次数,又称地闪频数,单位为:次·km^{-2}·a^{-1}。

4. 答:用于限制瞬态过电压和分泄电涌电流的器件。它至少含有一个非线性元件。

5. 答:外部防雷装置是建(构)筑物用于防护直接雷击的装置,由接闪器、引下线和接地装置组成。

六、计算题

1. 答:(1)$R_\sim = A \times R_i$　$R_\sim$—工频接地电阻　R_i—冲击接地电阻

$12 = 1.6R_i$　　　　$R_i = 7.5\ \Omega$

(2)接地电阻符合规范要求(第一类防雷要求10 Ω以下)

2. 答:(1)根据GB 50057—2010　第二类正极性首次雷击雷电流幅值为150 kA

(2)雷电流陡度是di/dt,t为波头时间,所以雷电流陡度为15(kA/μs)

3. 答：令 $L_甲=70\ \text{m}$　　$W_甲=20\ \text{m}$　　$H_甲=40\ \text{m}$

$L_乙=70\ \text{m}$　　$W_乙=20\ \text{m}$　　$H_乙=40\ \text{m}$

甲楼扩大宽度 $D_甲=\sqrt{H_甲(200-H_甲)}=80\ \text{m}$　　$D_乙=60\ \text{m}$

(1)甲周边 $2D$ 内无建筑物时

$$A_e=[L_甲 W_甲+2(L_甲+W_甲)D_甲+\pi H_甲(200-H_甲)]\cdot 10^{-6}=0.03589\ \text{km}^2$$

(2)因为 $2D_甲=80\ \text{m}>50\ \text{m}$　所以要考虑乙楼

$$甲楼等效面积\ A_{e甲}=A_e-\left(\frac{D_甲}{2}\right)\cdot L_甲\cdot 10^{-6}=0.033\ \text{km}^2$$

(3)甲楼 $N=kN_g\cdot A_{e甲}$　　$N_g=0.1T_d=10$　所以 $N=0.33$ 次 $\cdot\text{km}^{-2}\cdot\text{a}^{-1}$

(4)所以甲楼属于第二类防雷建筑物。

(5)乙楼与甲楼防雷类型不相同。

因为：乙楼的标准 $A_e=0.0235\ \text{km}^2$　因为甲楼的影响

所以 $A_{e乙}=A_e-D_乙\cdot L_甲\cdot 10^{-6}=0.0193\ \text{km}^2$

乙楼的 $N=kN_g\cdot A_{e乙}=0.193$ 次 $\cdot\text{km}^{-2}\cdot\text{a}^{-1}$

(6)所以乙楼应按第三类防雷进行防护或设计。

4. 答：(1)由题知该建筑物应按第二类防雷设计，所以 $h_r=45\ \text{m}$。

(2)接闪杆应安装在屋面二对角线的交叉点上最经济。

(3)在 3 m 保护高度上的最大保护宽度 r_x 是对角线的一半

$$r_x=11.2\ \text{m}\quad 所以\ r_x=\sqrt{h(2h_r-h)}-\sqrt{h_x(2h_r-h_x)}$$

$$h=9.3\ \text{m}\ 或\ 80.7\ \text{m}\quad 取合理根，h=9.3\ \text{m}$$

(4)因为平屋面高 3 m，所以屋面上安装的接闪杆高度不小于 6.3 m 就可以全面保护这个建筑物。

2014 年某省防雷专业技术人员资格考试试卷答案

一、填空题

题号	1	2	3	4	5	6	7
答案	11、3、10、1	冲击接地电阻	40	电气、电子	初始击穿、梯级先导、连接先导、回击	电磁骚扰、耦合途径、敏感设备	直接雷击、接触电压、旁侧闪击、跨步电压
题号	8	9	10	11	12	13	14
答案	0.5、凯文	建筑物防雷设计规范(GB 50057—94)、建筑物电子信息系统防雷技术规范(GB 50343—2012)	首次、后继、地闪、云闪	接闪器、引下线、接地装置			

二、单项选择题

题号	1	2	3	4	5	6	7
答案	D	A	B	C	B	A	C
题号	8	9	10	11	12	13	14
答案	A	B	A	D	D	C	C

续表

题号	15	16	17	18	19	20	21
答案	A	B	D	C	C	B	B
题号	22	23	24	25			
答案	A	D	B	C			

三、多项选择题

题号	1	2	3	4	5	6	7
答案	ABC	BCDE	ABD	ABCE	BE	ABC	ABDE
题号	8	9	10	11	12	13	14
答案	ABCD	BE	ABE				

四、判断题

题号	1	2	3	4	5	6	7
答案	×	×	×	√	√	√	×
题号	8	9	10				
答案	√	×	×				

五、简答题及名词解释

1. 答：U_p 指表征电涌保护器限制接线端子间电压的性能参数，其值可从优先值的列表中选择。电压保护水平值应大于所测量的限制电压的最高值。

U_w 指设备制造商给予的设备耐冲击电压额定值，表征其绝缘防过电压的耐受能力。

U_c 指可能持续加于电涌保护器的最大方均根电压或直流电压，等于电涌保护器的额定电压。

2. 答：在气象观测站，在一天内，观测员只要听到雷声一次或一次以上就记当日为一个雷暴日，雷暴日数的单位为 d。

3. 答：目的在于限制瞬态过电压和分走电涌电流的器件。它至少含有一非线性元件。

4. 答：电磁兼容是指系统或设备在所处的电磁环境中能正常工作，同时不对其他系统和设备造成干扰。EMC 包括 EMI(电磁干扰)及 EMS(电磁耐受性)两部份。

5. 答：近端串扰可以被理解为线缆系统内部产生的噪音，严重影响信号的正确传输。

六、计算题

1. 答：(1)第一类防雷建筑物首次负极性雷击

雷电流大小为 100 kA=100000 A

(2)无屏蔽时磁场强度为：

$\boldsymbol{H}_0=i_0/(2\pi S_a)=100000/(2\times3.14\times100)=159.23(A/m)$

(3)有屏蔽时磁场强度为：

$\boldsymbol{H}_1=\boldsymbol{H}_0/10^{SF/20}=159.23/10=15.92(A/m)$

2. 答：(1)因为 $T_d=100$ d 所以办公楼所在地的雷击大地年平均密度：

$N_g=0.1\times T_d=10(次\cdot km^{-2}\cdot a^{-1})$

(2)办公楼年预计雷击次数 $N=k\cdot N_g\cdot A_e$　$k=1$　所以 $N=10\cdot A_e$

(3)四周有建筑物时

$A_e=[LW+(L+W)\cdot\sqrt{H(200-H)}+\pi H(200-H)/4]\cdot10^{-6}$

$A_e=(800+60\times60+\pi\times3600/4)\times10^{-6}=(4400+2826)\times10^{-6}=0.007226\ km^2$

$N=0.007226\times10=0.07(次/a)$

所以该办公楼属于第三类防雷建筑物。

3. 答:(1)去除检测时的线阻,实际工频电阻为 18 Ω。

(2)接地体的有效长度为 $L_e=2\sqrt{\rho}=2\times\sqrt{1000}\approx 62$。

(3)接地体最长支线长 $l=12$ m,$\frac{l}{L_e}=\frac{12}{62}\approx 0.193$,小于 0.2,当这个值小 0.2 时从表中土壤电阻率为 1000 Ω·m 线上查得的换算系数均为 2。

(4)冲击接地电阻 $R_i=\frac{R\sim}{A}=\frac{18}{2}=9$ Ω。

(5)这个接闪杆冲击接地电阻不大于 10 Ω,符合 GB 50057—2010 规范要求。

4. 答:(1)建筑物应该划为第三类防雷建筑物,取 $h_r=45$m。

(2)独立针应安装在距建筑物的长边中点 3 m 的 E 位置最为经济。

(3)E 点装设独立针,要保护最远的屋角是 A 或 D,这二个屋角的高度是 5 m,$R_x=10$ m,$h_x=2$ m。

(4) $R_x=\sqrt{h(2h_r-h)}-\sqrt{h_x(2h_r-h_x)}$,

$10=\sqrt{h(90-h)}-\sqrt{2(90-2)}$

$h^2-90h+542.9=0$

解一元二次方程 $h=6.5$ m 或 83.5 m,舍掉不合理的根,所以独立针的高度为 $h=6.5$ m。

2015 年某省防雷专业技术人员资格考试试卷答案

一、填空题

题号	1	2	3	4	5	6	7
答案	新建、扩建、改建、爆炸、火灾危险场所	感应、温差、破碎、对流	初始击穿、梯级先导、连接先导、回击	地闪、云闪	外部防雷措施、内部防雷措施、安全可靠、技术先进、经济合理	小	1、21
题号	8	9	10	11			
答案	100	闪电电涌侵入、闪电感应	5	2、30、30			

二、单项选择题

题号	1	2	3	4	5	6	7
答案	A	C	D	D	B	C	B
题号	8	9	10	11	12	13	14
答案	B	C	B	C	B	A	B
题号	15	16	17	18	19	20	21
答案	C	A	D	D	B	C	B
题号	22	23	24	25	26	27	28
答案	A	C	B	D	B	C	D
题号	29	30					
答案	A	C					

三、多项选择题

题号	1	2	3	4	5
答案	BE	BCDE	ABEF	BEF	AD

四、名词解释

1. 答：雷电流经电阻、电感、电容耦合产生的电磁效应，包含闪电电涌和辐射电磁场地。

2. 答：将防雷系统的接地装置、建筑物金属构件、低压配电保护线(PE)、等电位连接端子板或连接带、设备保护地、屏蔽体接地、防静电接地、功能性接地等连接在一起构成共用的接地系统。

3. 答：用于减少闪击击于建筑物上或建筑物附近造成的物质性损害和人身伤亡，由外部防雷装置和内部防雷装置组成。

4. 答：电气系统中采用Ⅰ级试验的电涌保护器要用标称放电电流 I_n、1.2/50 μs 冲击电压和最大冲击电流 I_{imp} 做试验。Ⅰ级试验也可用 T1 外加方框表示，即[T1]。

5. 答：放电电流流过浪涌保护器时，在浪涌保护器接线端子间测得的电压峰值。

五、计算题

1. 答：5 Ω。

2. 答：(1)第三类防雷建筑物首次正极性雷击

雷电流大小为 100 kA=100000A。

(2)A 点的磁场强度为：

$$\boldsymbol{H}_1=k_H\cdot i_0\cdot\omega/(d_w\cdot\sqrt{d_r})$$

(3)格栅形屏蔽的网格宽度为 50 cm=0.5 m。

(4)$\boldsymbol{H}_1=0.01\times100000\times0.5/(1.5\times2)=166.67(\text{A/m})$

3. 答：略

4. 答：(1)因为 $T_d=100$ d，所以办公楼所在地的雷击大地年平均密度：

$N_g=0.1\times T_d=10(\text{次}\cdot\text{km}^{-2}\cdot\text{a}^{-1})$

(2)办公楼年预计雷击次数 $N=kN_g\cdot A_e$　$k=1$　所以 $N=10\cdot A_e$

(3)四周无建筑物时 $D=\sqrt{H(200-H)}=\sqrt{50(200-50)}=86.6$　$2D=173.2$

$A_e=[LW+2(L+W)\cdot\sqrt{H(280-H)}+\pi H(200-H)]\cdot10^{-6}$

$A_e=0.040938$

$N=0.040938\times10=0.409$ 次

大于 0.05 次省级办公楼，所以该办公楼属于第二类防雷建筑物。

(4)10 年后

$A_e=[L\times W]\times10^{-6}$

$A_e=0.0018$

$N=0.0018\times10=0.018$

大于 0.01 次省级办公楼，所以该办公楼属于第三类防雷建筑物。此时应按第三类防雷进行整改。

2016 年某市防雷检测机构技术负责人能力测试试卷(甲级附加卷)答案

一、简答题

1. 答：① 凡制造、使用或贮存火炸药及其制品的危险建筑物，因电火花而引起爆炸、爆轰，会造成巨大破坏和人身伤亡者。

② 具有 0 区或 20 区爆炸危险场地所的建筑物。

③ 具有 1 区或 21 区爆炸危险场地所的建筑物，因电火花而引起爆炸，会造成巨大破坏和人身伤亡者。

2. 答：爆炸性气体混合物场所划分为 3 个区，即 0 区、1 区和 2 区。

0 区：连续、长期、频繁出现爆炸性气体混合物的场所；

1 区：在正常运行时可能偶然出现爆炸性气体混合物的场所；

2 区：在正常运行时不可能出现爆炸性气体混合物的场所，或即使出现也仅是短时存在的爆炸性气体混合物的场所。

空气中可燃性粉尘云环境划分为3个区，即20区、21区和22区。

20区：以空气中可燃性粉尘云持续地或长期地或频繁地短时存在爆炸性环境中的场所；

21区：正常运行时，很可能偶然地以空气中可燃性粉尘云形式存在于爆炸性环境中的场所；

22区：正常运行时，不太可能以空气中可燃性粉尘云形式存在于爆炸性环境中的场所，如果存在仅是短暂的。

二、计算题

1. 答：(1)因为 $T_d=50$ d，所以办公楼所在地的雷击大地年平均密度：

$N_g=0.1\times T_d=5(次\cdot km^{-2}\cdot a^{-1})$

(2)办公楼年预计雷击次数 $N=kN_g\cdot A_e$　$k=1$　所以 $N=5\cdot A_e$

(3)扩大宽度为 $D=\sqrt{H(200-H)}=80$　　$2D=160$

(4)四周200 m内无建筑物，所以二倍扩大宽度内无建筑物。

(5)四周无建筑物时

$A_e=[LW+2(L+W)\cdot\sqrt{H(200-H)}+\pi H(200-H)]\cdot 10^{-6}$

$A_e=0.0385$

$N=0.0385\times 5=0.193$ 次

大于0.05次省级办公楼，所以该办公楼属于第二类防雷建筑物。

(6)10年后160 m扩大宽度以内(四周100 m内建30层高楼)建筑物高出本建筑物，所以

$A_e=[L\times W]\times 10^{-6}$

$A_e=0.0024$

$N=0.0024\times 5=0.012$

大于0.01小于0.05次省级办公楼，所以该办公楼属于第三类防雷建筑物。此时应按第三类防雷进行整改。

2. 答：(1)雷击100 m外时：

① 第一类防雷建筑物首次负极性雷击

雷电流大小为100 kA=100000 A。

② 无屏蔽时磁场强度为：

$\boldsymbol{H}_0=i_0/(2\pi S_a)=100000/(2\times 3.14\times 100)=159.24(A/m)$

③ 有屏蔽时磁场强度为：

$\boldsymbol{H}_1=\boldsymbol{H}_0/10^{SF/20}=159.24/10=15.92(A/m)$

所以雷击100 m外时设备处的磁场强度为15.92(A/m)。

(2)雷击实验室时

① 格栅形屏蔽的网格宽度为 $\omega=50$ cm=0.5 m

② 设备处的磁场强度为：

$\boldsymbol{H}_1=k_H\cdot i_0\cdot\omega/(d_w\cdot\sqrt{d_r})$

③ $\boldsymbol{H}_1=0.01\times 100000\times 0.5/(1.5\times 2)=166.67(A/m)$

所以雷击实验时，设备处的磁场强度为166.67(A/m)

根据计算两种情况下的磁场强度都没有超过200(A/m)，该设备能正常运行。

2016年某市防雷检测机构技术负责人能力测试试卷(乙级卷)答案

一、填空题

题号	1	2	3	4	5	6	7
答案	碰撞感应、温差、破碎、对流	首次、后继	初始击穿、梯级先导、连接先导、回击	地闪、云闪	新建、扩建、改建、爆炸、火灾危险场所	电气、电子	0.03

续表

题号	8	9	10	11	12	13	14
答案	电磁干扰源、耦合途径、敏感设备	闪电电涌侵入	兆赫兹级数字	凯文	40	2.5、12.5	冲击接地电阻

二、单项选择题

题号	1	2	3	4	5	6	7
答案	C	A	B	D	C	C	D
题号	8	9	10	11	12	13	14
答案	B	A	D	A	B	C	B
题号	15	16	17	18	19	20	
答案	D	B	C	B	D	A	

三、多项选择题

题号	1	2	3	4	5	6	7
答案	CDF	ACDE	ABC	BD	ABC	BE	ABDE
题号	8	9	10				
答案	ABCD	BE	ADEG				

四、简答题

1. 答：①用于减少闪击击于建(构)筑物上或建(构)筑物附近造成的物质性损害和人身伤亡，由外部防雷装置和内部防雷装置组成。

②外部防雷装置由接闪器、引下线和接地装置组成。

③内部防雷装置由防雷等电位连接和与外部防雷装置的间隔距离组成。

2. 答：①建筑物防雷分类；②接闪器；③引下线；④接地装置；⑤防雷区的划分；

⑥雷击电磁脉冲；⑦等电位连接；⑧电涌保护器。

3. 答：防止地电位反击通常采用两种措施：

一是保持直击雷防护装置与周围金属物体之间有一个有效的安全距离，这个安全距离视具体情况而定；

二是当受周围环境所限，直击雷防护装置与周围金属物体之间达不到一个有效的安全距离时，最有效的方法是做等电位连接，将直击雷装置的接地与周围金属物体的接地连接起来，形成共地。

五、计算题

1. 答：(1)去除检测时的线阻，实际工频电阻为 18 Ω。

(2)接地体的有效长度为 $L_e=2\sqrt{\rho}=2\times\sqrt{1000}\approx 62$。

(3)接地体最长支线长 $l=12$ m，$\frac{l}{L_e}=\frac{12}{62}\approx 0.193$，小于 0.2，当这个值小 0.2 时从表中土壤电阻率为 1000 Ω·m 线上查得的换算系数均为 2。

(4)冲击接地电阻 $R_i=\frac{R\sim}{A}=\frac{18}{2}=9$ Ω。

(5)这个接闪杆冲击接地电阻不大于 10 Ω，符合 GB 50057—2010 规范要求。

2. 答：(1)业务楼的接闪带可以看成一根高 20 m 的接闪杆，要保护一个距其 12 m 高 9 m 的探头。

(2)取 $h_r=45, h_x=9, h=20$

根据 $R_x=\sqrt{h(2h_r-h)}-\sqrt{h_x(2h_r-h_x)}$

$R_x = \sqrt{20(90-20)} - \sqrt{9(90-9)} = 10\sqrt{2\times7} - 27 = 36.4 - 27 = 9.4$ m

可见这时的业务楼对 9 m 高探头的最大保护距离为 9.4 m,无法保护距离 12 m 远的探头,所以探头处在 $LPZ0_A$ 区。

(3)加广告牌后,相当于业务楼接闪器高 30 m,保护一个距其 12 m 高 9 m 的探头。

(4)取 $h_r = 45, h_x = 9, h = 30$

根据 $R_x = \sqrt{h(2h_r - h)} - \sqrt{h_x(2h_r - h_x)}$

$R_x = \sqrt{30(90-30)} - \sqrt{9(90-9)} = 30\sqrt{2} - 27 = 42 - 27 = 15$ m

所以加广告牌后,业务楼对 9 m 高探头的最大保护距离为 15 m,可以保护距离 12 m 远的探头,探头处在 $LPZ0_B$ 区。

2017 年某省防雷专业技术人员能力评价测试试卷答案

一、填空题

题号	1	2	3	4	5	6	7
答案	碰撞感应、温差、破碎对流	冲击接地电阻	首次、后继	地闪、云闪	新建、扩建、改建、爆炸、火灾危险场所	凯文	电气、电子
题号	8	9	10	11	12	13	14
答案	电磁干扰源、耦合途径、敏感设备	初始击穿、梯级先导、连接先导、回击	闪电电涌侵入	兆赫兹级数字	40	0.03	2.5 12.5

二、单项选择题

题号	1	2	3	4	5	6	7
答案	C	A	D	C	C	D	B
题号	8	9	10	11	12	13	14
答案	A	B	A	D	A	B	C
题号	15	16	17	18	19	20	
答案	B	C	B	B	C	D	

三、多项选择题

题号	1	2	3	4	5	6	7
答案	ACDE	BD	CDF	ABC	BE	ADEG	ABCD
题号	8	9	10				
答案	ABC	ABDE	BE				

四、简答题

1. 答:①建筑物防雷分类;②接闪器;③引下线;④接地装置;⑤防雷区的划分;⑥雷击电磁脉冲;⑦等电位连接;⑧电涌保护器。

2. 答:防止地电位反击通常采用两种措施:

一是保持直击雷防护装置与周围金属物体之间有一个有效的安全距离,这个安全距离视具体情况而定;

二是当受周围环境所限,直击雷防护装置与周围金属物体之间达不到一个有效的安全距离时,最有效的方法是做等电位连接，将直击雷装置的接地与周围金属物体的接地连接起来，形成共地。

3. 答：① 凡制造、使用或贮存火炸药及其制品的危险建筑物，因电火花而引起爆炸、爆轰，会造成巨大破坏和人身伤亡者。

② 具有 0 区或 20 区爆炸危险场地所的建筑物。

③ 具有 1 区或 21 区爆炸危险场地所的建筑物，因电火花而引起爆炸，会造成巨大破坏和人身伤亡者。

4. 答：爆炸性气体混合物场所划分为 3 个区，即 0 区、1 区和 2 区。

0 区：连续、长期、频繁出现爆炸性气体混合物的场所；

1 区：在正常运行时可能偶然出现爆炸性气体混合物的场所；

2 区：在正常运行时不可能出现爆炸性气体混合物的场所，或即使出现也仅是短时存在的爆炸性气体混合物的场所。

空气中可燃性粉尘云环境划分为 3 个区，即 20 区、21 区和 22 区。

20 区：以空气中可燃性粉尘云持续地或长期地或频繁地短时存在爆炸性环境中的场所；

21 区：正常运行时，很可能偶然地以空气中可燃性粉尘云形式存在于爆炸性环境中的场所；

22 区：正常运行时，不太可能以空气中可燃性粉尘云形式存在于爆炸性环境中的场所，如果存在仅是短暂的。

五、计算题

1. 答：(1)去除检测时的线阻，实际工频电阻为 18 Ω。

(2)接地体的有效长度为 $L_e = 2\sqrt{\rho} = 2\times\sqrt{1000} \approx 62$。

(3)接地体最长支线长 $l = 12$ m，$\frac{l}{L_e} = \frac{12}{62} \approx 0.193$，小于 0.2，当这个值小 0.2 时从表中土壤电阻率为 1000 Ω·m 线上查得的换算系数均为 2。

(4)冲击接地电阻 $R_i = \frac{R\sim}{A} = \frac{18}{2} = 9$ Ω。

(5)这个接闪杆冲击接地电阻不大于 10 Ω，符合 GB 50057—2010 规范要求。

2. 答：(1)因为 $T_d = 50$ d，所以办公楼所在地的雷击大地年平均密度：

$N_g = 0.1\times T_d = 5$(次·km^{-2}·a^{-1})

(2)办公楼年预计雷击次数 $N = kN_g \cdot A_e$ $k = 1$ 所以 $N = 5\cdot A_e$

(3)扩大宽度为 $D = \sqrt{H(200-H)} = 80$ $2D = 160$

四周 200 m 内无建筑物，所以二倍扩大宽度内无建筑物。

(4)四周无建筑物时

$A_e = [LW + 2(L+W)\cdot\sqrt{H(200-H)} + \pi H(200-H)]\cdot 10^{-6}$

$A_e = 0.0385$

$N = 0.0385\times 5 = 0.193$ 次

大于 0.05 次省级办公楼，所以该办公楼属于第二类防雷建筑物。

(5)10 年后 160 m 扩大宽度以内(四周 100 m 内建 30 层高楼)建筑物高出本建筑物，所以

$A_e = [L\times W]\times 10^{-6}$

$A_e = 0.0024$

$N = 0.0024\times 5 = 0.012$

大于 0.01 小于 0.05 次省级办公楼，所以该办公楼属于第三类防雷建筑物。此时应按第三类防雷进行整改。

3. 答：(1)业务楼的接闪带可以看成一根高 20 m 的接闪杆，要保护一个距其 12 m 高 9 m 的探头。

(2)取 $h_r = 45, h_x = 9, h = 20$

根据 $R_x = \sqrt{h(2h_r - h)} - \sqrt{h_x(2h_r - h_x)}$

$R_x=\sqrt{20(90-20)}-\sqrt{9(90-9)}=10\sqrt{2\times7}-27=36.4-27=9.4$ m

可见这时的业务楼对 9 m 高探头的最大保护距离为 9.4 m，无法保护距离 12 m 远的探头，所以探头处在 $LPZ0_A$ 区。

(3)加广告牌后，相当于业务楼接闪器高 30 m，保护一个距其 12 m 高 9 m 的探头。

(4)取 $h_r=45$，$h_x=9$，$h=30$

根据 $R_x=\sqrt{h(2h_r-h)}-\sqrt{h_x(2h_r-h_x)}$

$R_x=\sqrt{30(90-30)}-\sqrt{9(90-9)}=30\sqrt{2}-27=42-27=15$ m

所以加广告牌后，业务楼对 9 m 高探头的最大保护距离为 15 m，可以保护距离 12 m 远的探头，探头处在 $LPZ0_B$ 区。

4. 答：(1)雷击 100 m 外时：

① 无屏蔽时磁场强度为：

$\boldsymbol{H}_0=i_0/(2\pi S_a)=100000/(2\times3.14\times100)=159.24$(A/m)

② 有屏蔽时磁场强度为：

$\boldsymbol{H}_1=\boldsymbol{H}_0/10^{SF/20}=159.24/10=15.92$(A/m)

所以雷击 100 m 外时设备处的磁场强度为 15.92(A/m)

(2)雷击实验室时

① 格栅形屏蔽的网格宽度为 $\omega=50$ cm $=0.5$ m

② 设备处的磁场强度为：

$\boldsymbol{H}_1=k_H\cdot i_0\cdot\omega/(d_w\cdot\sqrt{d_r})$

③ $\boldsymbol{H}_1=0.01\times100000\times0.5/(1.5\times2)=166.67$(A/m)

所以雷击实验时，设备处的磁场强度为 166.67(A/m)

根据计算两种情况下的磁场强度都没有超过 200(A/m)，该设备能正常运行。

2018 年某省防雷专业技术人员能力评价测试试卷答案

一、填空题

题号	1	2	3	4	5	6	7
答案	首次、后继、初始击穿、梯级先导、连接先导、回击	下行负地闪、上行负地闪、下行正地闪、上行正地闪、继后回击	碰撞感应、温差破碎、对流	外部防雷装置、内部防雷装置、接闪器引下线、接地装置	地闪、云闪	冲击接地电阻	0.5、凯文
题号	8	9	10				
答案	闪电电涌侵入、闪电感应	兆赫兹级、数字、S	40				

二、单项选择题

题号	1	2	3	4	5	6	7
答案	A	C	B	D	D	C	D
题号	8	9	10	11	12	13	14
答案	C	C	B	D	B	A	C
题号	15	16	17	18	19	20	21
答案	A	B	A	D	D	C	A
题号	22	23	24	25			
答案	B	B	B	D			

三、判断题

题号	1	2	3	4	5	6	7
答案	√	√	×	√	×	×	×
题号	8	9	10				
答案	×	√	×				

四、简答题

1. 答:在气象观测站,在一天内,观测员只要听到雷声一次或一次以上就记当日为一个雷暴日,雷暴日数的单位为 d。

2. 答:①建筑物防雷分类;②接闪器;③引下线;④接地装置;⑤防雷区的划分;⑥雷击电磁脉冲;⑦等电位连接;⑧电涌保护器。

3. 答:除开关型 SPD 外,由于绝缘不良并联接入低压配电系统后的 SPD 会有微少的电流在不应通电的路径上流过,常称为漏电流。

当漏电流通过 SPD(限压型)时,会发出一定热量,致使发生温漂或退化,严重时还会造成爆炸起火,也称热崩溃。

4. 答:设备制造商给予的设备耐冲击电压额定值,表征其绝缘防过电压的耐受能力。

建筑物内配电系统中 U_w 额定值分为Ⅰ、Ⅱ、Ⅲ、Ⅳ4 类

5. 答:雷电流波形参数用,波头时间、半值时间、雷电流波头陡度、雷电流幅值和电荷量来表示。

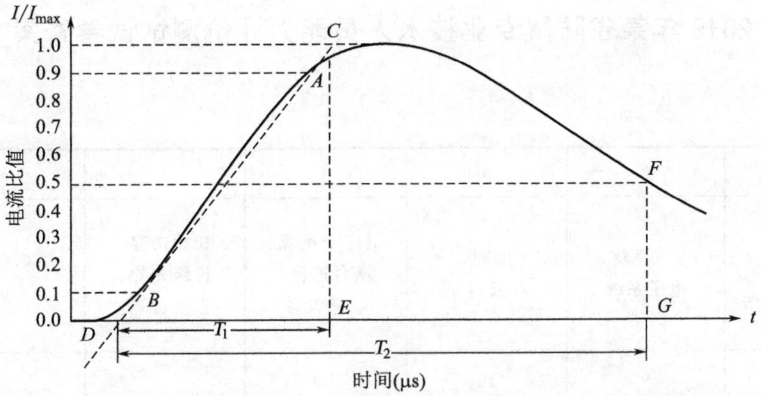

五、计算题

1. 答:(1)第二类防雷建筑物首次正地闪雷电流为 $I=150$ kA。

(2)无屏蔽时冲击电流 $I_{imp}=\dfrac{0.5I}{nm}$。

(3)地下和架空引入的外来金属管道和线路总数 $n=3$。

(4)线路内导体芯总根数 $m=4$。

(5)$I_{imp}=6.3$ kA,应按 6.3 kA 来设计。

2. 答:(1)平屋面中心距四个角的距离最远为:$\sqrt{4\times4+3\times3}=5$ m。

(2)22 区爆炸危险场所的建筑物应按第二类防雷进行设计。

(3)按第二类建筑物取 $h_r=45$,针有效高 $h=4+6$,被保护屋角高 $h_x=6$。

(4)保护范围:$R_x=\sqrt{h(2h_r-h)}-\sqrt{h_x(2h_r-h_x)}=20\sqrt{2}-6\sqrt{2\times7}=5.834$。

(5)接闪杆的保护范围 5.8 m 大于距 4 角最远距离 5 m,所以这个接闪杆能全面保护该平屋面建筑物。

3. 答:(1)因为 $T_d=100$ d,所以住宅楼所在地的雷击大地年平均密度:

$N_g=0.1\times T_d=10$(次·km^{-2}·a^{-1})

(2)住宅楼年预计雷击次数 $N=kN_g\cdot A_e$　$k=1$　所以 $N=10A_e$

(3)一号楼扩大宽度为 $D=\sqrt{H(200-H)}=80 \quad 2D=160$

周边 90 m 内有两栋平行建筑物,90 m 小于 $2D=160$ m

平行边长总和为 $B=70$ m$+70$ m$=140$ m。

(4)一号楼

$A_{es}=[LW+2(L+W)\times\sqrt{H(200-H)}+\pi H(200-H)]\times10^{-6}$

$A_{es}=0.03591$

所以一号楼等效面积为:$A_{es}-D\times B\times10^{-6}=0.0247$

$N=0.0247\times10=0.247$ 次

小于 0.25 次的住宅楼,所以一号楼属于第三类防雷建筑物。

(5)二号楼只考虑一号楼的影响,因三号楼已在 $2D=2\times86.6=173.2$ m 范围以外

二号楼扩大宽度为 $D=\sqrt{H(200-H)}=86.6$ m

平行边长总和为 $B=70$ m

$A_{es}=[LW+2(L+W)\times\sqrt{H(200-H)}+\pi H(200-H)]\times10^{-6}$

$A_{es}=0.04055$

所以二号楼等效面积为:$A_{es}-(D/2)\times B\times10^{-6}=0.03751$

$N=0.03751\times10=0.375$ 次

大于 0.25 次的住宅楼,所以二号楼属于第二类防雷建筑物。

三号楼与二号楼一样同属于第二类防雷建筑物。

2019 年某省防雷专业技术人员能力评价测试试卷答案

一、填空题

题号	1	2	3	4	5	6	7
答案	新建、扩建、改建、爆炸和、火灾危险场所	电气系统、电子系统	地闪、云闪	电磁干扰源、耦合途径、敏感设备	初始击穿、梯级先导、连接、回击	0.05、100	外部防雷装置、内部防雷装置、接闪器、引下线、接地装置
题号	8	9	10	11			
答案	Ⅰ、2.5、12.5	兆赫兹级数字、300 kHz 以下的模拟	0.03、5	0.5			

二、单项选择题

题号	1	2	3	4	5	6	7
答案	C	B	B	A	C	D	D
题号	8	9	10	11	12	13	14
答案	C	B	D	C	C	D	B
题号	15	16	17	18	19	20	21
答案	D	D	D	D	C	C	A
题号	22	23	24	25			
答案	B	D	C	A			

三、判断题

题号	1	2	3	4	5	6	7
答案	×	√	√	×	√	×	×
题号	8	9	10				
答案	√	√	×				

四、简答题

1. 答:用于限制瞬态过电压和分泄电涌电流的器件。它至少含有一个非线性元件。

2. 答:

0 区:连续出现或长期出现或频繁出现爆炸性气体混合物的场所;

1 区:在正常运行时可能偶然出现爆炸性气体混合物的场所;

2 区:在正常运行时不可能出现爆炸性气体混合物的场所,或即使出现也仅是短时存在的爆炸性气体混合物的场所。

3. 答:雷电的基本特点是:放电时间短;冲击电流大;冲击电压高;释放能量大;冲击压力大;频谱宽。

4. 答:设备制造商给予的设备耐冲击电压额定值,表征其绝缘防过电压的耐受能力。

建筑物内配电系统中 U_w 额定值分为Ⅰ(1.5 kV)、Ⅱ(2.5 kV)、Ⅲ(4 kV)、Ⅳ(6 kV)4 类。

5. 答:(a)下行负地闪;(b)上行负地闪;(c)下行正地闪;(d)上行正地闪。

五、计算题

1. 答:(1)第二类防雷建筑物首次正极性雷击

雷电流大小为 150 kA=150000 A。

(2)A 点的磁场强度为:

$\boldsymbol{H}_1=k_H \cdot i_0 \cdot \omega/(d_w \cdot \sqrt{d_r})$

(3)格栅形屏蔽的网格宽度为 50 cm=0.5 m。

(4)$\boldsymbol{H}_1=0.01\times150000\times0.5/(1.6\times2)=234.37$(A/m)　磁场强度大于 200,这台设备不能正常工作。

2. 答:(1)一号仓库最远角距针的距离为:$\sqrt{(315)\times(315)16\times6}=10$ m。

(2)22 区爆炸危险场所的建筑物应按第二类防雷进行设计。

按二类建筑物取 $h_r=45$,针有效高 $h=11$,被保护屋角高 $h_x=5$。

(3)保护范围:$R_x=\sqrt{h(2h_r-h)}-\sqrt{h_x(2h_r-h_x)}$

$R_x=\sqrt{11(90-11)}-\sqrt{5(90-5)}=29.5-20.6=8.9$ m

(4)接闪杆对 1 号仓库的最大保护范围 8.9 m 小于距四角最远距离 10 m,所以这个接闪杆不能保护 1 号仓库。

(5)二号仓库最远角距针的距离为:$\sqrt{(3+3)\times(3+3)+8\times8}=10$ m。

(6)按第二类建筑物取 $h_r=45$,针有效高 $h=11$,被保护屋角高 $h_x=3$。

(7)保护范围:$R_x=\sqrt{h(2h_r-h)}-\sqrt{h_x(2h_x-h_x)}$。

(8)接闪杆对 2 号仓库的最大保护范围 13.3 m 大于距 4 角最远距离 10 m,所以这个接闪杆能保护 2 号仓库。

3. 答:(1)因为 $T_d=100$ d,所以住宅楼所在地的雷击大地年平均密度:

$N_g=0.1\times T_d=10$(次 · km^{-2} · a^{-1})

(2)住宅楼年预计雷击次数 $N=kN_g \cdot A_e$　$k=1$　所以 $N=10A_e$。

(3)A 楼扩大宽度为 $D=\sqrt{H(200-H)}=80$　$2D=160$

周边 40 m 内有 B 栋平行建筑物对其产生影响,40 m 小于 $2D=160$ m。

平行边长总和为 $B=50$ m。

(4)A 楼

$A_{es}=[LW+2(L+W)\times\sqrt{H(200-H)}+\pi H(200-H)]\times 10^{-6}$

$A_{es}=0.03851$

因为影响楼比 A 楼矮，所以 A 楼等效面积为 $A_e=A_{es}-(D/2)\times B\times 10^{-6}=0.0365$

$N=0.0365\times 10=0.365$ 次

大于 0.25 次的住宅楼，所以 A 楼属于第二类防雷建筑物。

(5)B 楼

B 楼扩大宽度为 $D=\sqrt{H(200-H)}=60$ m

$A_{es}=[LW+2(L+W)\times\sqrt{H(200-H)}+\pi H(200-H)]\times 10^{-6}$

$A_{es}=0.0257$

因为影响楼比 B 楼高，平行边长总和为 $B=50$ m

所以 B 楼等效面积为 $A_e=A_{es}-D\times B\times 10^{-6}=0.0227$

$N=0.0227\times 10=0.227$ 次

小于 0.25 次的住宅楼，所以 B 楼属于第三类防雷建筑物。

参考文献

鲍书龙，唐绍凡，李云飞，等，2012. 静止轨道瞬态点源多目标闪电信号实时探测技术[J]. 红外与激光工程，41(9)：2390-2395.

卜俊伟，陈忠明，靳小兵，等，2019. 一种基于气象卫星数据的雷电预警方法：201910029522.7[P]. 2019-03-09.

曹冬杰，陆风，张晓虎，等，2018. 风云四号卫星闪电探测产品在强对流天气监测中的应用[J]. 卫星应用，11：18-23.

柴瑞，王振会，肖稳安，等，2009. 大气电场资料在雷电预警中应用[J]. 气象科技，37(6)：724-728.

常越，陈德生，郭在华，2010. 多普勒天气雷达与雷电预警关系研究[J]. 气象与环境科学，33(1)：36-39.

陈德辉，沈学顺，2006. 新一代数值预报系统 GRAPES 研究进展[J]. 应用气象学报，17(6)：773-777.

陈瑶，2006. 雷电监测预警系统[D]. 北京：中国科学院研究生院.

陈勇伟，郑涛，王汉堃，等，2013. 基于 BP 神经网络模型的雷电潜势预报[J]. 干旱气象，31(3)：595-601.

董万胜，刘欣生，郄秀书，等，2001a. 甚高频闪电辐射源的定位与同步观测试验[J]. 自然科学进展，11(9)：954-959.

董万胜，刘欣生，张义军，2001b. 一次人工触发闪电的宽带干涉仪观测[J]. 科学通报，46(5)：427-432.

董万胜，刘欣生，张义军，等，2002. 利用闪电宽带干涉仪系统对地闪先导-回击过程的观测研究[J]. 中国科学 D 辑，32(1)：81-88.

樊荣，肖稳安，高燚，等，2011. 雷击大地密度的计算与软件实现[J]. 气象科技，39(6)：709-713.

方标，张逸，严小冬，2017. 雷达资料在黔东北雷电预警中的应用研究[J]. 气象与环境科学，40(3)：133-137.

冯桂力，郄秀书，吴书君，2008. 山东地区冰雹云的闪电活动特征[J]. 大气科学，32(02)：289-299.

冯桂力，郄秀书，袁铁，等，2007. 雹暴的闪电活动特征与降水结构研究[J]. 中国科学 D 辑，37(01)：123-132.

冯桂力，王俊，牟容，等，2010. 一次中尺度雷暴大风过程的闪电特征分析[J]. 气象，36(4)：68-74.

甘泉，张广庶，李亚珺，等，2010. 一种正地闪触发过程观测和分析[J]. 高原气象，29(4)：1005-1014.

高文胜，张博文，周瑞旭，等，2015. 基于雷电定位系统监测数据的雷暴云趋势预测[J]. 电网技术，39(2)：523-529.

高燚，陈汇林，劳小青，等，2012. 海南文昌火箭发射场雷电环境分析[J]. 自然灾害学报，21(4)：182-189.

高燚，黄彦彬，石保平，等，2004. 建立雷电野外试验研究基地的气候背景及雷电条件分析[J]. 中国雷电与防护，2：1-6.

高燚，劳小青，李健生，等，2009. 雷击风险评估中雷击大地年平均密度的计算[J]. 气象研究与应用，30(3)：68-71.

高燚，蒙小亮，劳小青，2013. 基于聚类分析的海南岛雷电灾害易损度风险区划[J]. 自然灾害学报，2013，22(1)：175-182.

高燚，张义军，张文娟，等，2012. 我国雷击致人伤亡特征及易损度评估区划[J]. 应用气象学报，23(3)：294-303.

高燚，周方聪，劳小青，2014. 1999—2011 年海南岛雷电灾害特征分析[J]. 自然灾害学报，23(5)：253-261.

郭凤霞，张义军，郄秀书，等，2003. 雷暴云不同空间电荷结构数值模拟研究[J]. 高原气象，22(3)：268-274.

郭凤霞，张义军，言穆弘，等，2004. 环境温湿层结对雷暴云空间电荷结构的影响[J]. 高原气象，23(5)：678-683.

郭虎，熊亚军，2008. 北京市雷电灾害易损性分析、评估及易损度区划[J]. 应用气象学报，19(1)：35-40.

郭跃，2005. 灾害易损性研究的回顾与展望[J]. 灾害学，20(4)：92-96.

侯荣涛，朱斌，冯民学，等，2012. 基于 DBSCAN 聚类算法的闪电临近预报模型[J]. 计算机应用，32(3)：847-851.

胡邦辉，袁野，王学忠，等，2010. 基于贝叶斯分类方法的雷暴预报[J]. 解放军理工大学学报(自然科学版)，11(5)：578-584.

扈海波，王迎春，熊亚军，2010. 基于层次分析模型的北京雷电灾害风险评估[J]. 自然灾害学报，19(1)：104-109.

黄崇福，张俊香，陈志芬，等，2004. 自然灾害风险区划图的一个潜在发展方向[J]. 自然灾害学报，13(2)：9-15.

黄富祥，郭俊柏，冯小虎，2009. 闪电成像仪虚警率和探测率模拟计算[J]. 光子学报，38(12)：3116-3120.

纪晓玲，王式功，穆建华，等，2010. 宁夏雷暴天气过程划分及环流分型和环境场特征[J]. 应用气象学报，21(3)：329-334.

蒋勇军，况明生，匡鸿海，等，2001. 区域易损性分析、评估及易损度区划——以重庆市为例[J]. 灾害学，16(3)：59-64.

孔祥贞，郄秀书，王才伟，等，2003. 首次回击具有双接地点的地闪光学和电学特征的个例分析[J]. 高原气象，22(3)：259-267.

拉科夫 V A，2019. 雷电参数的工程应用[M]. 高燚，杨少杰，译著. 北京：气象出版社：100-153.

李彩莲，赵西社，赵东，等，2008. 陕西省雷电灾害易损性分析、评估及易损度区划[J]. 灾害学，23(4)：49-53.

李芳，黄兴友，王振会，等，2010. 基于南京地区雷达资料的雷电识别指标初探[J]. 气象科学，30(2)：202-207.

李国梁，李俊，李享，等，2015. 武汉地区雷电预警阈值研究[J]. 气象科技，43(5)：874-879.

李亚珺，张广庶，王彦辉，等，2009. 闪电宽带电场三维定位及其回波特征[J]. 高原气象，28(6)：1453-1462.
李亚珺，张广庶，文军，等，2012. 沿海地区一次多单体雷暴电荷结构时空演变[J]. 地球物理学报，55(10)：3203-3212.
李颖，2012. 大气电场资料时频分析及在短时临近雷电预警中的应用[D]. 南京：南京信息工程大学.
梁巧倩，林良勋，2008. 一种可业务化的雷电潜势预报方案[J]. 气象科技，36(2)：150-154.
刘维成，苟尚，傅朝，2015. 雷达资料在高原东北侧雷电预警中的应用[J]. 气象，41(10)：1253-1259.
刘维成，陶健红，邵爱梅，等，2014. 雷电监测预警预报技术简述[J]. 干旱气象，32(3)：446-453.
刘岩，李征，康凤琴，2010. 兰州和杭州地区闪电活动与大气不稳定参数关系的对比[J]. 干旱气象，28(2)：142-147.
刘跃红，闫小利，宋自福，等，2007. 焦作市雷暴潜势预报及临近监测预警系统[J]. 气象，33(8)：104-111.
罗林艳，祝燕德，王智刚，等，2010. 基于大气电场与闪电资料的雷电临近预警方法[J]. 成都信息工程学院学报，25(5)：524-530.
吕伟涛，张义军，孟青，等，2009. 雷电临近预警方法和系统研发[J]. 气象，35(5)：10-17.
吕伟涛，张义军，周秀骥，等，2007. 火箭触发闪电通道的亮度特征分析[J]. 气象学报，65(6)：984-993.
马颖，孟青，吕伟涛，等，2009. 雷电临近预警产品评估方法及其软件[J]. 气象，35(11)：101-106.
马中元，许爱华，陈云辉，等，2009. 江西灾害性强雷电天气的雷达回波特征[J]. 自然灾害学报，18(5)：16-23.
孟青，2009. 大气探测与雷电防护研究进展[J]. 中国气象科学研究院年报，15-22.
孟青，葛润生，朱小燕，2002. SAFIR 闪电监测和预警系统[J]. 气象科技，30(3)：135-138.
孟青，吕伟涛，姚雯，等，2005. 地面电场资料在雷电预警技术中的应用[J]. 气象，31(9)：30-33.
孟青，张义军，吕伟涛，等，2009. 雷电临近预警系统的运行试验[J]. 气象，35(4)：20-24.
潘伦湘，郄秀书，刘冬霞，等，2010. 西北太平洋地区强台风的闪电活动特征[J]. 中国科学 D 辑，40(2)：252-260.
庞谷乾，伍志方，叶爱芬，等，2012. 珠三角地区前汛期强对流潜势预报方法研究[J]. 热带气象学报，28(4)：564-568.
郄秀书，张广庶，孔祥贞，等，2003. 青藏高原东北部地区夏季雷电特征的观测研究[J]. 高原气象，22(03)：209-216.
郄秀书，张其林，袁铁，等，2013. 雷电物理学[M]. 北京：科学出版社，215-223.
秦春明，尚可政，王式功，等，2012. 辽宁葫芦岛 1～10 d 雷暴天气预报方法[J]. 干旱气象，30(2)：192-201.
施萧，徐幼平，胡邦辉，等 2012. 支持向量机在雷暴预报中的应用[J]. 气象，38(9)：1115-1120.
宋佳军，2007. DNDY 地面电场仪的研制及电场数据融合闪电数据进行雷电监测预警的研究[D]. 北京：中国科学院研究生院.
孙红娉，闫世明，李培仁，等，2011. 新一代天气雷达、雷电资料的分析与应用[J]. 高原气象，30(5)：1384-1391.
王才伟，刘欣生，董万胜，等，1998. 人工触发闪电通道的发光特征[J]. 高原气象，17(1)：10-23.
王道洪，郄秀书，郭昌明，2000. 雷电与人工引雷[M]. 上海：上海交通大学出版社.
王飞，张义军，赵均壮，等，2008. 雷达资料在孤立单体雷电预警中的初步应用[J]. 应用气象学报，19(2)：153-160.
王惠，邓勇，尹丽云，等，2007. 云南省雷电灾害易损性分析及区划[J]. 气象，33(12)：83-87.
王佳，智协飞，陈钰文，等，2012. 雷暴云的集合预报技术及其应用[J]. 大气科学学报，35(4)：458-465.
王凯，朱浩，刘安平，等，2015. 黄山风景区雷暴电场特征及预警方法研究[J]. 气象与环境学报，31(5)：184-189.
王强，王建初，顾宇丹，2009. 电场时序差分在雷电预警中的有效分析[J]. 气象科学，29(5)：657-663.
王新敏，张霞，徐文明，等，2011. T213/T639 数值产品在河南省雷电潜势预报中的释用[J]. 气象，37(5)：576-582.
王义耕，陈渭民，刘洁，2009. TRMM 卫星观测到的华南地区的闪电时空分布特征[J]. 热带气象学报，25(2)：227-232.
王振会，张祎，朱佳，2011. 基于最小二乘支持向量机的雷暴预报初探[J]. 热带气象学报，27(2)：161-165.
吴安坤，田鹏举，黄天福，等，2018. 基于人口/GDP 数据空间化的雷电灾害风险评价[J]. 气象科技，46(5)：1026-1031.
武斌，吕伟涛，齐奇，等，2019. 一次正地闪触发两个并发上行闪电的光电观测[J]. 应用气象学报，30(3)：257-266.
武斌，张广庶，王彦辉，等，2013. 双接地负地闪 VHF 辐射源放电通道和光学通道的对比分析[J]. 高原气象，32(2)：2519-2529.
肖稳安，李霞，马忠安，等，2015. 雷电与防护专业知识问答[M]. 北京：气象出版社.
辛吉武，徐向春，蔡杏尧，2008. 海南儋州雷暴天气气候特征分析[J]. 气象，34(1)：100-106.
行鸿彦，张强，季鑫源，2017. 基于地面电场资料的雷暴临近预报研究[J]. 大气科学学报，40(1)：111-117.
熊亚军，廖晓农，于波，等，2012. 基于天气分型的北京地区雷电潜势预报预警系统[J]. 灾害学，27(2)：67-71.
徐彬彬，2018. 基于大气电场组网数据的雷电灾害预警应用[D]. 南京：南京信息工程大学.
徐栋璞，王振会，曾庆锋，等，2013. 近地面大气电场数据 EMD 方法分析[J]. 气象科技，41(1)：170-176.
徐良韬，张义军，王飞，等，2013. 利用 WRF 模式进行闪电活动的直接预报[R]. 南京：第 30 届中国气象学会年会.
严春银，吴高学，朱建章，2007. 区域雷灾易损性及其区划的实证分析[J]. 气象与环境学报，23(1)：17-21.

言穆弘，刘欣生，安学敏，等，1996a. 雷暴非感应起电机制的模拟研究：I. 云内因子影响[J]. 高原气象，15（4）：425-437.

言穆弘，刘欣生，安学敏，等，1996b. 雷暴非感应起电机制的模拟研究：II. 环境因子影响[J]. 高原气象，15（4）：438-447.

杨宁，2012. 全球闪电定位系统（WWLLN）探测精度分析及在台风闪电监测中的应用[D]. 南京：南京信息工程大学.

杨仲江，唐晓峰，2009. 逐步消空法在上海雷电潜势预报中的应用[J]. 气象科学，29(6)：810-814.

殷娴，胡颖，周清倩，等，2017. 云南省地震高发区雷灾风险分析与区划研究[J]. 灾害学，32(4)：67-72.

殷娴，肖稳安，尹丽云，2011. 江苏省雷电活动潜势预报研究[J]. 热带气象学报，27(5)：758-764.

尹丽云，张腾飞，许迎杰，等，2010. 低纬高原中部一次强对流天气过程的多普勒雷达和闪电特征分析[J]. 高原气象，29(4)：1026-1035.

余海，张廷龙，高燚，等，2016. 2010—2013 年海南岛地闪活动的特征分析[J]. 中国科学院大学学报，33(02)：195-203.

袁萍，郄秀书，吕世华，等，2006. 一次强云对地闪电首次回击过程的光谱分析[J]. 光谱学与光谱分析，26(4)：733-737.

袁湘玲，纪华，程琳，2010. 基于层次分析模型的黑龙江省雷电灾害风险区划[J]. 暴雨灾害，29(3)：279-283.

曾庆锋，2013. 雷暴云地面电场特征和基于多源观测资料的雷电预警研究[D]. 南京：南京信息工程大学.

张春龙，肖稳安，郑树民，等，2012. 基于气象卫星观测资料的雷电预报指标研究[J]. 黑龙江气象，29(1)：21-24.

张广庶，王彦辉，郄秀书，等，2010. 基于时差法三维定位系统对闪电放电过程的观测研究[J]. 中国科学 D 辑，40(4)：523-534.

张广庶，赵玉祥，郄秀书，等，2008. 利用无线电窄带干涉仪定位系统对地闪全过程的观测与研究[J]. 中国科学 D 辑，38(9)：1167-1180.

张泉，郄秀书，张广庶，2003. 短基线时间差闪电辐射源探测系统和初步定位结果[J]. 高原气象，22(3)：226-234.

张霞，王新敏，王全周，等，2010. 郑州雷电发生的环境场特征及潜势预报[J]. 气象，36(6)：95-100.

张义军，华贵义，言穆弘，等，1995. 对流和层状云系电活动、对流及降水特性的相关分析[J]. 高原气象，14(4)：396-405.

张义军，吕伟涛，郑栋，等，2008. 负地闪先导-回击过程的光学观测和分析[J]. 高电压技术，34(10)：2022-2029.

张义军，孟青，KREHBIEL P R，等，2004. 超级单体雷暴中闪电 VHF 辐射源的时空分布特征[J]. 科学通报，49(5)：499-505.

张义军，言穆弘，张翠华，等，2000. 不同地区雷暴电荷结构的模式计算[J]. 气象学报，58(5)：617-627.

张义军，周秀骥，2006. 雷电研究的回顾和进展[J]. 应用气象学报，17(6)：829-833.

张义军，KREHBIEL P R，刘欣生，等，2003. 闪电放电通道的三维结构特征[J]. 高原气象，22(3)：217-220.

赵丽娟，牛生杰，张羽，等，2009. 雷州半岛盛夏闪电活动特征及其与降水的联系[J]. 高原气象，28(03)：663-668.

赵伟，陆韬，张祎，等，2020. 基于多源监测数据的雷电预警方法[J]. 气象科技，48(3)：438-442.

赵旭寰，王振会，肖稳安，等，2009. 神经网络在雷暴预报中的应用初步研究[J]. 热带气象学报，25(3)：357-360.

郑栋，张义军，吕伟涛，等，2005. 大气不稳定度参数与闪电活动的预报[J]. 高原气象，24(2)：196-203.

周康辉，郑永光，蓝渝，2016. 基于闪电数据的雷暴识别、追踪与外推方法[J]. 应用气象学报，27(2)：173-181.

朱男男，宫全胜，易笑园，2010. 地面大气电场资料在强对流天气预报中的应用[J]. 气象科技，38(4)：423-426.

ANDERSON R B，ERIKSSON A J，1980. Lightning parameters for engineering application electra[J]. Electra，69：65-102.

ATLAS D，1964. Advances in radar meteorology[J]. In Advances in Geophysics，10：317-481.

BALLAROTTI M G，2005. A cloud-to-ground lightning study using a high speed camera (in Portuguese)[J]. Master Dissertation，INPE，162 p.

BALLATOTTI M G，SABA M M F，PINTO O，2005. High-speed camera observations of negative ground flashes on a millisecondscale[J]. Geophys Res Lett，32(L23802)：1-4.

BARASCH G E，1970. Spectral intensities emitted by lightning discharges[J]. J Geophys Res，75：1049-1057.

BARCLAY P A，WILK K E，1970. Severe thunderstorm radar echo motion and related weather events hazardous to aviation operations[C]. ESSA Tech Mem，ERLTM-NSSL，1970，46，63pp.

BATTAN L J，1973. Radar observation of the atmosphere[M]. Chicago：University of Chicago Press，324.

BERGER K，ANDERSON R P，KRONINGER H，1975. Parameters of lightning flashes[J]. Electra，80：23-37.

BERGER K，VOGELSANGER E，1966. Photographische Blitzuntersuchungen der Jahre 1955—1965 auf dem Monte San Salvatore[J]. Bull Schweiz Elektrotech Ver，57：599-620.

BETZ H D，SCHMIDT K，OETTINGER W P，et al. ，2008. Cell-tracking with lightning data from LINET[J]. Adv Geosci，17：55-61.

BOCCIPPIO D J，GOODMAN S J，HECKMAN S，2000. Regional differences in tropical lightning distributions[J]. J Appl Meteor，39：2231-2248.

BONDIOU A P, RICHARD T T, HELLOCO F, 1986. Preliminary correlation between 3-dimentional lightning mapping and radarmeasurement[R]. Paper presented at the International Conference on Lightning and Static Electricity. Dayon, Ohio, ONERA reprint 1986-161.

BROWNING K A, 1977. The structure and mechanisms of hailstorms[J]. Hail: A review of Hail Science and Hail Suppression, Meteor Monogr, Amer Meteor Soc., 38: 1-43.

BURROWS W R, PRICE C, WILSON L J, 2005. Warm season lightning probability prediction for Canada and the Northern United States[J]. Wea Forecasting, 20: 971-988.

CEIL D E, BUECHLER D E, BLAKESLEE R J, 2014. Gridded lightning climatology from TRMM-LIS and OTD: Dataset description[J]. Atmos Res, 135-136: 404-414.

CEIL D E, GOODMAN S J, BOCCIPPIO D J, et al., 2005. Three years of TRMM precipitation features. Part I: Radar, radiometric, and lightning characteristics[J]. Mon Wea Rev, 133: 543-566.

CEN J Y, YUAN P, XUE S M, 2014. Observation of the optical and spectral characteristics of ball lightning[J]. Phys Rev Lett, 112(3): 035001. 1-035001. 5.

CHRISTIAN H J, BLAKESLEE R J, BOCCIPPIO D J, et al., 2003. Global frequency and distribution of lightning as observed from space by the Optical Transient Detector[J]. J Geophys Res, 108(D1): 4005.

CUMMINS K L, MURPHY M J, BARDO E A, et al., 1998. A combined TOA/MDF technology upgrade of the U. S. National Lightning Detection Network[J]. J Geophys Res, 103: 9035- 9044.

CURRAN E B, HOLLE R L, LÓPEZ R E, 2000. Lightning casualties and damages in the United States from 1959 to 1994 [J]. Climate, 13: 3448-3463.

DAWSON G A, 1972. Radar as a diagnostic tool for lightning[J]. J Geophys Res, 77: 4518-4528.

DIXON M, WIENER G, 1993. Titan: thunderstorm identification, tracking, analysis and nowcasting— a radar-based methodology[J]. J Atmos Ocean Technol, 10: 785-797.

EUGENE W, MCCAUL J R, STEVEN J, et al., 2009. Forecasting lightning threat using Cloud-Resolving Model Simulations[J]. American Meteorological Society, 24: 709-729.

FINKE U, HAUF T, 2002. Detect and locate lightning events from Geostationary satellite observations[R]. Report part Ⅱ, Feasibility of lightning location from a Geostationary Orbit, EUM/CO/02/1016/SAT.

GAO Y, ZHOU F C, WEI C X, 2015. Characteristic and relevant factors analysis of lightning disaster in hainan island[C]. France: Atlantis press, 135-142. Doi: 10. 2991/cas-15. 2015. 33. 217

GOODMAN S J, BLAKESLEE R J, KOSHAK W J, et al., 2013. The GOES-R geostationary lightning mapper (GLM)[J]. Atmos Res, 125-126: 34-49.

GREMILLION M S, ORVILLE R E, 1999. Thunderstorm characteristics of cloud-to-ground lightning at the Kennedy Space Center, Florida: a study of lightning initiation signatures as indicated by the WSR-88D[J]. Wea Forecasting, 14: 640-649.

HARLIN J D, HAMLIN T D, KREHBIEL P R, et al., 2000. LMA observations of tornadic storms during STEPS 2000[R]. Eos Trans AGU, 81.

HAYENGA C O, 1984. Characteristics of lightning VHF radiation near the time of return strokes[J]. J Geophys Res, 89: 1403-1410.

HAYENGA C O, WARWICK J W, 1981. Two-dimensional interferometric positions of VHF lightning sources[J]. J Geophys Res, 86: 7451-7462.

HERSCHEL J, 1868. On the lightning spectrum[J]. Proc R Soc, 15: 61-62.

HOLLE R L, CUMMINS K L, 2010. Monthly distributions of U. S. NLDN cloud-to-ground Lightning[R]. 21st International Lightning Detection Conference, Orlando Florida.

HOLMES C R, SZYMANSKI E W, SZYMANSKI S J, et al., 1980. Radar and acoustic study of lightning[J]. J Geophys Res, 85: 7517-7532.

HONDL K D, EILTS M D, 1994. Doppler radar signatures of developing thunderstorms and their Potential to indicate the onset of cloud-to-ground lightning[J]. Mon Wea Rev, 122: 1818-1836.

JOHNSON J T, MACKEEN P L, WITT A, et al., 1998. The storm cell identification and tracking algorithm: An enhanced WSR-88D algorithm[J]. Wea Forecasting, 13: 263-276.

KESSLER E, 1966. Computer program for calculating average lengths of weather radar echoes and pattern bandedness[J]. J Atmos Sci, 23: 569-574.

KONG X Z,QIE X S,ZHAO Y,2008. Characteristics of downward leader in positive cloud-to-ground lightning flash observed by high-speed video camera and electric field changes[J]. Geophys Res Lett,35:L05816.

KREHBIEL P R,CHEN T,MCCRARY S,et al. ,1996. The use of dual channel circular-polarization radar observations for remotely sensing storm electrification[J]. Meteor Atmos Phys,59:65-82.

KREHBIEL P R,SHAO X M,THOMAS R J,1991. VHF radio interferometry of lightning[C]. Radio interferometry:Theory,Techniques and Applications,IAU Coll 31,ASP conference Series,Vol 19.

KREHBIEL P R,THOMAS R J,RISON W,et al. ,2000. Lightning mapping observations in central Oklahoma[J]. Eos Trans,81(3):21-25.

KRIDER E P,GUO C,1983. The peak electromagnetic power radiated by lightning return strokes[J]. J Geophys Res,88(C13):8471-8474.

LAROCHE P,MALHERBE C,BONDIOU A,et al. ,1991. Lightning activity in microburst producing storm cells[C]. 25th International Conference on radar meteorology. AMS,Paris June 1991.

LAY E H,RODGER C J,HOLZWORTH R H,et al. ,2005. Introduction to the World Wide Lightning Location Network (WWLLN)[J]. Geophysical Research of Abstract,07.

LENNON C,1976. The performance of a real-time,time-of-arrival lightning location system (LDAR)[J]. EOS Trans,57.

LI M,GAO Y,ZHANG T L,et al. ,2017. Analysis of soil resistivity characteristics under meteorological conditions in Haikou city [R]. 2017 IEEE 5th International Symposium on Electromagnetic Compatibility. DOI: 10. 1109/EMC-B. 2017. 8260388.

LI P W,LAU D S,2008. Development of a lightning nowcasting system for Hong Kong international airport[R]. 13th Conference on Aviation,Range and Aerospace Meteorology,New Orleans,Louisiana,USA.

LIU X,KREHBIEL P R,1985. The initial streamer of intracloud lightning flashes[J]. J Geophys Res,90:6211-6218.

LU D,TIAN H,ZHOU G,et al. ,2008. Regional mapping of human settlements in southeastern China with multisensory remotely sensed data[J]. Remote Sens Environ,112(9):3668-3679.

LYNN B H,YAIR Y, PRICE C,et al. ,2012. Predicting cloud-to-ground and intracloud lightning in Weather Forecast Models[J]. Wea Forecasting,27(6):1470-1488.

MALAN D J,SCHONLAND B F J,1947. Progressive lightning; directly-correlated photographic and electrical studies of lightning from near thunderstorms[J]. Proc Roy Soc,A191(1027):485-503.

MARDIANA R,KAWASAKI Z I,MORIMOTO T,2002. Three-dimensional lightning observations of cloud-to-ground flashes using broadband interferometers[J]. Journal of Atomspheric and Solar-Terrestrial Physics,64:91-103.

MARIBEL M,2002. The Relationship Between Radar Reflectivity and Lightning Activity at Initial Stages of Convective Storms[R]. American Meteorological Society,82nd Annual Meeting,First Annual Student Conference,Orlando,Florida,14 January.

MAZUR V,1989. Triggered lightning strikes to aircraft and natural intracloud discharges[J]. J Geophys Res,94:3311-3325.

MAZUR V,KREHBIEL P R,SHAO X M,1995. Correlated high-speed video and radio interferometric observation of a cloud-toground lightning flash[J]. J Geophys Res,100(D12):25731-25753.

MAZUR V,RUHNKE L,1993. Common physical processes of natural and artificially triggered lightning[J]. J Geophys Res,98:12913-12930.

MCCAUL E W,GOODMAN S J,LACASSE K M,et al. ,2008. Forecasting lightning threat using Cloud-Resolving Model Simulations[J]. Wea Forcasting,24:709-729.

MECIKALSKI J R,BEDKA K M,2006. Forecasting convective initiation by monitoring the evolution of moving convection in daytime GOES imagery[J]. Mon Wea Rev,134:49-78.

MOREAU J P,ALLIOT J C,MAZUR V,1992. Aircraft lightning initiation and interception from in situ electric measurement and fast video observation[J]. J Geophys Res,97(D14):15903-15912.

NEILLEY P P,BENT R B,2009. An overview of the United States Precision Lightning Network (USPLN)[R]. 4th Conf. on Meteorological Applications of Lightning Data.

NISI L,AMBROSETTI P,CLEMENTI L,2012. Combining satellite,radar and NWP data for severe convection nowcasting over the Alpine area[R]. The 7th European Conference on Radar in Meteorology and Hydrology.

OETZEL G N,PIERCE E T,1969. VHF technique for locating lightning[J]. Radio Science,1:199-201.

ORVILLE R E,1968. A high-speed time-resolved spectroscopic study of the lightning return stroke:Part Ⅱ. A quantitative analysis[J]. J Atmos Sci,25(5):839-851.

ORVILLE R E,HENDERSON R W,1984. Absolute spectral irradiance measurements of lightning from 375 to 880 nm[J]. J Atmos Sci,41:3180-3187.

PAN L X,LIU D X,QIE X S,et al. ,2013. Land-sea contrast in the lightning diurnal variation as observed by the WWLLN and LIS/OTD data[J]. Acta Meteor Sinica,27(4):591-600.

PHILIPPE R,2001. SAFIR 全闪探测系统[C]. 第三届全国雷电物理、监测和防护科学讨论会. 北戴河,59- 50.

PINTO JR,NACCARATO K P,SABA M M F,et al. ,2006. Recent upgrades to the Brazilian integrated lightning detection network[R]. 1st International Lightning Meteorology Conference.

POEHLER H AND LENNON C,1979. Lightning detection and ranging system(LDAR):system description and performance objectives[R]. Technical Report TM-74105,NASA.

PROCTOR D E,1971. A hyperbolic system for obtaining VHF radio pictures of lightning[J]. J Geophys Res,76:1487-1489.

PROCTOR D E,1981a. Radar observations of lightning[J]. J Geophys Res,86:12109-12114.

PROCTOR D E,1981b. VHF radio pictures of cloud flashes[J]. J Geophys Res,86:4041-4071.

PROCTOR D E,1983. Lightning and precipitation in a small multicellular thunderstorm[J]. J Geophys Res,88:5421-5440.

PROCTER D E,UYTENBOGAARDT R,MEREDITH B M,1983. VHF radio pictures of lightning flashes to ground[J]. J Geophys Res,93(D10):12683-12727.

RAJEEVAN M, MADHULATHA A, RAJASEKHAR M, et al. , 2012. Development of a perfect prognosis probabilistic model for prediction of lightning over south-east India[J]. J Earth Syst Sci,121(2):355-371.

RAKOV V M, UMAN M A, 2003. Lightning: physics and effects[M]. Unitied Kingdom: Cambridge University Press, 108-191.

RHODES C T,SHAO X M,KREHBIEL P R,et al. ,1994. Observations of lightning phenomena using radio interferometry [J]. J Geophys Res,99:13059-13082.

RHODES C,KREHBIEL P R,1989. Interferometric observations of a single stroke cloud-to-ground flash[J]. Geophys Res Lett,16:1169-1172.

RICHARD L D,BRUNDELL J B,RODGER C J,2002. VLF lightning location by time of group arrival (TOGA) at multiple sites[J]. J Atmos Solar-Terr Phys,64:817-830.

RICHARD M M,COURTNEY S,RICHARD E,2011. Radar nowcasting of cloud-to-ground lightning over Houston,Texas [J]. Wea Forecasting,26(2):199-212.

RICHARD P,AUFFRAY G,1985. VHF-UHF interferometric measurements applications of lightning discharge mapping [J]. Radio Sci,20:171-192.

RICHARD P,DELANNOY A,LABAUNE G,et al. ,1986. Results of spatial and temporal characterization of the VHF-UHF radiation of lightning[J]. J Geophys Res,91:1248-1260.

RINEHART R E,GARVEY E T,1978. Three-dimensional storm motion detection by conventional weather radar[J]. Nature,273:287-289.

ROBERTS R D,RUTLEDGE S,2003. Nowcasting storm initiation and growth using GOES-8 and WSR-88D data[J]. Wea Forecasting,18:562-584.

RODGER C J,BRUNDELL J B,DOWDEN R L,et al. ,2004. Location accuracy of long distance VLF lightning location network[J]. Ann Geophys,22(3):747-758.

RODGER C J,BRUNDELL J B,DOWDEN R L,2005. Location accuracy of VLF World Wide Lightning Location (WWLL) network:Post-algorithm upgrade[J]. Ann Geophys,23:277-290.

ROEDER W P,PINDER C S,1998. Lightning forecasting empirical techniques for central Florida in support of America's space program[R]. 16th Conference on Weather Analysis and Forecasting,475-477.

RONALD L H,KENNETH L C,2010. Monthly Distributions of U. S. NLDN cloud-to-ground lightning[R]. 21st International Lightning Detection Conference,Orlando Florida.

RUDLOSKY S D,FUELBERG H E,2010. Pre-and postupgrade distributions of NLDN reported cloud-to-ground lightning characteristics in the contiguous United States[J]. Mon Wea Rev,138:3623-3633.

RUST W,MACGORMAN D,BRUNING E,et al. ,2005. Inverted-polarity electrical structures in thunderstorms in the Severe Thunderstorm Electrification and Precipitation Study (STEPS)[J]. Atmos Res,76(1-4):247-271.

SABA M M F,PINTO O,BALLAROTTI M G,et al. ,2004. Monitoring the performance of the lightning detection network by means of a highspeed camera[C]//Proceedings of the 18th International Lightning Detection Conference, Helsinki.

SCHUSTER A, 1880. On spectra of lightning[J]. Proc Phys Soc, 3: 46-52.

SHAO X M, HOLDEN D N, RHODES C T, 1996. Broad band radio interferometry for lightning observations[J]. Geophys Res Lett, 23(15): 1917-1920.

SHAO X M, KREHBIEL P R, 1996. The spatial and temporal development of intracloud lightning[J]. J Geophys Res, 101 (D21): 26641-26668.

SHAO X M, KREHBIEL P R, THOMAS R J, et al., 1995. Radio interferometric observations of cloud-to-ground lightning phenomena in Florida[J]. J Geophys Res, 100(D2): 2749-2783.

SHAO X M, RHODES C T, HOLDEN D H, 1999. RF radiation observations of positive cloud-to-ground flashes[J]. J Geophys Res, 104(D8): 9601-9608.

SMITH S B, 1996. How soon can a thunderstorm be identified? A comparison of satellite-observed cloud-top cooling and the onset of cloud-to-ground lightning[R]. In 18th Conference on Severe Local Storms, 479-482.

STEIGER S M, 2012. Thunderstorm lightning and radar characteristics: insights on electrification and severe weather forecasting[D]. Texas A&M University.

SZYMANSKI E W, SZYMANSKI S J, HOLMES C R, et al., 1980. An observation of a precipitation echo intensification associated with lightning[J]. J Geophys Res, 85: 1951-1953.

TAKAHASHI T, 1978. Riming electrification as a charge generation mechanism in thunderstorms[J]. J Atmos Sci, 35: 1536-1548.

TAKAHASHI T, 1984. Thunderstorm electrification: A numerical study[J]. J Atmos Sci, 41: 2541-2558.

TAYLOR W I, 1978. A VHF technique for space-time mapping of lightning discharge progresses[J]. J Geophys Res, 83: 3575-3583.

THOMAS R J, KREHBIEL P R, RISON W, et al., 2000. Comparison of ground - based 3 - dimensional lightning mapping observations with satellite - based LIS observations in Oklahoma[J]. Geophys Res Lett, 27(12): 1703-1706.

TUOMI T J, LARJAVAARA M, 2005. Identification and analysis of flash cells in thunderstorms[J]. Q J R Meteorol Soc, 131: 1191-1214.

TUTTLE J D, FOOTE G B, 1990. Determination of the boundary layer airflow from a single Doppler radar[J]. J Atmos Ocean Technol, 7: 218-232.

USHIO T, HECKMAN S, DRISCOLL K, et al., 2002. Cross-sensor comparison of the Lightning Imaging Sensor (LIS)[J]. International Journal of Remote Sensing, 23(13): 2703-2712.

USHIO T O, KAWASAKI Z I, OHTA Y, et al., 1997. Broad band interferometric measurement of rocket triggered lightning in Japan[J]. Geophys Res Lett, 24(22): 2769-2772.

VAISALA, 2001. SAFIR total lightning mapping & thunderstorm nowcasting network[R].

VINCENT B R, CAREY L D, SCHNEIDER D, et al., 2003. Using WSR-88D reflectivity for the prediction of cloud-to-ground lightning: a central North Carolina study[J]. Natl Wea Dig, 27, 35-44.

WANG D, TAKAGI N, WATANABE T, et al., 2000. Luminosity waves in branched channels of two negative lightning flashes[J]. J Atmos Elec, 20(2): 91-97.

WANG F, ZHANG Y J, DONG W S, 2010. A lightning activity forecasting scheme developed for summer thunderstorm in south China[J]. Acta Meteor Sinica, 24(5): 631-640.

WEIDMAN C, BOYE A, CROWELL L, 1989. Lightning spectra in the 850 to 1400nm near-infrared region[J]. J Geophys Res, 94: 13249-13257.

WHIPPLE F J W, SCRASE F J, 1936. Point-discharge in the electric field of the Earth[J]. Geophys Mem, VII, 68: 1-20.

WILLIAM C V, KRIDER E P, 2002. Statistics and characteristics of cloud-to-ground lightning with multiple ground contacts [J]. J Geophys Res., 107(D20): AAC 8-1-AAC 8-11.

WILLIAMS E R, WEBER M E, ORVILLE R E, 1989. The relationship between lightning type and convective state of thunderclouds[J]. J Geophys Res, 94(D11): 13213-13220.

YOKOYAMA S, MIYAKE K, SUZUKI T, et al., 1990. Winter lightning on Japan Sea coast-development of measuring system on progressing feature of lightning discharge[J]. IEEE Transactions on Power Delivery, 5(3): 1418-1425.

YOSHIDA S, BIAGI C J, RAKOV V A, et al., 2010. Three-dimensional imaging of upward positive leaders in triggered lightning using VHF broadband digital interferometers[J]. Geophys Res Lett, 37, L05805, doi: 10.1029/2009GL042065.

ZEPKA G S,PINTO O,SARAIVA A C V,2014. Lightning forecasting in southeastern Brazil using the WRF model[J]. Atmos Res,135-136:344-362.

ZHANG W J,HUI W,LYU W T,et al. ,2020. FY-4A LMI observed lightning activity in Super Typhoon Mangkhut (2018) in comparison with WWLLN data[J]. J Meteor Res,34(2),336-352.

ZHANG Y J,MA M,LYU W T,et al. ,2010. Review on climate characteristics of lightning activity[J]. Acta Meteor Sinica,24(2):137-149.

ZINNER T,MANNSTEIN H,TAFFERNER A,2008. Cb-TRAM:Tracking and monitoring severe convection from onset over rapid development to mature phase using multi-channel Meteosat-8 SEVIRI data[J]. Meteorol Atmos Phys,101:191-210.

ZIPSER E,LUTZ K,1994. The Vertical profile of radar reflectivity of convective cells:A strong indicator of storm intensity and lightning probability[J]. Mon Wea Rev,122(8):1751-1759.

图集

14D504. 接地装置安装. 2015.

15D501. 建筑物防雷设施安装. 2015.

15D502. 等电位联结安装. 2015.

15D503. 利用建筑物金属体做防雷及接地装置安装. 2015.

98ZD501. 民用建筑物防雷与接地装置. 2000.

标准规范

IEC 62305—1. 雷电防护. 第 1 部分:总则. 2010.

IEC 62305—2. 雷电防护. 第 2 部分:风险管理. 2010.

IEC 62305—3. 雷电防护. 第 3 部分:建筑物的实体损害和生命危险. 2010.

IEC 62305—4. 雷电防护. 第 4 部分:建筑物内电气和电子系统. 2010.

GB 50016—2014. 建筑设计防火规范(2018 版). 2018.

GB 50057—2010. 建筑物防雷设计规范. 2010.

GB 50058—2014. 爆炸危险环境电力装置设计规范. 2014.

GB 50074—2014. 石油库设计规范. 2014.

GB 50156—2012. 汽车加油加气站设计与施工规范(2014 年版). 2014.

GB 50161—2009. 烟花爆竹工程设计安全规范. 2009.

GB 50174—2017. 数据中心设计规范

GB 50343—2012. 建筑物电子信息系统防雷技术规范. 2012.

GB 50601—2010. 建筑物防雷工程施工与质量验收规范. 2010.

GB 50650—2011. 石油化工装置防雷设计规范. 2011.

GB 51142—2015. 液化石油气供应工程设计规范. 2015.

GB/T 21431—2015. 建筑物防雷装置检测技术规范. 2015.

GB/T 32937—2016. 爆炸和火灾危险场所防雷装置检测技术规范. 2016.

GB/T 32938—2016. 防雷装置检测服务规范. 2016.

GB/T 33676—2017. 通信局(站)防雷装置检测技术规范. 2017.

QX/T 105—2018. 雷电防护装置施工质量验收规范. 2018.

QX/T 106—2018. 雷电防护装置设计技术评价规范. 2018.

QX/T 149—2020. 新建雷电防护装置检测报告编制规范. 2020.

QX/T 149—2011. 新建建筑物防雷装置检测报告编制规范

QX/T 150—2011. 煤炭工业矿井防雷设计规范. 2011.

QX/T 186—2013. 安全防范系统雷电防护要求及检测技术规范. 2013.

QX/T 211—2019. 高速公路设施防雷装置检测技术规范. 2019.

QX/T 225—2013. 索道工程防雷技术规范. 2013.

QX/T 231—2014.古树名木防雷技术规范.2014.
QX/T 232—2019.雷电防护装置定期检测报告编制规范.2019.
QX/T 264—2015.旅游景区雷电灾害防御技术规范.2015.
QX/T 265—2015.输气管道系统防雷装置检测技术规范.2015.
QX/T 311—2015.大型浮顶油罐防雷装置检测规范.2015.
QX/T 312—2015.风力发电机组防雷装置检测技术规范.2015.
QX/T 430—2018.烟花爆竹生产企业防雷技术规范.2018.
DB46/T 465—2018.雷电灾害风险区划技术规范.2018.
DB46/T 466—2018.雷电灾害区域风险评估技术规范.2018.

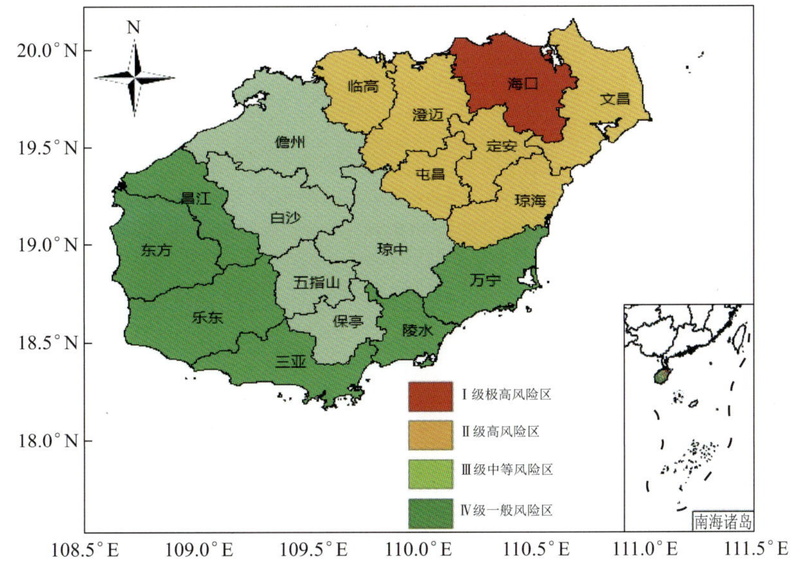

彩图 8.4　海南岛雷电灾害风险区划图

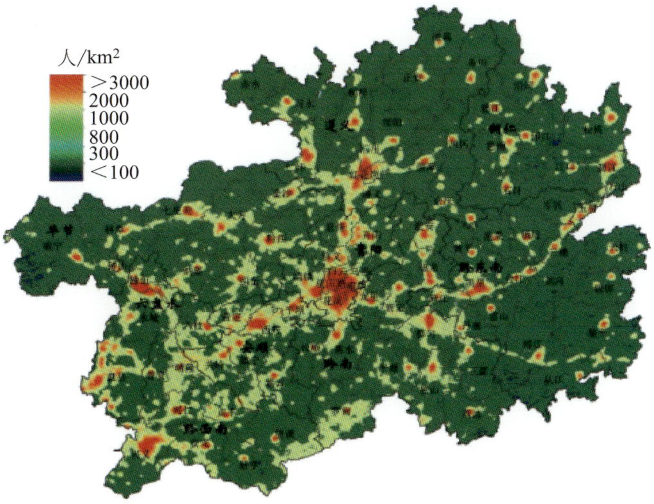

彩图 8.8　贵州省人口密度空间分布图

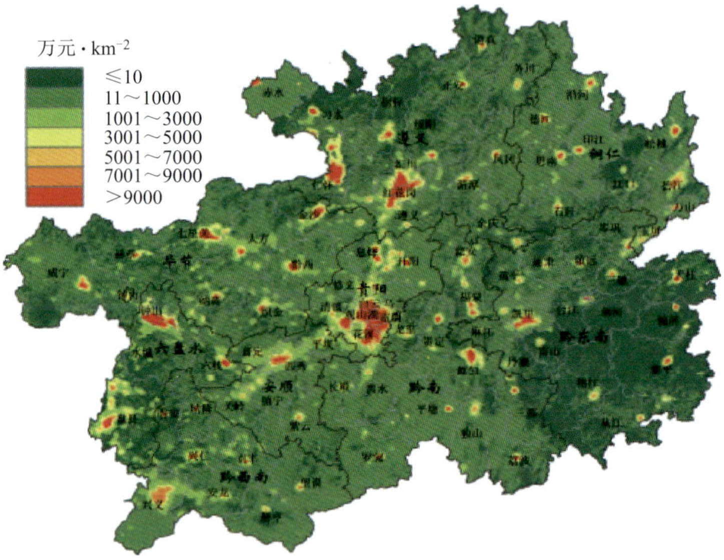

彩图 8.10　贵州省空间化 GDP 反演图